JN418607

교량 부대시설 유지관리 및 실무

한국강구조학회 저

도서출판
구미서관

간행사

우리 강구조학회는 1989년 창립한 이래 지속적인 발전을 거듭하여 오늘에 이르고 있습니다. 이 사이에 우리 학회는 국내・외의 강구조분야의 발전을 위하여 강구조분야의 국내・국제학술지 및 국제회의는 물론 국내의 관련 기준의 정비와 함께 국내・외의 강구조 기술발전을 위하여 학회의 역량을 다하는 등의 국내・외 강구조분야의 발전에 많은 공헌을 하고 있습니다.

또한 학회에서는 강구조분야의 다양한 기술적 지원 및 발전을 도모하기 위하여 학회 내에 다수의 상치위원회를 설치하여 운영을 하고 있으며 이러한 활동에 의하여 강구조학회의 위상을 높이고 있습니다.

이러한 위원회 활동의 일환으로 "교량 부대시설 유지관리 및 실무"를 출간하게 되었습니다. 이 책은 현재 국내에 교량부대시설물에 관련한 규정이나 도서자료가 부족한 것을 고려한다면 위원회 활동의 결과물로 그 가치가 충분하다고 할 수 있겠습니다. 또한 학회의 자체적인 위원회 활동에 의한 결과물로 "강바닥판 Q&A", "합리화강교량 설계・시공 실무", "강구조물 가설 실무 가이드 - 설계 및 시공 -"에 이은 연속적인 위원회 활동에 의한 출판물로서 그 의미가 상당히 클 것으로 생각합니다

향후 우리 학회의 위원회 활동의 지속적인 발전 및 상호보완을 위해서는 이러한 출판의 의의가 크다고 할 수 있겠습니다. 이것을 계기로 우리 학회의 여러 전문 상치위원회 활동의 결과물이 지속적인 출판으로 이어진다면 해당 분야의 기술발전에 크게 이바지할 수 있다고 생각합니다.

끝으로 금번 "교량 부대시설 유지관리 및 실무"가 출판되기까지 헌신적인 노고를 아끼지 않으신 해당분과의 참여위원 여러분 그리고 물심양면으로 애써주신 관계자 모든 분들께 감사의 뜻을 전합니다.

2016년 2월

사단법인 한국강구조학회

회장　김 상 섭

머리말

교량 부대시설물은 교량구조물을 안전하고 쾌적하게 주행하기 위한 주요한 구조물이다. 그러므로 부대시설물은 손상에 의해 교량구조물 기능을 현저하게 상실시키는 큰 피해가 발생하지 않도록 하여야 한다.

또한 이들 구조물은 교량 본체구조물 수명과 동일한 수명을 갖는 것이 바람직하나, 외적조건 및 환경조건이 원인이 되어 본체구조물 공용수명 중에 보수보강이 이루어지는 경우가 많다. 특히 교통량이 많은 도로노선에서는 빈번하게 구조물에 따라서는 보수, 교체가 교통통행 중에 실시되어야 하는 경우가 많다.

그러므로 부대시설물에는 기능적, 내구적으로 우수한 설계가 요구되어지는 것 이외에 장래의 유지관리가 용이하며 또한 경제적으로 실시되는 것이 요구되고 있다.

따라서 교량구조물의 설계수명을 충분히 만족시키면서 우수한 사용성 등을 제공하기 위해서는 본체구조물은 물론 부대시설물에 대해서도 설계, 시공 및 유지관리의 각 단계에서 충분한 검토가 실시되어야 한다.

그러나 이러한 교량 부대시설물은 교량의 상부 및 하부구조와는 달리 건설현장에 완제품 형태로 반입되며 현장에서는 단순히 이를 가설하는 수준에 그치고 있다. 그러므로 교량 부대시설물은 그 중요성에 비하여 현장 기술자의 주요 관심 대상이 아닌 것으로 인식되고 있다.

그러므로 교량 부대시설물에 대한 각 시설물의 구조적 특성 및 메카니즘, 교량상부구조와의 연관성을 포함하는 시설물별 특성에 대한 설계개념과 설계방법에 대한 기준도 도로교설계기준 등에 제한적으로 제시되어 있어 설계 등의 업무에 어려움이 있는 것으로 지적되고 있다. 또한 각 국가의 설계기준에서도 부대시설물의 분류 및 기능 등에 대해서도 제한적으로 기술하고 있어 기술자가 참조하기에 어려움이 있는 것으로 판단된다.

그러므로 이 책에서는 교량 부대시설물의 설계 및 유지관리 업무에 있어서 기술자가 고려할 기본사항 및 부대시설물의 설계개념, 유지관리를 위한 교체 및 유지관리 업무 등에 대하여 국내·외의 자료를 정리하여 보고하고자 한다.

이 "교량 부대시설 유지관리 및 실무"는 지난 2년간 교량 부대시설물과 관련하여 위원회에서 국내·외 연구 동향, 국내·외의 건설 실적 조사, 관련 기준의 검토 분석 등의 교량 부대시설물과 관련한 일련의 활동을 정리한 것입니다.

책의 내용은 초급 및 중급 기술자를 대상으로 각 분야에 대한 이해 등을 도모하여 최신 강교량에 관련된 기술의 전파 및 활성화를 도모하고자 하였습니다. 부디 본 교재가 관련 기술자에게 도움이 되기를 바라며, 또한 본 결과물과 유사한 간행물이 지속적으로 발간되어 국내 강교량 발전에 이바지되기를 기원합니다.

이번 발간을 맞게 된 것은 위원님들의 헌신적인 노력에 의한 결과라고 생각합니다. 또한 학회에서도 본 위원회가 활성화가 될 수 있도록 회장님을 비롯한 관계자 분들이 물심양면으로 지원하여 주셨기에 가능하였다고 생각합니다. 끝으로 본 "교량 부대시설 유지관리 및 실무"가 발간되도록 도와주신 관계자 여러분께 다시 한 번 깊은 감사의 마음을 전합니다.

2016년 2월
강구조학회 교량위원회

집필진

		성 명	소 속	직 위
■ 집필위원장		경갑수	한국해양대학교	교 수
■ 집필자문		정경섭	충북대학교	교 수
■ 집필위원				
PART 01 교량 부대시설물 개설		경갑수	한국해양대학교	교 수
		이원철	삼보기술단	전 무
		최준혁	부천대학교	교 수
PART 02 교량유지관리 실무가이드	Ⅰ. 받침 유지관리	경갑수	한국해양대학교	교 수
		차철준	백양엔지니어링	부사장
		전준창	씨티씨주식회사	전 무
		배 정	삼부토건(주)	부 장
		박용찬	(주)비티엠이앤씨	상 무
		권순철	삼부토건(주)	과 장
	Ⅱ. 신축이음장치 유지관리	이원철	삼보기술단	전 무
		정경섭	충북대학교	교 수
		최성권	삼보기술단	전 무
		윤정현	스펙엔지니어링	대표이사
		이준희	(주)고려에이아이토목	전 무
		김성연	현대엔지니어링	상 무
	Ⅲ. 기타 부속시설물 유지관리	이승용	한국교통대학교	교 수
		최준혁	부천대학교	교 수
		이지훈	서영기술단	상 무
		이현우	씨엔에스씨	전 무
		최현호	한국도로공사	책임연구원
		김량균	케이블텍	상 무
		김기남	현대건설	차 장

차 례

PART 01 교량 부대시설물 개설

01 교량 부대시설물 2
02 용어 정의(설계기준 등을 참조) 9

PART 02 교량유지관리 실무가이드

I 받침 유지관리 / 23

01 일반사항 24
02 설계 51
03 유지관리 56
04 받침 교체의 시공사례와 문제점 122
05 받침 설계사례 165
06 받침 국내손상사례 181

Ⅱ 신축이음장치 유지관리 / 185

01 개요 186
02 신축이음장치 설계 191
03 형식분류 및 적용현황 207
04 손상현황 및 원인분석 222
05 보수 · 보강공법 237
06 보수 · 보강 사례조사 262

Ⅲ 기타 부속시설물 / 285

01 교량 배수 286
02 보도 및 자전거 · 보행자 겸용도로 315
03 방호울타리 321
04 단부처리시설 348
05 교명주 351
06 점검시설 354
07 교량 조명시설 363
08 교면포장 373

참고문헌 381

PART 01 교량 부대시설물 개설

01 교량 부대시설물

02 용어 정의(설계기준 등을 참조)

01 교량 부대시설물

교량 부대시설물은 교량의 본체구조물(거더, 교각, 기초)과 구별하여 다음과 같은 구조물을 대상으로 한다.

부대시설물은 도로노면 위에 설치되는 구조물과 도로노면 아래에 설치되는 구조물로 분류할 수 있다. 전자에 해당하는 것으로는 교면포장, 신축장치, 표지판, 차음벽, 카메라 모니터 기둥, 방호울타리(가드레일), 중앙분리대, 난간 등이 있으며, 후자로는 낙교방지장치, 낙하물방지책, 점검로, 비상구, 출입시설, 도장용지그, 배수장치, 고도제한 장치 등이 있다.

이들 부대시설물은 교량구조물을 안전하고 쾌적하게 주행하기 위한 주요한 구조물이다. 그러므로 부대시설물은 손상에 의해 교량구조물 기능을 현저하게 상실시키는 큰 피해가 발생하지 않도록 하여야 한다.

또한 이들 구조물은 교량 본체구조물 수명과 동일한 수명을 갖는 것이 바람직하나, 외적 조건 및 환경조건이 원인이 되어 본체구조물 공용수명 중에 보수보강이 이루어지는 경우가 많다. 특히 교통량이 많은 도로노선에서는 구조물에 따라서 빈번하게 보수, 교체가 교통 통행 중에 실시되어야 하는 경우가 많다.

그러므로 부대시설물은 기능적, 내구적으로 우수한 설계가 요구되어지는 것 이외에 장래의 유지관리가 용이하며, 또한 경제적으로 실시되는 것이 요구되고 있다.

따라서 교량구조물의 설계수명을 충분히 만족시키면서 우수한 사용성 등을 제공하기 위해서는 본체구조물은 물론 부대시설물에 대해서도 설계, 시공 및 유지관리의 각 단계에서 충분한 검토가 실시되어야 한다.

이 책에서는 이러한 것들을 고려하여 다양한 부대시설물 가운데 교량 본체구조물의 안전성 및 사용성 등에 영향을 줄 수 있는 부대시설물인 받침, 신축장치, 교면포장, 배수장치 및 교량부속장치(방호울타리, 점검로, 낙하물방지책)를 중심으로 설계 및 유지관리 단계에서 고려하여야 할 사항을 중심으로 기술하고자 한다.

1.1 교량받침

교량받침은 교량의 상부구조와 하부구조의 접점에 위치하면서, 상부구조의 다양한 하중을 확실하게 지지하며, 또한 이들 하중을 하부구조로 전달하는 중요한 부위이므로 교량 전체가 본래 기능을 발휘하는 데에 중요한 역할을 담당하고 있다.

따라서 교량받침은 교량건설에서 아주 중요한 구성요소이나, 교량받침이 교량의 상부 및 하부구조와는 달리 건설현장에 완제품 형태로 반입되며 현장에서는 단순히 이를 가설하는 수준에 그치고 있다. 그러므로 교량받침은 그 중요성에 비하여 현장 기술자의 주요 관심대상이 아닌 것으로 인식되어 교량 부대시설물로 일반적으로 분류되고 있다.

교량받침은 교량건설에 필수적으로 필요한 구성요소이며, 적어도 교량 하부구조의 개수 이상이 필요로 되는 구성요소이다. 그러나 2013년도 기준으로 국내의 약 29,000여개의 교량구조물가운데 고속국도를 제외하고는 받침구조 형식 및 유지관리 등에 대한 정확한 통계자료가 결여되어 있다. 그러므로 이들 정보를 정비하는 것도 향후 교량 유지관리를 위해서는 중요한 업무가 될 것으로 판단된다.

2012년 기준으로 그림 1.1에 국내 고속국도에 설치된 받침종류별 설치현황, 그림 1.2에 연도별 받침종류별 설치현황을 나타내었다. 전체적인 시공실적은 탄성받침, 포트받침, 스페리컬받침 순으로 나타났다. 그리고 연도별 설치현황은 건설당시의 교량 상부구조 및 설계개념 등의 특성에 따라 그 사용실적이 변화하는 것으로 나타났다.

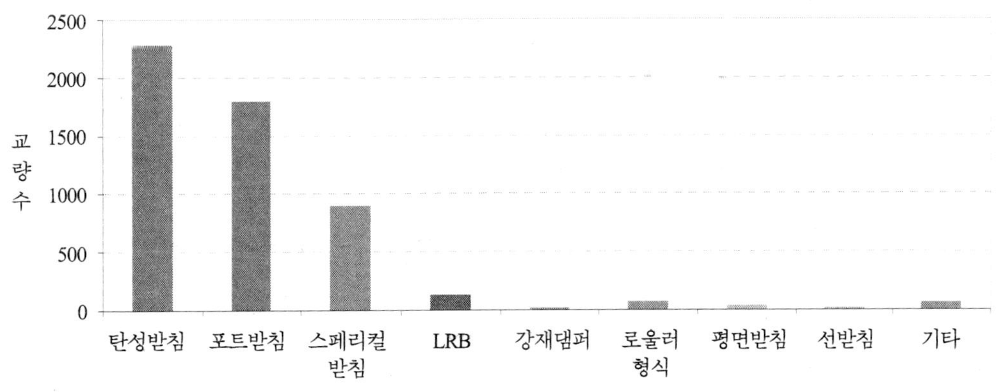

그림 1.1 국내 고속국도에 설치된 받침종류별 설치현황

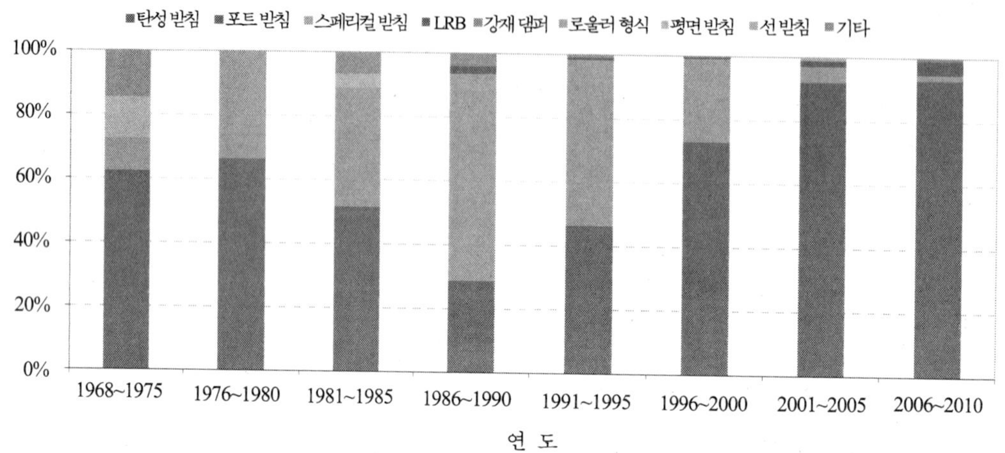

그림 1.2 국내 고속국도에 설치된 연도별 받침종류별 설치현황

한편 교량받침에 대한 받침별 구조적 특성 및 메커니즘, 교량상부구조와의 연관성을 포함하는 받침 특성에 따른 설계개념과 설계방법에 대한 기준이 도로교설계기준 등에 제한적으로 제시되어 있어 설계 등의 업무에 어려움이 있는 것으로 지적되고 있다. 또한 각 국가의 설계기준에서도 받침종류의 분류, 명칭 및 기능 등에 대해서도 제한적으로 기술하고 있어 기술자가 참조하기에 어려움이 있는 것으로 판단된다.

이 책에서는 교량받침의 설계 및 유지관리 업무에 있어서 기술자가 고려할 기본 사항 및 받침설계의 개념, 유지관리를 위한 받침의 교체 및 유지관리 업무 등에 대하여 국내·외의 자료를 정리하여 수록하였다.

1.2 신축이음장치

신축이음장치는 교대와 거더의 연결 또는 거더와 거더가 연결되는 구간에 설치되어 상부구조의 온도변화, 콘크리트의 건조수축 및 크리프, 활하중재하에 따른 거더단부의 회전변위 등을 해소하고, 차량이 노면을 지장 없이 통과할 수 있도록 하는 교량 부속시설물이다. 이러한 신축이음장치는 차량하중이 직접 재하될 뿐만 아니라 노면 배수, 염화칼슘 제설제에 노출되어 있는 환경으로서 받침과 더불어 유지관리를 가장 많이 필요로 하는 시설물이다.

그러나 90년대 이전에 적용된 신축이음장치는 그림 1.3의 트랜스플렉스 형식, 비배수 핑거형식으로서 유지관리 중요성이 간과되어 초기설치 이후 유지관리를 소홀히 하였고, 신축이음장치의 훼손으로 인해 주변구조물의 2차 손상 등이 증가하여 교량노후화가 급속히 진행되게 하여 내구년수 단축에 중요원인으로 작용하였다.

신축이음장치의 손상 및 노후화는 국내·외에서 유사한 형태로서 차량주행시 소음발생, 누수로 인한 하부구조물의 손상 및 내구성 저하, 주행면에 노출된 고무 마모, 신축유간에 이물질 적체로 인한 신축거동 불량 등의 손상이 지속적으로 발생하였고, 또한 이를 보수·보강하기 위하여 많은 예산이 투입되었으며 공사시 교통통제에 따라 사회적 간접비용의 손실이 발생하였다.

(a) 트랜스플렉스 형식

(b) 비배수형 핑거 형식

그림 1.3 1990년 이전의 대표적인 신축이음장치 적용사례

이러한 손상은 신축이음장치 형식과 매우 관련이 있는 것으로서 점차적으로 손상발생이 적은 형식의 적용사례가 증가하고, 부분적으로 상세 및 재질 개선이 이어지고 있다.

국내 고속국도에서의 신축이음장치 적용사례를 보면, 1991년에서 2000년까지 준공된 교량 1066개소에서 트랜스플렉스 37.2%, 레일 22.9%, 모노셀 18.7%, NB가 11.4% 순으로서 표 1.1.과 같은 적용분포를 나타내었다. 그러나 트랜스플렉스 형식은 제설장비에 의하여 조인트 표면의 고무가 찢겨져 나가고 내부의 지지철판이 노출되거나 이탈, 정착 볼트의 풀림, 파손 및 조인트가 부풀어 올라 차륜에 의하여 조인트가 함몰되는 현상이 발생하는 단점이 있어 2000년대 들어서는 국내 적용사례가 거의 없다.

표 1.1 고속국도 신축이음 적용분포(1991~2000년 준공교량)

신축이음 형식	적용개소	비율
트랜스플렉스	397	37.2%
NB(ACE)	121	11.4%
맹 조인트	27	2.5%
레일	244	22.9%
모노셀	199	18.7%
기타	78	7.3%
계	1,066	100.0%

1990년대 중반이후로 교량 장경간화에 따라 신축이음장치는 용량의 증가, 소음·진동 등의 환경영향 중요성, 차량통행시 주행안정성 증진 및 체계적 유지관리를 통한 내구년수 증대가 강조되어 왔다. 따라서 신축이음장치 형식별로 다양하게 발생된 손상형태 및 원인을 분석하여 유지관리 매뉴얼 및 기법을 지속적으로 개발하여 왔을 뿐만 아니라, 손상을 최소화하기 위해 그동안 많은 연구 및 신형식 개발이 진행되었다. 또한 신설교량 설계단계에서도 주어진 교량환경에서 원활한 거동 및 유지관리를 고려하여 형식을 선정하게 되었으며, 대표적인 형식으로는 그림 1.4의 배수형 핑거 형식과 레일 형식을 손꼽을 수 있다.

이와 같이 신축이음장치는 형식별로 거동특성 및 손상상태를 관찰한 근거를 토대로 적용형식이 변천하여 왔고, 내구성이 우수하고 유지관리에 유리한 형식이 국가별, 발주처 특성에 적합하게 적용되고 있는 추세임을 알 수 있다.

(a) 배수형 핑거 형식

(b) 레일 형식

그림 1.4 1995년 이후의 대표적인 신축이음 적용사례

표 1.2는 2012년에 조사된 고속국도의 100m 이하 교량 신축이음 적용현황을 조사한 것으로서 고무제품인 모노셀 조인트가 34%로 다수를 이루고 있고, 점차적으로 강재 재질의 뉴모노셀 형식이 증가하고 있는 추세이다.

표 1.2 고속국도 신축이음 적용(2012년, 연장100m 이하)

신축이음 형식	설치 개소	비율
모노셀	2,618	34%
뉴모노셀	2,071	27%
레일	1,411	18%
NB	568	7%
강핑거	371	5%
트랜스플렉스	211	3%
기타	548	7%
계	7,797	100%

최근 교량의 중요 부속시설물인 신축이음장치의 유지보수비용이 지속적으로 증가하고 있는 추세이나, 국내현실에 부합되는 설계·시공 및 유지관리를 일관성 있게 정리한 자료가 실무기술자에게 부족한 실정이다. 신축이음장치를 공장에서 생산된 완성제품으로 인식하고 실무기술자들이 단순적용만 할 것이 아니라 제품별 기능, 메커니즘, 특성 및 손상사례를 면밀히 분석하고 보다 적극적인 이해를 통해 설계 반영, 시공에 임하여 우선적으로 손상발생을 감소시켜야 할 것이다.

이 책에서는 이러한 국내 현실을 고려하여 국내에서 신축이음장치 적용사례 및 손상현황을 돌이켜보고 문제점을 분석함과 동시에 유지관리 업무에 있어서 기술자가 고려할 기본사항 등에 대하여 국내·외의 자료를 정리하여 수록하였다.

1.3 교면포장, 배수장치 및 교량부속장치

교량은 일반적으로 상부구조와 하부구조 그리고 부대시설로 구성된다(그림 1.5). 상부구조는 교면포장, 배수시설, 방호울타리, 보도, 연석, 신축이음, 바닥판, 거더, 받침으로 구성되고 하부구조는 교대, 교각, 기초, 그리고 부대시설로서 조명, 표지판 등으로 구성된다. 교량의 유지관리는 교량의 구성요소의 중요도에 따라 바닥판, 거더, 하부구조와 같이 하중을 받는 주요 부재에 집중되어 있으며, 손상이 발생된 경우 주부재에 미치는 영향이 큰 신축이음, 받침 등이 주요 관심사이다. 그러나 교면의 포장, 배수, 울타리, 보도 및 연석, 부속장치 등은 일반 사용자에게 직접 노출되어 있고 손상이 빈번히 발생하는 구성요소이나, 교량의 구조적 안전성에 직접적인 영향이 적다는 이유로 유지관리 대상에서 소외되어 있는 것이 현실이다.

국내의 교량점검 또는 유지관리지침 관련매뉴얼에는 교량 부대시설물이 점검 및 유지관리 대상으로 언급은 되어 있지만 기본적인 사항에만 국한되어 있으며, 시설물의 설계 개념에 기초한 유지관리에 관한 내용은 언급되어 있지 않다. 그러나 외국의 경우는 교량 유지관리에 있어 교량 대부분의 시설물에 대해 체계적으로 구분하고 시설물의 설계 및 시공시 주의사항, 점검 및 조치 등이 상세히 언급하여 시설물의 설치 목적을 분명히 하고 있다는 점에서 국내의 유지관리에 대한 체계와는 큰 차이를 보이고 있다.

따라서 교량 부대시설물에 대해 설계단계에서부터 유지관리에 이르기까지 시설물의 설계개념과 손상의 원인, 시공상의 문제 및 유지관리 방안 등을 구체적으로 이해하고 관심을 가진다면, 교량 구조물의 사용성과 건전성은 매우 효과적으로 유지될 수 있을 것이다. 이를 위해 교량 부대시설물로서의 배수시설, 교면포장, 방호울타리, 보차도 경계, 점검로, 조명, 기타 부속시설물을 대상으로 설계 및 시공, 손상의 점검 및 유지관리에 대한 주요 내용을 기술하였다.

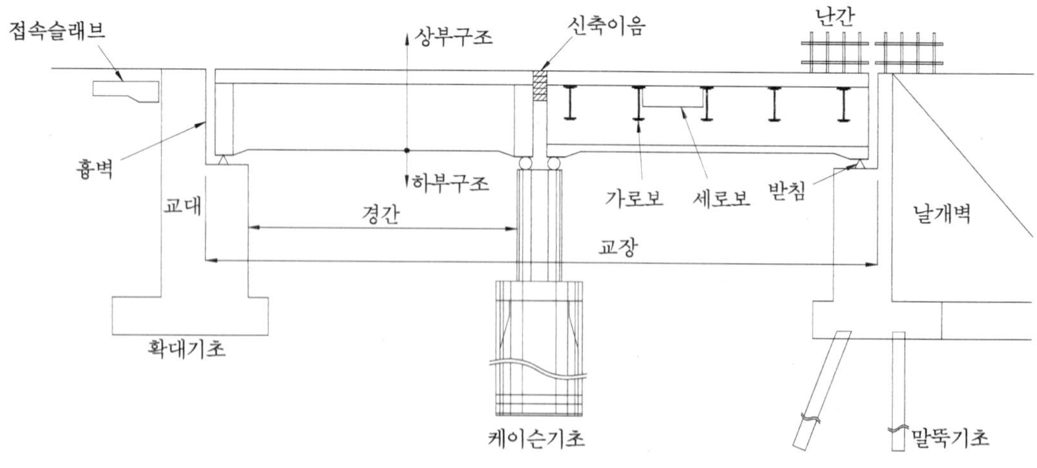

그림 1.5 교량의 구성요소

02 용어 정의(설계기준 등을 참조)

2.1 받침

• **받침**

받침이란 교량상부구조의 하중을 하부구조 등에 전달하는 기구를 말한다. 이 의미에서 콘크리트 힌지, 수직상향력을 받는 부재로 텐션바를 사용하는 기구, 지진시 수평력을 분산시키기 위한 댐퍼 등의 기구 등도 포함되는 것으로 한다.

• **가동받침**

거더는 변형에 의한 회전 이외에 온도변화, 콘크리트의 크리프, 건조수축, 프리스트레스력 및 회전에 의해 거더방향의 신축을 받는다. 이들 수평방향의 신축과 회전을 원활하게 하기 위한 기구를 갖는 받침을 가동받침이라 한다.

• **고정받침**

거더의 신축과 회전 중에서 신축을 구속, 즉 수평방향으로는 고정되어 있지만 회전은 구속하지 않도록 한 기구를 갖는 받침을 고정받침이라 한다.

• **반력분산받침**

상부구조의 관성력을 복수의 하부구조로 분산시키는 구조에 이용되는 받침이다.

• **받침자리(답좌)**

하부구조 받침부에서 받침을 설치하는 곳을 받침자리라고 한다.

• **받침부(대좌)**

받침높이가 낮은 경우 등에 유지관리를 위한 공간을 확보하기 위해 받침자리를 받침대모

양으로 높게 한 부분을 받침부라고 한다.

• 계산이동량

거더의 온도변화에 의한 이동량, 콘크리트의 건조수축 및 크리프에 의한 이동량, 프리스트레스에 의한 콘크리트의 탄성변형량 및 거더의 처짐에 의한 이동량의 합계를 말한다.

• 설계이동량

받침의 구조계산에 사용되는 이동량으로 강재받침의 경우는 계산이동량 ±10mm, 고무받침의 경우는 계산이동량과 동일하다.

• 여유량

시공상의 오차 및 하부구조의 예상하지 못한 변위에 대처하기 위해 설정되는 양을 말한다.

• 전체이동가능량

계산이동량과 여유량과의 합계를 말한다.

• 부의 반력

받침은 상부구조의 형식이나 지간분할에 따라 사하중, 활하중, 풍하중, 지진하중 등에 의해 수직상향의 반력을 받는 경우가 있다. 이 수직방향의 반력을 부의 반력이라 한다.

• 상양력

부상방지장치의 설계시에 고려하는 하중이다. 상부구조 고정하중반력의 10%를 상양력으로 한다.

• 윗 받침(상답)

거더로부터 하중을 받아, 핀 · 베어링 등의 회전기구 · 활동기구에 전달하는 부품이다.

• 아랫받침(하답)

회전 또는 활동기구로부터 하중을 교각 또는 교대에 전달하기 위한 부품이다.

• 하부판

핀 · 롤러받침, 피벗 · 롤러받침에서 롤러에 작용되는 하중을 교각 또는 교대에 전달하는 부품을 말한다. 받침에 작용하는 하중을 분산시키면서, 받침과 하부구조를 연결하기 위하여 설치하며, 주강재 받침에서는 25mm 이상, 주철재 받침에서는 35mm 이상으로 한다.

• 받침콘크리트

받침부의 점검과 유지보수를 위한 필요 공간을 확보하기 위하여 하부구조의 코핑부와 받침사이에 두는 콘크리트로서, 받침에 작용하는 수직하중과 수평하중을 지지할 수 있어야 한다. 또한 받침콘크리트는 하부구조와 일체거동을 할 수 있도록 설계 및 시공되어야 한다.

• 무수축모르타르

받침 시공과정에서 앵커 설치를 위해 앵커와 앵커소켓 주변을 미리 콘크리트 타설계획에서 제외시켰던 블록아웃(block out) 부분과 받침의 하부판 사이를 밀실하게 채우고, 받침의 하부판에 작용하는 압축력을 받침콘크리트에 분산시키는 역할을 한다. 무수축모르타르의 두께는 최대 50mm로 제한되며, 하중전달을 고려하면 작을수록 좋다.

• 앵커볼트

받침에 작용하는 부반력과 수평하중에 저항하면서 받침의 하부판과 하부구조를 연결하기 위한 강재볼트로서, 앵커볼트는 직경의 최소 10배 이상 콘크리트에 근입시키는 것이 바람직하다.

• 앵커소켓

앵커볼트 시공을 위하여 앵커볼트보다 직경이 큰 소켓을 미리 설치한다. 그러나 앵커소켓의 직경이 커질 경우 철근배근이 어렵거나 불가능해질 수 있으므로 철근배치를 고려하여 앵커소켓의 적용을 검토해야 한다. 앵커소켓은 앵커시스템의 프라이아웃파괴를 방지하기 위하여 직경의 최소 4.5배 이상을 콘크리트에 근입시키는 것이 바람직하다.

2.2 신축이음장치

• 개방형 신축이음

신축이음을 통해 물이나 불순물의 침투를 허용하는 신축이음

• 봉함재

습기 및 불순물이 신축이음을 통과하는 것을 방지하도록 설치되는 고무 또는 기타 탄성재

- **백업재**

  줄눈의 깊이 조정을 위해 실링방수에서 실링재료가 소정의 모양과 치수로 충진되도록 사전에 충진하는 재료

- **고무씰**

  고무로 만들어진 방수재

- **일체식 교량**

  상부구조와 하부구조가 일체로 되어 있는 교량

- **밀폐형 신축이음**

  신축이음을 통해 오물 침투를 완전히 방지한 신축이음

- **방수형 신축이음**

  구조물로의 누수를 방지하기 위해 신축이음 아래에 물받이를 설치해 놓은 개방형 또는 밀폐형 신축이음

- **신축량**

  온도변화, 건조수축, 크리프, 프리스트레싱, 지진, 차량하중, 하부구조 침하, 기타요인 등이 불리하게 조합된 조건에서 발생하는 이동량

- **허용 신축량**

  신축이음이 수용할 수 있는 최대 신축량

- **설계 신축량**

  교량설계에서 계산된 값으로서 기본 신축량과 설치 여유량, 부가여유량을 합산한 값

- **설치 여유량**

  신축이음 설치의 용이성, 설치시 오차 등에 대처하기 위한 여유량

- **부가 여유량**

  예상 밖에 발생한 변위에 대처하기 위한 여유량

- **유간**

  온도변화, 크리프, 건조수축 등에 의한 신축변위에 대처하기 위하여 두는 공간 또는 간격

• **블록아웃부**

신축이음장치나 받침장치 등을 설치하기 위해 콘크리트를 타설하지 않은 부분

• **후타재**

신축이음장치를 임시고정한 후 블록아웃부에 타설하는 콘크리트

• **무조인트 교량**

상부거더 및 바닥슬래브가 교대 구조물과 일체로 되어 조인트를 설치하지 않는 교량

• **프리셋팅**

신축이음장치 설치 시의 온도를 감안하여 온도 보정량 및 교량 이동량을 조정하고 셋팅하는 절차

• **가우징**

열에 의해 모재를 용융시켜 소재의 표면에 홈이 생기도록 파내는 작업

• **초속경 콘크리트**

포틀랜드 시멘트용의 석회, 점토, 보오키사이트, 카오린 및 형석을 원료로 하는 시멘트를 사용하며 재령 3시간에서 압축강도가 20MPa 이상 발현되는 콘크리트

• **수축줄눈**

콘크리트는 건조수축으로 인하여 콘크리트 내에서 인장응력이 발생하며, 이러한 응력에 의한 콘크리트의 변형을 방지하기 위한 조치로 시공되는 줄눈

• **수지 콘크리트**

수지로 결합시킨 콘크리트

• **제설재**

눈을 녹이기 위해 사용하는 염화칼슘으로서 염소와 칼슘의 화합물

• **블리딩**

타설된 콘크리트에서 시멘트 및 골재가 침강하고 비중이 가벼운 잉여수 등이 상승하여 상면에 모이는 현상

• **워커빌리티**

반죽질기의 여하에 따르는 작업의 난이도 및 재료의 분리에 저항하는 정도를 나타내는 굳지 않은 콘크리트의 성질

2.3 기타부속구조물

• 보행자 서비스수준

보행자의 통행안전, 편리, 쾌적감에 관련된 보도의 사용상태를 나타내는 것으로, A~F까지 6등급으로 나눌 수 있음. A수준은 가장 양호한 상태, F수준이 가장 불량한 상태를 의미함.

• 차량방호 안전시설

도로법 제3조 및 도로의 구조·시설 기준에 관한 규칙 제37조에 규정된 시설 중 차량의 이탈이나 정면충돌 등과 같은 치명적인 교통사고의 피해를 줄이기 위해 설치하는 각종 방호울타리(노측용, 중분대용, 교량용), 전이구간, 가드레일 단부장치, 충격흡수시설 등을 말함.

• 차량 방호울타리

주행 중 정상적인 주행 경로를 벗어난 차량이 길 밖, 대향 차로 또는 보도 등으로 이탈하는 것을 방지하는 동시에 탑승자의 상해 및 차량의 파손을 최소한도로 줄이고, 차량을 정상 진행 방향으로 복귀시키는 것을 주목적으로 설치하는 시설물을 말함.

• 노측용 방호울타리

차량이 길 밖으로 이탈하는 것을 방지하기 위하여 도로의 길어깨 측에 설치하는 방호울타리

• 중앙분리대용 방호울타리

왕복방향으로 통행하는 차량들이 대향차도 쪽으로 이탈하는 것을 방지하기 위해 도로 중앙의 분리대 내에 설치하는 시설물을 말함.

• 보도용 방호울타리

차량이 길 밖으로 벗어나 보도로 침범하여 일어나는 교통사고로부터 보행자 등을 보호하기 위하여 설치하는 방호울타리

• 보행자용 방호울타리

보행자, 자전거 등이 길 밖으로 추락하는 것을 방지하기 위해 설치하거나 보행자의 무단 도로횡단을 방지하기 위하여 설치하는 방호울타리

• 교량용 방호울타리

교량 위에서 차량이 차도로부터 교량 바깥, 보도 등으로 벗어나는 것을 방지하기 위해서 설치하는 방호울타리

• 난간

교량에서 보행자와 자전거가 교량 바깥으로 떨어지는 것을 방지하기 위한 교량용 방호울타리의 일종

• 난간 겸용 차량 방호울타리

교량에서 차량의 방호 기능과 보행자, 자전거 등이 교량 밖으로 떨어지는 것을 방지하기 위한 난간의 기능을 모두 갖춘 교량용 방호울타리의 일종

• 연성 방호울타리

방호울타리를 강성에 따라 구분한 것으로, 차량 충돌시 구성 부재가 변형되는 방호울타리

• 강성 방호울타리

방호울타리를 강성에 따라 구분한 것으로, 차량 충돌시에 구성 부재가 거의 변형되지 않는 방호울타리

• 연석

보도와 차도를 구분하기 위해 보도와 차도의 경계부에 설치하는 것으로 운전자의 시선유도나 배수유도기능을 하며, 차도를 벗어난 차량이 보도로 진입하는 것을 억제해주는 효과가 있음.

• 교량연석

교량의 최 외측에서 끝에 차량이 교량 밖으로 이탈하는 것을 방지하기 위해 차도면보다 높은 구조를 갖는 부분

• 분리대

차로를 왕복방향별 또는 동일방향별로 분리하기 위하여 설치되는 도로의 부분임.

• 방호울타리형 중앙분리대

분리대에 방호울타리를 설치한 형식의 중앙분리대를 말함.

• **측대**

운전자의 시선을 유도하고 측방 여유를 확보하며, 도로 포장단의 파손을 막기 위해 차도에 접속하여 중앙분리대 또는 노측에 설치하는 띠 모양의 부분을 말함.

• **노면조도**

노면이 광원의 빛으로 조사(照射)되는 정도를 의미하며, 입사되는 광속을 노면의 면적으로 나눈 값을 말하며, 단위는 (lx)로 표시함.

• **현광방지시설**

대향차도에서 다가오는 차량의 전조등으로 인한 운전자의 눈부심을 방지하기 위해 설치하는 시설임.

• **전이구간**

상이한 강도나 형식을 갖는 방호울타리들이 연결되어, 구조물의 강성이나 단면이 변화되는 구간으로 강도나 단면을 완만하게 변화시켜 연속성을 준 구간

• **노면휘도**

노면이 조명기구에서 오는 광속을 반사하여 생기는 휘도(輝度)를 말하며, 단위는 (cd/m^2)로 표시함.

• **균제도(均齊度)**

조도의 균일한 정도

• **연색성(演色性)**

조명이 물체의 색감에 영향을 미치는 현상

• **야외휘도**

운전자 전방의 터널 입구부 야외의 휘도

• **마모층**

차량의 주행과 교량의 진동에 의한 반복재하 하중에 저항하고 하절기 고온에 대한 안정성을 확보하기 위하여 설치한다.

• **택코트**

포장의 상, 하층을 접착시키기 위한 층으로 유화 아스팔트와 고무가 첨가된 아스팔트 유제 등을 사용한다.

• **레벨링층**

상판 표면의 요철을 조정하며 평탄성을 확보하고 마모층과 일체가 되어 거동한다. 필요에 따라 방수층의 역할을 겸하기도 한다.

• **접착층**

강상판에 방수층 또는 포장을 접착시켜 일체화시키기 위해 설치한다. 접착층에 사용하는 재료는 하층이 가열 아스팔트 혼합물이나 구스아스팔트의 경우 고무접착제를 사용하고 경화성 아스팔트혼합물의 경우에는 경화성 아스팔트계접착제를 사용한다.

• **방수층**

물의 침투를 방지하여 상판의 내구성을 높이기 위해 설치한다. 방수층의 종류로는 도막계 방수층, 침투계 방수층, 시트계 방수층, 포장 방수층이 있다.

• **줄눈**

포장과 구조물사이 또는 신축장치의 이음부분 등 빗물이 침투하는 부분에 설치하며, 상판과 포장의 내구성을 확보하기 위해 설치한다.

• **가열 아스팔트 혼합물(hot mix asphalt concrete)**

굵은 골재, 잔골재, 채움재 등에 적절한 양의 아스팔트 바인더와 필요시 첨가재료를 넣어서 고온(160도 이상)으로 가열 혼합한 아스팔트혼합물

• **개립도(open graded)**

골재의 입도분포 특성이 20% 이상의 공극이 생기는 입도

• **개립도 아스팔트 혼합물(open graded asphalt concrete)**

가열 아스팔트혼합물로서 합성 입도가 2.5mm체 통과분이 5~20% 범위로 구성되어 있어서 포장 후 노면이 매우 거칠어 소성변형 저항 또는 미끄럼 방지용으로 사용될 수 있는 혼합물

• **개질(改質) 아스팔트(modified asphalt)**

도로 포장용 석유아스팔트의 성질을 개선한 아스팔트바인더로 저온에서 신도(伸度) 및 터프니스 · 티네시티(toughness · tenacity)를 향상시키고, 고온에서 유동저항성을 향상시키기 위해 각종 폴리머, 플라스틱, 고무 등 다양한 개질재를 첨가해서 개량된 아스팔트 바인더로 프리믹스방식과 플랜트 믹스방식이 있음.

• **갭(Gap)입도 아스팔트 혼합물(gap grade asphalt concrete)**

가열 아스팔트혼합물로서 합성입도가 2.5mm~0.6mm 또는 5mm~0.6mm의 입경부분이 10% 정도 이내의 불연속 입도로 구성되며, 내마모성, 내유동성, 미끄럼 저항성 등을 향상시키기 위해 사용

• **갭입도**

입도분포 중 일정한 크기의 골재가 적게 혼합된 입도

• **고점도의 개질아스팔트**

점도가 높은 개질아스팔트 바인더로 개질을 위하여 폴리머, 고무, 플라스틱 등을 넣어서 개량한 아스팔트 바인더

• **구스아스팔트**

트리니대드 아스팔트 등 천연아스팔트 분말을 주재료로 하여 고온시 혼합물의 유동성을 이용하여 포설하고, 피니셔나 큰 흙손으로 편평하게 고르도록 한 아스팔트

• **RAP아스팔트(Reclaimed Asphalt Pavement asphalt)**

아스팔트 콘크리트 순환골재를 용매를 이용하여 골재와 아스팔트로 분리하고, 분리된 아스팔트에서 용매를 제거한 노화된 아스팔트

• **밀입도(dense gradation)**

Fuller 입도를 근간으로 한 연속입도로서 골재 입자간의 공간이 가장 작은 상태로 빽빽하게 채워지면서 최대밀도를 나타내는 내구성이 큰 입도를 말함.

• **밀입도 갭 아스팔트 혼합물**

밀입도 아스팔트혼합물과 입도가 유사한 가열 아스팔트혼합물로서 5mm(No.4)~0.6mm(No.30) 입경의 골재를 거의 포함하지 않으며, 미끄럼 저항성이 우수하여 미끄럼 방지를 겸한 표층에 사용

- **밀입도 아스팔트 포장(dense grade asphalt pavement)**

아스팔트혼합물의 합성입도에 8번 체 통과량이 35~50%의 범위로 구성되며, 가장 일반적으로 적용되는 표층용 아스팔트포장의 한 종류임.

- **밀입도 아스팔트 혼합물(dense grade asphalt mixture)**

아스팔트혼합물의 합성입도에 8번 체 통과량이 35~50%의 범위로 구성되며, 가장 일반적으로 사용되는 표층용 아스팔트혼합물

- **세립도 갭 아스팔트 혼합물**

가열 아스팔트혼합물로서 갭입도를 갖는 세립도 아스팔트혼합물을 말함. 8번 체통과량은 45~65%의 연속입도의 것과 거의 같으나 2.5mm~0.6mm의 입경 부분이 적고, 0.6mm 통과량은 비교적 많음. 연속입도의 것보다 내마모성이 우수함.

- **세립도 아스팔트 혼합물**

가열 아스팔트혼합물로서 밀입도 아스팔트혼합물보다도 세립분이 많은 혼합물. 8번 체 통과량은 일반지역에서 50~65%, 적설 한냉지역에서는 65~80%, 아스팔트 함량은 전자에서는 6~8%, 후자에서는 7.5~9.5%를 사용함. 일반적으로 내구성은 우수하나 내유동성이 떨어짐.

- **쇄석 매스틱 아스팔트 혼합물(SMA : stone mastic aspalt mixture)**

골재, 아스팔트, 셀룰로오스 화이버(Cellulose Fiber)로 구성되며, 굵은 골재의 비율을 높이고, 아스팔트 함유량을 증가시켜, 아스팔트의 점착력은 골재의 탈리를 방지하는 역할을 담당하고, 압축력과 전단력에 저항하는 힘은 전부 골재의 맞물림(Interlocking)에 의한 내유동성 아스팔트혼합물을 말함.

- **시멘트 안정처리(cement stabilization)**

입상재료에 시멘트를 혼합하여 최적함수비 부근에서 다져 노상, 기층, 보조기층을 만드는 공법

- **시멘트 안정처리 필터층(cement stabilized filter base)**

필터층의 침식을 방지하기 위하여 시멘트로 안정 처리된 필터층

• **시멘트 콘크리트 포장(cement concrete pavement)**

린 콘크리트, 아스팔트, 입상재료로 된 보조기층 위에 시멘트 콘크리트로 표층을 타설한 포장으로 슬래브의 구조에 따라 줄눈 콘크리트포장, 연속철근 콘크리트포장, 프리스트레스트 콘크리트포장 등으로 구분됨.

PART 02 교량유지관리 실무가이드

Ⅰ. 받침 유지관리

Ⅱ. 신축이음 유지관리

Ⅲ. 기타 부속시설물

I. 받침 유지관리

01 일반사항

02 설계

03 유지관리

04 받침 교체의 시공사례와 문제점

05 받침 설계사례

06 받침 국내손상사례

01 일반사항

1.1 받침부의 기본사항

받침부는 그림 1.1에 나타낸 것과 같이 상부구조와 하부구조의 접점에 위치한다. 그리고 받침구조는 그림 1.2 및 그림 1.3에 나타낸 것과 같이 받침 본체와 상부구조, 하부구조와의 설치부재 및 받침부 모르타르블록으로 구성된다. 받침부는 상부구조로부터 다양한 하중을 확실하게 지지하고, 하부구조로 전달하는 중요한 부위이므로 교량 전체가 본래 기능을 발휘하기 위하여 중요한 역할을 담당하고 있다.

받침부가 역할을 충분히 발휘하기 위해서는 받침부가 가져야 하는 기능, 설계방법, 구성재료, 제작시 품질관리 방법, 설치방법 및 유지관리방법 등을 정리하고 활용하여야 한다.

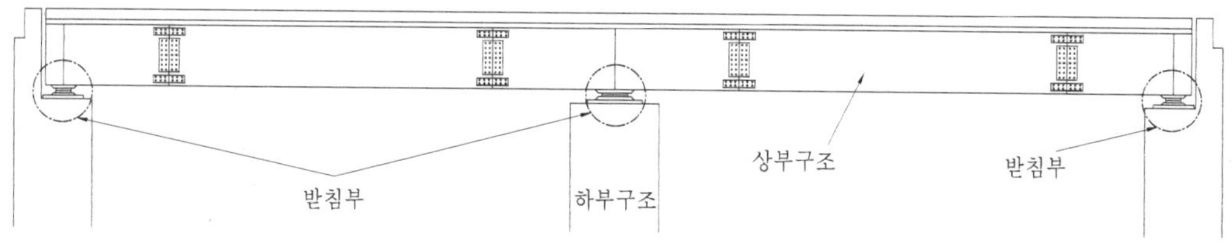

그림 1.1 받침부 위치

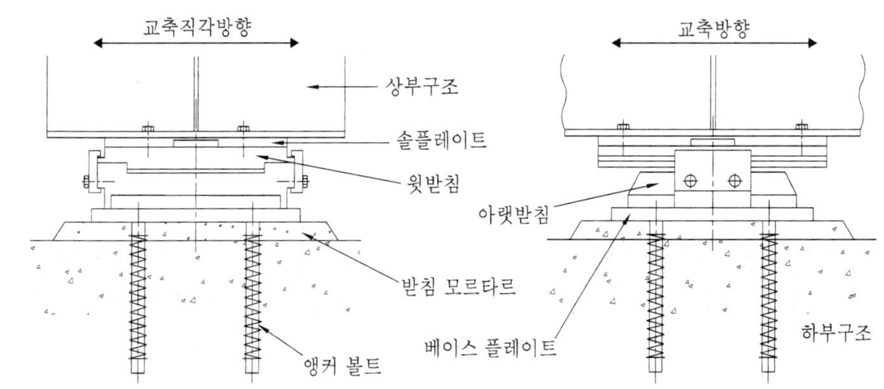

그림 1.2 강재받침부 구조도

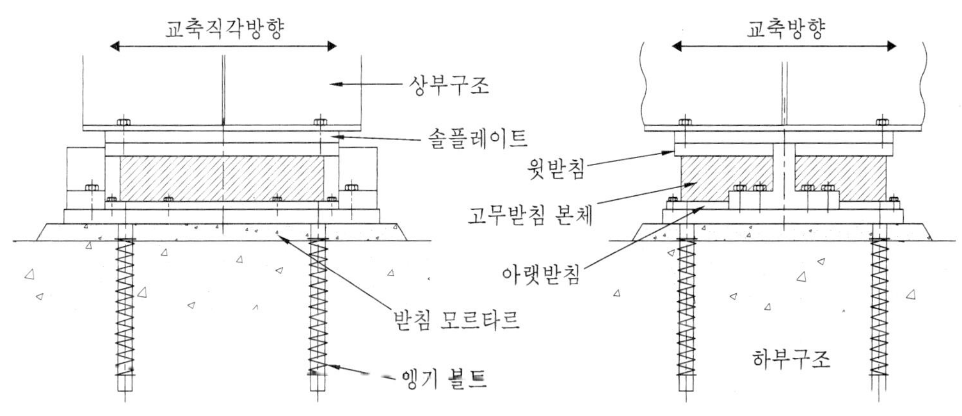

그림 1.3 고무받침부 구조도

1.1.1 받침부 기능

받침부가 필요로 하는 기본적인 기능에는 하중전달 기능으로서의 연직력 지지와 수평력 지지의 기능이 있으며, 변위허용기능으로서 수평이동과 회전의 기능이 있다. 또한 상양력 지지 또는 감쇠 등의 기능도 있으므로 각각의 기능에 대응하는 기구(메커니즘)가 있다.

1) 연직력 지지기능

연직력 지지기능은 연직하중을 안정적으로 지지하고, 상부구조를 소정의 높이로 유지하는 기능이며, 재료는 주로 강재와 고무가 사용된다.

연직력 지지 기능
- 접촉기구 : 강재, 고무, 콘크리트
- 전달기구 : 강재, 고무, 콘크리트

연직력 지지의 기본적인 기구에는 접촉기구와 전달기구가 있는데, 강재를 사용하는 기구에는 그림 1.4에 나타내는 평면접촉, 선접촉, 원주면접촉 및 구면접촉 등이 있다. 고무재료를 사용하는 받침은 고무본체에 의해 연직지지를 실행하는 것과 동시에 연직하중을 지지하면서 이동·회전이 가능한 기구로 되어 있다.

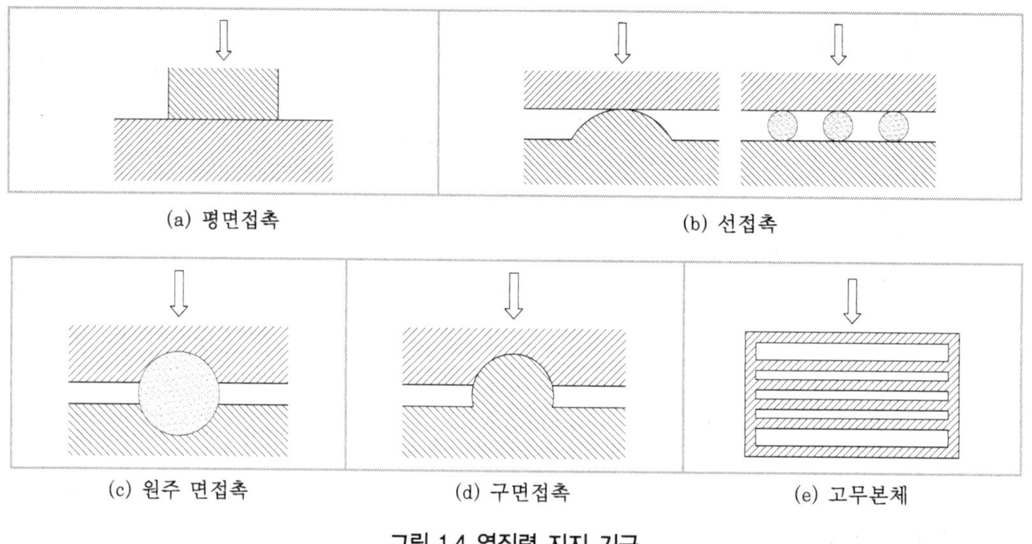

그림 1.4 연직력 지지 기구

2) 수평력 지지기능

수평력 지지기능은 기본적으로 수평하중에 저항하여 상부구조를 소정의 위치로 유지하는 기능이며, 사용재료는 주로 강재와 고무가 있다.

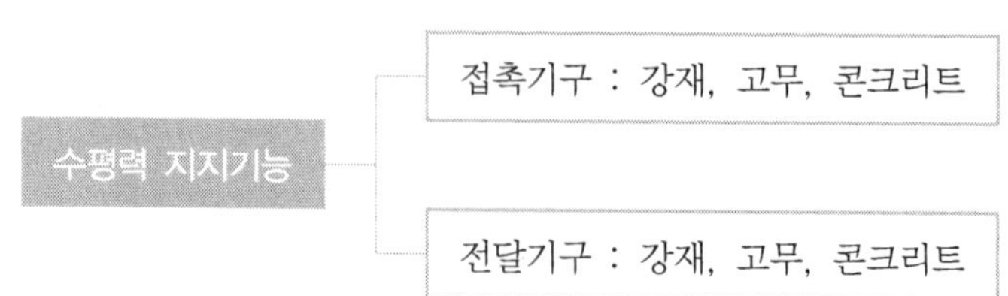

수평력 지지기구에는 접촉기구와 전달기구가 있다. 그림 1.5에 기본적인 수평력 지지기구를 나타내었다. 강재를 사용하는 수평력 지지기구에는 평면접촉, 원주면접촉 및 구면접촉 등이 있으며, 기본적으로 수평이동을 발생시키지 않으며 하중을 지지한다. 고무를 사용하는 수평력 지지기구에는 압축지지와 전단지지의 기구가 있으며, 전단지지기구로 사용하는 경우 고무는 탄성변형을 하면서 수평하중에 저항하기 때문에 수평방향으로 변위가 발생한다. 고무의 전단변형은 수평력의 분산기능이나 감쇠기능에도 사용된다.

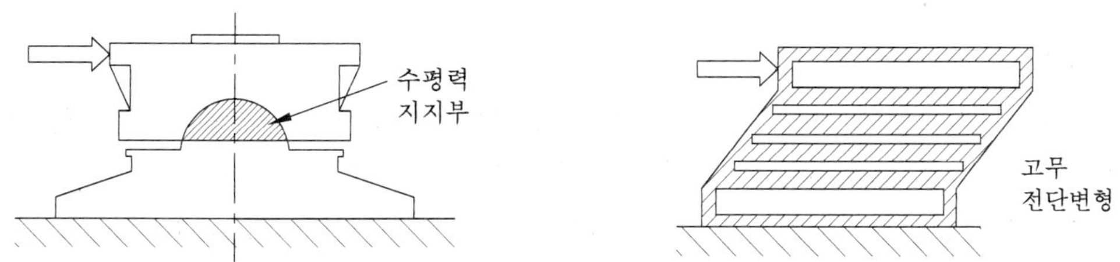

그림 1.5 수평력 지지 기구

3) 수평이동 기능

수평이동 기능은 온도변화 등에 의한 상부구조 신축에 원활하게 대응하며, 사용재료는 강재, 고무, 수지 등이 있다.

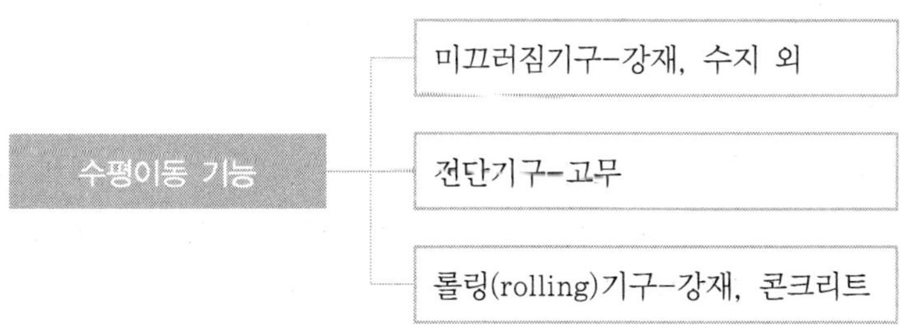

수평이동 구조는 그림 1.6에 나타낸 것과 같이 미끄러짐재의 마찰을 이용한 미끄러짐기구와 고무의 전단변형을 이용하는 전단기구가 있다. 이 외 롤러의 롤링(rolling)을 이용하는 롤링기구도 있다. 미끄러짐기구에서는 이동시에 각각 마찰저항력이나 전단저항력이 발생하며, 고무의 전단저항력은 일반적인 사용범위에서는 변형량에 비례하여 증가한다.

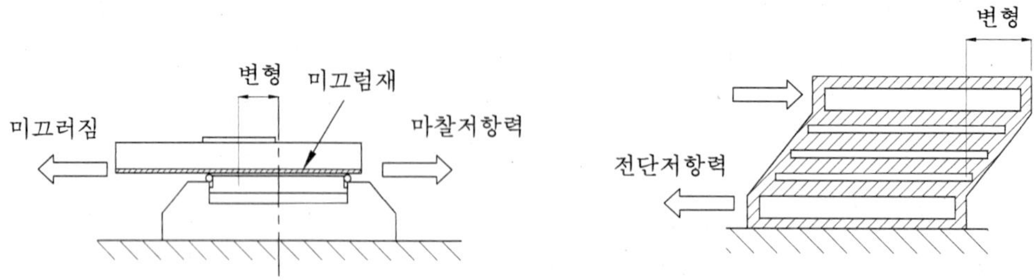

그림 1.6 수평이동 기구

4) 회전 기능

회전 기능은 차량하중(활하중) 등의 재하에 의한 상부구조의 변형에 원활하게 대응할 수 있으며, 교축방향으로만 회전하는 **일방향 형식**과 교축직각 방향도 회전할 수 있는 **전방향 대응형식**이 있다. 일반적으로 강교에서의 설계회전각(rad)은 단부지점에 대해 1/150, 중간지점에서는 1/300이 사용되고 있다. 사용재료는 강재나 비철금속, 고무 등이 있다.

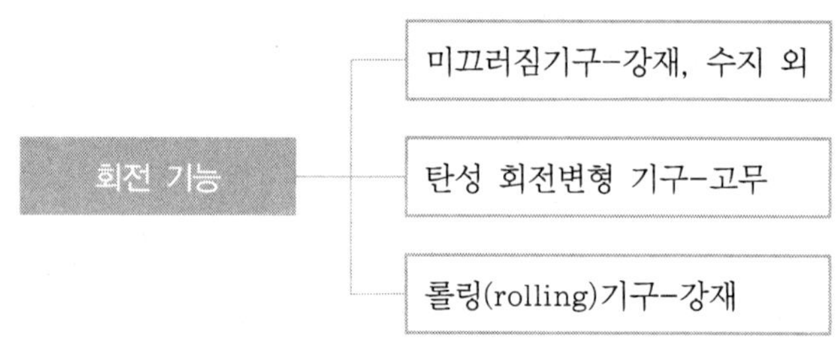

회전기구는 미끄러짐, 탄성회전변형, 롤링구조 등이 있다. 그림 1.7에 나타낸 것과 같이 강재 및 고력황동주물 등의 비철금속은 원주면접촉이나 구면접촉의 미끄러짐을 이용하여 회전한다. 또한 고무는 연직하중에 의한 고무의 탄성변위 내에서 회전하므로 기본적으로 고무에 인장력을 작용시키지 않는다.

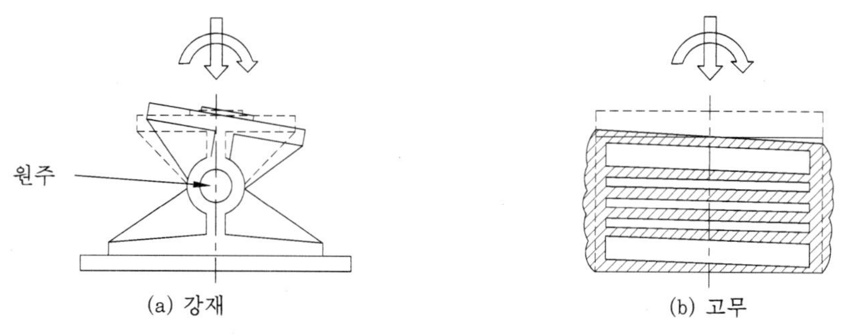

그림 1.7 회전기구

5) 상양력(uplifting) 지지기능

상양력 지지기능은 교량에 차량하중이 작용하지 않는 경우나 차량하중 재하시(이하 상시)에 발생하는 부(−)의 힘 또는 지진력 작용에 의한 상부구조 부상에 저항하는 기능으로 사용재료에는 강재와 고무가 있다.

상양력 지지기구에는 접촉기구와 전달기구가 있으며, 강재를 사용하는 기구는 선접촉이나 면접촉에 의해 기본적으로 변형을 발생시키지 않으며 하중을 지지한다. 또한 고무의 경우는 상시에는 고무에 압축이 작용하도록 사용되므로, 상시에 고무에 인장이 작용하는 교량에 대해서는 피로 내구성에 대한 신뢰가 불확실하므로 적용하여서는 안 된다. 또한 고무에 전단변형이 발생하는 경우에는 고무의 탄성변형에 의한 상향변위가 발생하는 것에 주의할 필요가 있다. 그림 1.8에 밀폐고무받침판받침(「1.1.3 받침 종류」 참조)의 사이드블록에 의한 상양력 지지기구의 구조도를 나타낸다.

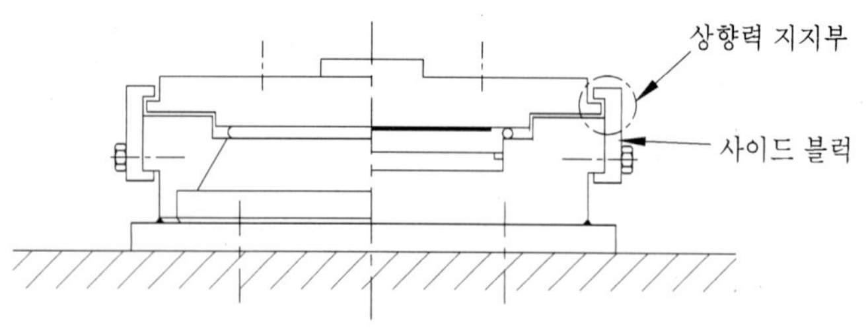

그림 1.8 상향력지지기구의 구조도

6) 감쇠기능

감쇠기능은 지진의 진동에너지를 이력감쇠나 마찰감쇠 등으로 흡수하여 지진력을 저감시키는 것이다. 사용하는 재료는 고감쇠 고무로 대표되는 고무재료, 납 등의 금속재료, 마찰 감쇠재로서의 테플론 등의 수지재가 있으며, 감쇠기능을 가지고 있는 받침은 면진받침으로 사용된다.

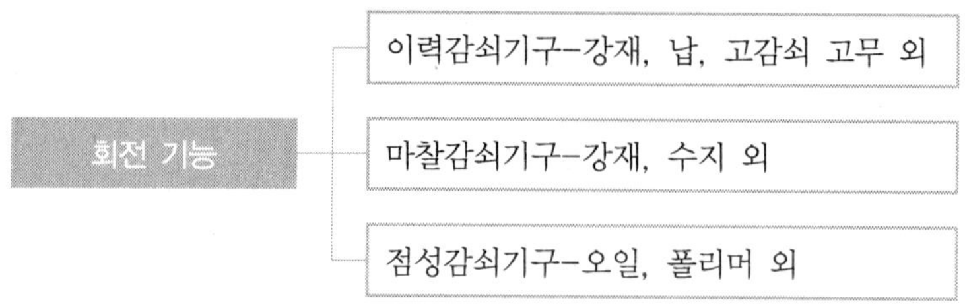

감쇠기구에는 이력감쇠, 마찰감쇠, 점성감쇠가 있는데, 이력감쇠기구는 고감쇠 고무 등과 같이 재료 비선형성을 이용한 감쇠기구이다. 또한 마찰감쇠기구는 마찰력이 이동방향에 대해 역방향의 저항력으로서 작용하는 것을 이용한 감쇠기구이며, 점성감쇠기구는 기름이나 특수한 폴리머 등의 점성재료의 저항력을 이용한 감쇠기구이다.

그림 1.9에 감쇠기구로서 넓게 이용되고 있는 고감쇠 고무받침 이력곡선의 사례를 천연고무받침 이력곡선 사례와 함께 나타내었다. 그림 1.9에 나타내는 곡선은 연직하중을 재하한 상태에서 수평하중에 의해 전단변형 시킨 것이며, 곡선으로 둘러싸인 부분의 에너지흡수에 의해 지진력을 저감한다. 이력곡선으로부터 천연고무받침에 비해 고감쇠 고무받침의 에너지흡수 크기가 큰 것을 확인할 수 있다.

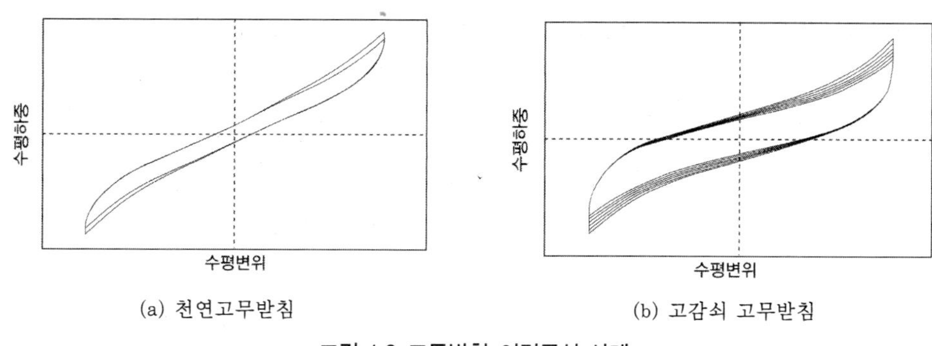

(a) 천연고무받침 (b) 고감쇠 고무받침

그림 1.9 고무받침 이력곡선 사례

1.1.2 받침부 재료

받침에 사용하는 재료는 주로 강재와 수지재료 및 고무가 있다. 강재는 구조용 압연강재, 스테인리스강재 및 주강품 등이 있으며, 고장력볼트재로서 구조용합금강도 사용되고 있다. 표 1.1에 주로 사용되는 강재의 허용응력을 나타내었다. 이들 재료는 각각 KS에 화학성분, 기계적 성질 등이 규정되어 있으며, 설계에 사용하는 허용응력은 도로교설계기준 등에 규정되어 있다.

표 1.1 철강재류의 허용응력

응력 종류 재료 종류		강재 두께 (mm)	기준 항복점 (MPa)	인장 응력 (MPa)	휨응력 (MPa)	전단 응력 (MPa)	지압응력(MPa)	
							미끄러짐이 있는 평면	미끄러짐이 없는 평면
구조용 압연 강재	SS400	40이하	235	140	140	80	210	105
		40이상	215	125	125	75	190	95
	SM490	40이하	315	185	185	105	280	140
		40이상	295	175	175	100	260	130
주강	SC45	150이하	225	140	140	80	210	105
	SCW410	150이하	235	140	140	80	2310	105
	SCW480	150이하	275	170	170	100	250	125
	SCMn1A	150이하	275	170	170	110	250	125
	SCMn2A	150이하	345	190	190	110	280	140
탄소강	SC35C(N)		305	190	190	110	280	140
	SC45C(N)		345	210	210	120	310	155

수지재료는 테플론(PTF(Polytetrafluoroethylene) : 폴리테트라 플루오로에틸렌 수지)이 많이 사용되고 있다. 또한 고무재료로는 주로 천연고무(NR : Natural Rubber)나 클로로프렌고무(CR : Chloroprene Rubber)가 사용되므로, 전단탄성계수(MPa)는 0.6~1.4 정도로 종류에 따라 구분되어 있다. 또한 고무자체에 감쇠기능을 가지고 있는 재료로, 고감쇠고무(HDR : High Damping Rubber)나 초고감쇠고무(HDR-S : Super High Damping Rubber) 등도 있다.

천연고무는 고무수액을 원료로 하는 재료로, 신장률이 좋고 인장강도가 높으며 내구성이 우수하기 때문에 가장 많이 사용되고 있다. 한편 클로로프렌고무는 석유를 원료로 하는 재료로, 내후성이 뛰어나므로 철도 침목의 완충패드나 30mm 정도의 얇은 고무받침에 사용되고 있다. 표 1.2에 고무받침 설계에 주로 이용되는 표준값을 나타내었다.

표 1.2 고무의 명칭과 설계에 이용되는 표준값

재료의 종류	기호	명칭	전단탄성계수(MPa)	파단신장률(%)	인장강도(MPa)
천연고무	NR	G6	0.6	600	15 이상
		G8	0.8	550	
		G10	1.0	550	
		G12	1.2	500	
		G14	1.4	450	
클로로프렌고무	CR	G8	0.8	450	
		G10	1.0	450	
		G12	1.2	450	
초고감쇠고무	HDR-S	G8	0.8	650	10 이상
		G10	1.0	600	
		G12	1.2	550	

1.1.3 받침 종류

받침은 교량의 형식이나 규모, 지진에 대한 설계방법 차이 등에 의해 다양한 형식이나 기구가 있으며, 또 기능차이에 따라 여러 가지로 분류된다. 주요재료 차이로 분류하면 강재로 구성되어 있는 강재받침과 고무로 구성되어 있는 고무받침으로 분류할 수 있다.

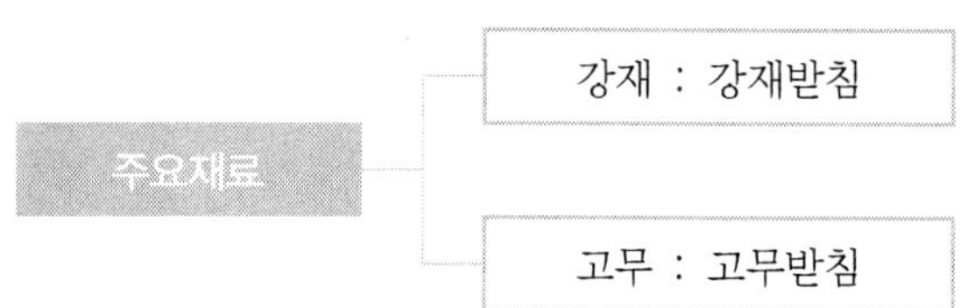

수평력 지지기능 차이로 분류하면 지진력 등의 수평력을 지지하는 고정받침과 수평력은 지지하지 않지만 상부구조의 신축에는 원활하게 대응할 수 있는 가동받침으로 분류할 수 있다.

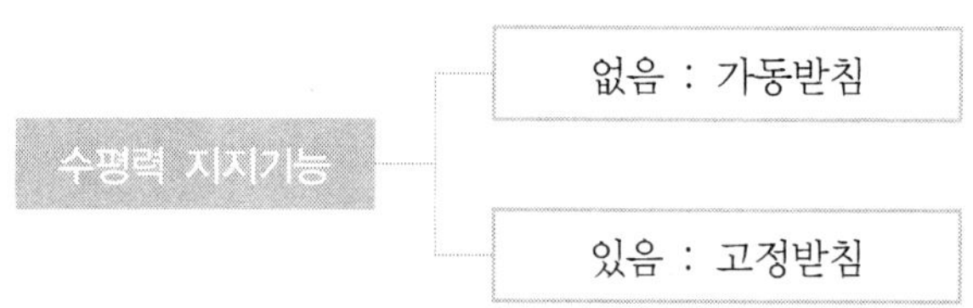

지진력에 대한 기능으로 분류하면, 고무받침 전단강성을 이용하여 지진력을 다지점에 분산시킬 수 있는 지진 수평력분산 고무받침과 감쇠기능을 갖고 있는 면진받침으로 분류할 수 있다.

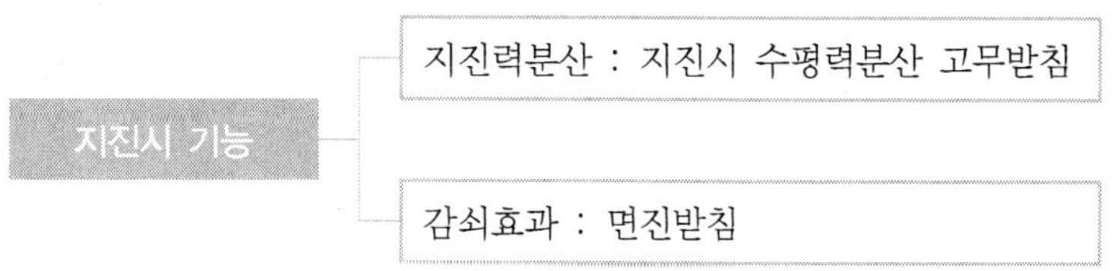

또한 받침기능의 전체적인 구성에 따라 분류하면 기능일체형 받침과 기능분리형 받침으로 분류할 수 있다.

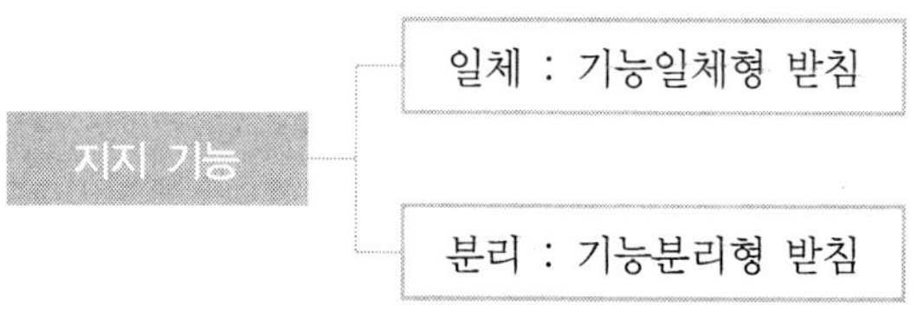

받침은 설계지진 레벨에 따라 타입 A 받침, 타입 B 받침으로 구분된다. 타입 A 받침은 레벨 1의 지진에는 받침만으로 저항하고, 레벨 2의 지진에는 변위제한구조와 보완하여 저항

한다. 타입 B 받침은 받침만으로 레벨 2의 지진에 저항할 수 있으므로, 타입 B의 강재받침의 설계·제조도 가능하여 사용실적이 증가하고 있다.

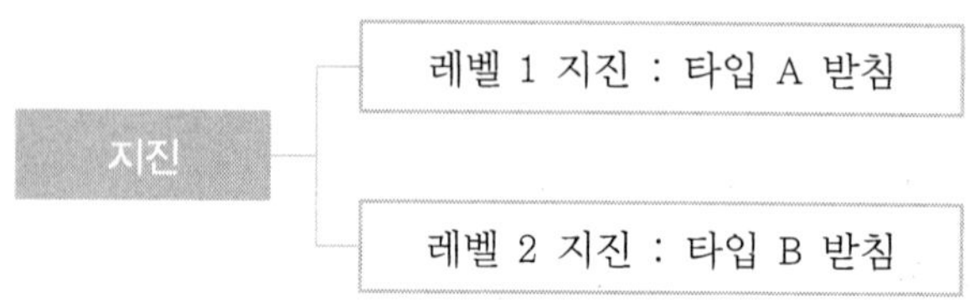

다음에 강재받침 및 고무받침의 일반적인 종류에 대해 나타내었다.

1) 강재받침 종류

강재받침은 연직력지지 및 이동·회전 등에 대응하는 기구나 구조에 따라 선받침, 받침판받침, 롤러받침, 핀받침 및 피벗받침으로 분류할 수 있다.

(1) 선받침(LB받침)

그림 1.10에 나타낸 선받침(LB : Line Bearing)은 주로 교량길이가 30m 정도 이하의 소규모 교량에 사용되며, 평면과 곡면을 가지는 강재로 연직하중을 지지하고, 평면과 곡면으로 수평이동과 회전에 대응한다. 주요재료는 압연강재와 주강품이 사용되며, 앵커볼트는 2개 이상 배치하는 것이 바람직하다(그림 1.11 참조).

일반적으로 강재와 주강품의 설계마찰계수는 0.25이다. 그러나 평면과 곡면을 가지기 때문에 철강재의 접촉부가 마모되며, 부식 등에 의해 마찰계수가 증대하고, 이동이나 회전기능에 악영향을 주기 때문에 가동받침으로서의 사용은 바람직하지 않다. 또, 회전방향은 일방향이므로 사교 등의 이동방향과 회전방향이 다른 교량에서의 사용은 피하여야 한다.

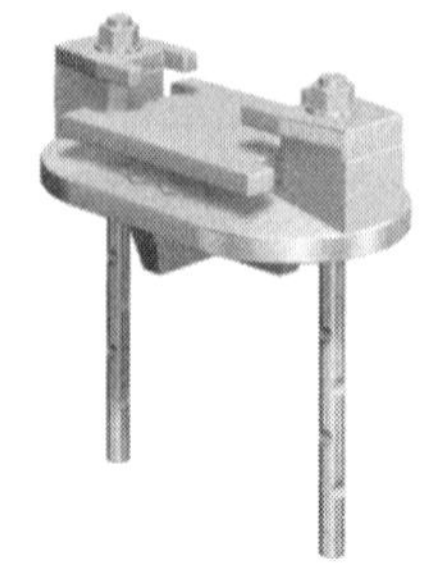

그림 1.10 선받침 구조도

그림 1.11 선받침 적용사례

(2) 받침판받침(고력황동 받침판받침, 포트받침)

받침판받침은 그림 1.12에 나타낸 것과 같이 고력황동 받침판받침(일본 : BP・A받침, 미국: Disc Bearing)과 포트받침(밀폐고무받침판받침, 일본 : BP・B받침, 미국 :PTFE받침)의 2종류가 대표적이다. 이 이외에도 고력황동 받침판받침과 유사한 스페리컬받침이 사용되고 있다.

고력황동 받침판받침은 고력황동 받침판(베어링 플레이트)으로 수평이동과 회전에 대응하며, 상・하부 받침중앙에 한쪽은 곡면, 다른 쪽은 평면으로 하여 고체윤활제를 삽입시킨 고력황동판(HBsC4)을 면접촉시켜 수평이동과 회전에 대응한 것으로, 상양력과 이동제한은 스톱퍼(Stopper)로 양단에서 억제시킨 받침이다. 고체윤활유를 넣어 사용하므로 Oilless 받침이라는 이름으로 사용되어 왔다. 큰 수직하중을 받을 수 있고 전방향의 굴림기능을 가지며 반영구적으로 사용가능하다. 다만 마찰계수(0.15)가 크며, 무겁고 경제성이 낮다.

포트받침은 PTFE판(테플론판)과 스테인리스판으로 수평이동에 대응하고, 원통형 포트에 삽입된 고무플레이트로 회전에 대응한다. PTFE판은 산이나 약품에 강하고, 마찰계수도 장기적으로 안정하며 뛰어난 미끄럼재이며, 일반적으로 설계지압응력을 30N/mm^{2}를 적용하고 있다. 포트받침에 대한 상세한 규정은 "KS F 4424 교량 지지용 포트받침"을 참조하기 바란다.

스페리컬받침은 상・하부 받침의 중앙에 포트 받침과 같이 곡면, 평면접촉에도 불소수지판(PTFE)과 "MIRROR" 스테인리스판을 이용하여 미끄러짐기능을 갖게 한 받침이다. 큰 수직하중을 받을 수 있고 전방향의 굴림기능과 아주 작은 마찰계수(0.03)로 미끄러짐기능을 가지며 회전각이 커 경사진 교량에 설치가 용이하나, 경제성이 낮은 것으로 보고되고 있다.

가동받침의 경우에는 그림 1.13에 나타낸 것과 같이 윗받침의 절단부분과 사이드블록 사이에 이동량에 적합한 가동범위를 설정한다. 이 받침은 소규모교량으로부터 대규모 교량까지 폭넓게 사용이 가능하다.

스테인레스판과 미끄럼판(또는 고체 윤활재)의 조합에 의한 미끄러짐이나 베어링플레이트, 고무플레이트의 회전에 대하여 고력황동 받침판받침과 포트받침을 비교하면 장기 사용실적이나 열화 유무, 실험결과로부터 고력황동 받침판받침보다 포트받침이 우수한 것으로 나타나 현재는 포트받침이 많이 사용되고 있다.

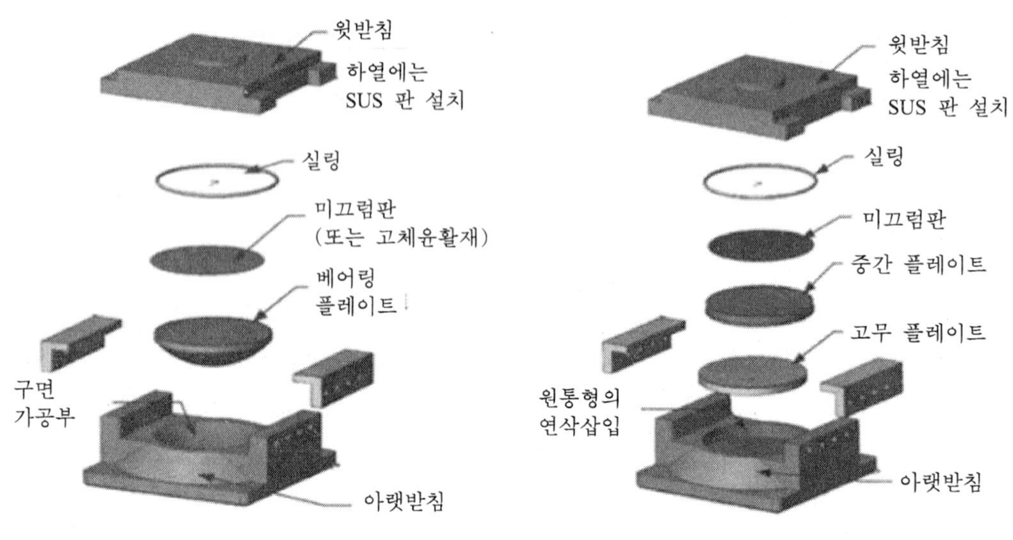

(a) 고력황동 받침판받침 (b) 포트받침

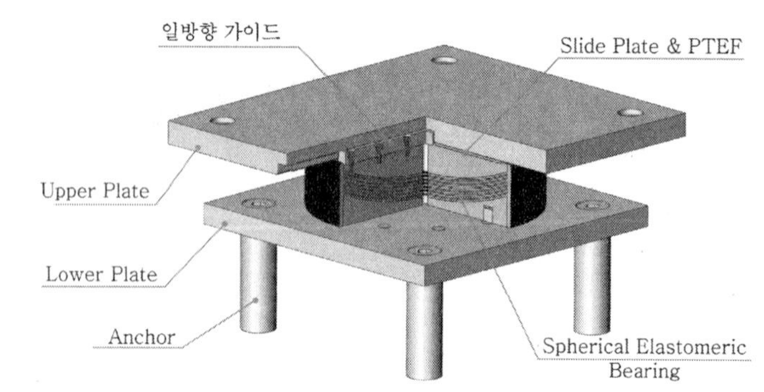

(c) 스페리컬 받침

그림 1.12 받침판 받침의 분해도 사례

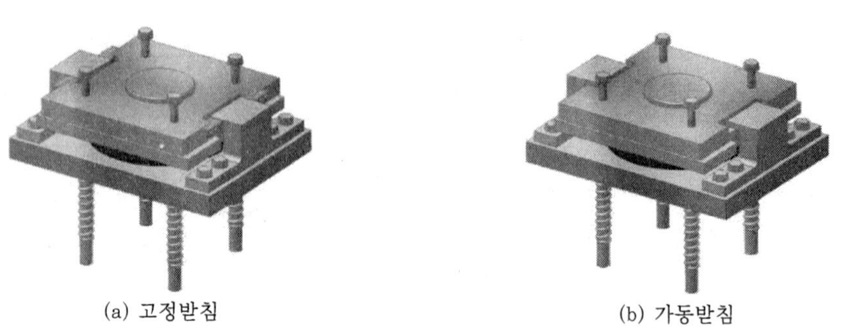

(a) 고정받침 (b) 가동받침

그림 1.13 받침판 받침(고정받침과 가동받침)의 구조도

받침판받침은 연직하중, 이동량, 수평력이 결정되면 설계가 가능하며, 연직하중이나 이동량이 동일한 경우 받침 높이는 고무받침 높이와 동일하다. 또한 내진성능도 수평력이나 상양력에 대한 저항력은 고무받침과 동등하다. 최근에는 PTFE판의 미끄럼 마찰감쇠를 이용한 면진설계도 사용되고 있다. 그림 1.14에 연직하중을 재하한 상태에서 수평하중에 의해 수평변위가 발생된 경우의 PTFE판 이력곡선 사례를 나타내었다. 고무받침과 동일하게 곡선으로 둘러싸인 부분의 에너지흡수에 의해 지진력을 저감시키는 것이 가능하다.

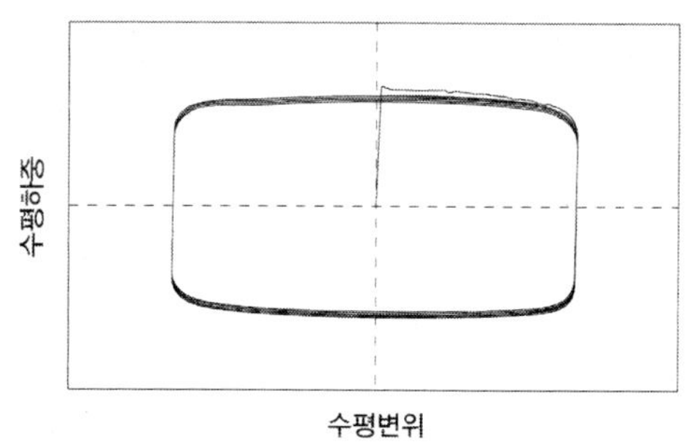

그림 1.14 PTFE판의 이력곡선 사례

(3) 핀받침(PN받침)

핀받침(PN : Pin Bearing)은 그림 1.16 및 그림 1.18에 나타낸 것과 같이 핀 부재에서 일방향 회전만을 허용하는 고정받침으로, 큰 연직하중에 대한 설계·제작이 가능하며 대규모 교량에도 적용할 수 있다. 핀받침 구조로는 그림 1.15의 지압형 핀받침과 그림 1.17의 전단형 핀받침의 2종류로 구분된다. 지압형 핀받침은 정반력 하중과 지진시의 상양력을 지지하는 고정받침이며, 전단형 핀받침은 정반력과 부반력 모두 지지 가능한 고정받침으로 회전각도 지압형에 비해 크게 작용할 수 있는 특징이 있다.

핀 부재는 S35CN 등의 구조용 압연강재를 사용하며 윗받침 및 아랫받침의 부재는 주강품을 사용하는 것이 일반적이며, 아치교 등에 사용빈도가 높은 받침이다. 그러나 아랫받침 평면이 커지는 경우에는 배수구배 혹은 물 빼기 등의 대책이 필요하다.

그림 1.15 지압형 핀받침

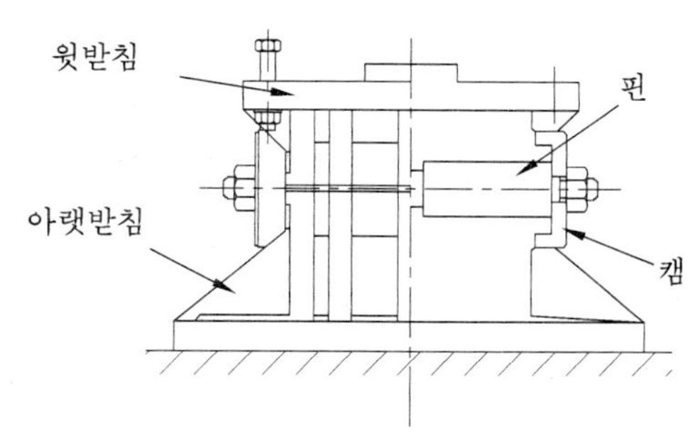

그림 1.16 지압형 핀받침 구조도

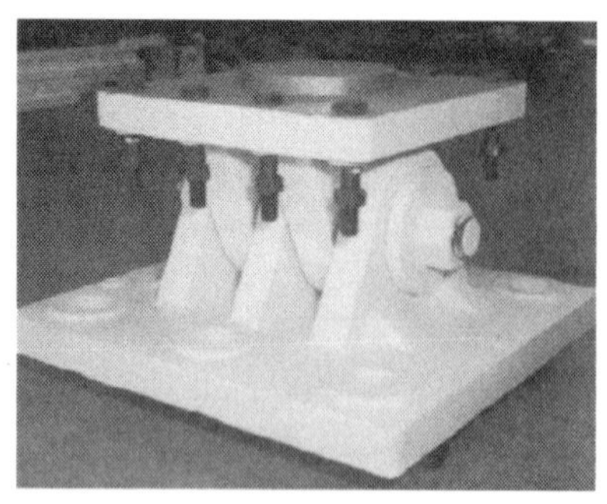

그림 1.17 전단형 핀받침

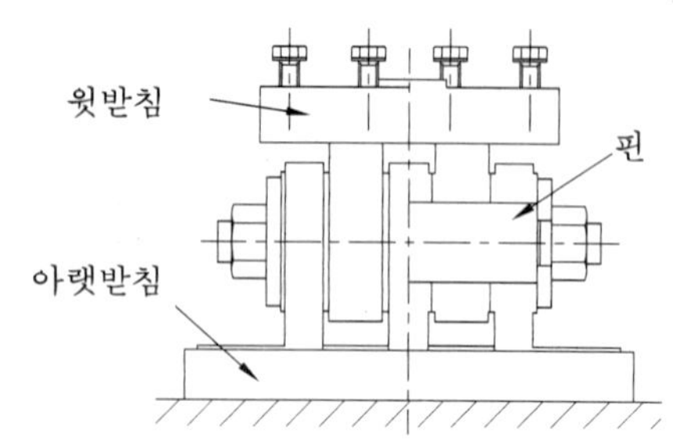

그림 1.18 전단형 핀받침 구조도

(4) 피벗받침(PV받침)

피벗받침(PV : Pivot Bearing)은 그림 1.19에 나타낸 것과 같이 구면 형상부로 연직하중을 지지하며, 전방향 회전에 대응 가능한 고정받침이다. 큰 연직하중에 대한 받침의 설계・제작이 가능하며, 대규모 교량에도 적용할 수 있다.

일반적으로 정반력 하중과 지진시 상양력을 지지하는 받침이다. 상시 부반력 하중에 대응 가능한 받침구조도 고안되어 있으나, 항상 상하방향으로 틈이 없는 상태로 회전 가능한 기구로 제작하여야 하므로 복잡한 구조가 된다. 일반적으로 사용하는 재료는 윗받침 및 아랫받침 모두 주강품이다. 또한 피벗 받침에서도 아랫받침의 평면이 커지는 경우에는 배수구배 혹은 물 빼기 등의 대책이 필요하다.

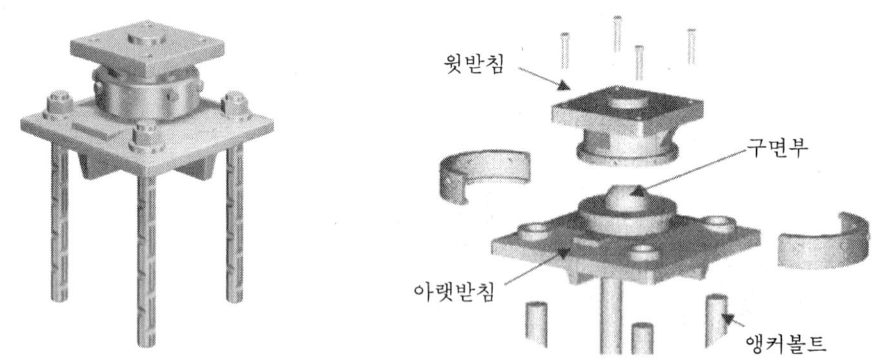

그림 1.19 피벗받침 분해도

(5) 롤러받침(RO받침)

롤러받침(RO : Roller Bearing)은 그림 1.20에 나타낸 것과 같이 1개 또는 복수 라인의 롤러를 가지는 가동받침이다. 1개 롤러받침은 이동기능과 회전기능을 1개의 롤러로 동시에 대응하므로 이동방향과 회전방향이 다른 경우에는 롤러에 교축직각 방향의 외력이 작용하여 뒤틀림 등이 발생할 가능성이 있다. 이 때문에 현재 신설교량에는 잘 사용하지 않는다. 복수 롤러받침은 롤러에 의해 연직하중을 지지하고, 롤러의 롤링으로 이동에 대응한다. 회전기능은 일방향 회전의 경우 핀 구조를 사용하고, 전방향 회전의 경우 피벗구조를 롤러상부에 설치하여 사용한다. 롤러에는 고강도로 내식성이 뛰어난 스테인리스강이 사용되며 롤러 이외의 부재에는 주강품을 사용하는 것이 일반적이다.

복수 롤러받침은 큰 연직하중과 이동량에 대한 설계, 제작이 가능하므로 대규모 교량에 사용 가능하지만, 지진시 롤러의 일탈 방지기구 및 롤러 이외의 수평력을 확실히 제어할 수 있는 기구의 고안 등이 필요하다. 롤러부의 롤링구조가 복잡해지므로 롤러 대신에 미끄럼 기구로 이동에 대응하는 받침구조 등도 실용화되고 있다. 롤러받침은 큰 회전이 필요한 곳에 유리하여 보통 표준형 설계시에 지지하중을 1500Ton까지, 이동량은 ±200mm까지 설계한다.

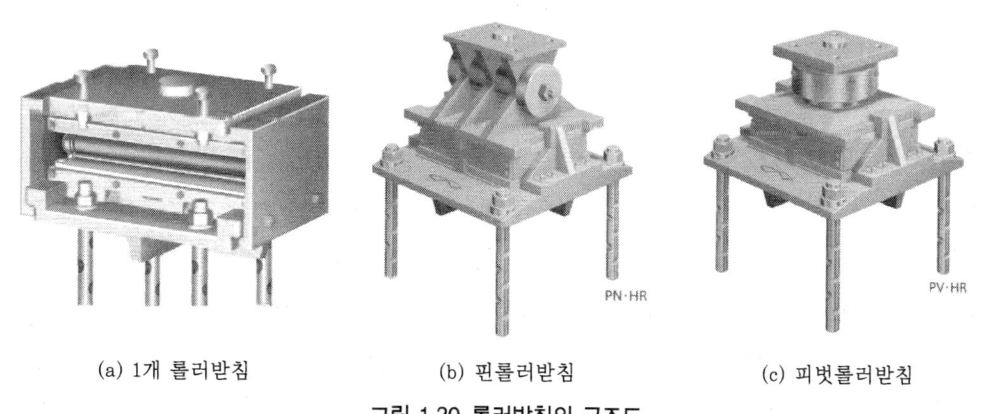

(a) 1개 롤러받침　(b) 핀롤러받침　(c) 피벗롤러받침

그림 1.20 롤러받침의 구조도

(6) 로커받침(RCK 받침)

로커받침(RCK : Rocker Bearing)은 그림 1.21에 나타낸 것과 같이 윗받침과 아랫받침 사이에 로커로 불리는 부재를 삽입한 가동받침이다. 평면과 절단원주면의 선접촉에 의해 연직하중을 지지한다. 거더의 회전과 이동은 로커의 롤링(rolling)으로 대응하며, 롤러받침의 롤러 대신에 복수의 로커를 이용한 구조도 있다.

(7) 로킹피어피벗받침(RPV 받침)

로킹피어피벗받침(RPV : Rocking pier pivot Bearing)은 그림 1.22에 나타낸 것과 같이 기둥의 상하에 피벗받침을 배치하여 가동받침 기능을 가지는 받침이다. 피벗받침은 앞에서 기술한 것과 같이 전방향 회전이 허용 가능한 고정받침이며, 단독으로는 이동기능을 가지지 않는다. 그러나 기둥 상하에 피벗받침을 설치하는 것으로 기둥의 전도와 상하의 피벗 회전기능에 의해 상부구조의 수평이동과 회전을 허용할 수 있는 받침이 된다. 지간장이 짧은 육교나 고속도로의 인터체인지교량 등에 사용된다.

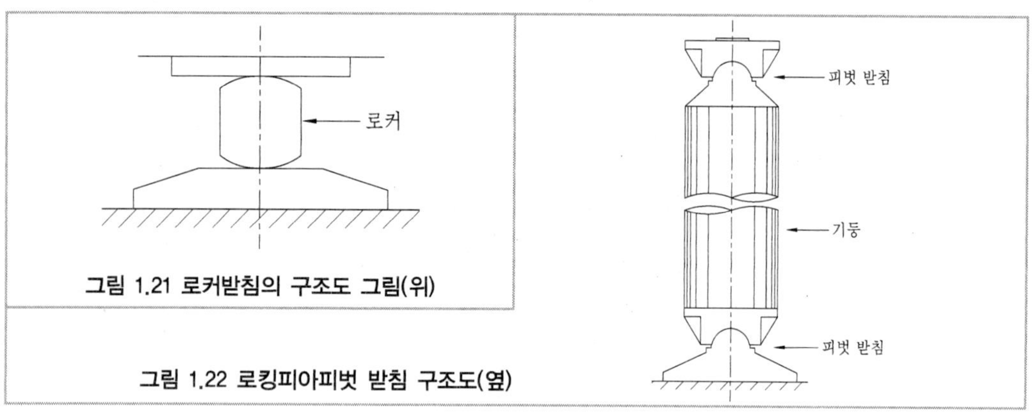

그림 1.21 로커받침의 구조도 그림(위)

그림 1.22 로킹피아피벗 받침 구조도(옆)

2) 고무받침의 종류

고무받침은 고무본체로 연직력 지지기능 및 이동·회전 기능을 가지고 있기 때문에 구조가 단순하며, 소규모 교량에서 대규모 교량까지 폭넓게 사용이 가능하다. 그러나 대규모 교량 단부지점의 경우, 받침 설계조건이 반력은 작고 이동량이 커서 받침본체의 평면치수 및 높이의 밸런스(2차 형상 계수)가 나빠져서 설계가 곤란해지는 경우도 있다. 고무받침을 크게 분류하면 패드형고무받침, 가동·고정형 고무받침, 지진 수평력분산 고무받침 및 면진받침의 4종류가 있다.

(1) 패드형고무받침

그림 1.23의 패드형고무받침은 고무받침 본체 상하에 있는 윗받침과 아랫받침을 가지지 않는 고무받침이다. 고무받침 본체만으로 사용되기 때문에 하부구조에의 설치는 받침블록에 상부구조를 거치할 뿐이며, 상부구조에 대해서도 볼트 등으로 접속하지 않는다. 수평력은 앵커바로 불리는 볼트로 대응하며, 일반적으로 앵커바와 조합하여 사용한다. 강교보다

는 주로 교장이 짧고 이동량이 적은 콘크리트교에 사용되고 있다. 그림 1.24에 패드형고무받침의 적용 사례를 나타내었다.

그림 1.23 패드형고무받침

그림 1.24 패드형고무받침의 적용사례

(2) 가동·고정형고무받침

가동·고정형고무받침은 레벨 1 지진에 대응하는 타입 A 받침과 레벨 2 지진에 대응하는 타입 B 받침이 있다.

고무재료로는 NR과 CR이 있지만 일반적으로 NR이 사용되고 있다. 그림 1.25의 타입 A 가동·고정형 고무받침은 고무본체가 윗받침과 아랫받침에 볼트로 결합되지 않고 아랫받침에 올려 설치되는 구조가 일반적이며, 상시에 발생할 수 있는 활동방지를 위해 미끄럼 정지판을 설치한다. 한편, 그림 1.26에 나타내는 타입 B 가동·고정형 고무받침은 고무본체가 윗받침과 아랫받침에 볼트로 결합된다.

가동형고무받침은 거더의 수평이동에 대해 고무의 전단변형으로 대응하는 형식과 고무본체 상면의 미끄럼면에서 미끄러지게 하는 형식이 있으나, 일반적으로 그림 1.28(a)에 나타낸 고무의 전단변형형식이 사용되고 있다. 그림 1.27에 나타낸 미끄럼형식의 가동형고무받침은 미끄럼재로서 PTFE판을 사용하고, 그 상대면(윗받침 뒤편)에는 스테인리스판을 설치하는 것이 일반적이다. 수평이동시에는 PTFE판과 스테인리스판 사이에 마찰력이 발생하고, 마찰력이 작용하고 있는 동안은 고무받침 본체에 전단변형이 발생한다. 마찰력 이상의 수평력이 발생하면 미끄럼면 슬라이딩으로 인해 그 이상의 수평력이 발생하지 않으므로 상하부구조의 큰 상대변위를 흡수할 수 있다. 그러나 고무받침 본체의 반복 전단변형에 이해 PTFE판과 고무받침 본체와 접착불량으로 박리되기도 한다.

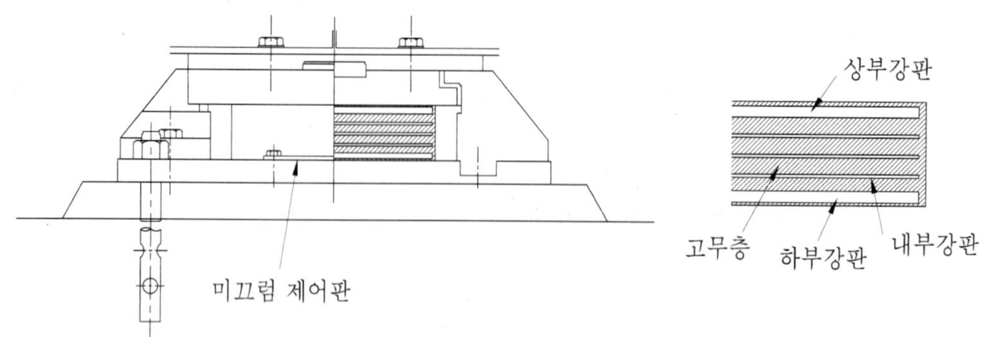

그림 1.25 타입 A 고무받침 구조도

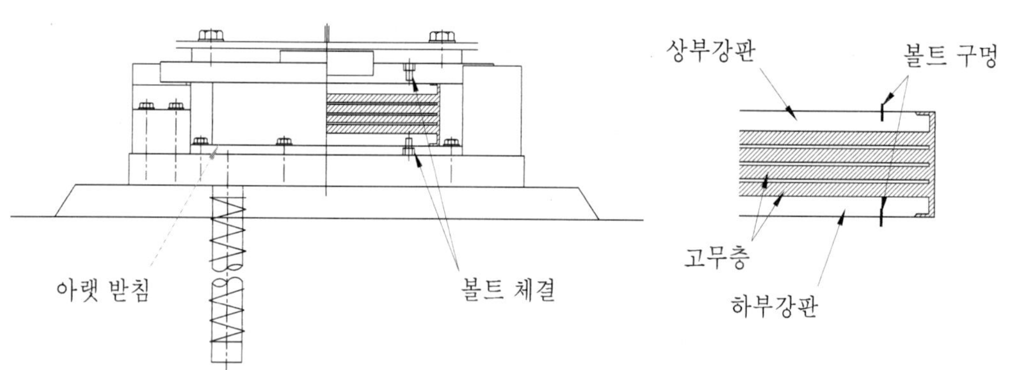

그림 1.26 타입 B 고무받침 구조도

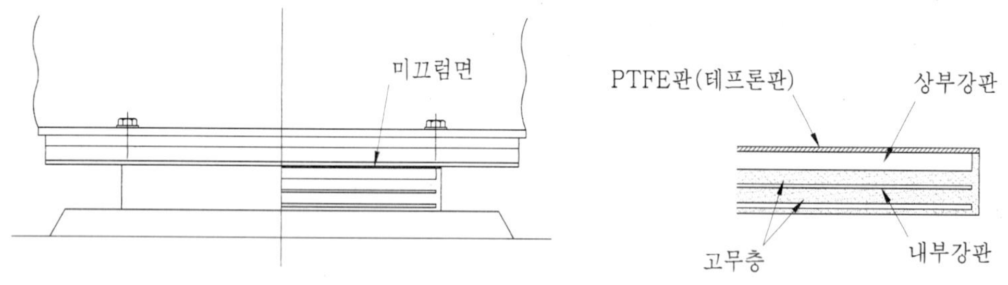

그림 1.27 미끄럼 고무받침 구조도

타입 B 고정형고무받침은 그림 1.28(b)에 나타낸 것과 같이 교축방향, 교축직각방향 모두 사이드블록이라고 칭하는 강재 지지부재를 설치하여 수평력에 저항하는 것이 일반적이다. 또한 고정형고무받침은 하부구조의 휨강성으로 지진력을 각 지점에 분산시키는 다점고정 분산 설계받침으로 사용되기도 한다.

(a) 가동형고무받침

(b) 고정형고무받침

그림 1.28 타입 B 고무받침

(3) 지진시 수평력분산고무받침

지진시 수평력분산고무받침은 고무받침 본체의 전단강성을 이용하여 지진력을 복수의 하부 구조에 분산시키는 받침으로, 고무재료는 일반적으로 NR이 사용되고 있다. 그림 1.29에 나타낸 구조는 단부지점으로 레벨 1 지진으로부터 신축장치를 보호하기 위해 Joint 프로텍터라고 불리는 부재를 교축직각방향으로 설치한 것이다.

(4) 면진받침

면진받침은 고무받침 본체의 전단강성을 이용하여 교량의 고유주기를 장주기화하여 감쇠 기능을 증가시켜 지진력을 저감하는 받침이다. 그림 1.30은 전방향으로 면진 가능한 받침이다. 고무로서 고감쇠고무를 사용한 고감쇠고무받침(HDR)이나 초고감쇠고무받침(HDR-S) 및 천연고무의 고무받침에 연봉(납플러그)을 삽입한 납면진고무받침(LRB)이 사용되고 있다. 면진받침의 구조도를 그림 1.31에 나타내었다.

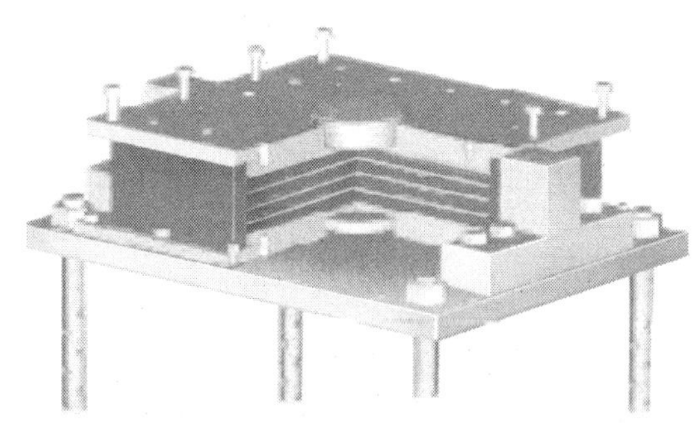

그림 1.29 지진시 수평력분산고무받침 구조도

그림 1.30 면진받침

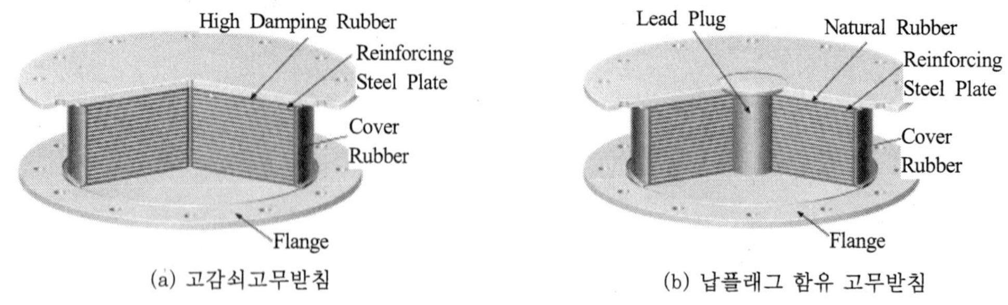

(a) 고감쇠고무받침
(b) 납플래그 함유 고무받침

그림 1.31 면진받침 본체 구조도 사례

1.1.4 받침설계

받침설계방법을 수평력 지지방법에 따라 분류하면 고정지지설계법과 탄성지지설계법으로 나눌 수 있다. 고정지지설계법은 고정부의 수에 따라 일점 고정설계와 다점 고정설계로 나눌 수 있다. 탄성지지설계법은 고무받침에 의한 지진시 수평력분산설계와 면진받침에 의한 면진설계로 나눌 수 있다.

1) 가동 · 고정 설계(일점 고정설계)

가동 · 고정 설계는 상부구조가 단순거더 또는 2, 3경간 연속교에서 1지점 고정교량에 이용되는 설계법이다. 고정지점이 하나이기 때문에 하부구조가 커지므로 연속화에 한계가 있다. 받침에는 강재받침과 고무받침이 사용되며 기본적으로 강재받침과 고무받침 모두 가동받침과 고정받침이 동시에 사용된다. 강재받침에는 일반적으로는 받침 높이가 낮고 이동기능을 미끄럼으로 대응하는 밀폐고무받침판받침(BP · B받침)이 사용되고 있다. 또한 고정받침은 강재받침 및 고무받침 모두 지진력에 저항하기 위하여 교축방향 및 교축직각 방향으로 수평력 지지기능을 가지고 있다. 그림 1.32에 BP・B받침(가동) 설계순서를 나타내었다.

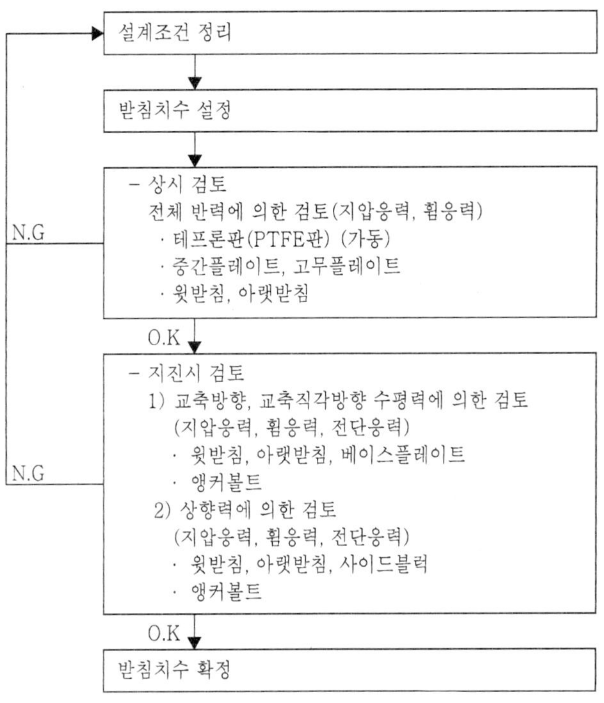

그림 1.32 BP·B받침 설계순서

2) 지진시 수평력분산 설계

지진시 수평력분산 설계는 지진력을 1지점이 아닌 다지점에 분산시키는 설계법으로 고정받침을 사용하고 교각 휨강성을 이용하여 복수의 교각에 지진력을 분산시키는 다점고정 분산설계와 고무받침 전단강성을 이용하여 각 교각에 지진력을 분산시키는 탄성분산설계가 있다.

일반적으로 다점고정 분산설계의 받침에는 고정받침이 사용되고, 탄성분산설계의 받침에는 분산고무받침이 사용되고 있다. 최근에는 연직력 지지기능과 수평력 지지기능을 나눈 기능분리형 받침도 이용되고 있으며, 연직받침에는 BP・B받침이나 고무받침이 사용되며, 지진력분산에는 고무받침(기능 분리형 받침에 관한 설계기준 참조)이 수평탄성체(수평 고무받침)로서 사용되고 있다. 그림 1.33에 고무받침 설계순서를 나타내었다.

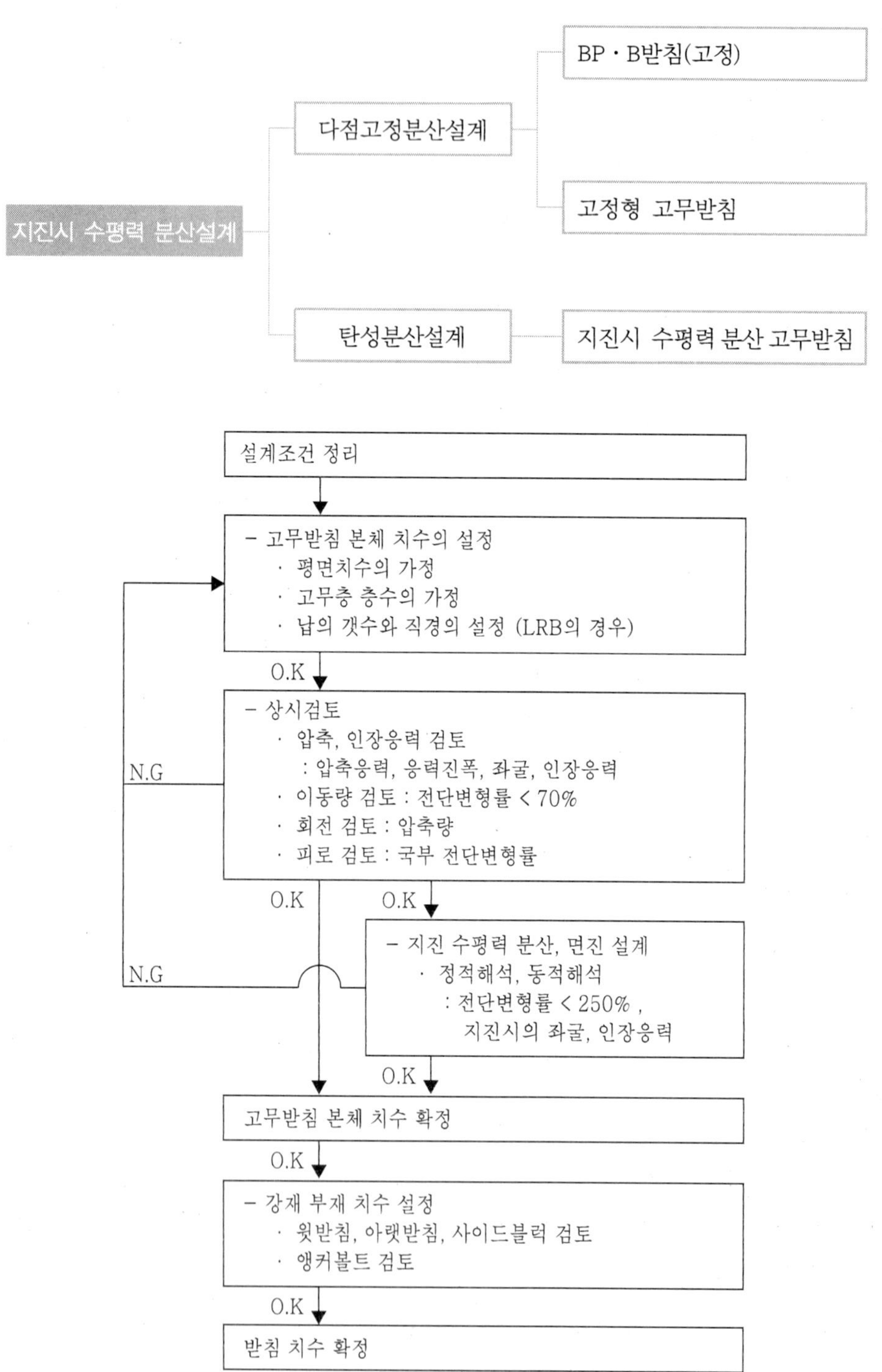

그림 1.33 고무받침 설계순서

3) 면진설계

면진설계는 교량의 고유주기를 장주기화 하고, 또한 받침 감쇠력으로 지진력을 저감시키는 설계법이다. 고무로 제작된 면진받침을 이용한 설계가 일반적이기 때문에 다지점의 지진력 분산을 동시에 실시할 수 있다. 면진받침에는 HDR, HDR-S 및 NR에 납을 삽입한 LRB가 사용되고 있다. 근래에는 테플론판 등의 미끄럼재 마찰에 의한 마찰감쇠를 이용한 설계도 이용되고 있다(설계순서는 그림 1.33을 참조).

1.2 받침선정의 기본적인 고려사항

받침은 상부구조와 하부구조를 연결하는 중요한 역할을 하므로 받침선정이 적절하지 않은 경우, 온도변화에 대처할 수 없고 활하중에 의한 회전을 저해할 우려도 있으므로 교량 본래의 기능을 발휘하기 위해서는 적절한 받침선정이 중요하다.

받침선정은 교량특성과 받침특성에 유의하는 것이 중요하다. 교량특성으로 유의하여야 할 것은 ① 교량형식, ② 지반조건, ③ 설치환경 등을 들 수 있다. 예를 들면 교량설계가 분산설계인지 면진설계인지의 차이에 의해 사용하는 받침도 달라져야 한다. 또한 기초지반이 좋지 않은 곳에서는 교량 장주기화에 의해 교량과 지반이 공진을 일으킬 가능성이 있으므로 면진설계의 적용이 어렵다. 따라서 이러한 위치에서는 다점고정 방식을 포함한 분산설계를 고려하여 적절한 받침선정을 실시하여야 한다.

받침특성의 유의점으로는 ① 받침반력, ② 이동방향과 회전방향, ③ 이동량과 회전량, ④ 시공성, ⑤ 유지 관리성, ⑥ 경제성 등이 있으며 강재받침과 고무받침의 특징 및 차이를 충분히 이해하는 것이 중요하다.

강재받침의 특성으로는 ① 큰 반력, 큰 이동량, 큰 회전량에 대해 경제적인 설계가 가능, ② 가동·고정받침은 심플한 구조로 경제적인 설계가 가능, ③ 부반력에 대한 대처가 가능, ④ 적절한 방식대책 필요 등을 들 수 있다.

또한 고무받침 특성으로는 ① 충격력 완화, ② 수평력의 분산·감쇠가 가능, ③ 심플한 구조 가능, ④ 큰 이동량·큰 회전량에 대해 설계가 곤란하거나 비경제적인 설계가 될 수 있는 것 등을 들 수 있다. 이들 받침 특성이나 기능·구조를 고려하여 받침종류에 대한 받침의 연직하중 및 지간길이를 주요 인자로 한 받침 선정표를 표 1.3에 정리하였다.

표 1.3 받침의 적용범위와 상부구조의 형식

받침의 종류	강재받침			고무받침		
	받침판받침	핀받침	복수 롤러받침	가동·고정형 고무받침	지진 수평력 분산형 고무받침	면진받침
연직하중(kN)	300~25000	3000~	3000~	300~20000	500~40000	500~40000
지간길이(m)	20	50~	50~	20~	30~	30~
지지조건	가동·고정	고정	가동	가동·고정	탄성 고정	탄성 고정
단순거더	◎	○	○	○	△	△
연속거더	○	○	○	△	◎	◎
아치계	–	○	–	–	–	–

그림 1.34에는 받침의 연직력, 수평이동량 및 회전변위에 따른 적용기준 사례를 나타내었다.

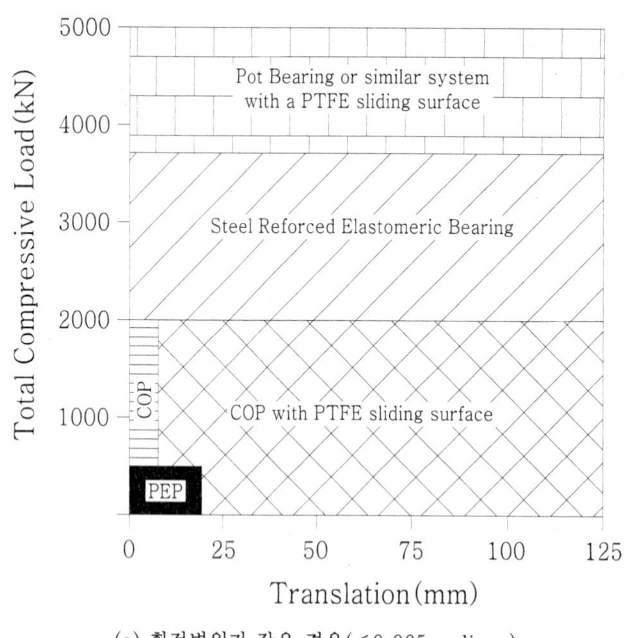

(a) 회전변위가 작은 경우(≤0.005 radians)

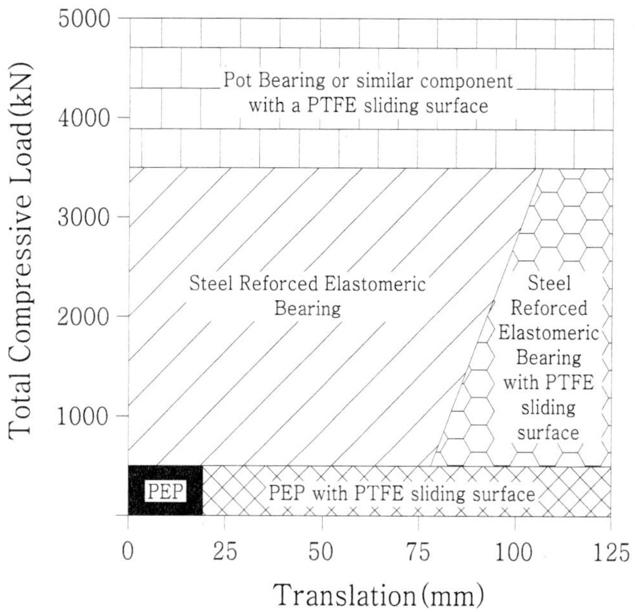

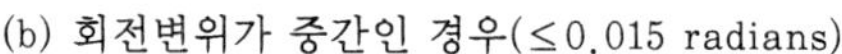
(b) 회전변위가 중간인 경우(≤0.015 radians)

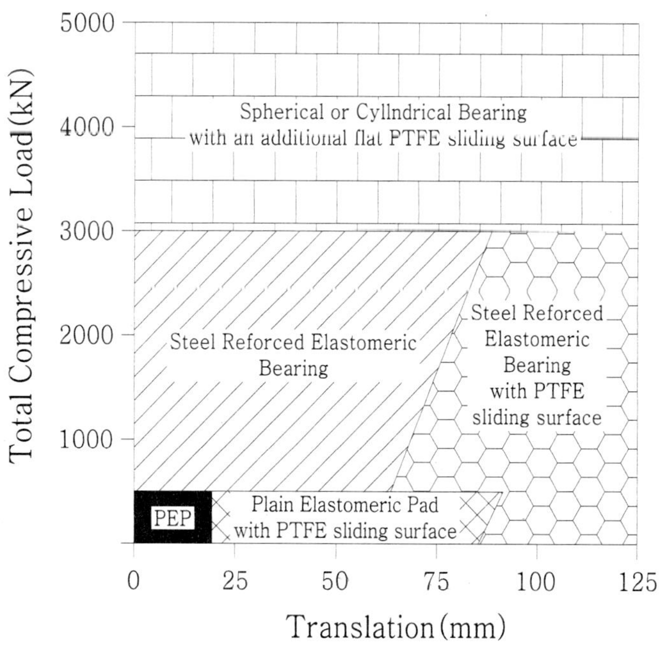

(c) 회전변위가 큰 경우(≥0.015 radians)

그림 1.34 받침 적용기준 사례

포트받침 및 고무받침에서의 연직하중은 제작상 제약에 의해 설정되었다. 또한 지진 수평력 분산형 받침이나 면진받침 등은 받침 하나에 고무받침 본체를 2개 배치하는 경우도 고려할 수 있으므로 최대반력은 가동·고정형 고무받침의 2배로 하였다.

교량의 설계방침으로 가동·고정 구조에 추가하여 지진 수평력분산구조나 면진구조의 적용이 증가하고 여러 곳에서 고무받침 적용이 많아지고 있다. 그러나 단순교에 대해서는 면진설계 효과가 일반적으로 작고, 고무받침을 적용하였을 경우 평면적 비대화를 고려하면 경제성이나 단부지점부의 연직굴곡에 의한 통행성(충격성) 관점에서도 포트받침 적용이 바람직한 것으로 생각된다.

한편 연속거더에서는 교량의 장주기화에 의해 교량에 작용하는 지진력이나 응답변위의 저감을 기대할 수 있는 경우에는 지진 수평력분산 고무받침이나 면진받침의 적용이 바람직하고, 교량을 면진구조로 하는 경우 고유주기가 고정구조에 비해 2배 정도 이상이 되는 경우에는 면진받침 적용이 바람직 한 것으로 생각된다. 다만 앞에서 기술한 것과 같이 교량과 지반과의 공진 우려가 있는 경우에는 강재받침(포트받침) 또는 고정 고무받침에 의한 다점고정 구조로 하는 것이 바람직하다.

표 1.3에 나타낸 것 이외에 받침부의 유지관리나 시공성도 받침선정에 있어서 매우 중요한 검토사항이다. 받침부 손상은 많은 요인이 복잡하게 서로 영향을 주면서 발생하므로 LCC도 고려하여 ① 유지관리 공간 확보, ② 교체가 용이한 구조의 채용, ③ 교체시 시공성을 고려한 구조로 하는 것이 교량 전체의 장기 수명화에 큰 영향을 주게 된다. 또한 시공중에서의 받침 고정장치나 변형장치 등에 대한 검토도 설계시점에서 고려하는 것이 바람직하며 현장에서 시공성이나 안전성도 고려할 필요가 있다.

02 설계

2.1 부대시설물 기준 등의 자료

2.1.1 개요

부대시설물 설계에서 적용할 수 있는 국내의 기준은 다음과 같다.

도로교인 경우는 국토해양부 발간의 "도로교설계기준(2010)", "도로교설계기준(한계상태설계법)(2015)"이 있으며, 시방서로는 "도로교표준시방서(2013)"이 있다. 기타로는 도로교표준시방서와 유사한 내용을 수록하고 있는 "고속도로공사 전문시방서(2012)"가 있다. 기타 국내의 참고자료로는 교량설계핵심기술연구단의 "기술총서(2008)" 등을 참조할 수 있다.

일본의 경우에는 국내에 비하여 도로교의 부대시설물별로 상세한 기준이 다양하게 제공되어 있다.

대표적인 것으로 일본도로협회 발간의 "도로교시방서(2012)", "도로교받침편람(2004)"이 있으며, 일본고속도로주식회사의 "설계요령(2012)", 한신고속도로공단의 "도시고속도로 부속구조물 설계(1998)" 등이 있다.

미국의 경우도 국내에 비하여 도로교의 부대시설물별로 상세한 기준이 다양하게 제공되어 있다.

대표적인 것으로 미국 AASHTO의 "AASHTO LRFD Bridge Design Specification SI units(2007)", "Bridge Engineering Handbook" 등이 있다.

2.2 설계일반(도로교 설계기준)

2.2.1 일반

받침의 설계는 고려되는 한계상태의 안전수준에 따라 수행되어야 한다.

이 절에서는 받침설계에 있어서 공통적으로 고려해야 할 부분을 다루며, 각 받침별 상세 설계는 도로교설계기준(한계상태설계법)(2012)의 9.5.3절~9.5.6절의 규정을 따른다.

2.2.2 슬라이딩에 대한 안전

받침이 부분적이나 전체적으로 마찰로 지지되어 있는 경우, 극한한계상태에서 식 (2.1)에 따라 미끄러짐에 대한 안전이 확인되어야 한다.

$$V_{Sd} \leq V_{Rd} \qquad (2.1)$$

여기서, V_{Sd} = 전단하중 효과(N)

V_{Rd} = 설계강도$\left(\frac{\mu_k}{\gamma_u} \cdot N_{Sd} + V_{pd}\right)$(N)

N_{Sd} = V_{Sd}를 포함하여 이음부에 연직으로 작용하는 최소하중(N)

V_{pd} = 고정장치의 설계강도(N)

μ_k = 마찰계수 (강재－강재간 마찰=0.4, 강재－콘크리트간 마찰=0.6)

γ_u = 강재－강재간 마찰=2.0, 강재－콘크리트간 마찰=1.2

2.2.3 이동량

1) 가동받침은 상부구조의 온도변화, 처짐, 콘크리트의 크리프 및 건조수축, 프리스트레스에 의한 부재의 탄성변형 등에 의해 생기는 이동량에 대해서 여유가 있는 구조로 하여야 한다.

2) 가동받침의 이동량 산정

가동받침을 설계하는 경우 이동량은 일반적으로 식 (2.2)에 의한다.

$$\Delta l = \Delta l_t + \Delta l_r + \Delta l_s + \Delta l_c \qquad (2.2)$$

여기서, Δl_t = 온도변화에 의한 이동량 $(\Delta T \cdot \alpha \cdot l)$(mm)

Δl_r = 활하중으로 거더 처짐에 의한 이동량 $\Sigma(h_i \cdot \theta_i)$(mm)

Δl_s = 콘크리트의 건조수축에 의한 이동량 $(\Delta T \cdot \alpha \cdot l \cdot \beta)$(mm)

Δl_c = 콘크리트의 크리프에 의한 이동량 $\left(\frac{P_i}{E_c A_c}\phi \cdot l \cdot \beta\right)$(mm)

α = 열팽창계수

l = 신축거더 길이(mm)

β = 건조수축, 크리프의 저감계수(표 2.1 참조)

P_i = 프리스트레싱 직후의 PS 강재에 작용하는 인장력(N)

A_c = 콘크리트 단면적(mm^2)

E_c = 콘크리트 탄성계수(MPa)

ϕ = 콘크리트 크리프계수(표 2.2 참조)

ΔT = 건조수축에 해당하는 온도변화(℃)

h_i = 거더 중립축으로부터 받침의 회전중심까지의 거리(mm)

θ_i = 받침 상부거더의 회전각(rad)

표 2.1 건조수축, 크리프의 저감계수 β

콘크리트의 재령(월)	0.25	0.5	1	3	6	12	24
건조수축, 크리프의 저감계수 β	0.8	0.7	0.6	0.4	0.3	0.2	0.1

표 2.2 콘크리트 크리프계수와 건조수축량

콘크리트 크리프계수	ϕ=2.0
콘크리트 건조수축	20℃ 하강 상당

3) 여유 이동량

받침의 이동량은 충분한 신뢰도를 확보하여 받침이 불안정한 상태에 도달하지 않고 의도한 바와 다르게 거동하지 않기 위해서 증가시켜야 한다. 따라서, 가동받침의 이동량은 계산 이동량 이외에 설치할 때의 오차와 하부구조의 예상 밖의 변위 등에 대처할 수 있도록 여유량을 고려하여야 한다. 이 여유량은 교량의 규모에 따라서 달라지므로 ±50℃의 온도변화에 상당하는 이동량으로 하고, 최대 ±50mm 이내로 하는 것이 바람직하다. 다만, 해당받침 기준에서 더 엄격한 조건을 제시할 경우에는 이를 따른다.

2.2.4 받침 저항 성능

받침의 이동에 대한 저항성능은 각 받침편에 규정되어 있다. 이 저항성능들은 재료의 불확실성뿐만 아니라 제작오차, 설치의 부정확성 등도 고려하고 있다. 이 저항성능들은 다음과 같은 경우에는 적용할 수 없다.

① 규정된 최소·최대 온도를 벗어난 경우
② 규정된 제작오차를 초과할 경우
③ 활하중에 의하여 평행이동속도나 회전속도가 규정 값을 초과할 경우
④ 받침에 이물질이 삽입된 경우
⑤ 유지관리가 충분하지 않은 경우

받침의 설계 계산시 가장 불리한 값을 고려하여야 한다.
다수의 받침을 배치하는 경우 일부 받침에 발생될 수 있는 역반력은 다른 받침들의 이동에 따른 반력으로 상쇄된다. 이때 적용되는 마찰계수 산정시 정밀한 조사 결과가 있는 경우에는 이를 따르고, 일반적인 경우에는 식 (2.3), (2.4)를 따른다.

$$\mu_a = 0.5\mu_{max}(1+\alpha) \tag{2.3}$$

$$\mu_r = 0.5\mu_{max}(1-\alpha) \tag{2.4}$$

여기서, μ_a = 역마찰계수(adverse coefficient of friction)

μ_r = 상쇄 마찰계수(relieving coefficient of friction)

μ_{max} = 받침 형식별 최대 마찰계수

α = 받침 형식과 역반력 및 상쇄반력 산정에 적용되는 받침의 개수에 다른 계수로 적절한 α가 제시되지 않은 경우에는 표 2.3에 따른다.

표 2.3 α_n 계수

n	α_n
≤ 4	1
4 < n ≤ 10	16−n/12
≥ 10	0.5

2.2.5 받침유격

수평력에 저항하도록 설계된 받침의 경우 받침 내 유격이 발생할 수 있는데, 이를 최소화 하도록 조치하여야 한다. 개별적인 규정이 명시되지 않을 경우 극한 이동량 간의 전체 유격은 2mm 이하로 하며, 이를 초과하는 경우 과도한 유격으로 구조물 기능이 저하되지 않도록 주의해야한다.

받침의 수평방향으로의 변위를 고려할 때 유격은 포함하지 않는다. 단, 예상되는 방향이 정확하게 영구적으로 유지된다는 것을 증명할 수 있으면 유격을 고려할 수 있다.

수평력 저항을 위해 1개 이상의 받침이 요구될 때, 받침과 지점의 설계는 받침들 간의 반대방향으로의 유격으로 수평이동에 방해되지 않도록 하여야 한다.

2.2.6 받침부품 손실에 대한 안전

동적하중 재하로 인해 조립된 받침이 점진적으로 느슨해지지 않도록 적절한 조치를 취해야 한다.

03 유지관리

3.1 유지관리 기본

3.1.1 일반

구조물은 적절한 유지관리를 실시하지 않으면 기능이 저하하고, 공용 기간 중에 구조물에 요구되는 성능이 하회하는 경우가 있다. 신설시의 설계 또는 시공단계에서는 구조물에 필요한 성능을 확보하기 위하여 여러 가지 고려가 이루어지고 있다. 그러나 중요한 것은 적절한 유지관리 실시에 의해 구조물 성능저하를 억제하는 것이다. 이것은 교량 받침부에 대해서도 동일하다. 하중 등의 외적조건이나 환경조건 변화에 따라 받침부 성능이 변화하여 저하하는 경우가 있으므로 유지관리에서 충분한 고려가 필요하다.

일반적으로 유지관리는 구조물 성능을 요구수준으로 유지하기 위하여 실시하는 점검·조사, 진단(평가·판정), 기록, 대책 및 이들의 종합적인 매니지먼트를 포함한 행위이다. 특히, 점검·조사는 구조물에 발생된 손상의 확대를 미연에 방지하고, 구조물 보전을 위한 기본자료를 취득하는 중요한 행위이다. 단순하게 손상의 발견·보고에 그치지 않고, 손상발생 기구를 충분히 파악함으로써 동일 손상이 다른 동일한 개소에 발생할 가능성 또는 인접부위로의 손상진전을 예측하는 것도 중요하다.

구조물 손상은 「예측 가능한 손상」과 「예측 곤란한 손상」으로 구분된다. 예를 들면, 받침부식이나 무수축콘크리트 균열, 솔 플레이트부의 피로균열은 전자로 분류되며, 지진이나 태풍 혹은 사고 등에 의한 손상은 후자로 분류할 수 있다. 이 장에서는 주로 전자에 대해 기술한다.

점검·조사에 의해 발견되는 손상에는 경미한 손상부터 중대한 손상까지 여러 가지 손상이 있다. 그 때문에 손상발견시의 상황을 충분히 파악하고, 향후 손상의 진전예측결과에 근거하여 적절한 대책을 실시할 필요가 있다. 대책으로는 유지, 긴급대책, 보수, 보강, 경과관찰, 사용제한, 재건설이 있다. 특히, 보수・보강의 경우는 구조물 손상상황이나 원인을 충분히 조사하고, 이들 손상기구에 적절히 대응할 수 있는 방법을 선택하는 것이 중요하다.

구조물 유지관리는 사람과 비유하여 설명되는 경우가 많다. 건강하게 장수하기 위해서는 적절한 관리가 필요하다는 관점에서 두 경우가 모두 비슷하다. 구조물도 인간도 년수가 지나감에 따라 손상이 축적되는데, 특히 암(피로 손상)과 같은 경우는 조기에 발견하여 대책을 실시하지 않으면 시기를 놓치는 경우가 있다.

그림 3.1 유지관리 흐름

이와 같이 보면, 점검・조사가 정기 건강진단・정밀검사에 해당하고, 평가・판정이 진단이며, 대책이 치료에 해당한다고 말할 수 있다(그림 3.1 참조).

또 유지관리에서는 일상관리가 중요하다. 일상관리는 점검이나 보수・보강 등의 개별손상에 대해 실시되는 행위가 아니라, 인간에게 비유하면 매일의 구강청소나 몸을 청결하게 유지하기 위한 입욕 등의 일상적인 행위에 해당하는 것이다. 일반적으로 일상점검으로 실시하고 있는 순회패트롤 또는 간단한 청소 혹은 간단한 응급처치인데, 이것이 구조물 건전도를 유지하기 위한 중요한 행위이다.

3.1.2 유지관리 순서

유지관리 순서는 각 관리자에 따라 다소 다른 경우도 있으나, 일반적으로 그림 3.2에 나타낸 순서로 실시되고 있다. 공용 개시 전 교량 등의 구조물은 공용전에 초기점검을 실시하고, 그 결과에 의해 구조물 초기상황이나 초기성능을 파악하여 공용 후의 유지관리 계획을 수립한다.

유지관리 계획은 점검에서 보수・보강 등의 대책까지의 시스템 전체를 수립하는 것이다.

예산범위 내에서 점검빈도나 점검의 우선도 및 보수·보강의 우선도와 그 범위를 결정하는 것도 유지관리 계획의 중요한 업무이다. 또한 유지관리 계획 수립에서는 점검이나 보수·보강 이력 등이 기록된 데이터베이스가 필수불가결하다.

점검은 주로 육안이나 감각에 의해 구조물 상태를 확인하는 것이다. 교량 등의 구조물이 건전한 상태로 유지되고 있는지 아닌지를 파악하고, 손상이 발생하고 있는 경우에는 그 상황을 정확하게 파악하는 것이다. 따라서 점검은 어느 특정 부위만을 대상으로 하는 것이 아니라, 구조물 전체 및 구조물 주변에 걸쳐서 실시하는 것이다. 점검종류에는 일반적으로 일상점검과 정기점검이 있다. 특히, 정기점검은 구조물에 근접하여 상세하게 실시하는 점검으로, 매우 중요하다. 구조물 건전도의 평가·판정은 이러한 점검결과에 기초하여 실시된다.

조사는 점검과 달리 주로 기기 등을 사용하여 객관적 및 정량적으로 구조물 상태를 진단하는 것이며, 점검으로 발견된 손상에 대해 손상내용이나 손상기구를 명확하게 하기 위해 실시된다.

손상 유무와 손상 정도로부터 손상의 평가·판정을 실시하는데, 그 결과 긴급보수의 필요성이 인정되는 경우 신속하게 응급대책을 수립한다. 긴급보수의 필요는 없으나, 이상이 있는 것으로 판단된 손상은 상세조사("정밀점검" 또는 작업의 내용에 따라 "정밀안전진단"이라는 용어도 사용함, 이하 상세조사로 표기함)의 필요 여부를 검토한다. 상세조사 필요성이 있다고 판단된 경우, 상세조사를 실시하여 대책의 가부를 검토하고, 필요에 따라 경과관찰이나 보수·보강을 실시한다. 상세조사가 필요 없는 것으로 판단된 경우, 경과관찰을 실시하고 있는 경우도 많이 볼 수 있다. 그러나 향후에는 구조물 공용연수 경과와 함께 중대손상이 발견되는 경우도 충분히 생각할 수 있으므로, 유지관리에 종사하는 기술자는 기본이 되는 유지관리 순서를 항상 파악해 둘 필요가 있다. 평가·판정의 결과 이상이 없는 것으로 판정된 경우, 점검결과를 데이터베이스에 기록하여, 차기 점검에 대비하도록 한다.

받침부의 경우, 일상점검에서 노면 위의 신축장치에 단차가 확인되어 긴급하게 조사를 실시한 결과, 받침자리 무수축모르타르 침하가 원인으로 단차가 발생된 것이 판명되었다. 통행차량의 안전을 확보하기 위해 응급대책으로서 잭에 의한 임시받침을 설치하였으나, 그 후 영구 대책으로서 받침자리 무수축 콘크리트의 교체타설 및 받침교체를 실시한 사례도 있다. 이와 같이 일상점검이나 정기점검으로 구조물 이상을 발견할 수 있었기 때문에 큰 사고로는 연결되지 않았던 사례도 있다.

점검결과나 보수·보강 결과를 데이터베이스로서 기록하는 것은 차기 점검이나 보수·보강시의 판단 자료가 될 뿐만 아니라, 동일한 받침부 구조를 갖는 다른 교량의 유지관리에도 매우 유효한 자료가 된다. 종래의 기록방법은 관리시트를 기본으로 기록·보관되었으나, 최근에는 전자 데이터화되어 가고 있으므로 그 활용방법도 종래보다 용이하게 되어 가고 있다.

유지관리에서 점검은 중요한 항목이지만, 많은 관리자들이 일상관리시에 직원 등에 의한 일일순회 패트롤(노상의 낙하물이나 변상 및 제3자에게의 영향 유무의 확인이 주체)만을 실시하고, 근접육안에 의한 점검까지 실시하는 관리자가 적은 것 같다. 그러나 점검품질을 확보하고, 구조물건전도를 적절히 평가하기 위해서는 점검원이나 평가를 실시하는 기술자의 기술 수준이 크게 영향을 미친다. 특히, 근접육안에 의한 정기점검은 구조물 설계부터 유지관리까지의 풍부한 경험이나, 해박한 전문 지식을 갖고 있는 기술자에게 위임하는 것이 바람직하다.

간단하고 쉬운 점검 매뉴얼에 기초하여 초심자도 실시할 수 있는 점검과 고도의 전문지식을 갖는 기술자(이하, 전문기술자)에 의한 점검을 비교하면, 점검결과의 정밀도나 내용에 크게 차이가 발생하는 것이 명백하다. 전문기술자는 발견된 손상에 대해 그 원인을 추정하고, 그 손상이 교량에게 미치는 영향을 점검 현장에서 신속하게 진단할 수 있다. 또한 전문기술자에 의한 점검에서는 진단에 필요한 부위에 한정하여 점검하고, 그것에 따라 교량 전체상태를 파악할 수가 있기 때문에 효율적인 점검도 기대할 수 있다. 관리자가 중대한 손상 혹은 그 징후를 발견하였을 경우, 신속하게 전문기술자에게 점검·조사를 위임하는 시스템을 구축해 두는 것이 바람직하다.

유지관리계획의 수법은 예방점검과 사후점검으로 크게 구분할 수 있다. 전자의 예방점검은 손상이 나타나기기 전에 대책을 수립하는 수법이다.

한편, 후자의 사후점검은 점검이나 사고 등에 의해 손상이 나타나고 나서 대책을 수립하는 수법으로 일반적으로 전자보다 많이 이용되는 수법이다.

받침부는 부재를 비교적 교환하기 쉬운 부위이기 때문에, 차량 대형화의 대응이나 내진보강 대응을 제외하고 기존에는 사후점검 대응이 주류를 이루었다. 그러나 LCC(Life Cycle Cost) 저감이 요구되고 있는 현재 상태를 고려하면, 향후에는 사후점검에서 예방점검으로 이행하는 것이 필요하다.

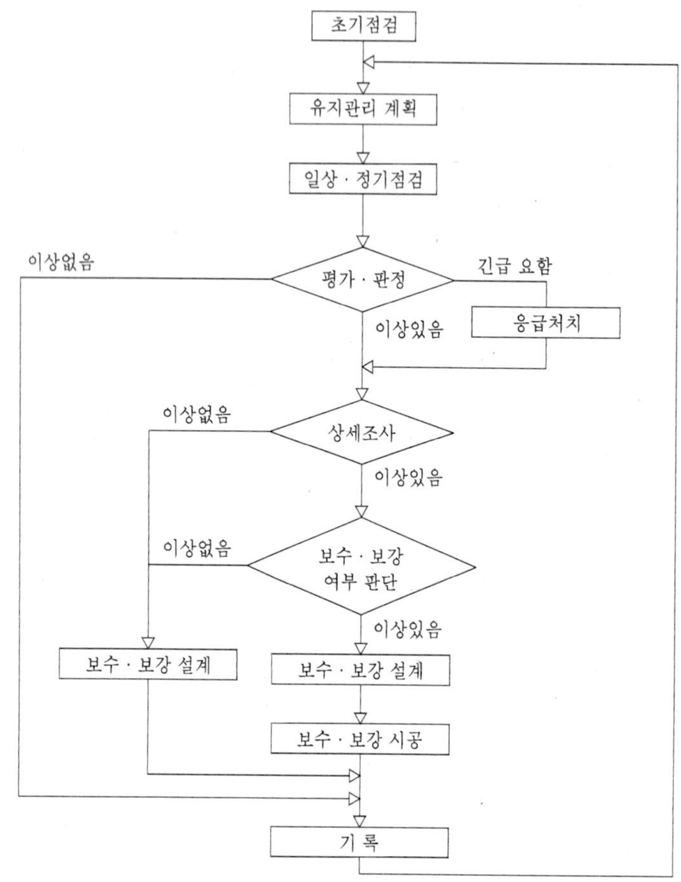

그림 3.2 유지관리 순서

3.2 점검 · 조사

3.2.1 일반

교량의 유지관리를 실시하는 관리자, 예를 들면 도로관리자의 경우 도로 이용자인 운전자에 대해 주행 안전성 및 쾌적성을 제공할 의무가 있다. 또한 도로 이용자만이 아니라, 도로 주변에 거주하는 주민이나 제3자에 대해서도 도로나 도로를 주행하는 차량으로부터 장해를 방지하는 의무도 있다. 그러나 도로구조물 상태는 열화나 이용 상황에 의해 크게 변화하기 때문에, 관리자는 그 상태를 항상 감시하여 적절히 유지관리를 실시하는 것이 필요하다. 점검 · 조사는 각 관리자가 실시하고 있는 유지관리로서 매우 중요한 행위이다.

받침부가 설치되어 있는 위치는 빗물이나 분진 등이 퇴적하기 쉬우며, 또한 좁은 공간으로 되어 있고, 그리고 받침부 손상이나 이상의 발생이 도로구조물 안전성에 중대한 영향을 미치기 때문에 보다 적절하고 확실한 점검 · 조사 및 진단(평가 · 판정)이 요구된다. 또 받침부는 토공부나 교량의 상 · 하부 구조와의 절점이기 때문에 받침부 부위 그 자체에 발생하는 손상뿐만이 아니라, 주변의 교량부재에 발생된 손상이나 이상에 따라 받침부가 손상을 받는 경우도 많다. 이 때문에 받침부에 관련되는 부위만의 점검 · 조사에서는 손상이나 이상의 발생요인을 간과하는 경우도 있을 수 있다. 따라서 받침부 점검 · 조사에서는 토공부나 교량의 상 · 하부 구조와의 절점인 것을 고려하면서 상호 연관성을 충분히 고려하면서 실시할 필요가 있다.

구조물 손상은 「예측 가능한 손상」과 「예측 곤란한 손상」으로 크고 분류한다. 통상적인 점검 · 조사는 일반적으로 전자를 대상으로 한다. 이것에 비하여 후자는 천재지변 · 인재나 사고 등에 의해 발생된 손상이다. 특히, 지진시는 받침부에 미치는 피해도 크고, 손상발생에 따라서는 치명적인 손상을 받는 경우가 있다. 또, 발생한 손상이 오랜 세월에 걸쳐서 받침부 기능저하를 촉진할 가능성도 있기 때문에, 예측 곤란한 사태에 의해 받침부에 발생한 손상은 조기에 발견하여야 하며, 초기단계에서 적절한 조치(보수, 보강 등)를 실시하는 것이 중요하다. 이 때문에 임시점검에 의해 고도의 기술력을 가진 기술자가 손상상태의 파악, 손상의 진전예측 및 보수 · 보강의 필요성 판단을 실시할 필요가 있다.

3.2.2 점검 · 조사의 목적

점검 · 조사는 일반적으로 구조물에 발생하고 있는 손상 및 손상 발생위치를 파악하는 것을 주된 목적으로 한다. 앞에서 기술한 것과 같이 관리자에게 요구되는 의무는 변화하는 구조물 상태를 정확하게 파악하고, 구조물을 건전하고 안전한 상태로 유지하는 것이다. 즉, 발견한 손상에 대해 적절한 진단을 실시하고, 필요한 대책을 실행하는 것이다. 따라서 점검 · 조사의 목적은 구조물의 손상이나 기능불량 혹은 이러한 징후 또는 이용자나 주변주민에게의 영향의 유무와 정도를 적절하고 확실하게 파악하는 것에 있다. 또, 손상상황에 따른 추가조사 혹은 보수 · 보강 등의 대책을 입안할 때의 상세조사도 포함된다. 점검 · 조사는 단지 손상을 발견하는 것만이 아니라, 진단(판정 · 평가) 행위를 포함하는 것으로 정의되어야 하므로 종합적인 기술적 작업으로서 생각할 필요가 있다.

점검·조사는 손상을 파악할 뿐만 아니라, 받침이 놓여 있는 환경 개선책이라고 할 수 있다. 예를 들면, 받침부 점검에서는 받침부 주변에 고여 있는 빗물이나, 퇴적되어 있는 토사 등을 제거하는 작업도 필요하다. 점검에 고소작업차를 사용하거나 교통규제를 수반하거나 하는 경우에는, 비용측면에서도 점검시에 간단한 청소작업을 실시하는 것이 바람직하다. 이러한 간단하고 쉬운 대책은 받침부 내구성 향상에 중요한 행위의 하나이다. 다만, 작업의 규모나 범위는 본래의 점검·조사의 목적 달성에서 벗어나지 않는 범위에서 실시하여야 한다.

3.2.3 점검 기술자의 자질

점검·조사의 성과는 점검기술자의 자질에 의해 좌우된다. 따라서 교량에 대해 충분한 지식과 전문성을 가진 실무경험이 풍부한 점검기술자가 실시하는 것이 바람직하다. 실무경험이 적은 기술자나 자질이 없는 기술자가 점검을 실시한 결과, 중대한 손상을 간과하거나 손상평가를 오인하거나 하는 사례도 있으므로 충분히 주의할 필요가 있다. 현재, 국토교통부나 각 고속도로 회사에서 점검업무는 실무경험 연수가 풍부한 기술자나, 각각의 조직에서 규정된 유자격자가 실시하는 것이 의무화 되어 있다.

교량 점검기술자는 현장에서 실제로 구조물을 점검하는 점검원과 손상의 진단(평가·판정)을 실시하는 점검기술자로 나누어진다. 일반적으로 점검원에게 필요로 하는 자질은 다음과 같다.

① 교량과 교량을 구성하는 각 부재·부위에 관한 기본적인 지식을 가지고 있다.
② 교량에 관한 충분한 실무경험을 가지고 있다.
③ 교량에 발생한 변상이나 이상을 발견하고, 판단할 수 있는 능력을 가지고 있다.
④ 교량에서 손상이 발생하기 쉬운 개소나, 손상의 중요도를 이해하고 있다.
⑤ 점검작업을 안전하게, 확실히 실시할 수 있는 능력을 가지고 있다.

점검기술자에 필요한 자질은 점검원에게 요구되는 자질에 추가하여 다음과 같은 자질이 요구된다. 일반적으로는 전문분야의 기술사 등의 유자격자가 바람직하다.

① 교량에 관한 전문적인(설계, 시공, 유지관리) 지식을 가지고 있다.
② 발견된 손상에 대해 적절하고 확실한 진단을 할 수 있는 능력을 가지고 있다.
③ 중대 손상이 발견된 경우, 그 후의 상세조사 계획이나 보수·보강 대책안 등을 입안할 수 있는 기술력을 가지고 있다.

④ 개개의 교량상태에 따라 각각의 유지관리 방법을 제안할 수 있는 능력이 있다.
⑤ 점검에 필요한 비파괴 시험이나, 응력측정 등의 원리나 특징을 이해하고, 진단할 수 있는 기술력을 가지고 있다.

3.2.4 점검 · 조사의 종류

1) 일반

점검 · 조사의 종류는 목적, 내용 및 시기 등의 관점으로부터 분류하면, 그림 3.3에 나타낸 것과 같이 초기점검, 일상점검, 정기점검, 임시점검 및 상세조사(정밀점검 또는 정밀안전진단)의 5종류로 구분할 수 있다. 발견되는 손상의 종류나 내용 및 정도는 점검종류에 따라 다르다. 이것은 점검종류에 의해 목적에 차이가 발생하기 때문이다.

초기점검은 공용전의 구조물 상황을 파악한다. 한편, 일상점검이나 정기점검은 일반적으로 점검이라고 말하는 공용 후의 구조물 상황을 정기적으로 파악한다. 임시점검 및 상세조사는 필요에 따라 실시한다.

점검 · 조사에서는 많은 교량을 한정된 기간 내에 실시하는 것이 요구되므로 점검내용이나 정밀도에 제약이 발생하기기 쉽다. 또, 시기나 기후 등의 점검에 적절한 조건을 선택하여 실시하는 것도 어렵다. 얻어진 점검 · 조사 결과나 정밀도에 대해서는 이러한 상황도 배려하여 판단할 필요가 있다.

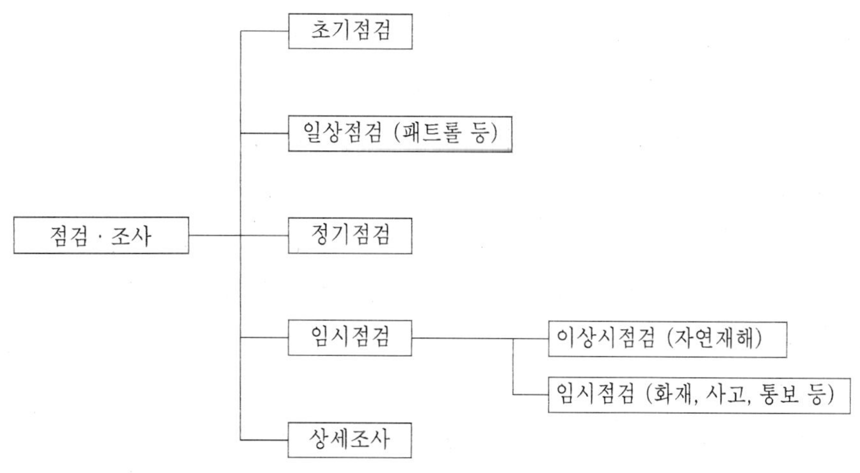

그림 3.3 점검 · 조사의 종류

2) 초기점검

초기점검은 구조물 준공 후에 공용개시 전에 실시하는 점검, 혹은 대규모 보수・보강 후에 실시하는 점검이다. 이 목적은 구조물 초기상태를 파악하는 것이므로 구조물을 유지관리할 때의 기본 데이터를 수집하는 것이다. 초기점검으로 얻을 수 있던 데이터는 그 후의 구조물 상태변화를 예측하는데 있어서 매우 중요하며, 유지관리 계획을 수립하는데 있어서 불가결한 데이터가 된다.

점검내용은 정기점검의 일환으로서 실시되므로 후술하는 정기점검과 같은 항목에 대해 실시되는 것이 일반적이다. 받침부에서는 시공불량에 수반되는 불편의 유무나 체수상황 등의 환경상황에 유의하여 점검하면 된다. 또한, 초기점검은 구조물의 공용 직전에 실시하는 것을 기본으로 하나, 실시할 수 없는 경우는 공용 후 가능한 한 빠른 시점에서 실시한다.

점검결과에 대해서는 상세한 기록을 실시하는 것과 동시에 구조물 시공시에 발생한 변상이나 재해상황, 보수한 내용・이력 등에 대해서도 수집・정리하여 기록하는 것이 좋다.

3) 일상점검

일상점검은 관리자에 의해 다르지만 비교적 짧은 간격(매일~1회/주)으로 실시하는 점검이다. 통상은 순회차를 이용한 노상 패트롤(그림 3.4 참조)로서 실시되며, 그 목적은 안전하고 원활한 교통의 확보 및 제3자에 대한 피해 방지를 도모하는 것에 있다.

일상점검은 도로를 주행하면서 주로 차량 위로부터 육안이나 감각에 의해 실시된다. 따라서 받침부를 직접 점검할 수는 없으나, 주행 중에 신축장치의 단차 등에 이상이 감지된 경우에는 받침부가 침하하는 등의 손상이 발생되고 있을 가능성이 있다. 단차가 발생하여도 차량의 안전주행에 지장을 초래하지 않는다면, 점검 종료시에 도로관리자에게 보고하여, 그 후에 임시점검을 실시한다. 그러나 주행차량이나 제3자의 안전에 대해 현저하게 위험한 경우에는, 피해를 미리 예방하기 위해 필요한 조치를 취하는 것과 동시에 즉시 도로관리자에게 통보한다.

일상점검의 기록은 이상이나 손상에 대한 개략 상황의 기술 또는 사진첨부가 주가 되지만, 경미한 이상이나 손상은 기록으로 남겨지지 않는 경우도 있다. 그러나 경미한 손상에서도 진행성이 있는 손상에 대해서는 그 후의 판단에 중요한 정보가 되기 때문에 기록하여 두는 것이 좋다.

일상점검에서는 전반적인 점검을 실시하는 것을 목적으로 하고 있으나, 주목해야할 점검항목이나 범위 등의 일별로 정하여 점검한다. 주목해야할 점검항목이나 범위 등에 대해서는 일정한 주기로 교량 전반을 점검할 수 있도록 계획하는 것이 좋다.

그림 3.4 순회차량에 의한 일상 점검

4) 정기점검

정기정검은 점검 개소에 접근하여 육안이나 간단하고 쉬운 기구 등을 이용하여 손상의 유무나 정도를 조사한다. 점검목적은 구조물 손상을 조기에 발견하고, 손상도나 건전도를 파악하는 것에 있다. 또한, 보수계획 작성을 위한 자료를 얻는 것도 목적이므로 구조물 유지관리에서 매우 중요한 점검이다.

받침부 정기점검은 일반적으로 교량점검의 첫 번째 항목으로 실시되고 있으므로 받침부 단독만의 점검은 잘 실시되지 않는다. 망원 육안에 의한 점검에서는 받침부를 확인할 수가 없기 때문에, 근접육안에 의한 점검을 실시하는 것이 바람직하다.

근접육안은 교각이나 교대 주위에 상설의 점검통로가 설치되어 있는 경우나 사다리 등으로 용이하게 접근할 수 있는 경우를 제외하고는 고소작업차량이나 교량점검작업차가 이용되고 있다(그림 3.5 참조). 재도장 교체공사 등에서 설치된 공사용 발판 작업대를 이용하여 점검을 실시하는 경우도 있다.

점검빈도는 교량이 설치되어 있는 환경(교통량, 중요도, 지역특성 등)에 의해 결정하는 것이 좋으나, 일반적으로 도로교에서는 5~10년/회, 철도교에서는 2년/회로 하는 사례가 많다. 점검에서는 사전에 교량대장 등으로부터 대상교량의 개요를 파악하고, 전회의 점검 데이터나 보수이력 데이터 등도 입수하여 내용을 파악하고 나서 점검을 실시하는 것이 좋다. 사전 데이터를 파악해 두면 점검의 효율화를 도모할 수 있으며, 양질의 점검결과를 얻을 수 있다. 받침부 점검은 대개 1 파트당 2~3인의 점검원으로 구성된다(그림 3.6 참조).

점검은 먼저 걸레, 빗자루 및 천 등에 의해 받침 본체와 받침부 주변의 청소를 실시하고, 육안에 의한 외관 손상이나 이상에 대해 조사한다. 특히, 받침부 주변의 청소는 부식환경의 개선이나 받침부 전체의 내구성 향상에 유효하기 때문에 가능한 실시하는 것이 좋다(그림 3.7 참조).

육안만으로는 확인할 수 없는 손상도 많이 있다. 롤러받침의 롤러부분이나, 포트받침의 베어링부 등은 육안으로는 불가능하다. 이러한 경우에는 녹물이나 차량 주행시의 이상소음 및 진동 등으로부터 손상 유무를 추측하는 것이 필요하다. 또한, 육안 이외에 점검해머에 의한 타격점검을 실시하는 것이 좋다(그림 3.8 참조). 타격점검은 받침본체나 앵커 볼트 및 무수축모르타르 콘크리트 등의 균열이나 이완의 검출에 매우 유효하다.

받침부 부식에 의해 기능불량이 진행한 강재받침의 경우, 특히 대형차 교통량이 많은 노선에서는 받침의 회전기능 저하에 의한 솔플레이트 용접부 응력집중에 의해 용접부 부근에 피로손상이 발생하고 있을 가능성이 높다. 따라서 받침부 부근의 피로균열에도 주의하여 점검할 필요가 있다.

육안에 의해 받침이나 무수축모르타르 콘크리트의 균열이나 부재사이에 유격 등이 발견되었을 경우, 줄자나 틈새게이지 등으로 길이나 폭을 측정하여 기록한다. 이들 현장점검 결과는 디지털카메라나 스케치 및 메모에 의해 상황을 적절히 기록하고, 신속하게 보고서로 관리자에게 보고한다.

그림 3.5 고소작업차량에 의한 점검

그림 3.6 점검작업 중의 상황

그림 3.7 청소작업

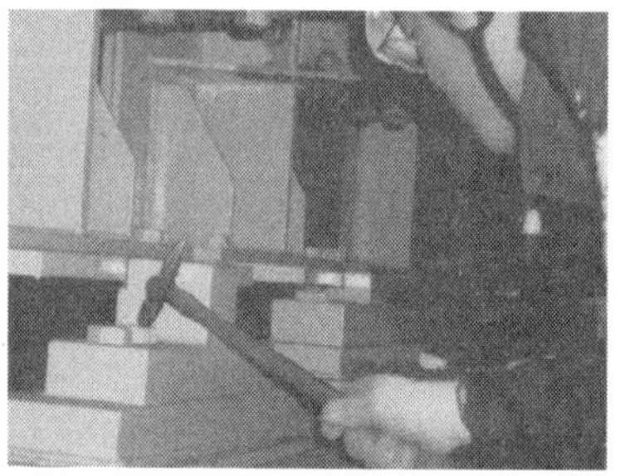

그림 3.8 점검햄머에 의한 조사

5) 임시점검

임시점검은 지진이나 태풍 등의 자연재해 또는 화재・사고 등의 발생시에 실시되는 점검이며, 다음에 나타내는 2종류로 분류된다.

① 이상시 점검 : 지진, 태풍 등의 자연재해시에 실시하는 점검
② 긴급점검 : 통상의 점검 결과를 기반으로 실시하는 경우, 화재・사고 등의 발생시에 실시하는 경우, 제3자의 통보 및 어떠한 이상이 발생했을 때에 실시하는 점검

임시점검은 대상이 되는 사건이 발생했을 경우에 신속하게 실시할 필요가 있다. 특히, 주행차량이나 제3자의 피해가 예상되는 경우, 안전성 확보의 관점으로부터 필요한 교통규제 등을 실시하여 점검한다. 임시점검은 통상의 점검과 달리 이미 손상이나 이상이 발생하고 있는 것이 전제되므로 점검의 실시시기, 대상 구조물 및 점검방법 등이 특별히 결정되어 있지 않다. 또, 긴급대응이 필요한 경우는 관리자가 직접 점검하는 경우도 있으므로, 관리자에게도 점검에 필요한 고도의 기술력이 요구된다.

교량의 경우, 지진 발생시는 받침부에 손상이 집중하는 일이 있으므로 중점적으로 점검을 실시하게 된다. 또, 하천에 물이 증가하면, 교각 변상과 수반하여 받침부도 손상을 받는 일이 있으므로 주의할 필요가 있다. 그 외, 예를 들면 2007년에 미국 미네소타주 Minneapolis에서 발생한 낙교사고를 계기로 국내 및 일본 내에서 트러스교를 대상에 실시된 긴급점검과 같이 정상적인 구조나 설계조건 등에 의해 건설된 교량에 대해서 실시되는 임시점검이 있다. 임시점검 기록은 발생한 손상이나 이상에 대한 개략상황이나 사진이 주체가 되지만, 발생한 이상이나 사고상황 또는 응급적으로 실시한 대책내용 등에 대해서도 기록하여 두는 것이 좋다.

6) 상세조사

상세조사는 일반적으로 일상점검이나 정기점검 등으로 발견된 손상에 대해 육안조사만으로는 손상원인이나 손상의 정도를 파악할 수 없는 경우에 실시한다. 그 때문에 필요에 따라 비파괴시험이나 응력측정 등을 실시하고, 교량상황을 상세하게 파악하는 것을 목적으로 하고 있다. 상세조사의 기본적인 순서는 그림 3.9에 나타낸 것과 같다.

받침부 상세조사에서는 교량의 상부구조나 하부구조 및 받침부에 관한 설계도서(설계도, 설계 계산서), 공사 준공도서, 대상 개소에 관한 기존의 점검기록이나 이력 등의 자료를 가능한 입수하고, 손상원인의 조사 계획을 수립한다.

조사 계획의 수립 후, 조사 대상이나 내용에 맞추어 상세한 육안점검, 부재에서의 재료채취에 의한 분석, 비파괴시험 등에 의한 조사나 변상추정을 위한 해석(FEM 해석 등)을 실시한다.

예를 들면, 솔프레이트 용접부에 발생하는 피로손상에서는 일반적으로 균열조사에서 자분탐상시험(MT)이나 와류탐상시험(ET) 등에 의해 균열 발생위치나 균열길이를 조사하고 혹은 초음파탐상시험(UT)에 의해 내부균열 유무를 조사한다. 피로균열검출에는 침투탐상시험(PT)도 있으나, 자분탐상시험(MT)이나 와류탐상시험(ET)과 비교하면 검출 정밀도가 나쁘다.

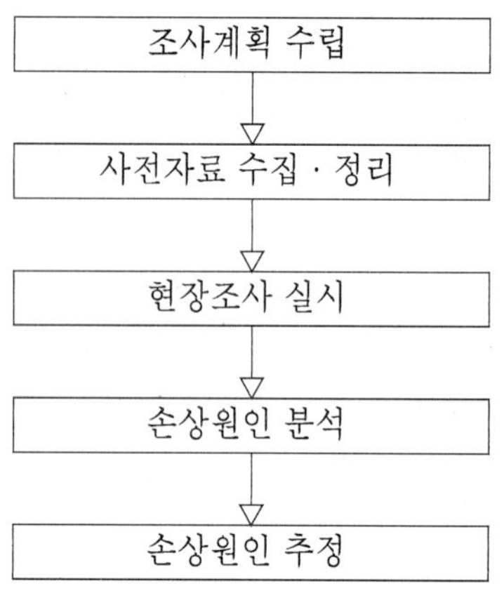

그림 3.9 상세조사(정밀점검) 흐름

또한, 필요에 따라 응력빈도계측이나 변형률계측에 의해 피로강도나 실동응력을 파악하여, 손상원인의 분석이나 추정을 실시하는 경우도 있다. FEM 해석 등에 의해 정밀해석을 실시하는 경우도 있다. 또한 자분탐상시험이나 초음파탐상시험 등을 실시하는 경우에는 공적기관이 인정한 유자격자가 실시하는 것이 바람직하다.

그리고 받침손상에 수반하는 교량거더 침하 등에서는 동일받침 선상의 다른 받침이나 이것들에 관계하는 부위에서의 이상 유무도 상세하게 조사한다. 교량거더의 단차량 또는 받침 침하량의 측정이나, 무수축모르타르 콘크리트의 균열상황 등도 손상원인의 추정에 필요하다.

3.2.5 점검 · 조사의 유의점

1) 일반

받침부는 상부구조와 하부구조를 연결하는 교량의 중요한 부위이나, 교대 · 교각 위의 받침부 환경은 열악한 상태의 경우가 많다. 특히, 받침이 위치하는 환경은 좁고 분진이나 토사가 퇴적하기 쉬우며, 신축장치나 배수장치에서의 누수도 발생한다. 또한, 주행차량에 의한 반복하중이나 충격력의 영향을 받는 부위이므로 손상의 발생빈도가 높은 것도 특징의 하나이다. 받침부 손상에 의해 교량거더가 침하하고, 신축장치에 단차가 발생하여 통행금지가 된 사례도 있으므로, 교량의 기능을 제어하는 부위라고 해도 과언은 아니다.

이러한 상황으로부터 받침부 점검・조사는 교량의 상부・하부구조의 모든 부위에 주목하고, 적절한 점검・조사를 실시하는 것이 필요하다. 받침부 건전도를 유지하는 것이 교량 건전도 유지에 크게 기여한다고 할 수 있다.

받침부에 관한 관련기준은 시대의 요구에 맞추어 점차적으로 개정되고 있다. 국내의 경우에는 도로교설계기준 등의 개정과 함께 변경되는 내용을 근간으로 하고 있다. 일본의 경우에는 1996년도 이후의 내진기준의 개정이나 활하중의 변경에 의해 고속도로 등의 중요노선의 교량에 대해서는 받침부 재시공이나 보강을 실시하고 있다. 그러나 유지관리 예산 제약이 큰 지자체 등에서는 재시공이 진행되지 않아, 현재 채용되지 않는 받침형식이나 받침배치 등이 그대로 다수 공용되고 있다. 이러한 교량에서의 받침부 점검・조사에서는 사전에 발생이 예상되는 손상을 예측하여 점검・조사를 실시하는 것이 필요하다.

2) 일반적인 유의점

받침부의 점검・조사에서의 일반 유의점은 다음과 같다.

(1) 받침 부근에 유입한 토사, 새의 둥지나 분료(그림 3.10 참조), 보수공사 등의 남은 자재 및 투기 쓰레기 등이 퇴적되어 있는 경우, 받침부 부식환경을 현저하게 악화시켜, 받침본체의 손상이나 기능불량의 원인이 될 가능성이 높다. 점검・조사를 실시하는 경우, 간단하고 쉬운 도구를 사용한 청소를 가능한 실시하고, 부식환경 개선을 도모하는 것이 바람직하다.

(2) 신축장치나 배수장치에서의 누수는 받침부 부식환경을 현저하게 악화시켜, 받침본체의 손상이나 기능불량의 원인이 된다. 특히, 동결방지제가 많이 살포되는 한랭지 등에서는 누수에 의한 부식영향이 크다. 점검에 의해 누수가 확인된 경우, 조속하게 누수대책을 실시하는 것이 바람직하다.

(3) 강재받침 회전기능이 저하하고 있는 경우, 거더 하부플랜지와 솔플레이트의 용접부 전면부에 피로균열이 발생하기 쉬우므로 주의한다. 이 피로균열은 진전속도가 빠르므로 거더 하부플랜지를 관통하여 복부까지 도달하는 경우도 있으므로 주의하여야 한다. 그림 3.11에 받침 기능불량에 의한 피로균열 발생사례를 나타낸다.

(4) 일상점검에 의해 노면 위의 신축장치에 단차가 발견되었을 경우, 받침본체나 무수축모르타르 콘크리트가 손상되어 단차를 발생시키고 있을 가능성이 높다. 단차가 확인된 경우, 받침부를 직접 조사하여 손상 유무를 확인할 필요가 있다.

(5) 가동받침이나 수평반력분산받침과 같이 온도영향을 받는 받침을 점검하는 경우, 외부기온을 고려하여 수평변위의 상황을 확인한다. 수평변위는 받침뿐만이 아니라 거더

사이의 유격량이나 거더와 교대 파라펫트와의 유격량에도 주의한다.

(6) 상부구조의 거더구조가 곡선거더나 사교 등의 경우, 받침의 설치방향과 이동방향이 일치하지 않는 경우가 있다. 이러한 경우, 이상소음의 발생이나 이동 제한장치의 손상과 같은 손상이 발생할 가능성이 높다.

(7) 극단적으로 곡률이 큰 교량에서는 부반력이 발생하는 받침이 많은데, 설계에서 부반력을 고려하고 있지 않는 경우도 있다. 특히, 핀치 플레이트나 사이드블록에 주의하여 점검할 필요가 있다.

(8) 최근 사용이 증가하고 있는 고무받침은 받침설치시 사전변형을 예측하지 않고 설치되어 있는 경우가 있으므로, 과대한 변형이나 표면 피복고무에 박리가 발생하고 있는 경우에는 주의가 필요하다.

(9) 받침부 점검은 근접육안으로 실시되는데 육안만으로는 확인할 수 없는 손상도 많이 발생된다. 특히, 롤러받침의 롤러부분이나 고력황동 받침판 받침의 베어링부 등은 육안만으로는 손상발견이 불가능하다. 그 때문에 슬라이딩 면에서의 녹물이나 차량주행시의 이상소음, 진동 등으로부터 손상 유무를 추측한다. 이를 위해서는 받침부의 구조나 기능을 잘 이해한 다음에 점검을 실시하는 것이 중요하다.

그림 3.10 퇴적된 새의 배설물(위)

그림 3.11 받침 기능불량에 의한 피로균열(옆)

3) 주목부위와 점검항목

받침부 점검·조사시의 주목 부위와 점검항목을 표 3.1에 나타내었다. 또, 받침종류에 따라서는 손상의 종류나 손상 발생부위가 다르기 때문에 대표적인 받침종류별 손상과 점검 주목부위에 대해 표 3.2(a)~(c)에 나타내었다.

표 3.1 받침부 주목부위와 점검항목

주목부위	점검항목
받침부 (변위제한 구조를 포함함)	본체의 손상, 볼트·앵커볼트의 이완·손상, 녹·부식, 침하, 받침부 콘크리트의 손상, 이동량, 이상소음, 받침연단부 손상, 그 외의 손상
거더 단부 (강거더, 콘크리트거더, 바닥판)	본체의 손상, 녹·부식, 유격, 이상소음, 그 외의 손상
신축장치	본체의 손상, 볼트·앵커볼트의 이완·손상, 녹·부식, 유격, 지수공(배수관, 물받이 통)의 손상, 누수, 이상소음, 그 외의 손상
상기 이외의 교대·교각 위의 구조물(낙교방지 구조 등)	본체의 손상, 볼트·앵커볼트의 이완·손상, 녹·부식, 이동량, 이상소음, 그 외의 손상

표 3.2 받침종류별 손상과 점검 주목부위(a)

받침의 종류	손상과 점검 주목부위
선받침	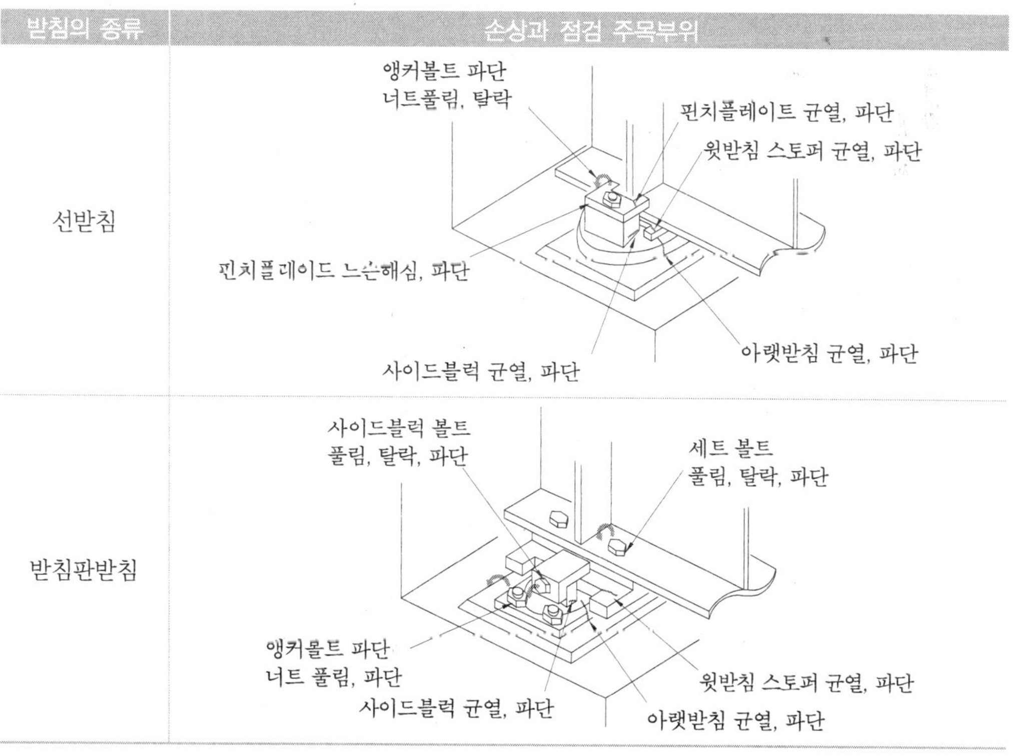
받침판받침	

표 3.2 받침종류별 손상과 점검 주목부위(b)

받침의 종류	손상과 점검 주목부위
복수 롤러 받침	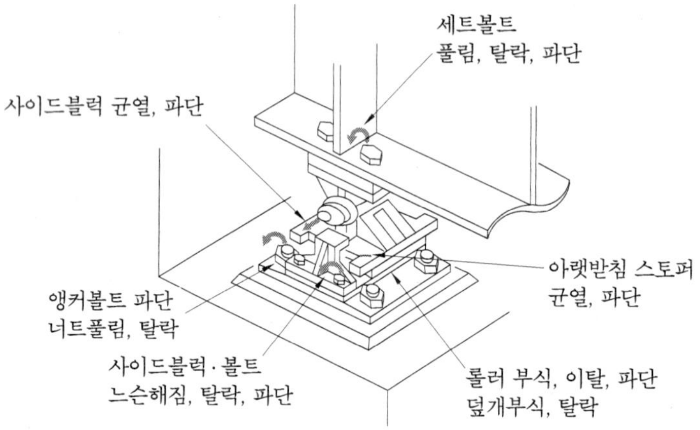 세트볼트 풀림, 탈락, 파단 사이드블럭 균열, 파단 아랫받침 스토퍼 균열, 파단 앵커볼트 파단 너트풀림, 탈락 사이드블럭·볼트 느슨해짐, 탈락, 파단 롤러 부식, 이탈, 파단 덮개부식, 탈락
고무받침	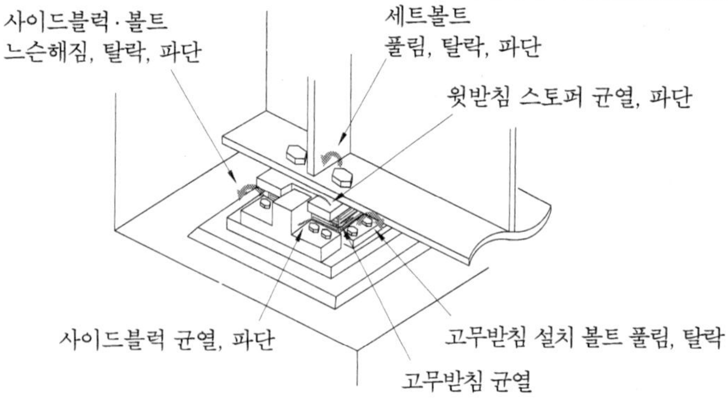 사이드블럭·볼트 느슨해짐, 탈락, 파단 세트볼트 풀림, 탈락, 파단 윗받침 스토퍼 균열, 파단 사이드블럭 균열, 파단 고무받침 설치 볼트 풀림, 탈락 고무받침 균열

표 3.2 받침종류별 손상과 점검 주목부위(c)

받침의 종류	손상과 점검 주목부위
공통	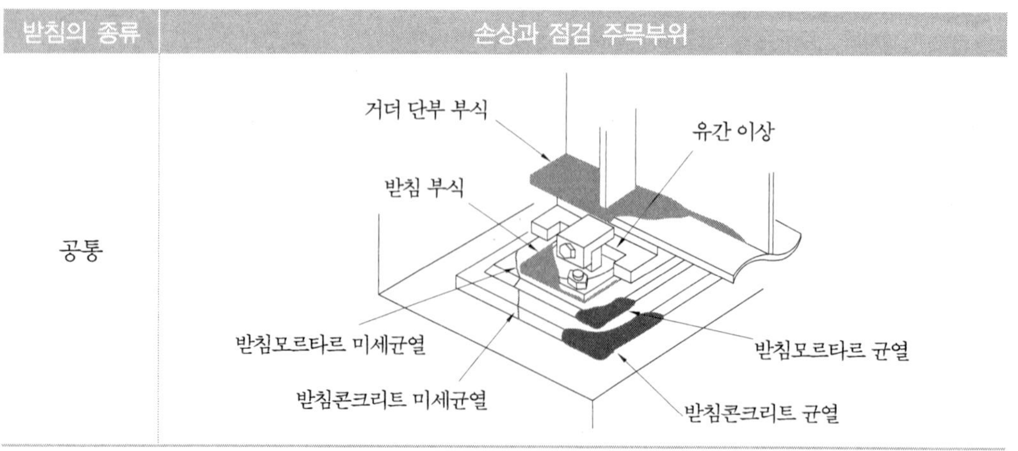

표 3.3 점검종류별 주목부위와 점검항목

점검의 종류	주목부위	점검항목
초기점검	교좌면①	공사자재의 유무·신축장치나 배수장치에서의 누수 유무
	볼트·너트류②	체결불량의 유무
	받침부 콘크리트·무수축모르타르③	균열 유무
	강재받침④	방수처리 불량 유무
	고무받침⑤	이상 변형의 유무
	변위제한 구조⑥	유격량 이상의 유무
	상·하부구조	지지기능에 관련된 이상의 유무(이상소음, 이상 진동)
일상점검	신축장치부⑦	노면 단차의 유무
	난간·연석·포장 등⑦	직진성 꺾임이나 휨 이상의 유무
	신축장치⑦	파손 유무
정기점검	교좌(교량받침)면③	토사유입이나 퇴적, 신축장치나 배수장치에서의 누수에 의한 부식환경의 유무
	받침본체⑨	회전·수평이동 등의 기능불량 징조의 유무, 파손 유무
	받침본체 이동부위⑨	이동면으로의 이물질 진입의 유무
	롤러부⑮	롤러의 돌출, 커버 탈락의 유무
	신축장치·배수장치⑪	부재파손의 유무
	상·하부구조	지지기능에 관련된 이상의 유무(이상소음, 이상 진동)
	고무받침	상부 강판부의 찢어짐, 수평방향으로의 활동 유무
	1개 롤러받침·가동 선받침 등의 현재는 사용되지 않는 받침형식의 경우	
	강재받침의 경우, 동일받침 선상의 받침각도가 다르거나⑫, 거더 회전방향과 받침 회전방향이 달라 회전중심이 일직선상에 없는 받침⑬	
	동일받침 선상에 복수의 받침을 갖는 슬래브⑭, 1 박스거더에 복수의 받침이 설치되어 있는 다수거더 병렬 박스거더교의 거더⑮에서 거더의 비틀림강성에 의해 활하중 반력이 변동하여 업 리프트가 작용하기 쉬운 받침	
	주경간과 측경간이 크게 다른 경우⑯, 곡선거더 등⑰과 같이 평면선형 등에 의해 부반력(업 리프트)이 발생하기 쉬운 받침	
	곡선거더나 횡강성의 큰 사교의 가동받침에서 이동방향과 회전방향이 일치하지 않는 경우⑱	
	사교의 가동받침 및 신축장치에서 신축과 회전방향이 다른 경우	
	교축직각방향의 강성이 높은 벽식 교각이나 라멘교각에서 받침 설치방향이 다른 곡선교에 배치된 받침⑲	
	교축직각방향의 강성이 높은 벽식 교각이나 라멘교각에서 받침 설치방향이 평행한 곡선교(경사각을 갖는 교량)에 배치된 받침⑳	
	기설교량 확폭 등에 의해 동일받침 선상에 다른 형식의 받침을 사용하고 있는 경우	
임시점검 상세조사	임시점검 가운데 지진 등의 자연재해시에 실시하는 이상시 점검의 주안점은 지진시의 받침부 손상을 참고하여 실시한다.	
	상세조사의 내상은 조사 목적에 의해 특정되기 때문에 대상에 따른 주안점을 사전에 설정하는 것이 바람직하다.	

표 3.4 점검종류별 주목부위 모식도

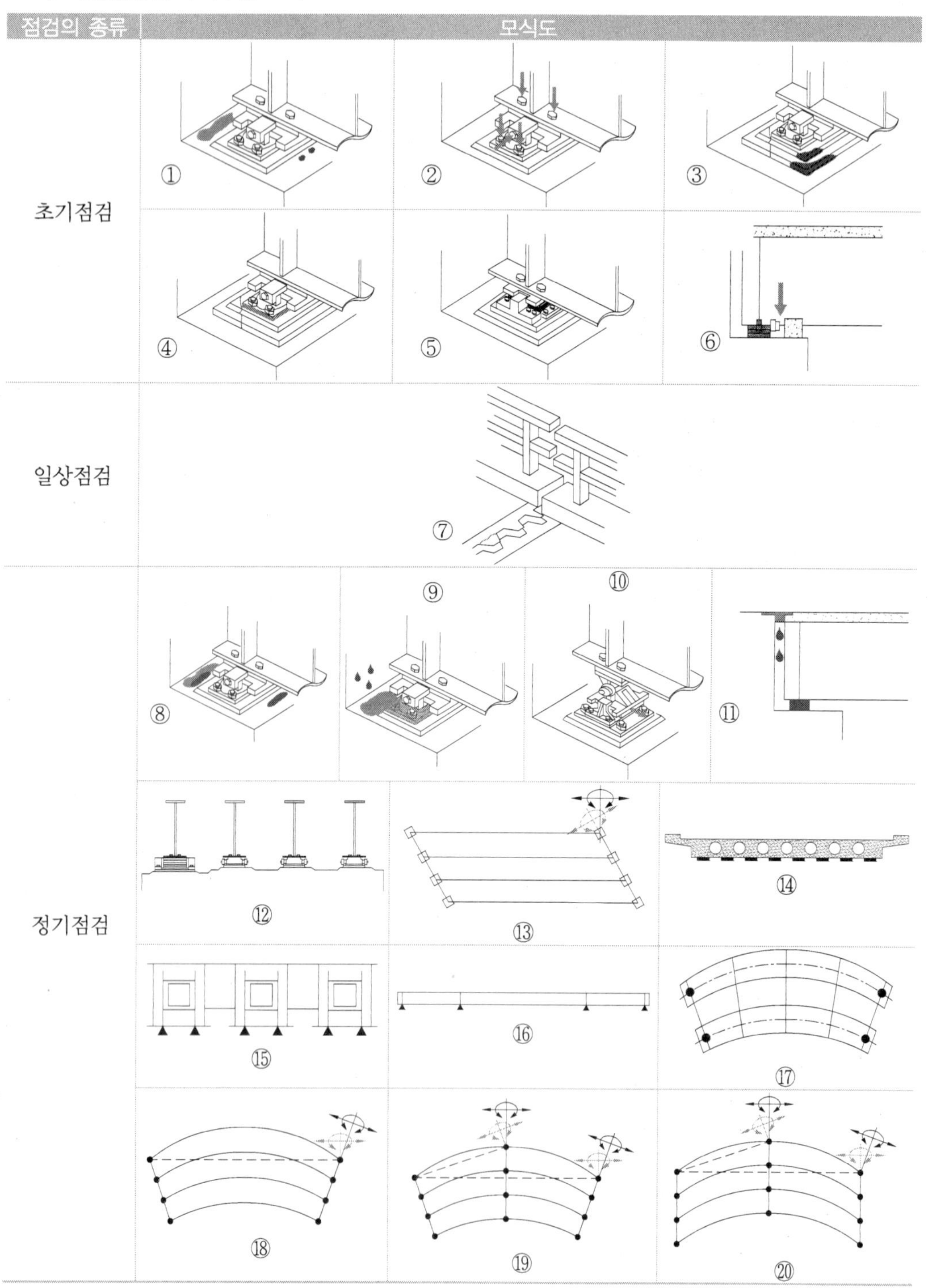

4) 점검 종류별의 점검항목

「3.2.4 점검・조사의 종류」에서 나타낸 각 점검・조사는 그 요구목적에 따라 내용, 빈도, 설비, 기기 등이 다르기 때문에 지지기능에서의 점검・조사에 대해서도 주안점을 바꾸어 실시하는 것이 효율적인 점검・조사가 된다. 표 3.3에 점검종류별 주목부위와 주된 점검항목을 나타내었으며, 표 3.4에 점검종류별 주목부위의 모식도를 나타내었다. 또한 표 3.3에서 원안의 숫자는 표 3.4에 나타낸 모식도에서의 번호를 나타낸다.

3.2.6 평가・판정

구조물 손상은 일부 부위에 발생하고 있는 것이 있는가 하면 구조물 전체에 발생하는 것도 있으므로 그 종류나 정도가 여러 가지로 이들 손상이 구조물 성능저하에 대해 어떻게 영향을 미치는가를 파악하는 것은 용이하지 않다. 구조물에 적절한 유지관리를 실시하려면, 발견된 손상에 대해 각각의 원인추정이나 손상의 진행예측을 실시하고, 구조물성능을 종합적으로 평가하는 것이 필요하다.

구조물의 평가・판정의 기본은 점검에 의해 판명된 각종 손상상황에 대해 현시점의 건전도를 파악하는 것에 있다. 특히 도로관리자는 이 결과에 의해 대책을 강구하게 되므로 점검과 마찬가지로 평가・판정이 중요한 업무이다. 이 경우 때때로 개개의 부위에만 주목하여 평가・판정하기 쉬우나, 구조물 전체의 건전도 측면에서 총괄적으로 평가하는 것이 중요하다. 개개의 부위에 발생한 손상을 개별적으로 판단하여 임기응변적으로 보수하게 되면 막대한 보수비용이 필요하다. 구조물에 대한 환경, 교통 이용상항 및 이용자 서비스레벨 등을 고려하여 평가・판정을 실시하고, 보수・보강 대책을 검토하는 것이 필요하다. 이와 같이 점검・평가・판정을 실시하는 기술자에게는 고도의 기술레벨이 요구되기 때문에 기술사 등의 자격을 가지고 있는 기술자가 종사하는 것이 바람직하다.

일반적으로 일상점검이나 정기점검은 육안점검이 기본이 되므로, 점검에서 발견된 것만으로 구조물열화 정도 등을 정밀도 높게 파악하는 것은 곤란하다. 또한, 정량적으로 성능을 확인하는 것도 곤란하다. 그 때문에 많은 도로관리자는 발견된 손상에 대해 손상상황에 따른 평가・판정 기준을 설정하여 정량적으로 평가하는 경우가 많다. 따라서 이러한 평가・판정 기준은 평가・판정 결과에 대해 다소의 오차가 발생하여 차기 점검기간까지 구조물기능이 현저하게 손상되지 않는 것을 보증할 수 있는 기준이 바람직하다. 한편, 상세조사에서는 일상점검이나 정기점검에 의해 발견된 손상 가운데, 어느 특정손상에 대해서 면밀한 육안점검을 실시하는 것 이외에 필요에 따라 비파괴시험에 의한 조사나 응력계측 등을 병용하여 실시하는 경우가 많다. 이 경우는 내구성이나 내하력 등의 성능평가를 실시하여 구조물 건전도를 평가할 필요가 있다.

초기점검에서 발견된 손상은 구조물 공용이전에 발생된 손상이므로 기본적으로 경미한 경우가 많다. 그 때문에 평가·판정을 실시하는 것보다는 이후의 유지관리 계획수립에서의 지표로서 사용하는 것이 좋다. 만일, 이 단계에서 중대손상이 발견되었을 경우는 설계·시공 단계에서의 불량이 원인인 경우가 많기 때문에 주의할 필요가 있다.

각 관리기관에 의한 평가·판정 기준은 표현방법에 다소의 차이는 있으나, 대개 발견된 손상에 대해 보수·보강의 필요성이나 시기를 나타낸 내용으로 되어 있다. 국내 및 일본에서의 대표적인 판정사례에 대한 사례를 표 3.5에 나타내었다. 국내의 경우는「시설물의 안전관리에 관한 특별법 시행령」의 내용을 나타낸 것이고, 일본은 수도고속도로(주)의「구조물 점검 요령」에서의 평가·판정 기준 사례를 나타낸 것이다. 일본 수도고속도로(주)에서는 도로의 점검 및 평가·판정에 종사하는 기술자에게 고도의 기술레벨을 요구하고 있기 때문에, 개별적으로 자격시험을 실시하여 합격한 사람이 종사하게 되어 있다. 표 3.6에 수도고속도로(주)에서의 받침손상의 평가·판정 기준사례를 나타낸다.

표 3.5 대표적인 판정사례

(a) 국내의 판정기준사례

손상 순위	A	B	C	D	E
기본 개념	문제점이 없는 최상의 상태	보조부재에 경미한 결함이 발생하였으나 기능발휘에는 지장이 없으며 내구성 증진을 위하여 일부의 보수가 필요한 상태	주요부재에 경미한 결함 또는 보조부재에 광범위한 결함이 발생하였으나 전체적인 시설물의 안전에는 지장이 없으며, 주요부재에 내구성, 기능성 저하 방지를 위한 보수가 필요하거나 보조부재에 간단한 보강이 필요한 상태	주요부재에 결함이 발생하여 긴급한 보수·보강이 필요하며 사용제한 여부를 결정하여야 하는 상태	주요부재에 발생한 심각한 결함으로 인하여 시설물의 안전에 위험이 있어서 즉각 사용을 금지하고 보강 또는 개축을 하여야 하는 상태

(b) 일본 수도고속도로(주)에서의 판정기준 사례

손상 순위	A0	A1	B	C	D
대응방침	긴급 대응 필요	긴급 대응 필요	긴급 대응 필요	대응 불필요	이상 없음
기본 개념	구조물 전체의 안전성에 영향을 미치는 손상	제3자의 피해를 일으킬 가능성이 있는 손상	긴급도는 높지 않으나, 보수 보강이나 추가 조사 등의 대응을 필요로 하는 손상	다음 번 점검시까지 대응을 필요로 하지 않는 손상	점검 실시의 사실을 기록

표 3.6 수도고속도로(주)에서의 받침손상 판정기준 사례

손상 순위			A	B	C	D	비고
대응			긴급 대응 필요	대응 필요	대응 불필요	이상 없음	
받침	받침 전체	벗어남, 어긋남, 편기	① 파단, 압괴, 혹은 그것들로 연결되는 현저한 손상이나 받침전체가 움직이는 등의 불안정한 상태로, 구조물 안전성이 단기간에 손상될 가능성이 있는 경우(A0순위 손상)	① 솔플레이트가 들뜬 상태로 차량통과시에 상하로 움직이는 경우, ② 롤러에 어긋남이 있는 경우, ③ 사이드 블럭에 어긋남이 있는 경우	-	손상 등이 없는 경우	-받침에는 강재받침, 고무받침, 면진받침 및 이들에 대해 실시된 도장을 포함하여, 근접점검을 주된 점검으로 한다. -받침점검은 거더·교각(콘크리트, 강재) 접근점검과 동시에 실시한다. -받침점검의 대상부위는 ① 베어링 플레이트, ② 아랫받침, ③ 핀, ④ 롤러, ⑤ 솔플레이트, ⑥ 핀치 플레이트, ⑦ 사이드블럭, ⑧ 세트 볼트, ⑨ 앵커볼트·너트의 받침본체와 무수축모르타르콘크리트부가 있다. (*1) 받침부 하부 플랜지 설치부 개소에 피로균열이 발생한 사례가 있으므로 동시에 주의가 필요하다.
		균열, 흠집 (*1)		① 균열이 있는 경우, ② 받침용접부에 균열이 있는 경우, ③ 핀치 플레이트가 파단된 경우	흠이 있는 경우		
		변형	② 부재 낙하에 의해 제3자 피해를 일으킬 가능성이 있는 경우(A1순위)	① 고무 전체적으로 파손이 있는 경우, ② 받침의 강재부분이 크게 변형된 경우, ③ 앵커볼트가 기울어 있는 경우	① 고무받침이 일부파손이 있는 경우, ② 받침의 강재 부분이 변형되어 있는 경우		
		발청부식		① 받침 일부에 단면결손을 수반하는 발청부식이 있는 경우, ② 받침전체에 발청이 있는 경우	받침의 일부(고무받침 보강판을 포함한다)에 발청이 있는 경우		
		도막 열화		① 열화(부풀음, 균열, 박리)가 상당 범위에 확대되어 있는 경우, ② 변퇴색이나 오염이 두드러져 불쾌감을 주는 경우	① 열화(부풀음, 균열, 박리)가 있는 경우, ② 변퇴색이나 오염이 있는 경우		
		재료 열화		고무받침의 전체가 재료열화를 발생시킨 경우	고무받침의 일부가 재료열화를 발생시키고 있는 경우		

<table>
<tr><th colspan="3">손상 순위</th><th>A</th><th>B</th><th>C</th><th>D</th><th rowspan="2">비고</th></tr>
<tr><th colspan="3">대응</th><th>긴급 대응 필요</th><th>대응 필요</th><th>대응 불필요</th><th>이상 없음</th></tr>
<tr><td rowspan="6">받침</td><td rowspan="3">받침 전체</td><td>이동 회전 구속</td><td rowspan="3"></td><td>① 부품의 미끄럼면 · 구르는면이 발청 등에 의해 이동구속이나 회전구속을 발생시키는 경우, ② 솔플레이트의 이동여유량이 적은 경우, ③ 핀치 플레이트의 이동 여유가 없는 경우</td><td>① 핀치 플레이트의 이동 여유가 적은 경우, ② 진흙이 막혀있는 경우</td><td rowspan="6">손상 등이 없는 경우</td><td rowspan="6">(*2) 공동 소리는 타격점검으로 확인한다.</td></tr>
<tr><td>이완, 탈락, 결손 (볼트 · 너트)</td><td>① 앵커볼트의 와셔 · 너트, 핀의 너트, 핀치 플레이트의 볼트, 세트 볼트에 이완, 탈락, 결손이 있는 경우, ② 앵커볼트의 여유길이가 작은 경우</td><td></td></tr>
<tr><td>이상소음</td><td>이상소음이 있는 경우(이상소음에 관해서는 지체 없이 추가조사를 실시하여 원인을 확정할 것)</td><td></td></tr>
<tr><td rowspan="3">무수축 콘크리트/모르타르</td><td>콘크리트 모르타르 균열</td><td rowspan="3">① 압괴, 혹은 압괴로 연결되는 현저한 손상이 있으므로 구조물 안전성이 단기간에 손상될 가능성이 있는 경우(A0순위 손상)

② 콘크리트나 모르타르의 탈락이나 박리에 의해 제3자 피해를 일으킬 가능성이 있는 경우(A1순위)</td><td>현저한 균열이 있는 경우</td><td>A순위 · B순위에 해당하지 않는 균열이 있는 경우</td></tr>
<tr><td>콘크리트 모르타르 탈락, 박리</td><td>콘크리트나 모르타르의 탈락이나 박리에 의해 철근이 노출되어 있는 경우</td><td>콘크리트나 모르타르의 탈락이나 박리가 있지만, 철근이 노출되어 있지 않는 경우</td></tr>
<tr><td>공동(*2)</td><td>모르타르그라우트의 불량에 의해 공동이 있는 경우</td><td>모르타르그라우트의 불량</td></tr>
</table>

정기점검으로 발견된 받침부 손상에 대해 손상도를 판정한 사례를 아래에 나타낸다. 이 판정사례는 표 3.6을 이용하여 A 및 B순위의 손상으로 판정된 사례이다.

그림 3.12는 A순위 손상(긴급대응 필요)의 사례이다. (a)는 받침부 솔플레이트 부근에서 발생된 피로균열인데, 방치하면 거더가 낙하할 위험성이 있는 손상이다. (b)는 받침의 아랫받침 균열인데, 이 손상은 노면 위에 단차가 발생하여 발견된 사례이다. (c)는 사장교 주탑부의 부반력 대응의 핀델받침으로, 앵커볼트가 파단된 사례이다. 이들은 모두 긴급 대응이 필요한 손상이며, 실제로 임시받침을 설치하는 등의 긴급보수를 실시하고 있다. 다만, 이러한 사례는 아주 적으며, 일반적으로는 받침 표면의 녹·부식에 의한 손상이 많이 나타난다.

그림 3.13은 B순위 손상(보수가 필요한 손상)의 대표적인 사례인데, 이러한 손상은 점검 보고된 후에 대부분은 1년 이내에 보수를 실시하고 있다.

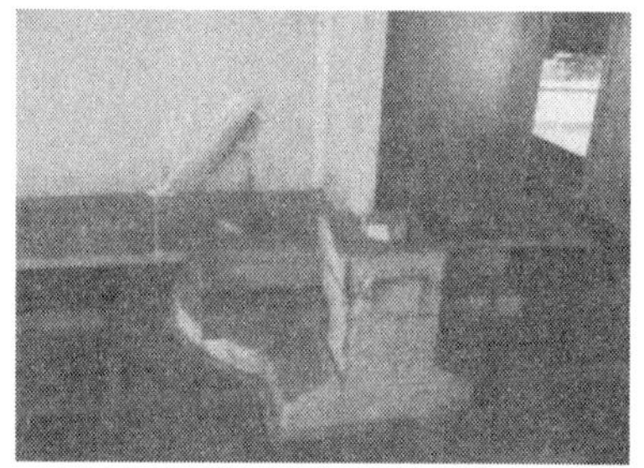

(a) 솔 플레이드 부근에서의 피로균열

(b) 아랫받침 파단에 의한 손상

(c) 핀델받침 앵커볼트 파단

그림 3.12 받침의 A등급손상 사례(일본)

(a) 사이드블럭 균열
(b) 녹·부식
(c) 변형·엇갈림
(d) 세트볼트 결락
(e) 앵커볼트 부상
(f) 받침 주변 토사 퇴적

그림 3.13 받침의 B등급 손상 사례(일본)

3.2.7 기록

1) 일반

점검·조사 결과는 긴급성을 필요로 하는 경우를 제외하고 정기적으로 또는 작업 종료 후에 관리자에게 보고된다. 점검현장에서는 일반적으로 디지털카메라와 간단한 메모에 의해 현장 및 손상상황을 기록하고, 이들 기록을 내업에서 점검보고서로 작성하고, 관리자에게 제출한다. 점검보고서는 컴퓨터에 의해 전자화되고 있는 경우가 많으므로 이들을 이력으로 이용할 수 있도록 해 두는 것이 바람직하다.

구조물을 유지관리하는 각 관리자는 유지관리에 필요한 정보를 기록하고, 그 정보를 축적·활용하는 것이 중요하다. 유지관리 기록은 ① 구조물 제원 등의 시설속성 정보가 기록되어 있는 구조물 데이터베이스(이하 "DB"로 나타낸다), ② 점검이력과 결과(손상상황과 판정결과)가 기록되어 있는 점검DB, ③ 점검결과에 의해 실시된 대책기록의 보수DB로 구성되어 있는 경우가 많다.

이들 3종류의 DB는 각각을 보완하며 적절한 유지관리에 활용하기 위하여 항상 정확한 최신 정보로 추가·갱신되어 유지관리 DB로서 일원화 관리되며, 지속적으로 축적·기록되어야 한다(그림 3.14 참조). 국내의 경우에는 한국시설안전공단의 시설물정보관리종합시스템인 FMS(Facility Management System, www.fms.or.kr)에서 유지관리 DB가 운영되고 있다.

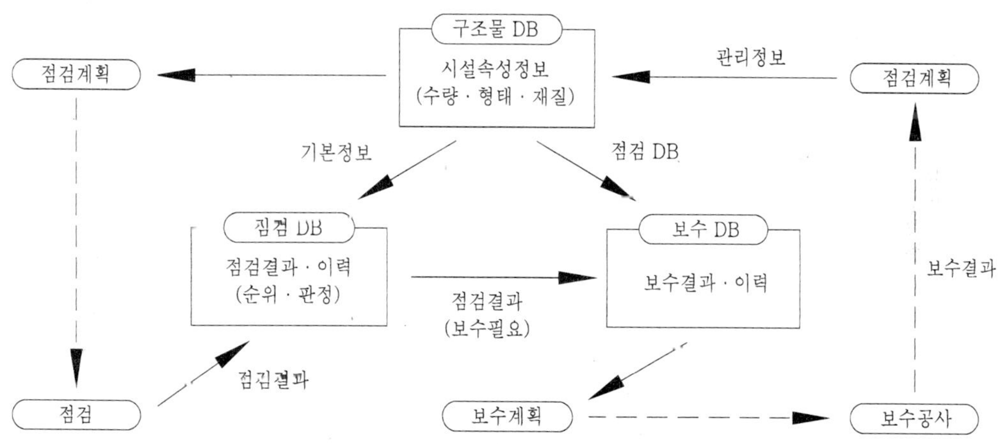

그림 3.14 유지관리 업무와 유지관리 데이터베이스와의 상호관계 사례(일본)

구조물 DB는 일반적으로 준공도서의 요약판이라고 할 수 있다. 이 DB를 기본으로 일상관리 또는 발견된 손상분석 등에 필요하게 되는 중요한 정보가 축적되어 있다.

점검 DB와 보수 DB는 효율적이며 양질의 유지관리를 실시하기 위해 중요하다. 예를 들면, 점검에서 발견된 손상이 새로운 것인가, 과거에 발견되어 있던 손상인가 아닌가는, 과거 점검이력을 확인하는 것에 의해 판단이 가능하게 되므로 구조물 건전도평가에 크게 기여한다. 또, 점검시에 사전정보로서 이러한 정보를 알고 현장에 임하는 것에 의해 점검 효율화에도 크게 기여하고 보수·보강 등의 대책을 강구할 때의 중요한 정보가 된다. 또한 각종 대책이 실시되는 경우에도 대책의 유효성을 확인할 수 있어서 데이터 분석에 의해 자산관리(Asset management)에 필요한 열화예측 등에도 많이 기여하는 매우 중요하고 유효한 정보이다.

유지관리 DB는 전술한 것과 같이 적절한 유지관리에 불가결한 정보이므로 당연히 반드시 보존되고 사용하기 쉬워야 한다. 해당 구조물이 폐지, 또는 철거되어 실제 유지관리가 필요 없을 경우에도 다른 유사 구조물 유지관리에 도움이 되므로 계속 보존하여 두는 것이 바람직하다. 구조물 유지관리는 장기간 실시되므로 각 관리사업자에서는 조직의 변경이나 담당자의 교대 및 점검협력자의 변경을 고려해 두는 것이 필요하다. 또, 유지관리 DB에는 정확성이 요구되므로 입력 미스 등이 발생하기 어려운 조작성이 좋은 기록방법을 채용하여 대량 정보에 대해 용이하게, 보기 쉽게 사용할 수 있어야 한다.

현재 유지관리 DB로서는 서류의 대장형식의 것과 전자 데이터 형식의 것이 사용되고 있다. 그러나 여러 종류의 구조물을 일괄관리하며 대량의 정보를 관리하려면, 서류의 대장형식은 보관장소의 확보나 검색에 적합하지 않으므로 항상 사용하기 쉽게 관리하기 쉬운 전자데이터 형식으로 기록·보존하는 것이 바람직하다. 또한, 준공도서는 일반적으로 서류로 보관되고 있으나, 이것도 보관장소의 확보나 검색에 유리한 전자데이터로 보존하는 것이 바람직하다. 최근 설계도서는 전자화되어 납품되는 경우가 많아, 지금까지의 서류 준공도서와 2종류의 데이터로서 보존되는 경우가 많아지고 있기 때문에 과거 준공도서를 모두 전자화하여 일원화를 도모하는 것이 좋다.

데이터베이스는 전용서버나 하드디스크 등에 보존하게 되는데 정보유출의 방지대책과 함께 데이터 소멸 방지대책으로서 반드시 복사하여 두는 것이 필요하다.

2) 점검 보고서

점검보고서는 현장점검 종료 후에 관리자에게 제출되며 일반적으로 구조물의 건전도 평가 및 대책방안 수립시의 중요한 자료로 이용된다. 보고서 내용은 점검종류에 따라 다르지만, 대개 손상도와 손상상황 사진 및 손상상황 일람표(판정 결과)로 구성되어 있다. 일본 수도고속도로(주)의 정기점검 보고서를 사례로서 그림 3.15~그림 3.17에 손상도, 손상상황 사진 및 손상상황 일람표를 나타낸다.

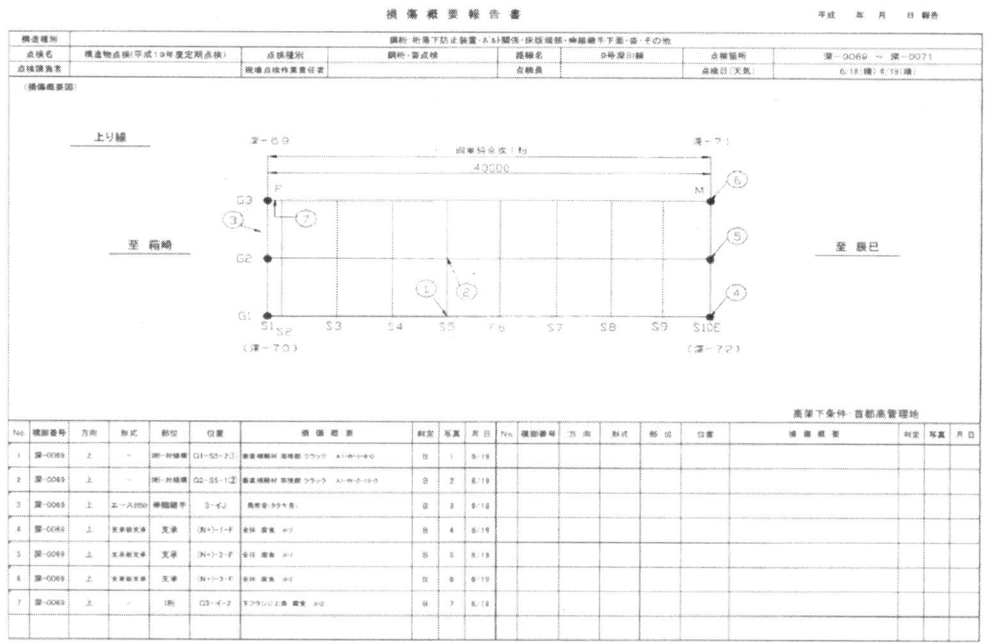

損傷概要報告書

構造種別	鋼桁·桁落下防止装置·ボルト関係·床版端部·伸縮継手下面·沓·その他						
点検名	構造物点検(平成19年度定期点検)	点検種別	鋼桁·音点検	路線名	9号深川線	点検箇所	深-0069 ~ 深-0071
点検請負者		現場点検作業責任者		点検員		点検日(天気)	6/18(晴) 6/19(晴)

No.	橋梁番号	方向	形式	部位	位置	損傷概要	判定	写真	月日
1	深-0069	上	-	[illegible]	G1-S5-2③	[illegible]	B	1	6/19
2	深-0069	上	-	[illegible]	G2-S5-1②	[illegible]	B	2	6/19
3	深-0069	上	[illegible]	伸縮継手	3-イJ	[illegible]	B	3	6/18
4	深-0069	上	[illegible]	支承	(N+)-1-F	全体 腐食 d=2	B	4	6/19
5	深-0069	上	[illegible]	支承	(N+)-2-F	全体 腐食 d=2	B	5	6/19
6	深-0069	上	[illegible]	支承	(N+)-3-F	全体 腐食 d=2	B	6	6/19
7	深-0069	上	-	1桁	G3-イ-2	下フランジ上面 腐食 d=2	B	7	6/18

그림 3.15 손상도-강재 거더 사례(일본)

構造物点検写真報告書

構造種別		点検種別	鋼桁・音点検	路線名	高速○○線

構造物	伸縮継手	構造物	支承
写真番号	3	写真番号	6
図番号		図番号	
構造物番号	深-0069～深-0071	構造物番号	深-0069～深-0071
方向	上 本線	方向	上 本線
車線		車線	
位置	3-イJEXP-34	位置	(N+)-3F
判定	B	判定	B
部位	1桁-対傾構	部位	全体
高架下条件	首都高管理地	高架下条件	首都高管理地
変状	クラック	変状	腐食
数量・寸法		数量・寸法	d=2
クラック情報		クラック情報	

構造物	支承	構造物	鋼桁・鋼床版
写真番号	4	写真番号	7
図番号		図番号	
構造物番号	深-0069～深-0071	構造物番号	深-0069～深-0071
方向	上 本線	方向	上 本線
車線		車線	
位置	(N+)-1F	位置	G3-イ-2上面
判定	B	判定	B
部位	全体	部位	1桁 下フランジ
高架下条件	首都高管理地	高架下条件	首都高管理地
変状	腐食	変状	腐食
数量・寸法	d=2	数量・寸法	d=2
クラック情報		クラック情報	

構造物	支承	構造物	
写真番号	5	写真番号	
図番号		図番号	
構造物番号	深-0069～深-0071	構造物番号	
方向	上 本線	方向	
車線		車線	
位置	(N+)-2F	位置	
判定	B	判定	
部位	全体	部位	
高架下条件	首都高管理地	高架下条件	
変状	腐食	変状	
数量・寸法	d=2	数量・寸法	
クラック情報		クラック情報	

그림 3.16 손상상황 사진 – 강재거더 사례(일본)

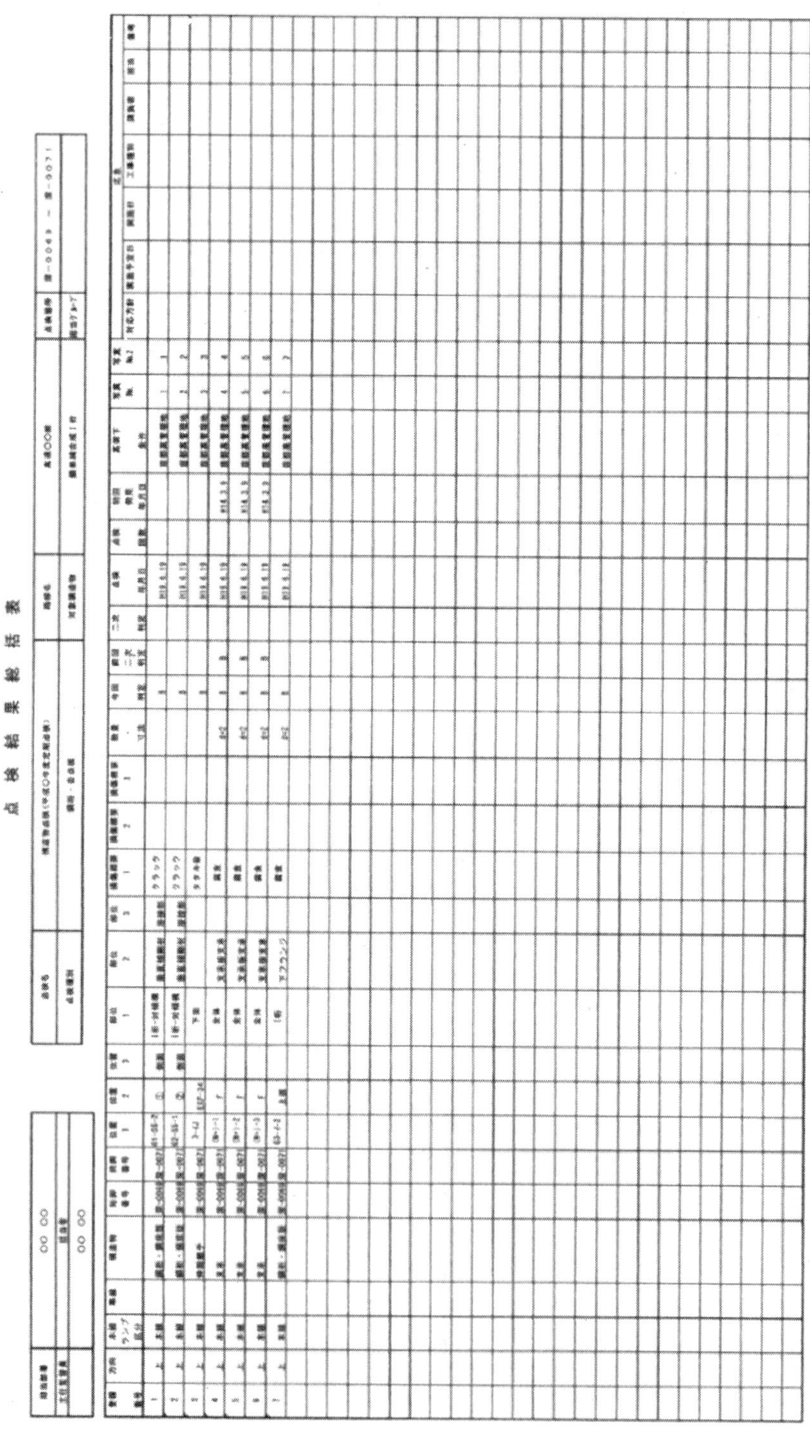

그림 3.17 손상상황 일람표 - 강재거더 사례(일본)

손상도는 표준 전형화된 대상구조물 평면도를 기초로 발견된 손상개소의 부위나 위치 등이 기재되어 있다. 손상도의 목적은 손상개소의 재조사나 보수·보강 등을 실시하는 경우의 위치를 적절하고 확실하게 나타내는 것에 있다. 일반적으로 교량단위 혹은 경간단위로 나타낸다.

손상상황 사진은 손상도에 나타낸 각 손상상황을 나타내며, 사진에는 손상개소와 상황을 명확하게 파악할 수 있는 것을 첨부한다. 최근의 점검보고서는 디지털카메라로 촬영된 사진이 많아, 보고서 작성도 이전과 비교하면 매우 편리하다. 받침부 경우는 손상개소의 부분 확대사진과 주변이 촬영된 사진의 2종류를 첨부하는 것이 바람직하다.

손상상황 일람표는 손상도에 나타난 손상개소별 손상의 종류나 정도(판정 결과)를 나타낸 것이다.

3) 유지관리 데이터베이스

유지관리 데이터베이스는 전술한 것과 같이 ① 구조물 DB, ② 점검 DB, ③ 보수 DB로 구성된다. 이하에 각각의 데이터베이스에 기록되어야 할 항목에 대해 나타낸다.

구조물 DB는 유지관리의 기본이며, 교량 등에서는 일반적으로 교량대장으로 서류자료로 보존·관리되는 경우가 많다. 이하에 표준적인 기록 항목을 나타낸다.

① 주소(설치 위치) ② 구조제원(구조 형식, 구조 치수 등)
③ 환경조건 ④ 관리번호
⑤ 준공연월일 ⑥ 건설연월일
⑦ 설계업자, 시공업자 ⑧ 적용 기준
⑨ 준공도서 색인번호(설계도면, 설계계산서) ⑩ 기타

점검 DB는 초기점검, 일상점검 및 정기점검 등의 각종 점검결과의 총괄정보가 기록된 것이다. 점검작업 종료 후에 관리자에게 제출되는 점검보고서와 달리 대장의 작성 및 관리는 관리자 주체로 실시된다. 또한, 점검 DB는 항상 최신정보로 갱신될 필요가 있다. 인간의 건강진단 진료기록카드와 같이 구조물에 이상이 발견되었을 경우 등은 과거 점검결과나 보수기록 이력을 파악하는 것이 정확하고 신속한 대응으로 이어지는 중요한 정보가 되기 때문이다. 표 3.7에 점검 DB에서의 표준적인 기록항목을 나타낸다.

표 3.7 점검 데이터베이스에서의 표준적인 기록 항목

항목	내용
담당	유지관리 담당자, 점검 실시자
점검종류	초기점검, 일상점검, 정기점검, 임시점검, 상세점검
시기	점검 실시일
위치	점검 대상구조물의 상세 위치(소재지)
점검내용	근접 육안점검, 원근 육안점검, 비파괴시험의 유무
손상도	대상구조물의 개략도, 점검범위, 손상 발생개소
손상상황 사진	각각의 손상사진, 손상의 종류, 스케치
평가판정 결과	각각의 손상평가·판정결과
기타	점검이력(과거 실시일), 과거 보수의 유무, 긴급보수의 유무

보수 DB는 구조물 DB나 점검 DB와 일체화 혹은 링크되어 있는 것이 바람직하다. 이 정보도 항상 최신정보로 갱신하는 것이 필요하다. 또한, 점검 이력대장에 기록되어 있는 각각의 손상데이터에 대응한 보수이력이 필요한데, 이것은 구조물 건전도 평가에 크게 기여한다. 이하에 표준적인 기록항목을 나타낸다.

① 보수위치(주소, 관리 번호) ② 환경조건
③ 환경조건 관리번호 ④ 준공연월일
⑤ 건설연월일 ⑥ 설계업자, 시공업자
⑦ 적용기준 ⑧ 준공도서 색인번호(설계도면, 설계계산서)
⑨ 증개축의 이력 ⑩ 기타

전자화된 데이터베이스 사례로서 다음의 2가지 사례를 소개한다. 그림 3.18은 구조물 DB안에 준공 도서를 전자데이터로서 보존한 것으로, 기존 자료의 분실이나 열화를 방지하고 있는 국내·외 사례이다. 전자화 준공도서는 화면상에서 확대나 인쇄출력도 가능하므로 일상의 편리성이 상당히 향상되어 있다. 또, 그림 3.19는 점검 DB로서 점검 보고서의 내용을 기록한 일본 수도고속도로(주)에서의 사례이다.

교량 단위(경간장 단위)로 관리되므로 그 정보는 받침에 한정하지 않고 거더나 상판, 교각 등의 교량을 구성하는 부위에 관한 정보가 모두 망라되어 있다. 실제로 사용하는 경우는 전자화되어 있는 이점을 이용하여 원하는 정보만 검색하여 이용하는 경우가 많다.

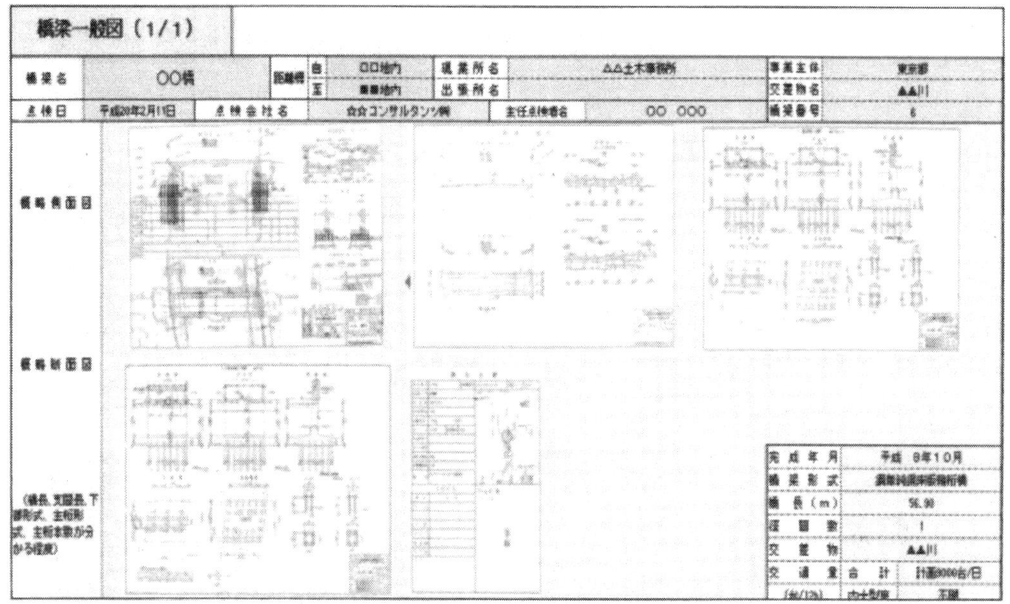

(a) 국외 사례(일본)

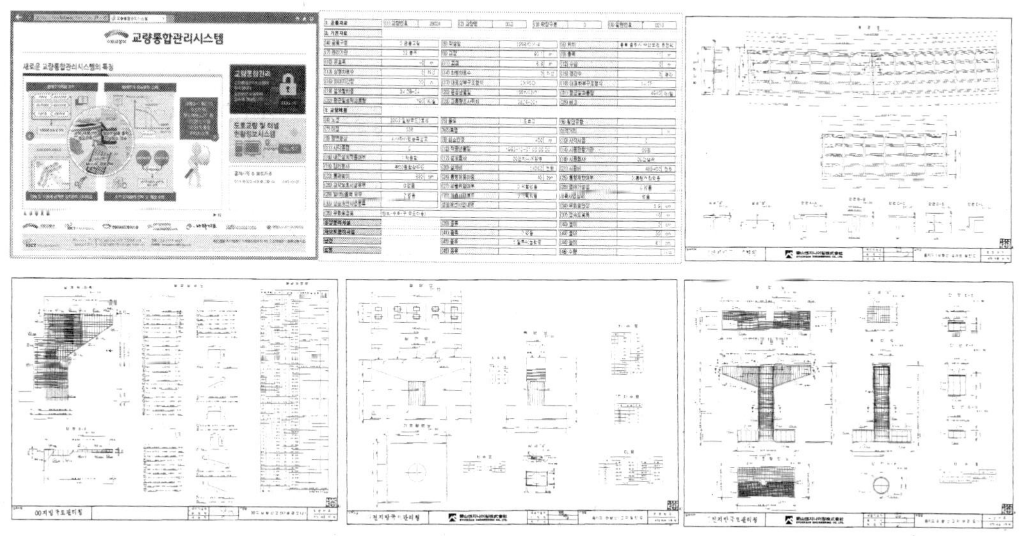

(b) 국내 사례

그림 3.18 준공도서의 데이터화 사례

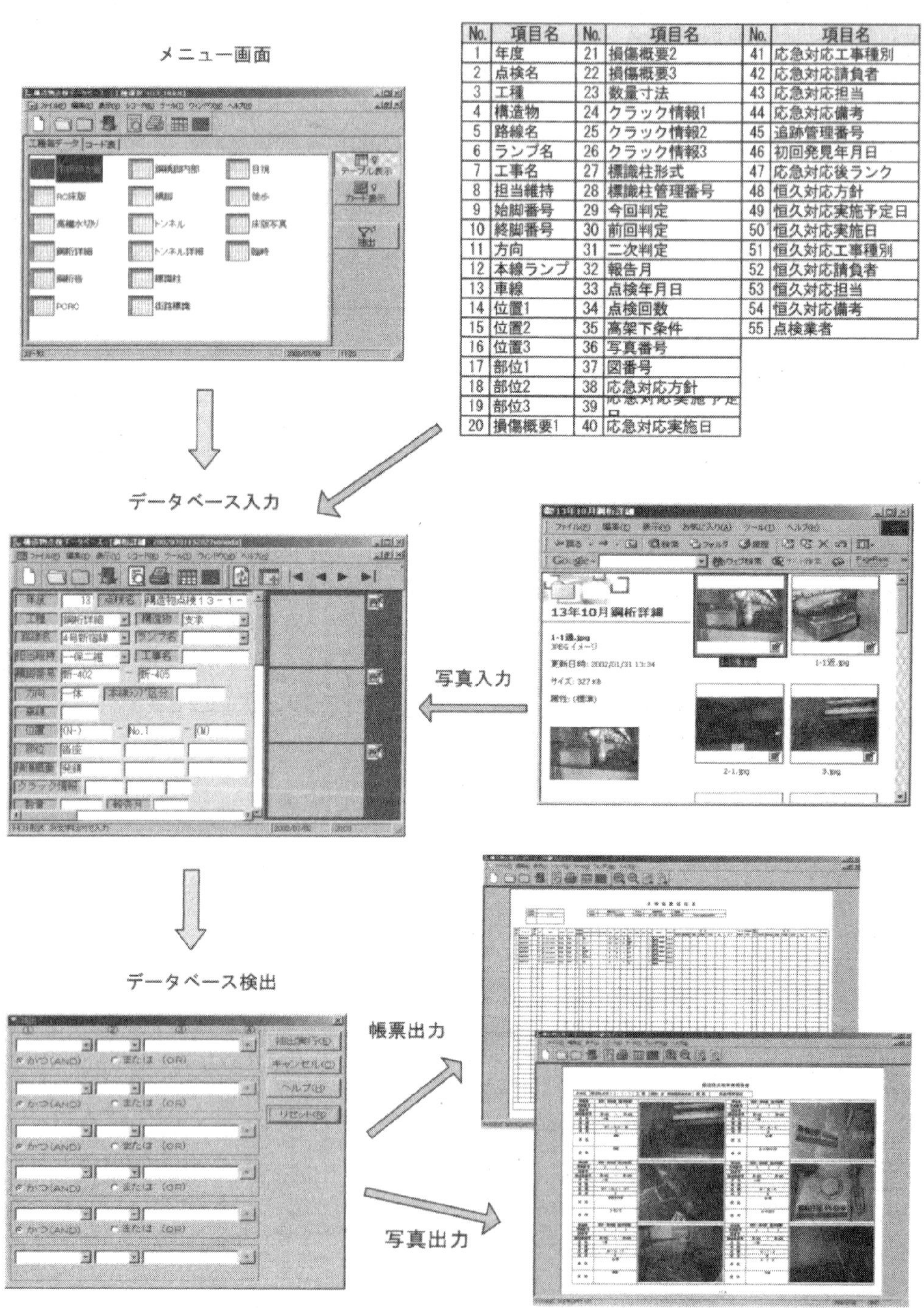

No.	項目名	No.	項目名	No.	項目名
1	年度	21	損傷概要2	41	応急対応工事種別
2	点検名	22	損傷概要3	42	応急対応請負者
3	工種	23	数量寸法	43	応急対応担当
4	構造物	24	クラック情報1	44	応急対応備考
5	路線名	25	クラック情報2	45	追跡管理番号
6	ランプ名	26	クラック情報3	46	初回発見年月日
7	工事名	27	標識柱形式	47	応急対応後ランク
8	担当維持	28	標識柱管理番号	48	恒久対応方針
9	始脚番号	29	今回判定	49	恒久対応実施予定日
10	終脚番号	30	前回判定	50	恒久対応実施日
11	方向	31	二次判定	51	恒久対応工事種別
12	本線ランプ	32	報告月	52	恒久対応請負者
13	車線	33	点検年月日	53	恒久対応担当
14	位置1	34	点検回数	54	恒久対応備考
15	位置2	35	高架下条件	55	点検業者
16	位置3	36	写真番号		
17	部位1	37	図番号		
18	部位2	38	応急対応方針		
19	部位3	39	応急対応実施予定日		
20	損傷概要1	40	応急対応実施日		

그림 3.19 수도고속도로(주)에서의 점검 데이터베이스 사례(일본)

3.3 일상관리 계획

3.3.1 일반

일상관리는 유지관리에서 요구되는 교량의 장수명화와 예방점검을 실천하는 중요한 활동의 하나이다. 일상관리의 일환으로 실시되는 일상점검(순찰)은 주행시에 느끼는 체감(소리나 진동 등) 혹은 차 밖에서의 원거리 조망에 의해 주행차량이나 제3자에게 피해를 줄 수 있는 이상을 발견하는 것을 주목적으로 하고 있다. 그러나 일상점검에서는 점검원이 교량의 거더 아래까지 내려가서 받침부를 점검하는 것은 매우 드물다. 따라서 일상점검으로 발견할 수 있는 받침부 손상은 이러한 제약조건하에서 얻어지는 점검결과라는 것에 유의해야 한다.

한편, 일상관리 중의 하나로서 실시되는 청소 등은 통행차량이나 도로환경의 보전에 중점을 두므로 교량손상에 관한 효과적인 정보를 제공하지 않는다. 한편 외국의 일부 도로관리기관에서는 손상을 조기에 발견하기 위한 수집이나 교량의 제반기능을 적정한 상태로 유지시키기 위한 청소 등을 일상관리에 포함시켜 운용하기 시작하고 있다.

일상관리에서는 교량의 상태변화를 파악하는 것을 주목적으로 하고 있으며, 파악된 상태변화가 주행차량이나 제3자의 안전성에 영향을 미친다면 그 변화에 대한 조치를 신속하게 수행한다. 또한, 상태변화의 경과를 관찰하는 것으로서 영구적 대책을 실시할 때까지의 안전성을 확보한다. 이러한 일련의 일상관리는 일상관리계획에 의해 명확하게 하며, 동시에 점검 · 조사 및 보수 · 보강공사 등에 적절히 반영하는 것이 향후 유지관리에 있어서 중요한 과제가 된다. 이러한 일련의 일상관리에 의해 예방점검이 효율적이고 정확하게 되므로 교량의 장수명화를 도모할 수 있다(그림 3.20 참조).

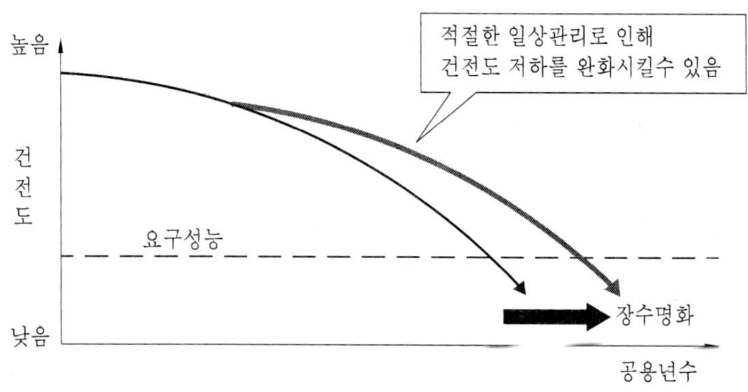

그림 3.20 일상관리에 의한 효과 개념도

3.3.2 일상관리

일상관리에는 앞 절에서 기술한 일상점검 및 노면청소 외에 각 단계에 따른 다음과 같은 방법이 있다.

1) 정보수집

교량의 상태변화 및 이상을 조기에 발견하기 위해서는 현지 주민 등에 의한 순찰 및 도로 이용자로부터 얻어지는 정보가 유효하다. 예를 들면 일본의 경우 지역의 자원봉사자 및 퇴직자 등에 의해 조직된 NPO(비영리민간단체) 등을 활용한 순찰이 이루어지고 있다. 또한, 2004년 12월부터는 일본 국토교통성 도로국이 「도로 긴급 다이얼」 등의 시스템(그림 3.21 참조)을 도입해서 이용자로부터 정보를 수집하고 있다. 이러한 정보수집의 새로운 대처를 활용·발전시키는 것에 의해 손상발견이 빨라지고, 효과적인 응급처치에도 도움이 될 것으로 기대된다.

그림 3.21「도로 긴급 다이얼」 포스터 사례(일본)(옆)

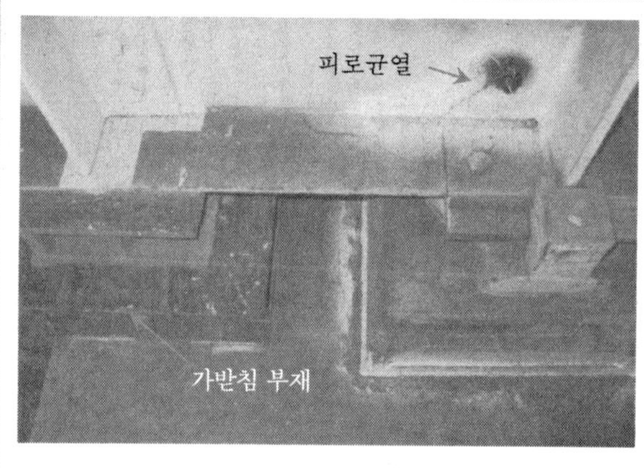

그림 3.22 응급 조치 사례(위)

2) 응급조치

일상점검 및 이용자로부터의 정보에 의해 제3자에게 피해를 줄 수 있는 손상이 발견되고, 이에 대한 영구적인 대책이 마련되기 위해서 상당한 시간이 소요된다고 예상되는 경우에는 발생한 손상에 따른 응급조치가 실시된다. 응급조치는 그 손상의 발생부위, 종류, 정도,

범위 등에 따라 적절한 공법을 선정해야 하는데, 일반적으로는 이러한 긴급한 경우에는 검토를 위한 시간적인 여유가 없으므로 대책을 미리 정해 놓는 것이 바람직하다.

예를 들면, 부재의 파단 및 균열, 바닥판 함몰 등의 긴급성이 높은 손상이 발견되었을 경우에는 통행자 등의 안전을 우선적으로 확보하기 위해 긴급히 응급조치를 실시한다. 그림 3.22에 나타낸 사례는 솔플레이트 용접부에 발생한 피로균열이 플레이트 거더교의 주거더로 진전하여 응급조치로서 스톱 홀을 설치하고, 새들에 임시 받침공이 실시된 경우이다. 이 사례와 같이 응급조치는 일시적인 기능회복을 목표로 하여 이용자에 대한 서비스 저하가 발생하지 않도록 하는 것도 중요하지만, 경우에 따라서는 통행규제나 통행금지를 포함한 운용 측면의 대응도 필요하다.

3) 경과 관찰

응급조치를 실시한 후, 영구적인 대책이 실시되기 전까지 소요되는 기간은 발생한 손상의 부위, 종류, 정도 등에 따라 짧은 경우에는 수일, 긴 경우에는 수개월이 소요되는 등의 차이가 있지만 장기간 응급조치 상태를 유지하는 경우에는 상태의 급격한 변화 등을 파악하기 위해서 경과관찰이 필요하다. 경과를 관찰하는 방법은 일상점검의 빈도를 높이고 점검원을 상시 배치하거나 계측기기를 이용한 계측 등에 의해 모니터링을 실시하는 방법 등이 있는데, 손상의 부위, 종류, 정도나 관찰기간 및 응급조치의 방법 등으로부터 적절한 방법을 선택하는 것이 중요하다.

경과관찰을 실시하는 경우에 중요한 것은 미리 위험한 상태를 나타내는 허용한계치를 설정하고, 이 한계치를 초과하였을 경우에 대한 대처로서 어떠한 순서로 통행규제 등의 조치를 할 것인가를 명확하게 해 두는 것이다. 예를 들면, 하부구조의 세굴이 진행되고 있는 교량에 침하계를 설치하여 경과를 관찰하는 경우에는 위험영역을 나타내는 침하량의 허용치를 사전에 결정하고 이 허용치를 초과하였을 경우의 연락체계 및 조치 실시순서 등을 사전에 관리계획서 등에 의해 정해 두는 것이 중요하다.

4) 청소

우리가 매일 하는 양치나 목욕 등은 건강한 상태를 유지하기 위해서 실시하는 정기적인 관리라고 할 수 있는데, 교량에서도 건전성을 유지하기 위한 정기적인 관리가 필요하고, 가장 효과적인 방법이 청소이다.

특히 교량의 받침부는 상부구조와 하부구조의 접합부에 위치하며 신축이음장치로부터의 누수에 의한 체수(그림 3.23 참조)나, 노면 및 교대 배면으로부터의 토사 유입(그림 3.24 참조)의 영향을 받기 쉬워 이것이 교량받침부의 건전도 저하에 큰 영향을 미친다.

시공 또는 보수·보강 공사시의 건설자재가 그대로 남아 있거나, 새의 둥지나 배설물 등이 퇴적되어 있는 사례 외에도 최근에는 쓰레기 불법투기의 사례(그림 3.25 참조)도 보고되고 있다.

이러한 상태를 방치하면 교량받침부 및 거더단부의 부식환경이 악화될 뿐만 아니라 교량받침부의 기능이 저하되어 손상의 확대가 가속화된다. 따라서 수년에 1회 정도로 교량받침부에 퇴적된 토사 등을 제거하는 청소를 정기적으로 실시하고, 건전도 저하의 요인이 될 수 있는 환경을 개선함과 동시에 상태변화의 조기파악 및 손상·열화의 조기발견이 가능한 환경을 유지하는 것이 중요하다.

그러나 여기서 유의할 점은 퇴적된 토사를 제거한다고 하는 소극적 대처방법만이 아니고, 왜 퇴적되었는지 그 원인을 밝혀내어 원인을 제거해야 한다는 것이다. 예를 들면 신축이음장치의 파손이나 배수통에 의한 우수유입이 토사퇴적의 원인인 경우에는 신축이음장치를 보수하거나 배수통을 비배수통으로 개량하는 등의 대책이 필요하다.

청소방법으로는 고압 물 분사장치를 탑재한 차량을 이용하여 토사 등을 비산시키는 방법이 합리적이지만, 시가지 등에 대해서는 토사의 비산 및 고압수 처리 등의 영향을 충분히 검토하여야 한다.

시가지나 지장물의 제약 등이 있는 경우에는 인력에 의한 방법도 검토해야 하며, 철거한 토사 등의 폐기물 처리 방법에 대해서도 사전 검토가 필요하다.

강구조부재의 도막열화나 부식이 확인된 경우에는 확인된 시점에서 터치업(touch-up) 등을 실시하는 것도 효과가 있다. 다음 재도장까지 상당한 기간이 남아있는 경우에는 이 응급조치가 도막의 열화속도를 저하시키는데 효과적이다. 청소나 터치업 등의 유지관리 작업을 일상점검 등과 병행할 수 있다면 교량받침부 뿐만 아니라 교량 전체의 기능저하를 억제하는 것이 가능하고, 결과적으로 LCC 저감에도 효과가 있다.

그림 3.26(a)~(c)는 거더단부의 재도장을 위한 보수공사 시에 함께 행해진 교대부의 청소상황이다. 청소작업에 의해 교량받침부의 부식환경이 개선되었다.

그림 3.23 교량받침부의 체수 사진

그림 3.24 교량받침부의 토사 퇴적

그림 3.25 교량받침부로의 쓰레기 투기사진

(a) 청소 전

(b) 청소 중

(c) 청소 후

그림 3.26 교량받침부의 청소

5) 일상관리계획

일련의 일상관리작업을 신속하고 적절한 시기에 실시하기 위해서는 사전에 일련의 작업에 관한 순서를 나타내는 일상관리계획서를 작성하는 것이 필요하다. 일상관리계획서에 기재하는 사항은 대체로 다음과 같다.

① 각 작업의 실시빈도
② 실시시기
③ 실시방법
④ 실시담당자
⑤ 사용하는 기자재
⑥ 다른 작업과의 관련과 조정방법
⑦ 각 작업의 기록방법
⑧ 안전관리체계
⑨ 각 작업간에서의 연락체계 등

일상관리계획은 유지관리계획의 일부이므로 다른 유지관리사업과 연계하여 각 작업을 효율적 · 효과적으로 실시함으로서 그 효과를 최대한 발휘시켜야 한다.

3.4 교량받침부의 매니지먼트(management)

3.4.1 교량에 요구되는 메인티넌스(maintenance) · 매니지먼트(management)

최근, 사회간접자본의 효율적인 유지관리를 목적으로 하는 메인티넌스 · 매니지먼트 기법으로서 자산관리(asset management)라고 하는 관리기법이 주목을 받고 있으며, 국내에서도 교량을 중심으로 각 관리 기관에서 도입을 시도하고 있다.

종래의 자산관리에 대한 개념은 예금, 주식, 채권 등의 개인자산을 리스크(risk), 수익성 등을 감안해서 운용함으로써 그 자산가치를 최대화하기 위한 활동을 의미하지만, 최근에는 사회간접자본에 적용하는 움직임이 국제적으로 진행되고 있다. 그 후, 이 자산관리의 개념을 교량 등의 관리 · 운용에 적용시킨 것이 공공자산관리이며, 이 절에서 다루는 매니지먼트의 개념도 이것에 해당된다.

공공자산관리는 스톡(stock)화된 사회간접자본을 자산으로 간주하여 운용하는 것으로서 그 자산가치를 최대한 발휘시키는 것을 목적으로 한다. 그러나, 현재 국내에서 도입을 검토하고 있는 공공자산관리는 어려운 사회경제 정세를 감안하여 사회간접자본의 유지관리를 효율적 · 효과적으로 실시하는 것을 목적으로 하며, 자산운용보다는 자산관리에 가깝다고 말할 수 있다.

일본 토목학회에서 발행된 「자산관리 도입에의 도전」에서는 자산관리를 「국민의 공공재산인 사회간접자본을 국민의 이익 향상을 위해서 장기적 시점에서 효율적, 효과적으로 관리 · 운영하는 체계화된 실천활동, 공학, 경제학, 경영학 등의 분야의 지식을 종합적으로 이용하여 지속적으로 실시하는 것이다」라고 정의하고 있다.

자산관리 방법에 대해 「자산관리 도입에의 도전」에 몇 가지의 형태가 기술되어 있는데, 일본에서는 LCC의 최소화를 목표로 하는 형식(LCC형 자산관리)에 대해 주로 검토되고 있으며, 일부 지방자치단체에서는 이미 운용이 시작되었다.

이 방법에서는 점검으로 수집한 데이터를 공학적 판단에 의해 판정·평가한다. 그 결과를 사전에 설정된 교량 또는 각 부재의 열화 예측에 적용시켜 교량 및 부재에 요구되는 수명 범위를 초과하는 기간(100~200년)에 대해 LCC를 수행하고, 그 열화에 대한 대책공법을 기본적으로 산정한다.

다음으로 LCC가 최소가 되는 시나리오를 유지관리방법으로 선정하고, 구해진 각 교량의 최소화된 LCC를 합산하여 관리대상의 교량 전체의 LCC를 구하는 것과 동시에 장래 필요한 유지관리비용의 피크(peak) 년도를 분명히 한다. 이 피크시의 비용을 예방점검 등에 의해 앞당기거나 장수명화 등에 의해 뒤로 보내거나 하는 등으로 하여 유지관리비용을 평준화하는 것을 주목적으로 한다(그림 3.27 참조).

그러나 매니지먼트에 필요한 기본적인 점검 데이터 등이 축적되어 있지 않으므로 열화예측 및 내구성 평가 등이 불명확하며, 향후 시스템을 계승하는 인재 육성 등의 많은 과제가 산적해 있다.

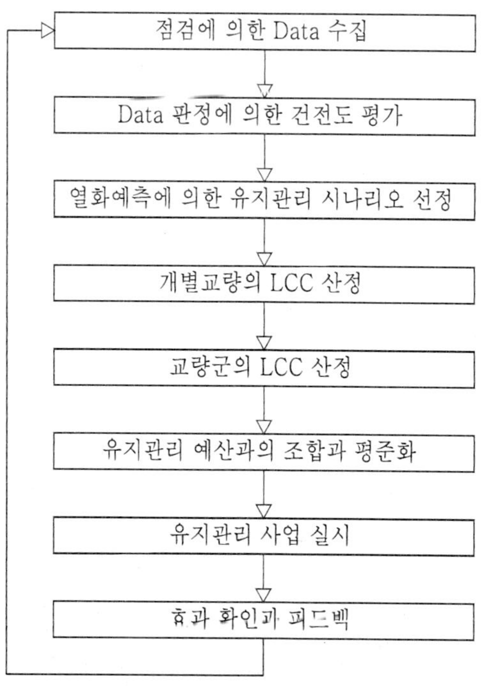

그림 3.27 LCC형 자산관리 흐름

3.4.2 교량받침부의 메인티넌스 · 매니지먼트

1) 일반

교량받침부의 메인티넌스 · 매니지먼트를 계획 · 운용하는 것은 교량의 건전도를 유지하는데 있어서 효과적이지만, 반드시 적절하다라고는 말할 수 없다. 교량은 많은 부위 · 부재에 의해 구성되고, 각각의 부재가 보유하는 기능 및 성능이 충분히 발휘되어야 구조체로서의 성능을 보유하고 있다고 할 수 있다. 교량받침부만이 기능 및 성능을 발휘하고, 다른 부위 · 부재가 충분한 성능을 발휘할 수 없다면 교량으로서 건전하다고 말할 수 없다.

이 절에서 교량받침부의 메인티넌스 · 매니지먼트를 기술하는 것은 교량 전체구조 중 교량받침부가 보유하는 기능 및 성능이 중요하다는 것이 이미 알려져 있기 때문이다. 또한, 교량의 건전도를 위협하는 손상의 대부분이 교량받침부 손상이므로 교량받침부의 건전성을 적절히 유지시키는 것이 교량 전체의 건전도를 향상시킬 뿐만 아니라 장수명화에 기여하는 것이 분명하기 때문이다.

이 절에서는 장수명화와 예방점검을 위해 실천적인 교량 메인티넌스 · 매니지먼트를 구축하는데 필요한 교량받침부의 메인티넌스 · 매니지먼트에 대해 기술한다.

2) 교량받침의 수명

교량받침에 요구되는 많은 기능 및 가혹한 설치환경 등으로부터 설계수명 100년의 교량에 대해 교량받침의 내용년수는 국내의 설계기준 또는 일본 「도로교시방서 · 동해설」 및 「도로교 교량받침 편람」에도 명확하게 나타나 있지 않으며, 교량받침은 그 설치환경이 열악하여 교량의 주요 구조와 동등한 내구성을 확보하는 것이 어려운 것으로 여겨지고 있다. 따라서 교량받침부의 구조 및 교량받침의 선정에 있어서 초기비용 외에 보수나 교체 등의 용이성과 유지관리비용에 대해서도 고려하여 LCC를 최소화하는 것이 요구된다.

이것에 대해 최근 LCC를 중시하는 흐름으로부터 교량받침의 교체시기를 나타내기 위해 구체적인 내용연수를 나타내고 있는 경우도 볼 수 있지만, 이것도 적절한 유지관리가 이루어지지 않은 과거 사례에 근거하여 추정된 수치에 지나지 않는다. 향후 적절한 유지관리에 의해 교량받침이 본래 가지는 높은 내구성능을 유지시켜 진정한 LCC 최소화를 목표로 하는 것이 중요하다.

예를 들면, 강재 교량받침으로 채용 사례가 많은 받침판 받침에서는 먼지 및 수분이 미끄럼판 · 중간 플레이트 · 고무 플레이트를 구성하는 주요 부위에 들어가지 못하게 하기 위해 배치된 고무 실링(sealing)의 열화나 강재부재의 부식 등에 의해 내구성이 결정되는데,

이러한 열화는 적절한 유지관리에 의해 상당부분 예방이 가능하다. 또한, 고무 교량받침에서도 이미 고무 재료의 높은 내구성이 보고되고 있고, 고무 교량받침의 내구성을 좌우한다고 생각되는 위・아랫받침이나 사이드블록 등의 강재부재의 부식을 예방할 수 있다면 그 내용연수는 비약적으로 향상된다.

이상과 같이 교량받침이 본래 보유하고 있는 높은 내구성능을 발휘시켜 교량받침의 내용연수를 향상시키는 것이 중요하다고 생각하지만, 향후의 장수명화의 흐름 속에서 한층 더 늘어날 것으로 예상되는 교량수명에 대해 교량받침의 여러 차례의 교체 및 대책공사의 실시에 대한 준비도 간과해서는 안 된다. 「3.5 교량받침부의 개선책」에서 교체가 용이한 교량받침 구조 및 교량받침부의 구조방안을 제안하고 있으므로 적절한 교량받침부의 유지관리와 함께 이러한 사전대책을 실시하는 것에 의해 교량 자체의 장수명화를 목표로 하는 것이 중요하다.

3) 교량받침의 건전도 판정・평가

교량받침의 유지관리를 계획적으로 실시하기 위해서는 「3.2 점검・조사」에 나타낸 육안점검 등에 의해 교량받침의 손상도를 판정할 필요가 있다. 일반적으로 손상도 판정은 각 관리기관이 정한 손상등급을 지표로 하여 판정한다.

손상등급은 국내의 5단계(A~E), 그리고 일본 국토교통성의 5단계(a~e) 및 수도고속도로(주)의 4단계(A~D) 등의 정성적인 육안관찰로도 순위를 매길 수 있도록 나뉘어 설정되어 있고, 판정된 손상등급은 손상의 확대 및 정도 등에 의해 각 부재마다의 대책방법을 나타내는 「대책 구분」으로 재판정된다. 대책구분에 대해 국내의 5단계(A~E), 그리고 일본 국토교통성에서는 7단계(A, B, C, E1, E2, M, S), 수도고속도로(주)에서는 4단계(「긴급 대응 필요」, 「대응 필요」, 「대응 불필요」, 「이상 없음」)로 제시되어 있다.

4) 유지관리 시나리오의 선정

LCC를 산정하는데 있어서 유지관리의 장기적인 방침을 몇 가지 대안으로 분류하는 것이 효과적이며, 이것을 유지관리 시나리오라고 한다. 여기서는 교량받침에 대한 유지관리 시나리오를 다음에 나타내는 3개의 시나리오를 고려하고 있는데, 유지관리 조건 등에 따라 보다 세분화하거나 조합하거나 하여 실정에 맞은 시나리오로 하는 것이 필요하다.

(1) 예방 대책형 시나리오

이 시나리오를 채용하는 교량받침은 보수 및 교체에 많은 비용이 필요한 대규모 교량이나 특수구조를 갖는 교량의 받침이다. 이러한 교량에서는 장기간에 걸쳐서 건전도를 유지하는 것이 필요하다. 이 시나리오의 특징은 손상 잠복기나 경우에 따라서는 건전기에도 예방적인 대책을 실시하는 것이다. 또한, 조기에 상세한 대책을 실시하여 건전도를 유지하는 것으로서 대대적인 대책공사를 회피할 수 있는 시나리오이며, LCC 저감에도 유효하다.

이 시나리오를 채용하는 교량받침에는 기능분리형인 록킹(rocking) 받침 및 윈드 받침, 그리고 교량받침 기능의 일부를 분담하는 댐퍼 및 스톱퍼 등이며, 비교적 대규모 교량에 적용되는 교량받침이 해당된다.

(2) 정기 교체형 시나리오

요구성능 한계에 도달하기 직전의 기능 열화기에 교량받침을 교체하는 시나리오로서 열화 진행의 정도가 현저하여 유효한 대책이 없거나 또는 교체하는 것이 LCC를 저감할 수 있는 경우에 채용한다. 이 시나리오를 채용하는 교량받침의 재질이 강재인 경우에 받침판받침, 피벗(pivot) 받침(구면받침), 핀(pin) 받침(원주면받침), 선받침(선접촉 받침) 및 점접촉 받침 등이 해당된다. 한편, 고무받침에서는 강재부재의 경년열화에 의해 내구성이 좌우되므로 강재부재를 가지는 가동형・고정형 고무 받침, 지진시 수평력분산형 고무받침, 면진받침(LRB) 등이며, 중규모부터 대규모 교량에 채용되고 있는 교량받침에 이 시나리오가 적용된다.

(3) 사후 교체형 시나리오

이미 건전도가 저하하고 있지만 열화진행을 어느 정도 허용해서 손상 가속기에 대책을 실시하는 시나리오이며, 기존의 유지관리가 이것에 해당한다. 띠모양 고무받침과 같이 한정된 기능을 가지는 교량받침은 유효한 점검관리・보수가 곤란할 뿐만 교량받침의 기능상실이 교량의 손상에 미치는 영향이 적다고 생각되므로 사후 교체형 시나리오를 채용하는 것이 바람직하다.

이러한 형태의 교량받침 외에도 그 기능상의 문제 때문에 적용이 보류되고 있는 수평 이동기능과 회전기능을 겸비한 일체 롤러(roller) 받침, 점검관리 및 보수가 곤란한 콘크리트 힌지(hinge) 등에 대해서도 손상을 적절히 회복시킬 수 있는 유효한 수단이 없으므로 현 단계에서는 사후 교체형 시나리오를 채용하는 것이 바람직하다.

5) 열화진행 예측

교량받침부 손상등급은 사용하는 점검요령에서 규정하는 구분에 의해 판정되지만, 부식이나 기능상실, 받침콘크리트・받침부 무수축모르타르의 손상 및 토사 퇴적 등의 예측 가능한 손상에 대해서는 이러한 손상에 의한 교량받침의 열화진행을 예측하는 것이 필요하다. 이 열화진행 예측에는 시간경과에 의한 건전도 저하레벨을 5단계 정도로 구분한 열화진행 과정(그림 3.28 참조)을 이용한다. 이 열화진행 과정은 점검에 의해 판정된 손상등급과 상관이 있고, 열화 예측을 보완한다. 여기서는, 일본 수도고속도로(주)의 손상등급과의 상관관계를 나타내었다.

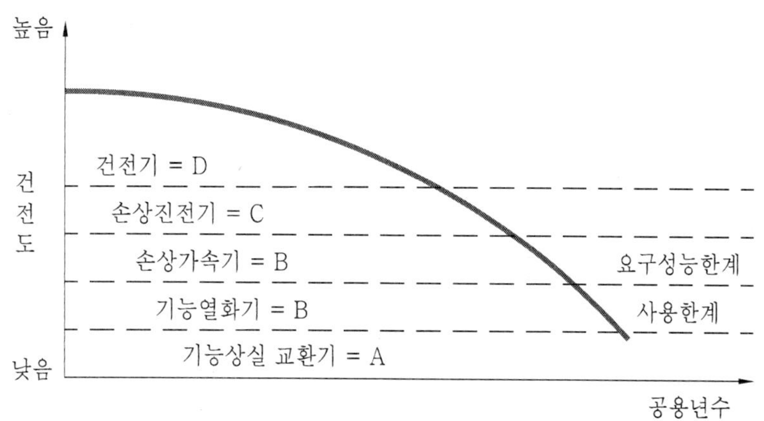

그림 3.28 열화진행 과정과 수도고속도로(주) 손상등급과의 관계(일본)

(1) 건전기

교량건설 직후부터 공용 후 약 10~15년 경과한 기간에 해당하고, 일본 수도고속도로(주) 요령의 손상등급 D에 해당한다. 이 건전기 상태는 외관에서 손상은 확인할 수는 없으나 경미한 손상 또는 손상의 징후를 확인할 수 있는 정도이며, 교량받침 기능을 충분히 보유하고 있다(그림 3.29 참조). 여기서 특히 주의가 필요한 것은 외력 및 경년에 의한 손상이나 열화를 받기 전의 구조물 상태가 반드시 건전하다고 한정하지 않는다는 것이다.

초기점검에서 발견된 손상이 시공불량이나 재료특성에 의한 초기손상인 경우에는 그 손상이 열화속도를 상승시키거나 다른 부재의 손상을 유발하거나 하는 등의 경우가 있다. 경미하게 보이는 손상이어도 그 발생부위, 발생시기, 손상의 종류, 범위, 정도 및 예상되는 원인 등에 따라 급격하게 손상이 진행하는 경우가 있다.

따라서 손상이 확인된 경우에는 손상의 발생시기, 부위, 종류, 범위, 정도 및 예상되는 원인이나 손상이 확인된 일시 등을 기록하여 향후의 유지관리에 반영하고, 그 후의 점검에 있어서의 중점 점검부위로 하여 지속적으로 관찰할 필요가 있다.

이 시기에는 사전에 정해진 순서에 의해 향후의 LCC 최소화를 목적으로 한 정기적인 점검을 시작하는 것이 필요하며, 정기점검 결과에서 외관상 손상이 확인되지 않았다고 해도 손상이 잠재하고 있다는 것을 잊어서는 안 된다. 부식 손상을 예로 들면, 외관상 도막에 열화가 나타나지 않은 상태이지만, 신축이음장치나 배수장치 등으로부터 누수, 건축폐기물의 방치, 토사 퇴적 등에 의해 거더단부에 상당한 부식환경이 조성되는 경우는 그 후의 유지관리에 주의가 필요하다.

그림 3.29 건전기

(2) 손상 진전기

손상발생을 분명하게 확인할 수 있고, 방치하면 교량받침에 요구되는 기능을 확보할 수 없게 되는 상태로서 일본 수도고속도로(주)의 손상판정기준에 나타나 있는 손상등급 C에 해당한다(그림 3.30 참조).

예를 들면, 강재부재 단부에 도막열화가 발생한 상태는 향후 상당히 빠른 속도로 도막열화가 진행되는 것이 우려된다. 그대로 방치했을 경우, 부식에 의해 강재의 판 두께가 감소되거나 볼트가 손상되거나 한다. 이 기간에 도막 열화부에 대해서 적절한 표면처리를 실시하고, 보수도장에 의해 기능을 회복시키면 LCC의 저감이 가능해진다.

그림 3.30 손상 진전기

그림 3.31 손상 가속기

(3) 손상 가속기

손상이 부위에 광범위하게 발생했던가, 또는 부위의 기능을 위협할 만한 심각한 손상이 확인된 상태로서 이미 구조물의 건전도가 일부 손상되어 있는 상태이다. 이대로 대책을 세우지 않고 방치하면 조기에 요구 성능한계에 이르고, 기능 열화기가 된다(그림 3.31 참조). 일본 수도고속도로(주)의 요령에 나타나 있는 손상등급 B에 해당한다.

이 시기에도 가급적 조기에 보수를 실시하면 기능회복의 가능성이 남아 있으나, LCC 저감은 기대할 수 없다.

(4) 기능 열화기

손상이 발생한 부위의 기능이 상실되고, 구조물 건전도가 손상되어 요구 성능한계를 이미 초과한 상태이다. 이대로 대책을 세우지 않고 계속 방치해두면 안전한 이용을 보장할 수 없는 사용한계를 초과하는 상태에 도달하므로 긴급하게 보수 등의 대책이 필요하다(그림 3.32 참조). 일본 수도고속도로(주)의 요령에 나타나 있는 손상등급 B에 해당한다.

그림 3.32 기능 열화기

이 상태에 이르면 어느 일부의 기능회복은 가능하지만, 완전한 회복을 위해서는 부위의 교환이 필요하다. 예를 들면, 부식이 진행하여 강재에 현저한 부식손상이 확인된 경우와 같이 덧댐판 등의 보수나 부재의 교환이 필요한 시기이다.

(5) 기능상실 교환기

손상이 발생한 부위의 기능이 없어졌을 뿐만 아니라 구조물로서 안전성에 문제가 생기고 있는 상태의 시기로서 사용한계를 초과한 상태이다(그림 3.33 참조). 이 상태에서 기능을 회복하기 위해서는 부위의 교환이 필요하다.

앞에서 기술한 이러한 그림을 이용해서 판정된 손상등급이 어느 정도의 시간으로 어떻게 진행되는가를 예측하는 것이 메인티넌스・매니지먼트에 요구된다.

예를 들면, 이상이 없는 「건전기」의 교량받침에 대해서는 향후 발생이 예상되는 손상에 대해서 효과적인 예방 점검적인 대책공법을 채용하고, 손상이 진행되고 있는 「손상 가속기」

의 교량받침에 대해서는 유효한 대책을 실시하여 장수명화를 도모하는 등의 적절한 실시시기와 대책공법을 선정하는 것이 필요하다.

그림 3.33 기능상실 교환기

6) 생애주기비용의 산정

교량받침부의 메인티넌스 · 매니지먼트의 순서를 그림 3.34에 나타내었다. LCC형 자산관리 도입목적의 하나가 LCC의 최소화이므로 교량받침부 매니지먼트에 대해서는 대상 교량받침에 대해 적절한 대책공법을 적절한 시기에 설정하는 것이 중요하다.

LCC를 산정하는데 있어서 한 번에 많은 교량받침을 대상으로 하는 것이 아니라 개개의 교량받침에 대한 비용 산정의 정밀도 향상에 노력하여야 한다. 즉, 정밀도가 높은 개개의 비용이 축적되면 실현가능한 메인티넌스 · 매니지먼트 구축으로 연결된다.

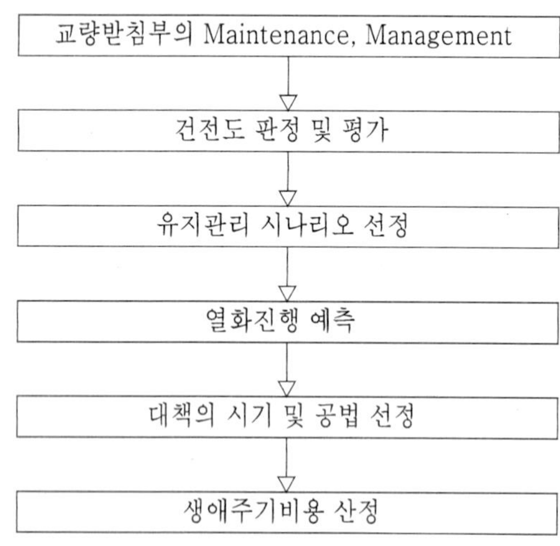

그림 3.34 메인티넌스 · 매니지먼트의 순서

7) 교량받침 이외의 지지기능의 메인티넌스 · 매니지먼트

통행차량의 하중을 직접 받는 신축이음장치에 대해서는 유효한 보수대책이 없고 교체만이 유효하므로 사후 교체형 시나리오에 따라 유지관리를 실시하는 것이 바람직하다. 또한, 페이스 플레이트(face plate)나 셋트 볼트(set bolt) 등의 파손에 의한 통행차량에의 영향이 많이 보고되고 있으므로 이러한 손상시기를 추정하는 것이 곤란하다면 가급적 여유를 가지고 교체시기를 설정하는 것이 바람직하다.

또한, 낙교방지 시스템이 지진시에 그 기능을 충분히 발휘하도록 하기 위해서는 일상의 유지관리가 중요하므로 사후 대책형 또는 사후 교체형 시나리오의 채용이 적당하다고 생각된다. 낙교방지 시스템의 설치목적을 고려하면 지진에 의한 손상이 치명적이라고 예상되므로 지진에 의한 손상을 받는 경우에 교환한다고 하는 시나리오가 된다.

지지기능을 적정하게 매니지먼트 할 수 있다면 지지기능의 LCC 최소화나 장수명화의 달성 뿐만 아니라 지지기능에 기인하는 교량본체의 손상이 저감되어 교량전체의 건전도가 향상된다.

3.4.3 유지관리 표준

「3.2 점검 · 조사」에 의해 발견된 열화의 진행이 예측 가능한 경우에는 손상상테를 파악한 다음 사용성 · 안전성에 대해 그 건전도를 판정할 필요가 있다. 건전도 판정은 외관상 손상상태가 그림 3.28에 나타낸 건전기부터 기능상실 교환기에 이르는 어느 등급에 해당하는지를 판정하고, 각각의 등급에 따른 유지관리를 실시하는 것이 교량의 건전도를 유지 또는 향상시키므로 중요하다.

여기서는 교량받침부에 발생하는 아래에 나타낸 예측 가능한 손상에 대해 외관상의 등급에 따른 표준적인 유지관리 방법을 나타낸다.

① 부식(표 3.8 참조)

② 이동 · 회전기능 상실(접촉면(미끄러짐, 구름)의 부식)(표 3.9 참조)

③ 받침콘크리트 · 받침자리 무수축모르타르의 손상(표 3.10 참조)

표 3.8 유지관리 표준(교량받침부의 부식)

열화곡선과 외관상의 그레이드			대표적인 상황	
고 ↑ 건전도 ↓ 저	건전기	초기 결함		- 도막열화는 나타나지 않으나, 열화가 있어도 백악화(chalking)나 퇴색 등 직접적으로는 방식성능에 영향이 없는 열화 현상 - 외관상 도막열화 또는 도금의 용출에 의한 적녹이 없어도 도장 작업 시나 가설시에 기인하는 겉으로 드러나는 초기결함의 가능성이 있으므로 주의가 필요
	손상 진전기	열화곡선		- 부재의 모서리부 등에 국부적인 도막박리나 부식이 보이는 상태 - 도막열화나 부식의 진행이 공용년수에 비해 빠르다고 생각되는 경우에는 누수나 토사퇴적 등에 의한 부식환경 악화가 영향을 미치는 경우가 많다.
	손상 가속기	요구성능 한계	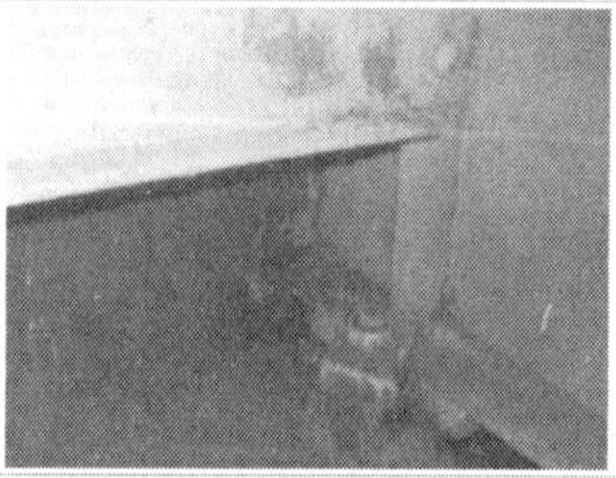	- 교량받침의 대부분에 도막열화나 부식이 나타나고, 받침기능(지지기능, 수평이동, 회전기능 등)의 일부에도 결함이 있는 상태 - 부식에 의해 받침기능의 저하가 한층 더 진행될 가능성이 있다.
	기능 열화기	사용한계		- 교량받침부의 전체에 부식이 진행되고 있는 상태로서 받침기능에 결함이 있는 상태
	기능상실 교환기			- 베이스 플레이트나 세트 볼트 등의 부식이 현저하고, 일부에는 결손도 나타난다. 받침기능을 완전히 상실한 상태

사용 · 안전성능	판정기준	유지관리 방법
- 사용·안전성능 모두 충분히 확보되어 있는 상태	- 도막열화나 부식이 확인되지 않는다. - 교량받침부에 누수나 토사 등의 퇴적이 나타나 있지 않다.	- 공용 후 가급적 빠른 시기에 초기점검을 실시하여 초기결함의 유무를 확인하고 관리대장을 작성한다. - 정해진 유지관리 계획에 의해 정기점검을 실시하고 전회 점검 이후의 상태변화를 확인, 기록한다. - 누수나 토사 등이 퇴적되지 않도록 주의한다.
- 사용·안전성능 모두 확보되어 있는 상태	- 도막열화가 국부적으로 나타나고 점 녹이 확인된다. - 강재 부식은 나타나지 않는다.	- 정기적인 유지관리 작업에 의해 터치업 도장을 하거나 토사, 새의 둥지 및 배설물 등을 제거하고, 누수대책 및 새의 침입방지 대책을 세운다. - 전회의 점검 이후 급격한 상태변화가 확인된 경우에는 원인을 규명하고 제거한다. 또한, 적절한 표면처리에 의한 부분 보수도장을 실시한다. - 전면 재도장 등의 부식대책의 검토를 시작한다.
- 안전성능은 확보되어 있지만, 사용성능 저하가 확인된 상태	- 방식성능의 저하가 확인되고, 도막은 교량받침의 일부에 남아 있는 정도이다. - 국부적이지만 교량받침 본체나 볼트 등에 부식이 확인된다.	- 일상의 유지관리 작업으로는 성능회복이 곤란하므로 블라스트(blast)에 의한 재도장 또는 용사(표면가공)에 의한 교량받침 방청을 실시하는 등 전면적인 부식 대책을 검토한다. - 상태변화가 급격한 경우 등에는 점검빈도를 증가시킨다. - 기능이 상실된 경우에는 교체를 포함한 대책을 검토하고, 사업예산의 확보를 목표로 한다.
- 사용성능 뿐만 아니라 안전성능의 저하도 확인된 상태	- 도막열화가 현저하게 진행하여 도막이 거의 확인되지 않는다. - 교량받침 본체나 볼트 등에 부식에 의한 강재의 단면결손이 확인된다.	- 안전성능 저하가 확인되므로 점검빈도를 증가시킨다. - 교량받침의 교체를 포함한 영구적인 대책의 검토를 시작한다.
- 교량받침으로서의 지지·이동기능이 상실되어 사용성능 및 안전성능 모두 만족하지 않는다. 사용한계 상태를 초과한 상태	- 이미 방식성능이 상실되어 있다. - 부식에 의해 교량받침 및 주부재이 단면결손이 광범위하게 확인된다.	- 안전대책으로서 거더의 임시 받침공 등의 응급조치를 실시한다. 점검빈도를 증가시키고, 통행규제 등도 검토해 둔다. - 부식원인을 제거한 후 교량받침의 교체나 교량받침 주변의 부식대책을 실시한다. 교량의 강부재에 단면결손이 발생한 경우에는 보강한다.

표 3.9 유지관리 표준(교량받침의 이동 · 회전 기능 상실)

열화곡선과 외관상의 그레이드			대표적인 상황
고 ↑ 건전도 ↓ 저	건전기	초기결함	 - 기능상실이 확인되지 않는 상태 - 기능상실이 외관상 확인되지 않아도 초기결함이 내포되어 있을 가능성이 있으므로 주의한다. - 외관상 기능의 유효성을 판별하려면 이동 흔적이나 차량 통행시의 받침 거동에 주의한다.
	손상 진전기	열화곡선	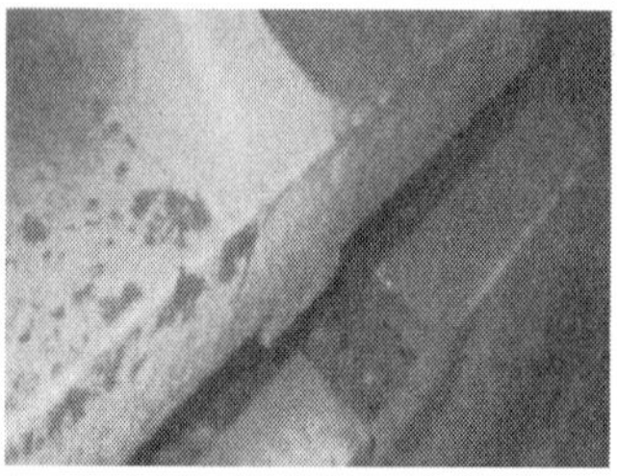 - 미끄럼면 등에 모래 등의 이물질이 들어가거나 우수 유입에 의한 부식이 확인되는 상태 - 기능상실을 외관상 판정하는 것은 곤란하므로 교량받침 본체의 손상 상황으로부터 추정한다.
	손상 가속기	요구성능 한계	 - 간신히 이동이나 회전기능은 확인되지만, 일부에 기능불량이 예상된다. - 부식진행과 병행하여 다른 손상의 발생도 확인된다.
	기능 열화기	사용한계	 - 교량받침의 기능상실을 확인할 수 있는 상태
	기능상실 교환기		- 교량받침으로서의 기능은 없고, 주거더의 침하나 경사 등이 예상된다.

사용·안전성능	판정기준	유지관리 방법
- 사용·안전성능 모두 충분히 확보되어 있는 상태	- 교량받침의 기능상실이 확인되지 않거나, 기능상실 요인이 확인되지 않는다.	- 공용 후 가급적 빠른 시기에 초기점검을 실시하여 초기결함의 유무를 확인하고 관리대장을 작성한다. - 정해진 유지관리 계획에 의해 정기점검을 실시하고 전회 점검 이후의 상태변화를 확인, 기록한다. - 기능열화가 발생하지 않도록 누수나 토사 등의 퇴적 또는 그 가능성이 있는 경우에는 원인을 제거한다.
- 사용·안전성능 모두 확보되어 있는 상태	- 교량받침의 기능 상실은 확인되지 않지만, 기능상실의 원인이 되는 부식이나 토사퇴적 등이 확인된다.	- 부식이 발생한 부위에 터치업 도장을 하거나, 교량받침부의 부식원인이 되는 퇴적 토사나 새의 둥지 및 배설물 등을 제거한다. - 정기점검에 의해 전회의 점검 이후 급격한 상태변화가 확인된 경우에는 그 원인을 규명하고 제거하는 등의 대책을 실시한다. - 보수도장이나 윤활제 보충 등의 실시 시기나 방법 등의 검토를 시작한다.
- 안전성능은 확보되어 있지만, 사용성능 저하가 확인된 상태	- 교량받침의 이동·회전 기능이 명확하게 확인되지 않고, 부식이나 부재손상이 확인된다.	- 일상의 유지관리 작업으로는 기능회복이 어려우므로 부재교환 등의 대책이 필요하고, 예산확보 및 계획수립을 시작한다. - 상태변화가 급격한 경우 등에는 일상점검이나 정기점검의 빈도를 증가시킨다. - 기능상실이 확인된 경우에는 윤활제 보충을 실시하는 것과 동시에 교량받침의 교체를 포함한 검토가 필요하다.
- 사용성능 뿐만 아니라 안전성능의 저하도 확인된 상태	- 이동·회전의 흔적이 명확하게 확인되지 않고, 부재의 일부에 결손이나 탈락 등이 발생하고 있다.	- 지지기능이 상실되고 있어 시급하게 부재교체나 부식대책을 실시한다. - 점검의 빈도를 증가시킨다. - 교량받침의 교체를 포함한 영구적인 대책의 검토를 시작한다.
- 교량받침으로서의 지지·이동 기능이 상실되어 사용성능 및 안전성능 모두 만족하지 않는다. 사용한계 상태를 초과한 상태	- 교량받침 기능이 완전히 상실되어 주거더에 침하, 경사 또는 균열 등의 손상을 나타나거나, 그러한 손상의 발생이 우려된다.	- 안전대책으로서 거더의 임시받침공 등의 응급조치를 실시한다. 점검빈도를 증가시키고, 필요에 따라서는 통행 규제 등도 검토해 둔다. - 교량받침의 교체와 함께 받침부에 발생하고 있는 손상이나 열화에 대해에서도 영구적 대책을 실시한다. - 교량받침부 이외의 손상에 대해서도 상세한 점검이 필요하다.

표 3.10 유지관리 표준(받침 콘크리트 · 무수축모르타르의 손상)

열화곡선과 외관상의 그레이드			대표적인 상황
고 ↑ 건전도 ↓ 저	건전기	초기결함	 - 손상이 외관상 확인되지 않는다. - 손상이 외관상 확인되지 않아도 초기 결함이 내포되어 있을 가능성이 있으므로 주의한다. - 받침부 손상 원인의 대부분이 시공상 결함에 기인하므로 건설 후 비교적 조기에 손상이 발생하는 경우도 있으므로 주의가 필요하다.
	손상 진전기	열화곡선	 - 우수유입에 의해 미세한 균열이 확인되는 정도의 상황 - 건설시 교량받침 설치높이를 조정할 때 라이너 플레이트 등에 의한 임시받침을 설치했을 경우에는 교량받침이 하부구조에 전달해야 할 연직력이 받침부에 균등하게 분포하지 않으므로 외력에 의한 진동 등에 의해 균열이 조기에 발생할 수 있다.
	손상 가속기	요구성능 한계	 - 받침부에 광범위하게 균열이 확인되고, 하부구조로의 하중전달에도 영향이 있다고 생각된다. - 균열의 진행과 병행해서 교량받침의 침하나 이동의 발생도 우려된다.
	기능 열화기	사용한계	 - 받침부에 광범위하게 걸쳐 균열이 확인되고, 하부구조로 하중이 전달되지 않는다. - 교량받침이 침하 또는 이동되고 있을 가능성이 높다.
	기능상실 교환기	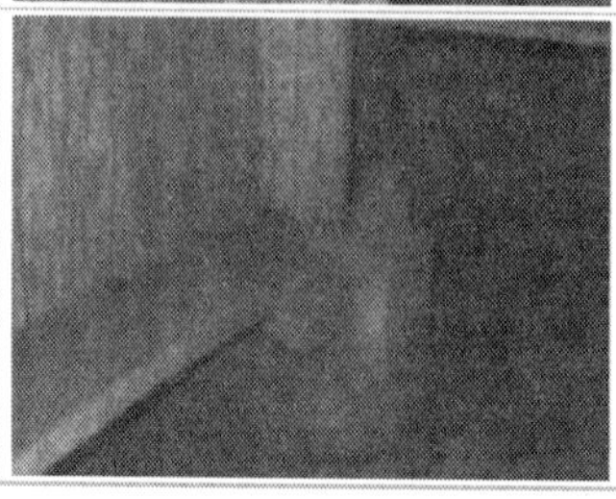	- 받침부의 일부 또는 전체가 파손되고, 교량받침에 침하나 이동이 생기고 있다. - 간신히 하중전달은 되지만, 교량받침의 침하에 의한 노면단차 또는 이동에 의한 거더의 변상 등이 발생하거나, 발생 가능성이 높다.

사용·안전성능	판정기준	유지관리 방법
- 사용·안전성능 모두 충분히 확보되어 있는 상태	- 균열 또는 결손 등이 확인되지 않는다.	- 공용 후 가급적 빠른 시기에 초기점검을 실시하여 초기결함의 유무를 확인하고 관리대장을 작성한다. - 정해진 유지관리 계획에 의해 정기점검을 실시하고 전회 점검 이후의 상태변화를 확인, 기록한다.
- 사용·안전성능 모두 확보되어 있는 상태	- 균열 폭이 0.2mm 이하이고, 결손 등이 없는 상태	- 교량받침부 청소 등의 정기적인 유지관리 작업에 의해 항시 받침부의 상황을 용이하게 확인할 수 있도록 유지한다. - 정기점검에 의해 전회의 점검 이후 급격한 상태 변화가 확인된 경우에는 그 원인을 규명하기 위한 조사를 한다. - 조사결과에 따라서는 필요한 대책을 검토한다.
- 안전성능은 확보되어 있지만, 사용성능 저하가 확인된 상태	- 균열 폭이 0.2mm를 초과하고 있거나, 또는 일부에 결손 등이 발생되어 있어서 방치하면 받침자리 내부 철근의 부식이 진행하여 받침자리 전체의 열화가 예상된다.	- 콘크리트 조각이나 모르타르 조각이 낙하하여 제3자에게 피해를 주지 않도록 제거한다. - 상태변화가 급격한 경우 등에는 일상점검이나 정기점검의 빈도를 증가시킨다. - 지지기능의 결함이 확인되지 않은 경우에는 단면보수 등의 보수대책을 실시한다. 기능상실이 확인된 경우에는 교체를 포함한 영구적 대책의 검토가 필요하다.
- 사용성능 뿐만 아니라 안전성능의 저하도 확인된 상태	- 받침 콘크리트 또는 받침자리 무수축모르타르의 일부에 결손 등이 발생되어 그대로 방치하면 교량받침의 침하나 경사에 의한 노면 단차의 발생이 우려된다.	- 지지기능이 상실될 가능성이 있으므로 교체 등 영구적인 대책을 검토한다. - 점검빈도를 증가시킨다.
- 교량받침으로서의 지지·이동 기능이 상실되어 사용성능 및 안전성능 모두 만족하지 않는다. 사용한계 상태를 초과한 상태	- 받침부의 일부 또는 전체가 파손되어 있다.	- 안전대책으로서 거더의 임시받침공 등의 응급조치를 실시한다. 점검빈도를 증가시키고 필요하게 따라 통행 규제 등도 검토해 둔다. - 교체 등의 영구대책을 실시하는 것과 동시에 교량받침부 이외의 손상에 대해서도 상세한 점검이 필요하다.

3.5 교량받침부의 개선책

교량받침부는 상부구조로부터의 하중을 하부구조에 전달하는 하중전달기능, 온도변화에 의한 거더의 변위흡수기능, 지진시의 내진기능 등의 구조역학적인 기능 외에 내구성이나 시공, 유지관리 및 보수·보강의 용이성이 고려되어야 한다. 교량받침부는 체수나 토사 등이 퇴적되기 쉬움에도 불구하고 유지관리하기 어려운 개소이다. 이 때문에 일반적으로는 교량의 주요구조와 동등의 내구성을 확보하는 것이 곤란하고, 공용기간 중에 보수나 부재의 교체 등이 고려되고 있다.

교량은 설계상의 목표기간으로서 내용연수를 100년으로 설정되어 있다. 이 공용기간 내에서 교량받침의 교체 가능성을 고려한 구조계획이 필요하고, 교량받침부의 구조나 형식선정에 대해 초기비용 외에 보수·보강이나 교체 등의 용이성 및 유지관리 비용도 고려해야 한다. 그러나 교량받침부에 대해 적절한 유지관리가 실시되면 내용연수는 현저하게 개선되고, 조기에 실시할수록 적은 비용으로 큰 수명 연장효과를 얻을 수 있다. 적절히 유지관리가 실시된 교량이라면 건설 후 50년 이상 경과한 현재에도 건전하게 기능하고 있는 교량받침이 많이 있다는 사실을 잊어서는 안 된다.

3.5.1 일반

손상이 발생한 구조물의 보수·보강에 있어서 중요한 것은 손상이 발현하는 손상발생기구이다. 원인규명 없이는 적절한 보수·보강을 실시할 수 없다. 도막열화가 진행되고 있는 교량받침을 보수하는 사례에 대해 점검부터 보수에 이르는 순서를 설명한다.

① 점검에 의해 도막열화를 발견한다.
② 조사 결과, 도막열화의 상황은 광범위하게 걸쳐 진행되고 있었지만, 교량받침 기능에 결함은 발생하지 않은 것이 확인되었다.
③ 도막열화의 원인은 신축이음장치의 누수로 확인되었다.
④ 보수대책으로서 신축이음장치의 누수대책을 실시하여 누수가 발생되지 않는 것을 확인한 후, 재도장을 실시한다.

여기서 주의할 점은 재도장을 실시하는 것만으로는 보수의 의미를 두지 않는다는 것이다. 교량받침의 도막열화를 유발하는 근본적인 원인인 신축이음장치의 누수를 방지한 후에 보수도장을 실시하는 것이 중요하다. 즉, 점검으로부터 변상을 발견하고, 그 변상으로부터 손상의 유무를 확인하는 것과 함께 원인을 규명하여 그 원인을 제거한 후 보수하는 것이 중요하다.

또한, 교량받침부는 상부구조로부터의 반력을 하부구조에 전달하는 구조적으로 중요한 부위이면서 좁고 누수나 토사 등의 퇴적 등 환경이 열악한 개소라는 점을 고려하여 교량받침부를 건전한 상태로 유지하기 위한 유의점을 아래에 기술한다.

3.5.2 교량받침부로의 접근

교량받침부를 유지관리하는 경우, 점검로(접근시설)와 같은 유지관리를 위한 접근 방법이 확보되어 있지 않으면 작업이 어려운 경우가 많다. 교량받침부로의 접근이 확보되어 있으면 청소나 유지관리 등의 작업을 안전하고 신속하게 할 수 있어 유지관리의 합리화 및 효율화를 도모할 수 있다. 따라서 점검로가 설치되어 있지 않은 기존교량에 대해서는 점검로의 추가를 검토한다. 또한, 신설교량에 대해서는 점검로 설치를 표준화하는 것이 바람직하다. 교량받침부 주변의 점검로는 긴급점검시에는 도로에서 접근할 수 있도록 하는 것이 바람직하고, 도로에서 접근할 수 없는 경우에도 사다리 등을 이용하여 올라가는 것을 고려하여 난간에 출입시설 등을 설치해 두는 것이 바람직하다.

그림 3.35 거더단부의 구조

점검로를 통행하는 작업원은 안전띠나 안전조끼, 필요에 따라서 구명조끼 등을 착용하고 있는 경우가 많아 점검 및 보수작업 중에 점검원이나 작업원간의 교행, 기자재나 폐자재 등의 낙하 위험성 등이 있으므로 점검로나 맨홀 등은 충분한 폭이나 크기를 확보할 필요가 있다. 또한, 최근 많이 실시되는 내진보강공사로서의 하부구조의 연단 확폭에 의해 점검로의 폭 등이 좁아져 통행마저도 곤란하게 되는 경우를 많이 볼 수 있다. 도로관리자나 설계기술자에게는 점검 등의 유지관리를 고려한 대응이 바람직하다.

그림 3.35에 나타낸 거더단부의 구조는 점검을 위한 공간이 확보되고 있고, 맨홀의 크기도 충분히 확보되어 있다. 또한, 개폐문이 먼지 등의 퇴적에 의해 개폐가 곤란해지는 미닫이 방식은 아닌 경첩 방식이며, 트랩이 설치되어 있는 등의 유지관리를 배려한 구조이다. 이러한

구조는 유지관리 작업성을 향상시킬 뿐만 아니라 환기성도 확보시키므로 교량 본체 및 교량 받침부의 부식대책도 된다. 그림 3.36에 유지관리하기 용이한 점검로 사례를 나타내었다.

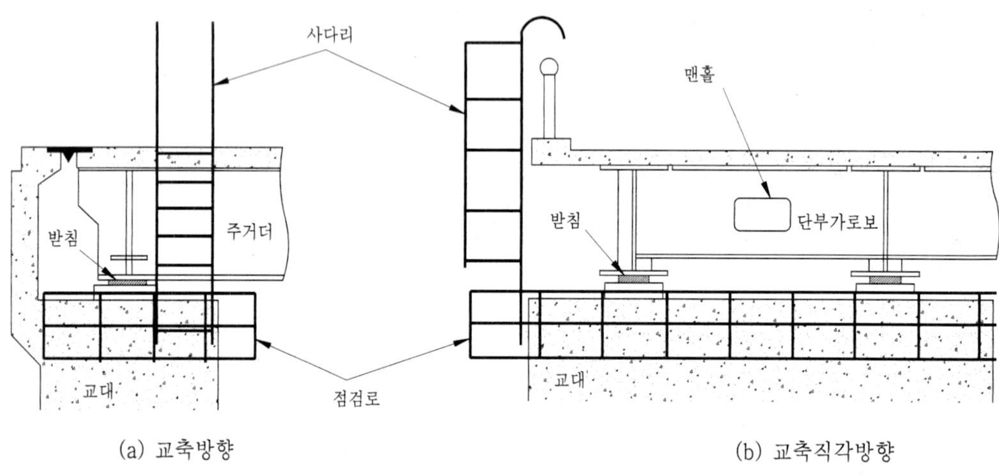

그림 3.36 유지관리에 적합한 점검로의 예(거더 단부)

최근, 건설비용 감축을 위해서 다양한 교량형식 및 교량구조가 개발되어 시공되고 있지만, 점검시설이 불충분한 교량이 많아지고 있는 것도 사실이다. 예를 들면, 파형강판교량은 산간부나 골짜기부에 가설되므로 교량하부로부터의 접근이 어렵고, 경제성과 경관성을 고려하여 거더 외면에는 점검시설이 설치되어 있지 않다. 그 때문에 점검은 노면상에 위치시킨 교량점검차의 붐(boom)에 장착된 점검용 버킷(bucket)을 이용하여 실시되므로 충분한 점검의 실시여부를 검토하여야 한다. 또한, 지진 발생시의 긴급점검에서는 교량점검차량의 준비나 노면상에의 배치 등도 곤란할 것으로 예상되어 유지관리상의 문제가 될 수 있다.

이와 같이 건설비용 감축을 위해 유지관리를 배려하지 않은 경우에는 LCC로 평가하면 결코 비용 감축이 되지 않는다.

3.5.3 작업 공간

교량받침부의 협소한 구조를 개선하고 작업공간과 접근방법이 확보된 구조로 하는 것은 유지관리의 효율화·합리화에 큰 영향을 준다. 또한, 신설시에도 시공성이 향상되는 것에 의해 시공불량을 방지하게 된다.

예를 들면, 시공불량 사례로서 비교적 많이 볼 수 있는 받침콘크리트의 균열은(그림 3.37 참조) 건설시에 교량받침 하부의 무수축모르타르가 충분히 충전되지 않아 발생하는 경우가 많다. 이것은 모르타르충전작업을 실시하기에 충분한 작업공간이 확보되지 못한 영향이 크다. 손상이 진행되면 신축이음 장치부에 단차가 발생하여 주행차량의 안전·쾌적한 주행을 방해할 뿐만 아니라 소음 및 진동의 발생원인도 된다. 이러한 손상을 미연에 방지하기 위해서도 교량받침부에는 충분한 작업공간을 확보하는 것이 바람직하다.

(a) 받침콘크리트의 손상에 의해 함몰된 교량받침

(b) 단차가 발생한 신축이음장치

(c) 신축이음장치에 발생된 단차

그림 3.37 받침부 콘크리트의 손상사례

일상관리 작업에서도 충분한 작업 공간이 있으면 정기적인 청소작업이 용이하고, 작업품질도 향상시킬 수가 있다. 또한, 교량받침부를 포함한 거더 단부의 통기성이 향상되므로 부식환경의 개선이 되어 내구성을 향상시킬 수가 있다.

거더 단부와 교대 파라펫(parapet) 사이에 수 십 mm의 공간 밖에 확보되지 않아 거더 단부에 직접 진입할 수 없는 교량이 많이 존재하고 있다. 이러한 경우가 발생하지 않도록 거더 단부와 교대 파라펫 사이는 한 사람이 통과할 수가 있는 폭(대체로 750mm 정도)을 확보하는 것이 필요하다.

열화가 진행된 교량받침 교체공사에서는 거더의 잭업, 콘크리트의 치핑 및 앵커볼트 구멍의 천공작업을 위해 플레이트거더교의 경우에는 600mm 이상, 박스거더교의 경우에는 800mm 이상의 거더하부의 작업공간을 확보하는 것이 바람직하다.

그림 3.38에 통기성이 양호하고, 점검 및 유지관리 작업을 배려한 교량받침부의 구조방안을 나타내었다.

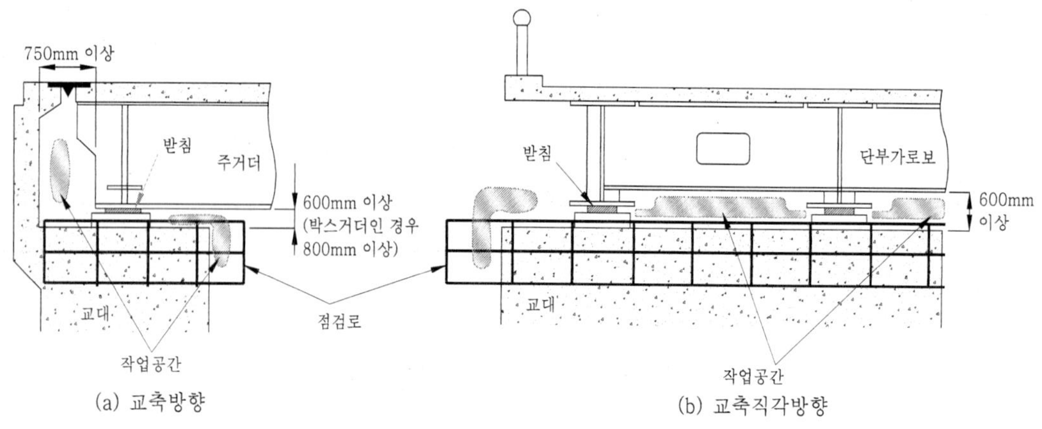

그림 3.38 작업공간이 확보된 교량받침부의 구조(안)

그림 3.39에 교량받침의 표준적인 교체순서를 나타내었다.

기존의 교량받침 구조를 교체하는 경우, 전단키의 상호 맞물림을 제거하기 위해 받침 본체를 아래와 분리시키는 받침자리콘크리트 치핑과 새로운 앵커볼트 설치가 교체작업에서 큰 부담이 된다. 그러므로 받침자리콘크리트 치핑과 앵커볼트 설치를 생략할 수 있어 교체가 용이한 교량받침 구조방안을 그림 3.40 및 그림 3.41에 나타내었다. 두 구조방안 모두 조정 플레이트를 떼어내는 것에 의해 전단키의 상호 맞물림이 제거되어 용이하게 교량받침이 교체되는 구조이다.

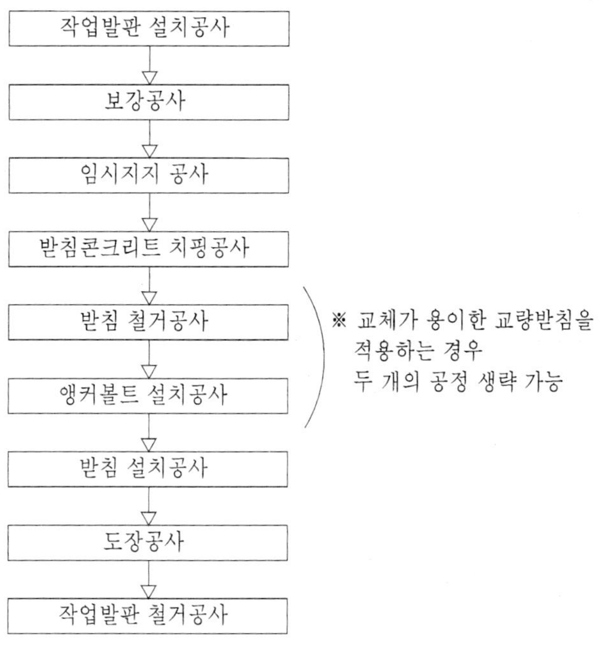

그림 3.39 교량받침의 교체공사 흐름

고무받침의 경우, 고무받침 하단과 중간플레이트 사이에 전단키를 설치하여 잭업으로 교량받침을 교체하는 구조방안(그림 3.41(a))과 (a)에 조정 플레이트를 추가하고 솔 플레이트(sole plate)와 고무받침, 고무받침과 중간플레이트 사이에 각각 전단키를 설치하여 조정 플레이트를 제거하는 것에 의해 교량받침을 교체하는 구조방안(그림 3.41(b))을 제안한다. 기존 교량받침구조에서 전단키의 상호 맞물림을 제거하는 방법으로서 기존에 실시한 하부구조측을 치핑하고 받침본체를 아래쪽으로 삽입하는 방법 이외에 다음과 같은 것이 고려되는데, 어떠한 방법도 실용화하기 위해서는 해결해야 하는 과제가 있다. 향후에는 솔 플레이트를 볼트로 고정하는 등의 방법에 대해서도 검도하여 교체가 용이한 교량받침 구조가 제안되기를 기대한다.

① 솔 플레이트의 용접부를 제거해서 받침본체와 함께 일체로 옆으로 밀어내는 방법
② 교량받침 설치 후, 전단키를 외부에서 제거하는 구조로 하는 방법
③ 전단키를 설치하지 않는 방법

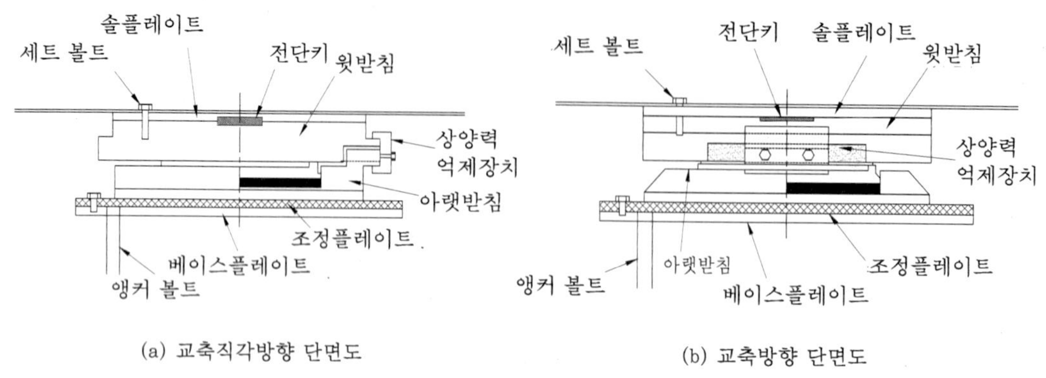

(a) 교축직각방향 단면도 (b) 교축방향 단면도

그림 3.40 교체가 용이한 강재 교량받침의 구조(강재거더용)

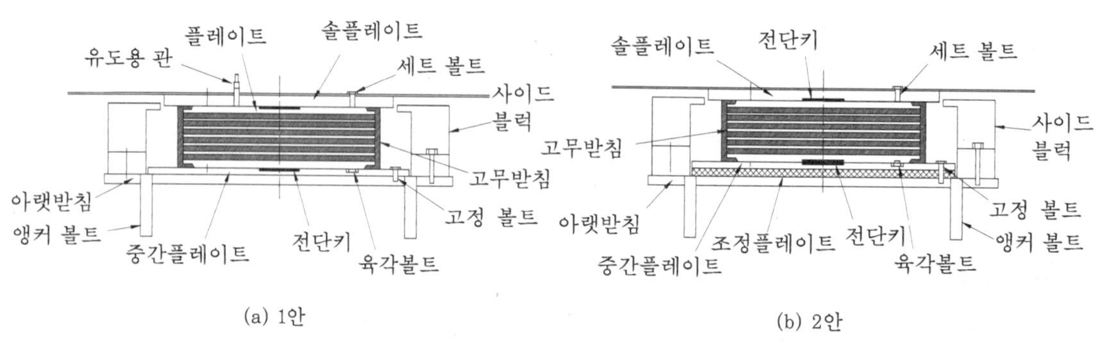

(a) 1안 (b) 2안

그림 3.41 교체가 용이한 고무 교량받침의 구조(강재거더용)

또한, 기존의 교량받침 구조에 이용되어 온 나사를 포함하는 형태의 앵커볼트는 너트가 없으므로 외부에서 앵커볼트 위치를 확인하지 못하며, 설치위치도 받침본체의 바로 아래이므로 콘크리트 치핑량이 많아진다. 상기에 나타낸 교체가 용이한 교량 받침구조에서는 받침본체의 아래에 베이스플레이트를 설치하고 두 개를 용접 또는 볼트로 체결하므로 교체시 치핑하여 앵커볼트를 빼낼 필요가 없게 된다.

3.5.5 거더의 잭업

강재 교량받침 롤러부의 윤활제 보충이나 받침교체 등에서는 거더 잭업이 필요한 경우가 많다. 기존 교량을 잭업하는 경우에는 교대나 교각 위에 잭을 설치하고 주거더나 단부 가로보를 이용하여 실시하는 것이 바람직하지만, 교대나 교각 위에 설치 공간이 확보되지 않는 경우 또는 단부 가로보의 강도나 주거더와의 연결볼트의 내력이 부족한 경우에는 임시 받침 벤트를 세우는 등의 대규모 공사가 필요하다. 따라서 신설교량에서는 미리 지점 위 가로보 등의 부재에 잭업용으로서 구조 및 강도를 배려한 보강재를 설치하는 것이 바람직하다. 그림 3.42에 신설교량에 배치하는 잭업용 보강재 방안을 제시한다. 또한, 보수 및 보강공사 시에 부착한 잭업용의 솔 플레이트나 보강재를 남겨 두어 잭업의 목적이나 잭을 설치한 위치 등을 교량대장 등에 기록해 두는 것이 좋다.

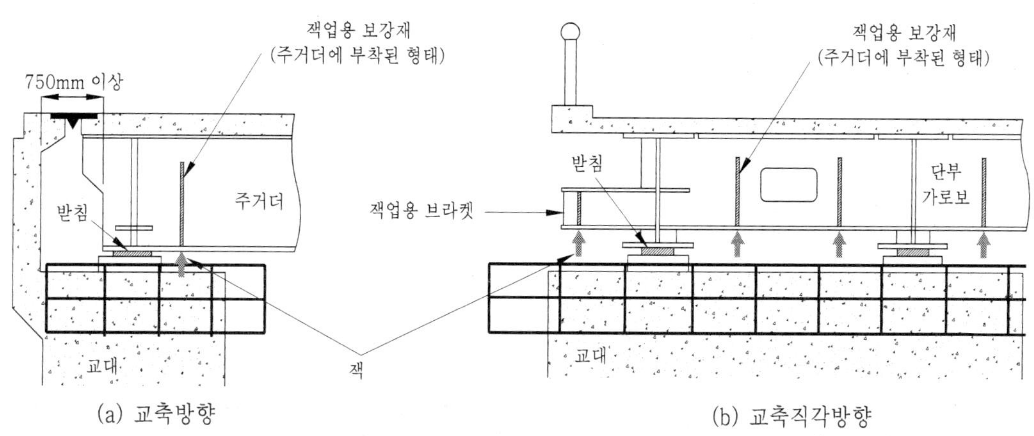

그림 3.42 잭업용 보강재의 설치(신설 교량)

3.5.6 유지관리 용이한 교량받침부 구조

교대·교각 상단 주변은 점검로 뿐만 아니라 낙교방지 시스템이나 다른 첨가물 등이 모여 있어 점검이나 보수를 위한 작업공간이 확보되지 못하는 경우가 많다. 이것은 신설교량 설계시 유지관리에 대한 배려 부족이 원인이다. 또한, 기존교량의 내진보강공사 등에서도 유지관리가 배려되지 않은 설계가 많다.

그림 3.43은 낙교방지를 위해 설치된 부재에 의해 교량받침부가 둘러싸여진 사례이다. 이와 같이 되면 점검이나 보수공사 등을 실시할 수 있는 공간 등이 확보되지 않을 뿐만 아니라 통기성도 나쁘고, 토사 등이 퇴적되기 쉬워진다. 내진보강 시스템 설계에서는 유지관리를 충분히 배려할 필요가 있다. 유지관리가 용이한 교량받침부 구조를 그림 3.44에 나타내었다.

그림 3.43 교량받침부 작업환경이 저하된 사례

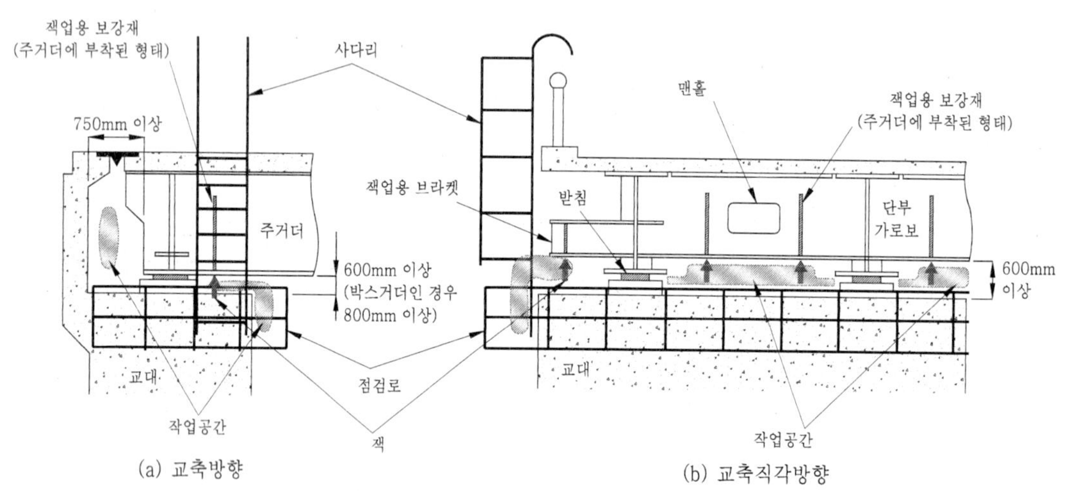

그림 3.44 유지관리를 배려한 교량받침부 주변의 유지관리설비(안)

3.5.7 신축이음장치의 누수 대책

신축이음장치부의 누수는 교량받침뿐만 아니라 주거더 지점부 및 단부 수직브레이싱(sway bracing), 단부 가로보부재 등의 부식원인이 된다(그림 3.45, 그림 3.46 참조). 특히, 노면에 동결방지제를 살포하는 지역에서는 동결방지제를 포함한 우수 등이 강재부재뿐만 아니라 콘크리트 부재에도 악영향을 미치므로 신축이음장치부의 누수를 방지하는 것이 교량받침부의 내구성을 유지하기 위해서도 중요하다.

누수원인은 신축이음장치 자체의 구조 및 손상 또는 신축이음장치 주변부의 콘크리트 시공불량 등이 주요 원인이 되고 있다. 비교적 많이 보고되는 손상으로는 배수형 신축 이음장치에서는 배수통의 파손이나 토사의 퇴적에 의한 누수이며, 비배수형 신축이음장치에서는 팩 업(pack up)재의 파손에 의한 지수고무의 탈락 등이다. 교량받침부 뿐만 아니라 교량단부의 내구성에서도 신축이음장치는 비배수형이 바람직하고, 배수형의 신축이음장치는 사용해서는 안 된다.

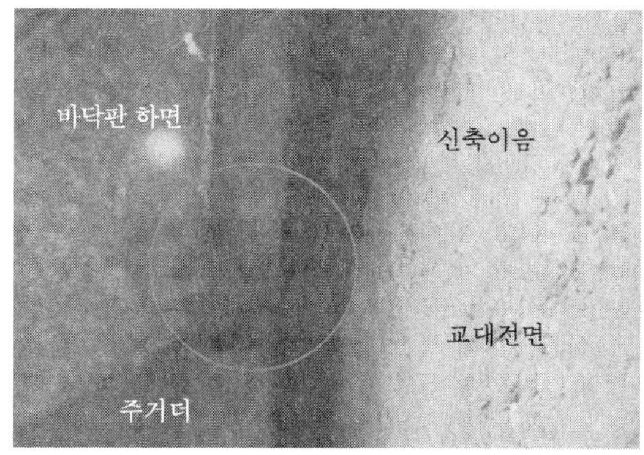

※ 신축이음장치의 누수에 의해 주거더 플랜지에 부식이 발생되어 있다.

그림 3.45 신축이음장치의 누수

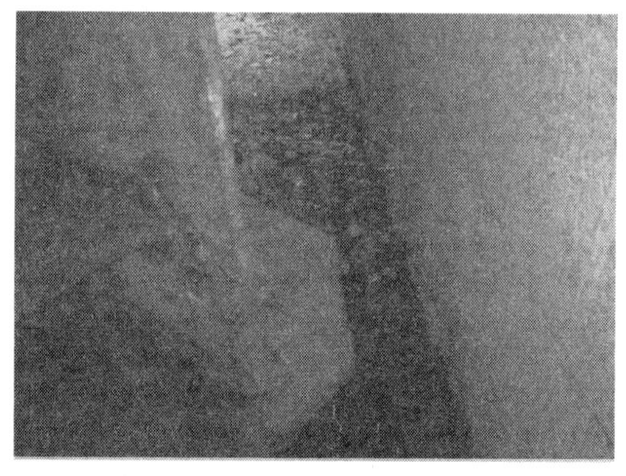

※ 교량받침부 주변은 토사 및 이물질이 퇴적하여 신축이음장치의 누수에 의해 상시 습윤상태가 되는 경우가 많다.

그림 3.46 교량받침부 주변

신축이음장치의 보수나 교체 공사시에 사용되는 파쇄장비(braker)에 의한 바닥판 콘크리트의 미세균열과 바닥판 철근의 진동을 매개로 한 콘크리트손상이 누수 원인이 되는 경우가 있다. 그림 3.47은 콘크리트 파쇄장비에 의해 치핑한 신축이음장치 설치개소의 콘크리트인데, 콘크리트에 수평방향으로 균열이 발생되어 있다. 또한, 그림 3.48은 신축이음장치의 실지위치로부터 1.5m 정도 이격된 개소에서 채취한 바닥판 콘크리트 코어(core)인데, 층상으로 균열이 개재되어 있으므로 콘크리트 코어가 층상으로 되어 있다.

이와 같이 파쇄장비에 의해 기존 콘크리트를 치핑하는 것은 콘크리트 뿐만 아니라 철근도 손상시키므로 워터제트(water jet) 공법을 이용하는 것이 바람직하다. 그러나 워터제트 공법은 소음 및 진동이 적으나, 물 처리를 필요하므로 사전에 충분한 검토가 필요하다.

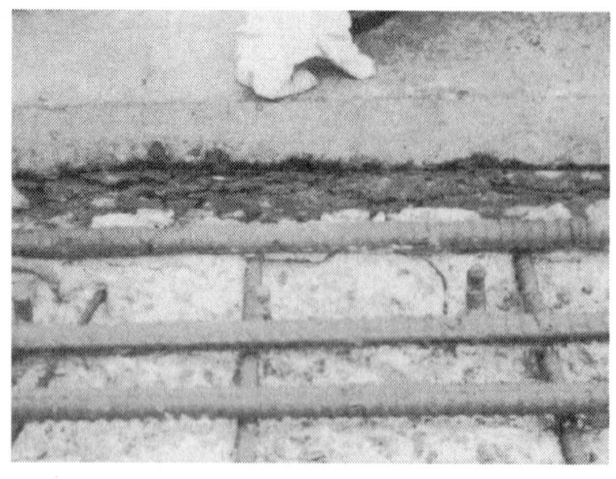
그림 3.47 층상의 균열이 개재된 콘크리트 바닥판

그림 3.48 층상으로 박리된 콘크리트 코아

신축이음장치는 충격을 수반하는 윤하중이 직접 재하되므로 주요구조와 동등의 내구성을 확보하는 것이 곤란하다. 따라서 보수나 부재의 교체 등을 전제로 해서 보수나 교체 등의 유지관리 용이성을 고려한 신축이음장치 선정이 중요하다. 그림 3.49에 신축이음장치로부터의 누수에 의해 지점부가 부식되어 가는 진행과정을 나타내었다.

(a) 건전기 (b) 손상 발전기 (c) 손상 가속기 (d) 기능 열화기

그림 3.49 주거더 지점부의 부식진행과정

3.5.8 유지관리의 배경과 문제점

교량받침에 요구되는 성능은 구조역학적 기능 외에 내구성, 시공성, 유지관리 및 보수의 용이성이 고려되어야 한다고 앞에서 기술한 바 있다. 그러나 지금까지 채용된 교량받침 및 교량받침부 구조는 다른 구조부재와 동일하게 초기비용(initial cost)만이 고려되어 유지관리, 보수·보강 공사, 교체의 용이성 및 비용에 주목한, 이른바 생애주기비용(life cycle cost)을 고려하여 계획·설계된 사례는 극히 적다.

그 결과, 유지관리 작업이 좁은 작업공간과 열악한 환경에서 실시되어 작업효율 저하나 품질저하, 또한 작업 안전성에도 영향을 미친다. 또한, 유지관리를 사업측면에서 보는 경우, 현재의 저가입찰 등과 함께 경영환경 악화의 한 요인도 되고 있다. 이러한 상황이 계속되면, 향후 유지관리 사업에 종사하는 노동인구의 감소나 유지관리 업무에서 밀려날 수밖에 없는 사업자도 나올 것으로 예상된다.

이러한 문제를 해결하기 위해서 자산관리 등이 새로운 기법이나 기술을 받아들이는 움직임이 나타나는데, 유지관리를 건전한 시스템 사업으로 확립해 나가는 것이 구조물을 안전하게 유지하는데 있어서 필요하다.

04 받침 교체의 시공사례와 문제점

4.1 서론

받침은 교량의 상하부 구조의 접점에 위치하는 중요한 부재이면서, 부속물로서 취급되어 단부지점에서는 노면으로부터의 누수나 오염물질 등이 퇴적하기 쉬운 가혹한 환경에 설치되어 있다. 이 때문에 과거부터 부식 등의 열화나 손상사례가 많이 보고되고 있다.

또한 일본의 경우는 지진재해마다 받침손상이 많이 나타나, 지진 때마다 여러 가지의 개량이 추가되어 왔다. 그 중에서도 1995년의 효고현 남부지진 이후부터는 강재받침으로부터 적층 고무받침으로 구조 및 설계법이 크게 변화하였다.

고무받침은 지진시의 특성이 주목되어 지진재해 복구시에 고무받침을 사용하는 사례를 시작으로 고무받침으로 교환되는 받침이 급증하였다. 그러나 고무받침이 보급됨에 따라 지점반력에 의한 침하 또는 활하중에 의한 진동 등과 같이 상시에서의 문제가 지적되는 경우도 발생하였다. 한편, 종래의 열화·손상이 원인이 되는 교체에서도 받침본체 구조에는 문제가 없고, 신축장치 또는 무수축모르타르 등의 받침주변의 부재 또는 유지관리 방법에 문제가 있는 경우도 나타나고 있다.

이 장에서는 받침교체 사례에 대한 상세한 실적이 보고되어 있는 일본사례를 중심으로 받침교체에 대해 기술한다. 교량부재 중에서도 비교적 교체사례가 많은 받침교체에 주목하여, 그 사례를 수집하고, 교체시공의 실태를 조사하였다. 또한, 이들 조사결과를 기초로 하여 교체시공의 기본 사항, 시공시의 고려사항 및 특수사례를 소개하였다. 그리고 교체가 곤란한 구조 또는 교체 계획단계에서의 유의점을 정리하였다.

4.2 받침교체의 사례 수집

4.2.1 사례 수집 방법

교체사례는 공표 문헌 등으로부터 수집하는 것으로 하고, 수집 범위는 일본 토목공학계의 논문집 또는 강연회 논문집, 교량 메이커의 기술기보 및 각 기관의 관련자료를 참조하였다. 문헌은 받침의 거동 조사사례와 함께 실시하여 수집하였다. 수집에는 받침 등의 키워드로 문헌을 검색하고, 내용을 확인하면서 받침교체 및 거동조사에 관련된 것을 전체 111개의 문헌을 추출하였다. 이 가운데 교체에 관련된 사례는 70개의 문헌이다. 수집문헌의 게재년도는 비교적 오래된 1970년대의 것도 있으나, 1990년대 후반 이후의 문헌이 대부분으로 되어 있다. 공사보고, 보수검토, 공법개발 등의 내용도 다방면에 걸친 문헌을 수집할 수가 있었다.

4.2.2 사례 수집결과

앞에서 기술한 70개 문헌에 대해, 교체 사유별로 분류한 일람표를 표 4.1에 나타낸다. 표 4.1에는 교체사유를 고찰하기 위해서 관련된 교체 전후의 받침형식, 교체단계에서의 공용년수, 문헌 게재년도 같이 나타내었다. 또한 교체사유는 다음과 같이 5종류로 분류하였다.

① 내진성 향상을 목적으로 한 교체-22개 문헌
② 교량의 기능향상(내진성 향상을 제외)에 수반하는 교체-16개 문헌
③ 열화 · 손상(지진에 의한 손상 제외)에 의한 교체-22개 문헌
④ 받침의 물성조사를 목적으로 한 교체-2개 문헌
⑤ 교체공법의 소개-8개 문헌

수집문헌에서는 내진성 향상 및 열화손상에 의한 교체와 관련된 문헌 개수가 가장 많다. 그 다음으로 기능향상에 수반한 교체와 관련된 문헌 개수가 많다. 문헌 수는 적지만, 고무받침 공용 후의 물성조사를 목적으로 한 교체와 관련된 문헌도 볼 수 있다. 여기서 수집한 문헌은 공개된 문헌을 나타낸 것이므로, 문헌 개수를 통계적으로 분석할 수 없으나 다음과 같은 사항을 알 수 있다.

내진성 향상을 목적으로 한 문헌에서는 그 대부분이 강재받침에서 고무받침(표 4.1 음영처리된 부분)으로의 교체이다. 이 사례에서는 지진재해 복구공사와 같이 지진에 의한 손상이 원인인 것, 손상은 없으나 내진보강을 목적으로 교체한 것으로 대별된다.

기능향상에 수반하는 교체의 문헌에도 고무받침(표 4.1 음영처리된 부분)으로의 교체에 관련된 문헌들이 많다. 이 사례에서는 확폭공사에 수반하는 받침교체의 문헌, 활하중 증가에 대응한 보강공사에 수반하는 받침교체 문헌으로 대별된다.

앞에서 기술한 것과는 반대로, 열화손상에 의한 교체에서는 받침판 받침의 교체를 다루고 있는 점이 특이하다. 이 사례에서는 열화·손상이 원인이지만, 특히 롤러 일부에 부적합이 발생된 문헌, 상시 부반력이 발생된 받침이 손상된 문헌, 하부구조 변상에 의해 받침이 손상한 문헌이 많다. 또한 공용년수가 오래된 문헌 또는 게재년도가 오래된 문헌(1995년 이전)도 많이 볼 수 있다.

이상의 경향으로부터 효고현 남부지진(1995년 1월) 이전의 받침교체에서는 열화·손상에 의한 받침교체가 주류이었으나, 효고현 남부지진 이후에는 열화·손상에 관계없이 내진성 향상을 목적으로 하는 받침교체로 변화하고, 확폭공사 또는 하중의 대형화에 대응한 공사에서도 적극적으로 고무받침으로의 교체가 실시되어 있는 것으로 추정된다.

표 4.1 일본에서의 받침교체 사유별 사례 리스트

구분		교체 이유	교체 전	교체 후	공용연수	게재년
내진성 향상을 목적으로 한 교체	지진에 의한 손상이 없는 경우	지진시의 받침손상 우려	RO	고무받침	31	2003
		지진시 교축직각방향 수평력 저감	PV	고무받침	불확실	2001
		내진성능 향상	불확실	면진	29	1998
		내진성능 향상	BP	불확실	불확실	2003
		지진시 부재, 받침이 허용값 초과	PN, RO	면제진	불확실	2004
		내진성능 향상	불확실	불확실	불확실	2004
		내진성능 향상, 낙교방지 시스템 추가	PN, RO	면진	30	2004
		대규모 지진대책	RO	고무받침	불확실	2003
		내진성능 향상	금속받침	고무받침	38	2001
		내진성능 향상	불확실	고무받침	불확실	2002
		내진성능 향상	불확실	고무받침	38	2003
	지진에 의한 손상이 있는 경우	내진성능 향상	금속받침	고무받침	불확실	1996
		내진성능 향상, 이동 유간이 없어짐	BP·A	–	10	2002
		내진성능 향상(지진시 손상)	–	–	불확실	1996
		내진성능 향상	BP	면진, 분산	불확실	1997
		내진성능 향상(지진시 손상)	BP·A	HDR, BP·B	불확실	1997
		내진성능 향상	BP·A	LRB	불확실	1997
		내진성능 향상(지진시 손상)	BP	면진, 분산	26	1997
		내진성능 향상	불확실	LRB, 고무받침	불확실	1997
		교량개축, 내진성능 향상(지진시 손상)	불확실	LRB	불확실	1998
		내진성능 향상	타입 A	고무받침	불확실	2002

구분		교체 이유	교체 전	교체 후	공용연수	게재년
내진성 향상을 목적으로 한 교체	(받침 거동에 관한 기술이 주된 내용)	내진성능 향상	금속받침	고무받침	불확실	2002
교량 기능 향상을 목적으로 한 교체	확폭 공사에 의한 교체	확폭공사	PN	면진	30	2001
		교통량 증가에 의한 확폭	금속받침	금속받침	불확실	1999
		차선확폭 공사, 지진대책	BP · A	고무받침	불확실	2000
		개량 확폭	LB	분산	불확실	1992
	하중 증가에 의한 교체	부식, 교통하중 증가에 의한 기능저하	BP · A	불확실	25	1998
		손상, 기능저하, 고정하중·활하중 증가	BP	고무받침	20	1996
		고정하중 증가	LB	LB	17	1989
		기능 회복, 교통하중 증가	BP	고무받침	불확실	1997
		B활하중 대응	불확실	불확실	불확실	1999
	거더 연속화에 의한 교체	거더 연속화, 길어깨 확폭, 거더 보강	LB	HDR	32	1996
		거더 연속화	PN, RO	LRB	불확실	1992
		거더 연속화	금속받침	HDR	불확실	1999
		거더 연속화	불확실	고무받침	불확실	2000
		거더 연속화, 거더 보강	금속받침	고무받침	불확실	2000
		거더 연속화, 내진 보강	LB, BP · A	분산, 고무받침	30	1999
		거더 연속화	BP · A	HDR	불확실	2003
열화·손상에 의한 교체	핀받침, 롤러 받침의 손상	상부구조 균열, 롤러부의 녹으로 기능 불완전	PN, RO	고무받침	32	2000
		롤러부 파손	RO	BP	26	2001
		노후화에 의한 롤러 이탈	RO	분산	65	2001
		이동량 오차, 녹, 마모	BP, RO	BP, RO	불확실	1990
		손상	PN, RO	RO	불확실	1990
	부반력 받침의 손상	부반력 받침의 손상	BP	BP	16, 18	2001
		부반력 받침의 손상	금속받침	불확실	불확실	1978

구분		교체 이유	교체 전	교체 후	공용연수	게재년
열화·손상에 의한 교체	하부구조 이상에 의한 손상	하부구조 이동에 따른 손상, 가동기능 회복	RO	RO	43	1975
		하부구조 침하에 의한 손상	BP	불확실	15	1998
		하부구조 이동에 의한 손상	RO	RO	불확실	1981
	그 외의 열화·손상	받침 기능의 현저한 저하	BP·A	BP·B	30	1995
		노후화에 의한 손상이 심함	금속받침	고무받침	68	1995
		손상과 기능저하	BP	BP·A	30	1995
		노후화, 내진성능 향상	금속받침	고무받침	불확실	1998
		보수 대책	불확실	불확실	불확실	1983
		보수 대책	금속받침	BP	불확실	1979
		윗받침의 기울기, 녹	LB	BP	불확실	1973
	(받침 거동에 관한 기술이 주된 내용)	기능저하, 상부구조 균열 발생	BP·A	고무받침	불확실	1995
		기능저하	BP·A	고무받침	불확실	1997
		기능저하	BP	BP	22	1993
		기능저하	BP·A	BP·B	30	1997
		공용에 따른 받침의 열화에 따른 손상(기능저하)	BP·A	BP·B	불확실	1996
조사 목적		고무받침의 물성 조사	HDR	HDR	10	2003
		약 10년이 경과한 받침의 성능변화를 조사하기 위함		면진	10	2003
교체 공법		교체공법 소개	–	–	불확실	1996
		교량받침부 치핑공법의 소개	–	–	–	1998
		교량받침부 치핑공법의 소개	–	–	–	1999
		협소부 교체 공사 보고	고무받침	고무받침	불확실	2000
		고무받침의 전단변형의 이완	HDR	이완	3	1996
		쐐기형 잭의 개발	–	–	불확실	1989
		임시받침부 검토	–	–	불확실	2000
		받침교체에서의 임시받침	불확실	면진	불확실	1997

4.3 받침 교체시공의 기본 사항

4.3.1 교체시공 일반

공용중의 교량 보수공사는 교량이 설치되어 있는 노선상황에 따르지만 교통규제가 최소한으로 실시되도록 하는 것이 일반적이다. 특히, 받침 교체시공은 교량하부에서 공사가 실시되므로 교통규제를 실시하지 않고 공사를 실시하는 경우가 많다. 또, 받침은 상부구조와 하부구조의 접점에 위치하고 있고 여러 가지 제약이 있는 부위이므로, 받침교체에서는 다음 사항을 충분히 인식할 필요가 있다.

- 작업장소가 상부구조와 하부구조와의 접점이므로, 공간이 협소하며 또한 높은 장소에서의 작업환경에 놓이게 된다.
- 작업내용이 다양하다. 상 · 하부구조의 보강, 잭 업 및 다운, 무수축 콘크리트 치핑 및 타설 등이 있다.
- 교통이 공용되는 환경에서의 작업이 많기 때문에, 잭 업시의 노면 단차 및 작업 안전성의 확보가 매우 중요하다.

4.3.2 교체시 유의점

이 항목에서는 교체 시공방법의 기본적인 사항에 대해 소개한다. 시공시 유의점에 대해서는 각 항목으로 소개하지만, 계획 · 설계단계에서의 유의점을 아래에 나타낸다.

1) 계획시

- 설계하중에 변경이 없는지(대상교량의 설계하중), 가설시 하중은 「해당 국가 표준시방서의 교량가설 지침」 등에 준하여 고려되어 있는지 확인한다.
- 강새받침 및 고무받침은 구조특성이 다르므로, 각각의 특성을 근거로 하여 교체 진의 반침기능이 손상되지 않도록 교체 후의 반침을 선정한다.
- 받침 제작공정을 고려하여 현장공사의 공정을 계획한다.
- 시공 장소가 하천, 도로 및 철도 위인의 경우는 관계자와의 협의가 필요하다.
- 공사에 의한 소음 · 진동문제가 발생할 가능성이 있는 경우, 지역주민에게 사전 설명이 필요하다.

2) 받침 설계시

- 교체받침 높이가 기존받침 높이 이하로 되어 있는가를 확인하고, 교체 후에 하부구조이 위 끝단에서 돌출되지 않도록 한다.
- 고무받침으로 변경하면 강재받침에 비해 면적이 커지므로, 상부구조 지점부로부터 받침이 크게 돌출되지 않도록 하며, 또 돌출된 경우는 지점반력 전달이 충분한 구조로 되어 있는가를 확인한다.

- 부반력에 대한 문제가 없는지, 고정받침을 임시 지지하는 경우 교축방향 수평력에 저항 가능한 부재가 설치되어 있는가를 확인하고, 임시지지하는 경우에 지지기능이 손상되지 않도록 한다.
- 기존 앵커볼트의 건전도를 확인하고, 재사용 가능한 것은 가능한 재사용되고 있는가, 그리고 구조가 적절한가를 확인한다.

3) 상부구조 설계시

- 받침교체시 솔플레이트 교체 또는 세트볼트 구멍변경 등의 상부구조 지점부 변경을 수반하는 경우도 많기 때문에 다른 부재와의 간섭 또는 시공공간에 대해 확인한다.
- 잭 업 위치의 보강실시 여부, 보강재 설치를 위한 시공공간이 확보될 수 있는가를 확인한다.
- 박스거더의 경우, 보강 부재를 박스거더 내부로 반입할 수 있는가를 확인한다.

4) 하부구조 설계시

- 받침 연단거리의 확보는 문제가 없는지, 임시지지 위치를 받침 전면으로 하는 경우에 하부콘크리트 모서리 결함 유무 조사를 확인한다.
- 잭 업 위치와 치핑범위가 간섭하는지의 여부를 확인한다.
- 앵커 블록아웃위치 연장선상에 철근 등의 지장물이 없는지, 앵커 블록아웃 직경이 하부구조의 철근 순간격 이하인지의 여부, 앵커 블록아웃 기계의 설치공간은 확보할 수 있는가를 확인한다.
- 받침을 타입 A에서 타입 B로 성능향상시키는 경우, 받침자리의 조사를 실시하고 있는가를 확인한다.

5) 주변 구조물과의 관련

- 임시지지 및 교체 후의 받침과 낙교 방지시스템이 상호 간섭되고 있는가를 확인한다.
- 보강재 및 기존 부재 또는 첨가물과의 취합이 적절한가를 확인한다.

4.3.3 시공 순서

받침교체의 표준적인 시공순서를 그림 4.2, 시공상황 사례를 그림 4.3 및 그림 4.4에 나타내고, 각 작업의 개요를 아래에 나타낸다.

1) 보강공

보강부재는 거더 또는 가로보 복부에 보강리브를 설치하는 경우가 많다. 보강리브는 고장력볼트이음 또는 용접이음으로 설치한다.

2) 임시지지공

유압 잭을 이용하여, 상부구조를 잭업하고, 임시지지재로 이동시켜 교체작업을 실시한다.

3) 받침철거공

무수축모르타르를 치핑하여 앵커볼트를 절단하고, 기존받침을 철거한다.

4) 앵커볼트공

앵커볼트를 신설 혹은 추가할 때는, 하부구조를 깍아서 구멍을 낸다. 기존 앵커볼트를 사용할 때는, 절단위치에 볼트를 이어서 사용한다.

5) 받침 설치공

교체받침을 설치하고, 무수축모르타르의 배근 · 거푸집 설치 · 모르타르타설을 실시하고, 상부구조를 잭 다운한다.

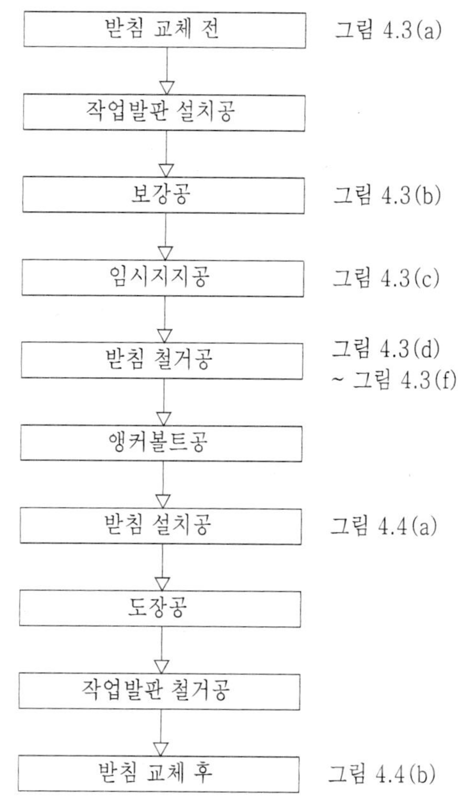

그림 4.2 표준적인 받침 시공순서

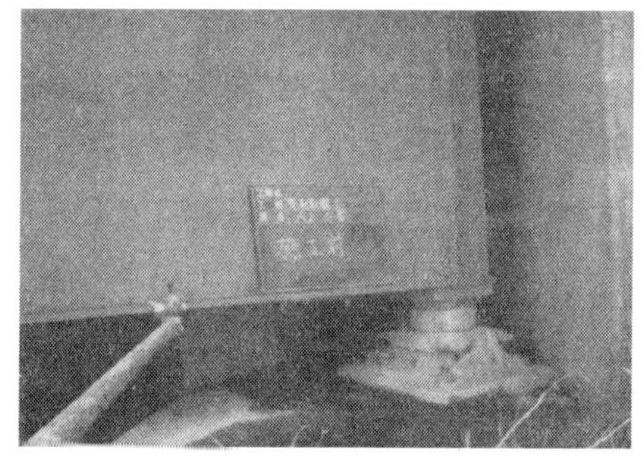

(a) 교체 전

(b) 보강 리브 설치

그림 4.3 시공상황 사례(계속)

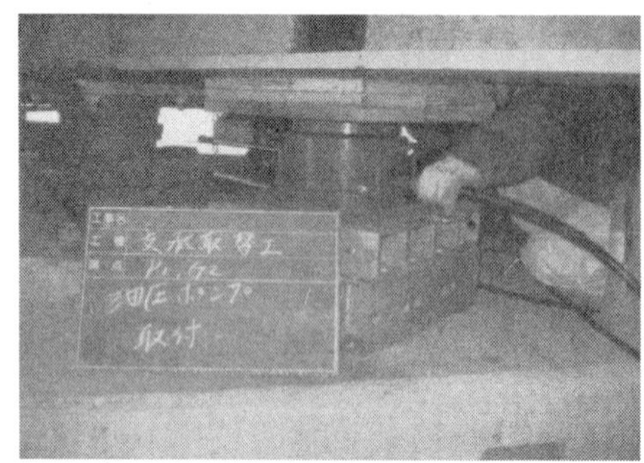

(c) 잭업

(d) 교량받침모르타르 치핑

(e) 받침 철거

(f) 앵커볼트 절단

그림 4.3 시공상황 사례

(a) 배근, 거푸집 설치

(b) 교체 후

그림 4.4 시공상황 사례

4.3.4 보강공법

받침 교체시에는 상부구조 반력을 "0"으로 하기위하여 유압잭을 이용해, 상부구조를 잭 업 할 필요가 있다. 또한, 교체 작업시에는 새들 등의 임시지지재로 이동시켜, 상부구조를 지지할 필요가 있다. 잭업 위치 또는 임시지지 위치에는 받침 반력 이상의 반력이 작용하기 때문에 일반적으로는 보강이 필요하다. 잭업 위치(임시지지 위치)는 받침위치에 가까운 거더 또는 가로보로 하는데, 보강량이 최소한이 되도록 하며, 또한 교체작업을 안전하게 실시할 수 있도록 선정한다. 잭업 위치를 확보할 수 없는 경우에는 브라켓 또는 가로보를 추가하는 경우도 있다. 아래에 기본적인 보강방법을 나타낸다.

1) 거더지지공법(그림 4.5 참조)

가로보가 수직브레이싱형식이지만, 거더 아래 쪽 또는 받침으로부터 하부구조 가장자리 끝까지의 사이에 잭 작업공간을 확보할 수 있는 경우, 거더의 지점부 부근에서 임시지지 시키는 이 공법이 바람직하다. 이 경우는 잭업 위치와 임시지지 위치를 같은 위치로 할 필요가 있기 때문에, 잠김기구가 부착된 잭을 사용한다. 이 공법에서는 거더 복부에 수직보강재를 설치하여 보강하기 때문에 브라켓 또는 가로보 등의 가설물을 추가할 필요가 없으며, 공사기간도 짧아진다.

2) 거더부착 브라켓공법(그림 4.6 참조)

거더 아래쪽에 잭 작업공간을 확보할 수 없는 상황이지만 거더 횡방향으로 작업공간을 확보할 수 있는 경우에는, 거더에 브라켓을 설치하는 공법을 이용한다. 거더 복부에는 브라켓을 설치하기 위한 수직보강재를 설치하는 경우도 있다. 또, 브라켓에서는 잭업 위치 및 임시지지 위치의 양쪽 모두를 설치하는 것이 가능한 경우도 많아 안정된 시공이 가능하다.

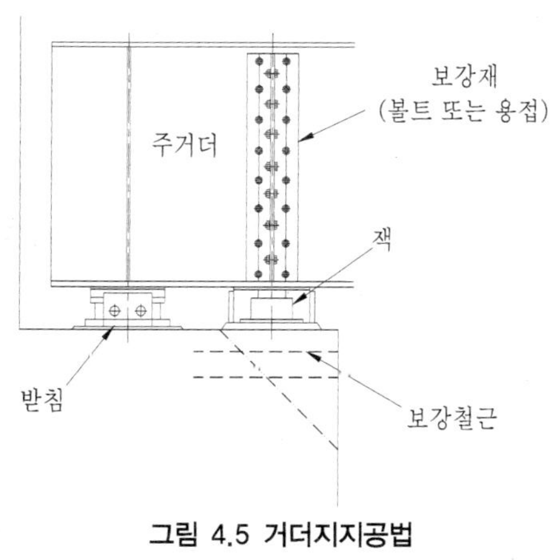

그림 4.5 거더지지공법

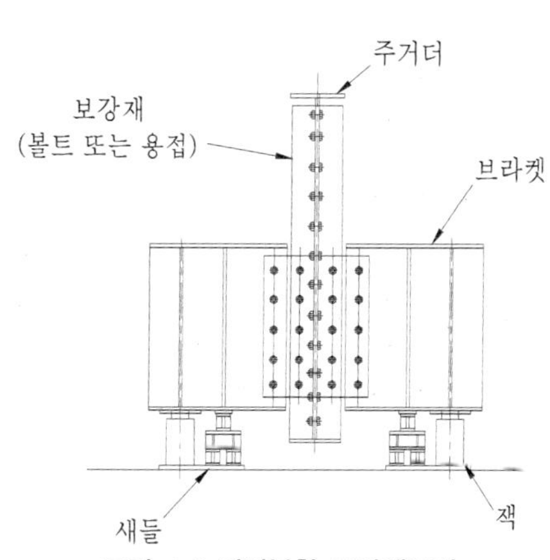

그림 4.6 거더부착 브라켓공법

3) 가로보지지공법(그림 4.7 참조)

거더 아래 쪽에는 잭 작업공간을 확보할 수 없으나, 거더와 동일한 복부 높이를 갖는 가로보가 있는 경우에는 가로보를 보강하여 임시지지하는 공법을 이용한다. 가로보는 기존 가로보를 사용하는 경우 또는 기존 가로보를 개조 혹은 신설의 가로보를 이용하는 경우가 있다. 작업성은 거더부착브라켓공법과 동일하다.

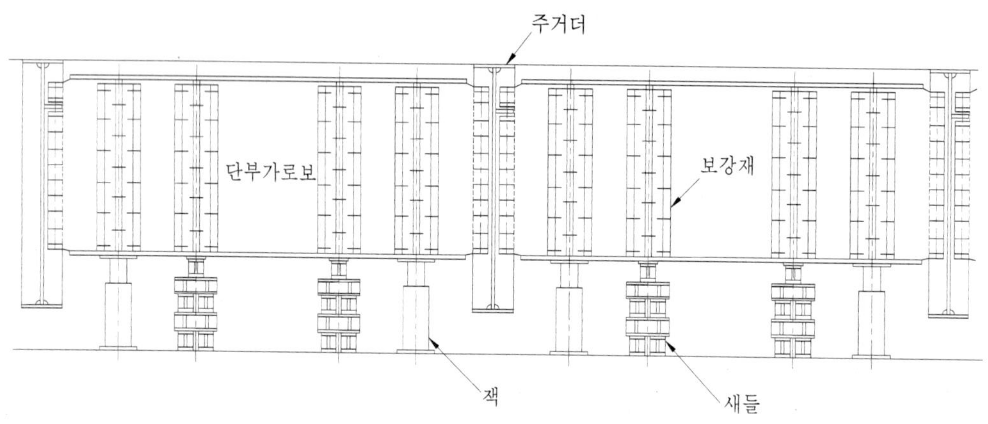

그림 4.7 가로보지지공법

4) 하부부착브라켓공법(그림 4.8 참조)

하부구조의 위쪽 끝에 잭 설치 공간을 확보할 수 없을 뿐만 아니라, 하부구조 주변에 벤트를 설치할 수 없는 경우는 하부구조에 브라켓을 설치하여 임시지지 위치로 한다. 브라켓 앵커 시공에 기간이 필요하므로 시공성은 떨어진다. 또한 거더지지공법과 동일하게 잠김기구가 부착된 잭을 사용한다.

5) 벤트공법(그림 4.9 참조)

하부구조의 위쪽 끝에 잭 설치 공간을 확보할 수 없으나, 하부구조 주변에 벤트를 설치할 수 있는 경우는 벤트 또는 발판을 설치해 임시지지 위치로 한다. 벤트 기초로는 말뚝기초, 하부구조 푸팅이용 및 콘크리트 기초 등이 있으나, 벤트의 설치·해체의 시공에 기간이 필요하므로 시공성이 떨어진다.

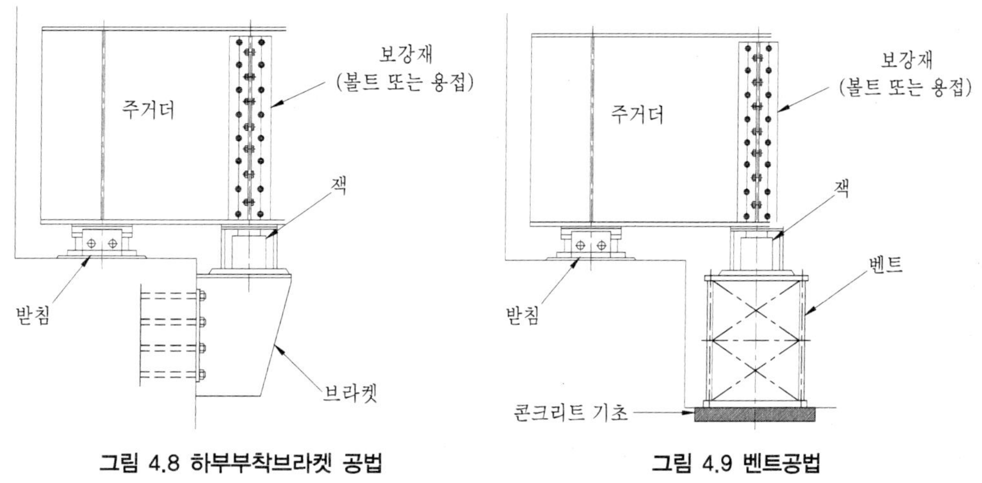

그림 4.8 하부부착브라켓 공법

그림 4.9 벤트공법

4.3.5 임시지지공사

잭 업은 받침교체 시공 중 상부구조가 가장 불안정한 상태이기 때문에 작업순서 등을 충분히 확인하면서 신중하게 실시할 필요가 있다.

1) 잭 업 및 임시지지

잭 업 하는 경우는 상부구조의 부가응력, 바닥판 균열을 방지하기 위해서 동일받침 선상의 거더를 동시 혹은 잭업량에 차이가 발생하지 않도록 균등하게 잭 업 할 필요가 있다. 특히, 다수의 거더를 잭 업 하는 경우에는 작업순서를 충분히 검토한다.

잭 업 후의 교체작업을 실시할 때에 기름 누수 또는 자연 감쇠에 의해 유압 잭이 강하하는 경우가 있으므로 그림 4.10에 나타낸 것과 같이 임시지지부재로 이동 또는 잠금기구가 부착된 유압 잭을 사용할 필요가 있다. 또한 필요에 따라 작업 중의 횡방향으로의 어긋남을 방지하는 처치 또는 잭의 전도방지의 처치를 실시할 필요도 있다. 그리고 거더 단부에는 신축장치, 배수장치, 낙교방지 시스템 및 난간 등의 교량 부속물, 공공첨가물 등이 설치되어 있으며 교대나 인접교량과 접속하고 있다. 이 때문에 잭업 작업이 미치는 영향을 확인해 둘 필요가 있다.

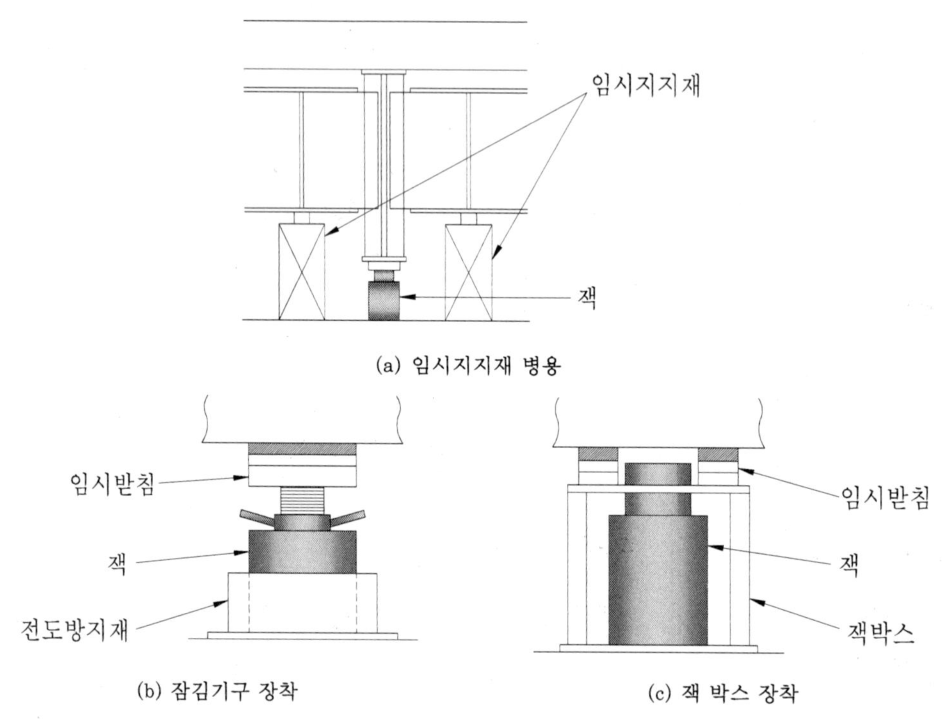

그림 4.10 임시지지방법의 사례

2) 잭업량

잭업량은 교체작업에 필요한 최소한으로 한다. 공용중인 교량에서는 노면단차 등의 영향을 고려하여 잭업량은 2mm~5mm 이하로 실시하는 것이 바람직하다. 작업 중에는 노면단차 등의 관리에 충분한 주위를 하며, 필요에 따라서는 차선규제 또는 속도제한을 실시한다. 다수 거더의 동일 받침선에서는 균등하게 잭 업을 실시하지만, 1개의 받침별로 작업하는 경우 바닥판이나 가로보 등에 미치는 영향을 확인할 필요가 있다. 또, 연속거더 등의 부정정 구조에서는 교축방향의 지점 모두를 동시에 잭 업 하는 것이 곤란하기 때문에 1개의 받침별로의 작업이 실시된다. 이 경우 잭업량은 필요 최소한으로 하며, 동시에 상부구조에 발생하는 부재력 · 반력은 물론 바닥판이나 가로보 등에 미치는 영향을 확인할 필요가 있다.

3) 잭의 선정

유압 잭은 작업공간에 알맞은 기계 높이 · 중량 등을 고려하여 용량 · 양정에 여유가 있는 것을 선정한다. 잭 용량에 대해서는 공칭능력의 80% 정도로 사용할 수 있는 잭을 선정하는 것이 일반적이다. 잭의 설치 높이가 낮은 경우에 사용되는 낮은 기계높이의 잭 구조사례를 그림 4.11에 나타낸다. 낮은 기계높이의 잭에는 유압 잭, 쐐기형 잭 및 플랫 잭 등이 있다. 모두 받침교체 등의 보수공사 전용으로 개발된 잭이며, 잠금기구를 내장한 타입도 많다. 쐐기형태 잭은 유압잭도 병용하지만, 유압잭 출력의 수배의 양력을 얻을 수 있는 특징이 있다. 또, 플랫 잭은 중앙에 홈이 있는 얇은 강판을 용접으로 붙여 맞춘 구조이며, 두께는 50mm이하로 아주 좁은 공간에 설치할 수 있다.

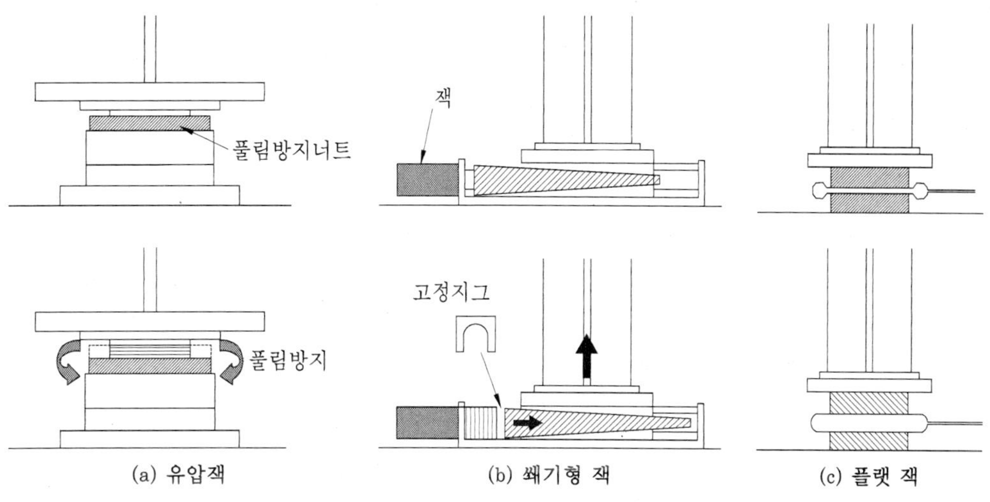

그림 4.11 낮은 기계높이의 잭 구조 사례

유압잭을 연동시켜 사용하는 경우, 각 지점반력을 일정하게 유지하여 잭 업 할 수가 있지만, 실제의 지점반력은 계산치와 다르게 불균등한 반력을 발생시키는 경우도 있다. 이 경우에는 각 지점의 잭업량은 일정하지 않게 되어, 균등 잭 업을 할 수 없게 되므로 유량을 일정하게 하는 밸브를 설치하여 잭업량 차이를 억제하는 대책이 필요하다. 또한 작업 중에는 각 지점의 잭업량을 관리하고, 필요에 따라 유압계 등을 이용하여 하중 계측을 실시한다.

4.3.6 받침 철거공

1) 치핑범위

그림 4.12에 치핑범위의 표준적인 사례를 나타낸다. 치핑범위는 작업조건, 교체 전후의 받침 크기를 고려하여 결정하는 것이 좋다. I형 거더 등의 경우에는 받침의 측면 및 전면의 작업

공간을 사용할 수 있으나, 박스거더 등의 경우는 전면만이 작업공간이 되는 경우가 많다. 치핑 깊이는 신설받침 아래쪽 면의 몰탈 충전성을 고려하여, 적절한 공간을 확보한다. 평면적인 범위는 무수축모르타르를 모두 제거하고, 상부받침 전단 키 높이의 조절방법 또는 아래받침 리브의 유무 등을 고려한 철거·반입 방법에 맞춘 범위에서 최소한으로 한다.

2) 치핑공법

치핑작업은 매우 협소한 장소에서의 작업이며, 소음·진동을 수반하는 곤란한 작업이다. 공법은 브레이커 등을 사용한 인력에 의한 인력치핑이 일반적으로 실시되고 있다. 그러나 소음·진동이 문제가 되는 경우는 워터 제트나 와이어 쏘를 사용한 공법도 이용되고 있다. 각각의 치핑공법의 비교사례를 표 4.2에 나타낸다. 또한, 치핑 작업의 유의점은 다음과 같다.

- 기존 철근에 손상이 발생하지 않도록 한다.
- 치핑표면은 들뜸 또는 균열이 있는 부분을 없앤다.
- 소음이나 진동이 발생하기 때문에, 시공장소의 상황에 따라 작업시간을 선정한다.
- 작업장소에 안전조치를 취하여 콘크리트의 비산·낙하를 방지한다.

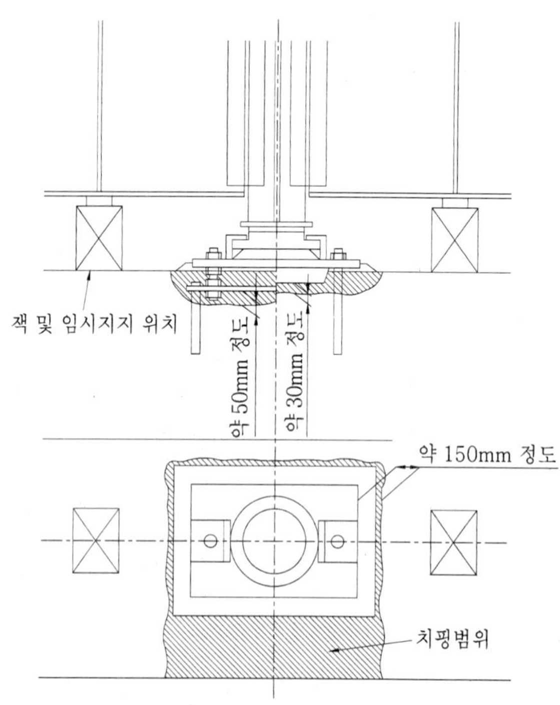

그림 4.12 받침자리 치핑범위의 일례

표 4.2 치핑공법의 비교 사례

	브레이커	워터제트	와이어 쏘
공법개요	에어 브레이커, 피크 (pick) 등의 콘크리트 파쇄기를 사용한 치핑	물을 고압으로 분사하는 것으로써, 그 충격력 쐐기작용으로 콘크리트를 파쇄, 제거한다.	와이어 소를 받침자리부에 감아, 와이어 장력을 조정하면서 와이어를 회전시키고 콘크리트를 절단하여 치핑한다.
장점	- 설비가 다른 공법에 비해 간편하다 - 시공자의 전문적인 기량을 필요로 하지 않는다.	- 소음, 진동, 분진의 발생이 적다. - 잔존 콘크리트에 미세균열을 발생시키지 않는다. - 철근을 손상시키지 않고, 콘크리트 단부에서 부착력 저하가 발생되기 어렵다 - 표면이 깨끗하게 마무리되므로 타설이음 콘크리트와의 부착력이 크다 - 소형도구나 전용 프레임 사용에 의해, 협소부에서의 치핑이 용이	- 소음, 진동, 분진의 발생이 적다. - 잔존 콘크리트에 미세균열을 발생시키지 않는다. - 작업 조건에 따라 일괄 철거 등이 가능
단점	- 소음, 진동, 분진의 발생이 많다. - 잔존 콘크리트에 미세균열을 발생시키는 경우가 있다. - 철근 등을 손상시키는 경우가 있다.	- 설비가 비교적 대형이 된다 (펌프, 물 처리 장치 등). - 사용물의 회수, 처리가 필요	- 철근이나 앵커볼트가 절단 될 수 있다. - 사전에 가이드구멍의 시공이 필요 - 절단수의 회수가 필요

3) 철거 작업

앵커볼트를 절단하여 받침을 철거한다. 앵커볼트를 재사용하지 않는 경우는 치핑을 한 표면부근에서 절단하고, 재사용하는 경우는 소정의 위치에서 절단한다. 재사용하는 경우는 커터에 의한 절단이 바람직하지만, 가스절단을 하였을 경우는 절단 후 마무리한다. 또, 받침 반출시에는 상하받침 일체로 철거하는 경우가 많으나, 박스거더 등에서 작업공간이 좁고, 받침이 대형인 경우 등은 상하받침을 별개로 반출하는 것이 작업성이 좋은 경우도 있다. 받침형식에 따라서는 별개에 반출하면 작업량이 커지는 경우가 있으나, 반면에 치핑범위를 작게 할 수 있는 경우도 있으므로 효율적인 작업순서를 검토하는 것이 좋다.

4.3.7 앵커 볼트공

받침 철거시에는 앵커볼트를 절단하기 때문에 동일받침으로 교체하는 경우에도 볼트이음의 여유길이가 필요하다. 교체시의 앵커볼트 구조는 교체 전후의 받침구조, 거더단부의 구조 및 작업공간에 따라 최적인 구조를 결정한다. 다음에 대표적인 앵커볼트 공법을 나타낸다.

1) 베이스플레이트공법

강재받침에서 고무받침으로 교체하는 경우 등에서 앵커볼트 위치가 변경이 되거나, 앵커볼트 크기를 증가시킬 필요가 있는 경우에는, 신설 앵커볼트를 설치하여 베이스플레이트와 용접하고, 아래받침을 베이스플레이트에 용접한다. 그림 4.13에 기설과 신설의 앵커볼트를 병용한 사례를 나타낸다.

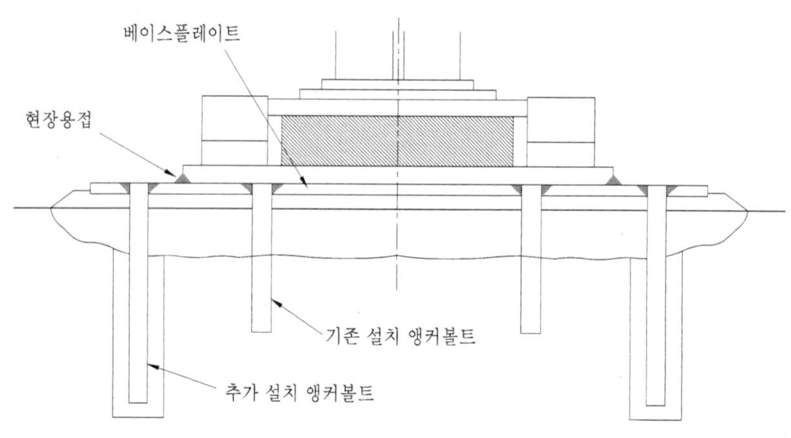

그림 4.13 베이스플레이트공법 사례

2) 앵커플레이트공법

강재받침에서 고무받침으로 교체하는 경우 등에서 앵커볼트 위치가 변경이 되는 경우에는 기설 앵커볼트에 앵커플레이트를 용접하고, 앵커플레이트에 신설의 앵커볼트를 설치한다. 그림 4.14에 아래받침플레이트와 2단 배치한 사례를 나타낸다.

3) 볼트이음연결공법

강재받침 등에서 동일 구조의 받침으로 교체하는 경우나 교체 전후에서 앵커볼트 위치가 변화하지 않는 경우에는, 절단한 기존 볼트에 앵커볼트를 연결하여 사용한다. 그림 4.15에 슬리브(sleeve)를 이용한 맞댐용접에 의한 이음공법 사례를 나타낸다.

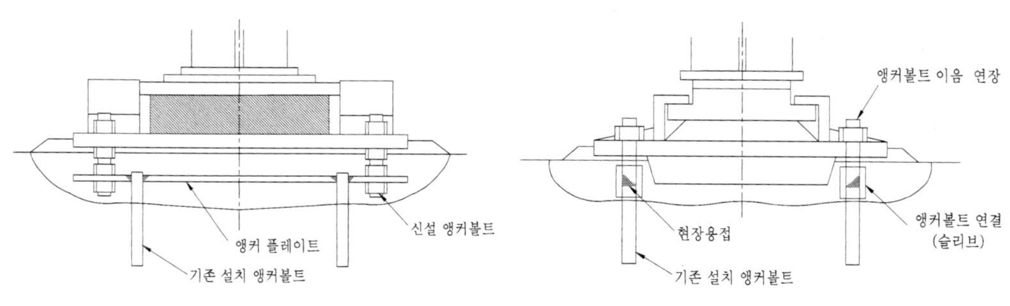

그림 4.14 앵커플레이트공법 사례

그림 4.15 볼트이음 연장공법 사례

4.3.8 받침 설치공

1) 받침 설치

받침의 높이 조정 및 유격조정을 실시하고, 받침을 설치한다. 신설받침으로 고무받침을 사용하는 경우는 고정하중 반력에 의한 고무받침의 연직 변형량을 파악하고, 변형량을 예측한 높이에 설치한다. 또한, 높이 조정에 라이너재(강재 플레이트, 조정 볼트, 모르타르제 라이너재 등)를 이용하는 경우가 있으나, 강재플레이트를 불필요하게 사용하면 몰탈 충전성을 저해하거나 부식하여 받침 침하를 발생시키므로 주의할 필요가 있다.

2) 무수축모르타르의 시공

무수축모르타르부의 거푸집을 설치하여 내부의 청소·물 흡수를 실시한 뒤 모르타르를 타설한다. 앵커볼트 구멍 내에 체수하고 있는 경우가 있으므로 확인이 필요하다. 무수축모르타르는 가사시간의 짧은 경우가 있으므로 타설량이 많은 경우나 기온이 높은 경우 등은 타설작업이 중단되지 않도록 잘 계획한다. 또한, 경화 전에 받침자리 면이나 하부구조 끝단면에 체수가 되지 않도록 배수경사를 주는 것이 좋다.

3) 잭 다운

잭 다운 작업은 잭업시와 동일하게 실시한다. 무수축모르타르가 소정의 강도에 도달한 것을 확인하고, 잭 다운 작업을 실시한다. 잭 다운 완료 후에 윗받침 세트볼트를 단단히 조여 거더와 고정시킨다.

4.4 받침의 교체 사례

이 절에서는 교체 사례의 문헌수집을 통해서 얻어진 교체시 과제에 대한 해결책에 대해 소개한다. 교체시의 과제는 ① 잭업 위치 또는 임시지지점을 어디에 설치하고, 상하부구조를 어느 정도 보강하여야할 것인가, ② 임시지지에 의한 구조적인 불안정 등이 거더의 거동을 어떻게 제어하는지, ③ 합리화·효율화한 잭업이 가능한가, ④ 트러스교와 같이 큰 구조 변경을 수반하는 받침교체의 확실성, 안전성을 어떻게 확보하는가에 대해서 소개하였다.

4.4.1 보강방법의 개선사례

잭업 위치나 임시지지점을 설치하는 경우의 상부구조 보강에 대해 보강방법 개선사례를 소개한다. 1)은 지압면적 부족에 의한 임시지지점의 개량사례이며, 2)는 건설시의 임시지지 구조를 보강한 사례이다.

박스거더의 경우는 기존 받침위치가 복부판위치 또는 지점 위의 다이아프램 위치가 되는 경우가 있으므로, 그 위치에 따라서 임시지지 위치도 달라진다. 임시지지 위치에 따라서는 박스거더 내부보강이 필요하며, 또 박스거더는 반력도 크기 때문에 보강규모도 커져서 각각의 교량구조에 따른 개선이 필요하게 된다. 가설시의 임시지지점을 재이용한 사례를 소개하였지만, 받침교체를 고려한 유지관리전용의 임시지지점을 건설단계에서부터 설치하면 받침교체 시공성은 크게 향상할 수 있다고 생각된다.

1) 지압면적 부족에 의한 임시지지점의 개량 사례

이 사례는 잭업 및 임시지지를 위해서 임시지지점의 지압면적이 부족하여 그림 4.16에 나타낸 것과 같이 하부플랜지에 플레이트를 설치하여 확폭한 것이다.

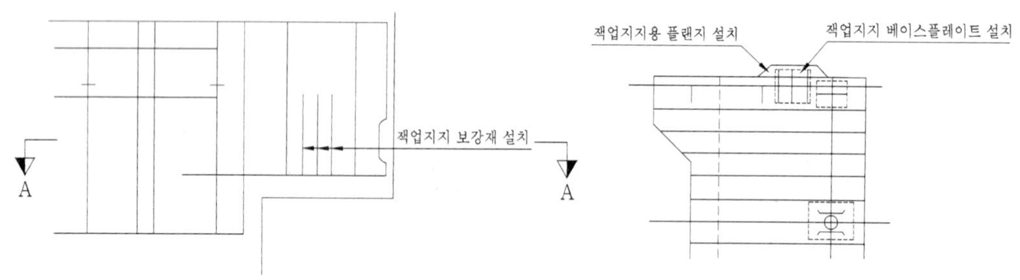

그림 4.16 잭 지지위치의 보강

2) 건설시의 임시지지 구조를 보강한 사례

이 사례는 건설시의 임시지지점을 재사용한 것이다. 받침교체시의 잭업은 그림 4.17에 나타낸 것과 같이 교량 본체에 이미 설치되어 있는 가설시의 임시지지점을 사용하여 실시하였다. 그러나 교체시의 잭업은 완성 후의 교량에서 실시하기 때문에 중량이 가설시보다 크며, 또한 거더단면 강성도 크다. 그러므로 산출된 각 잭업 반력을 이용하여 설계한 결과, 단면 내력이 부족하기 때문에 기존 설치된 임시지지점 부재를 L형강으로 보강하여 사용하였다.

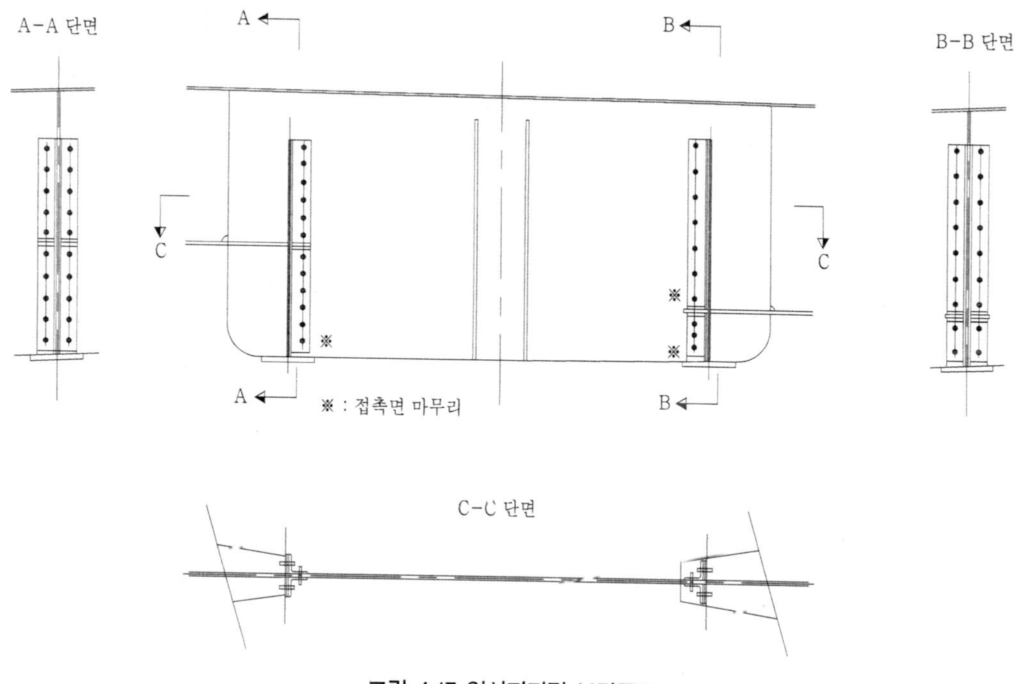

그림 4.17 임시지지점 보강구조

4.4.2 임시지지 부재의 개선 사례

여기서는 기본적인 임시지지 설비에 비해 합리적인 시공을 실시하며, 설비의 설치공간 확보가 곤란한 조건에 대응하기 위하여 임시지지 부재를 개선한 사례를 소개한다.

1)의 브라켓 공법을 대신하는 교각새들행어공법에서는 임시지지 부재인 H형강과 하부구조와의 설치(고정) 방법의 기술이 없어서 임시지지 구조의 안정성에 대한 확인이 불가능하였다. 또, 거더가 교차되는 위치에서 이 공법을 사용한 경우, 전후의 지점반력에 차이가 있

으면, 임시지지 구조의 안정성이 나빠지므로, 연속거더의 지점부에서 채용하는 것이 적합한 것으로 생각되므로 임시지지시의 안정성 확보에 대해 충분히 유의할 필요가 있다.

2)의 유간을 이용한 거더지지공법는 거더유간 또는 거더 단부의 공간에 대한 기술이 없어서 잭 설치에 대한 검토과정을 확인할 수 없었다. 그러나 벤트설치 또는 하부부착 브라켓설치와 비교하면, 경제성이 우수한 것으로 생각된다. 또한, 3)의 겔버거더지지공법의 경우, R형 뒷댐재의 곡률반경이 커지면, 지지면적이 작아져서 안정성에 문제가 발생할 가능성이 있다. 이 공법을 참고로 하는 경우는 경제성 이외에 시공성, 안정성 측면에서도 충분한 검토가 필요하다.

4)의 특수한 임시지지발판을 이용한 사례(사례 1) 및 (사례 2)는 기본적인 브라켓공법 또는 벤트공법을 적용할 수 없는 경우의 대체공법이다. 그러나 고가의 가설비용이 예상되므로 참고로 하는 경우는 충분한 비교 검토가 필요하다.

1) 브라켓 공법에 대신하는 교각새들행어공법

이 공법은 그림 4.18에 나타낸 것과 같이 교각 위에 H형강을 배치하고, 그리고 H형강을 매달아 내리고, 이 H형강을 반력지지대로 하여 잭을 설치하고, 거더를 잭업 하는 것이다. 이 공법은 하부설치 브라켓공법을 대신하는 공법으로, 그림 4.18에 나타내는 특징을 갖는다.

〈특징〉

- 교대부분에 사용 불가능
- 교각의 경우에도 배수관, 전기 리드선, 화장판 등의 부속설비에 의해 설치 제한을 받는다. 또한, 거더 교차부분에 사용이 곤란하다.
- 앵커볼트를 설치할 필요가 없으므로, 이에 따르는 천공작업 등이 불필요하다.
- 교각 콘크리트, 철근을 손상시키지 않는다. 또한, 교각 표면에 자취를 남기지 않는다.
- 교각치수, 거더간격의 변화에 대응 할 수 있도록 각각의 보에 다수의 구멍, 긴 구멍으로 하여 두면, 반영구적으로 전용하는 것이 가능하다.

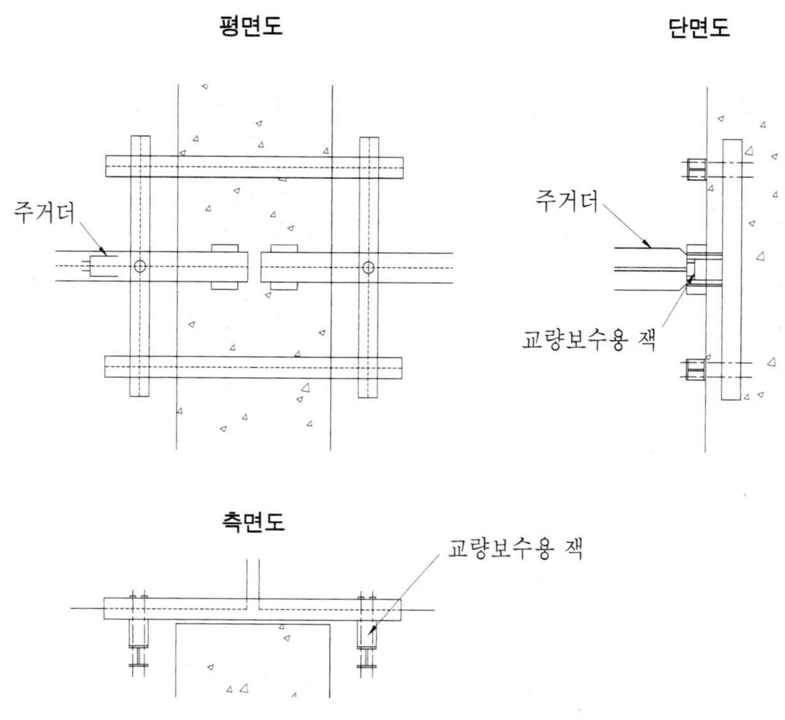

그림 4.18 새들행어공법의 특징 및 공법도

2) 유간을 이용한 거더지지공법

이 사례는 철도교에서의 유간을 이용한 거더지지공법으로, 그림 4.19에 나타낸 것과 같이 거더 유간에 잭을 배치한 것이다. 문헌에 구조적인 특징의 기술 및 치수가 거의 기재되지 않아 문헌에 게재되어 있는 그림 및 사진을 판독하여 그 특징을 소개한다. 그림 4.19에 나타낸 것과 같이 이 사례는 유간이 비교적 넓고, 잭 또는 반력지지 브라켓을 설치할 공간을 확보할 수가 있는 구조로 되어 있다.

받침교체를 막차 후의 야간작업으로 실시한다는 취지의 보고가 있었으므로, 받침 교체공사의 주된 반력은 고정하중만이라고 생각되므로 소형 잭을 채용한 것으로 생각된다. 복부판에 설치된 반력지지 브라켓은 반력이 작으므로 소규모구조로 되어, 시공성 · 경제성이 향상된 것으로 생각된다. 받침은 받침본체에 탭(Tap) 볼트 가공을 실시하고, 받침에 아이볼트를 설치해 매달아 올렸다.

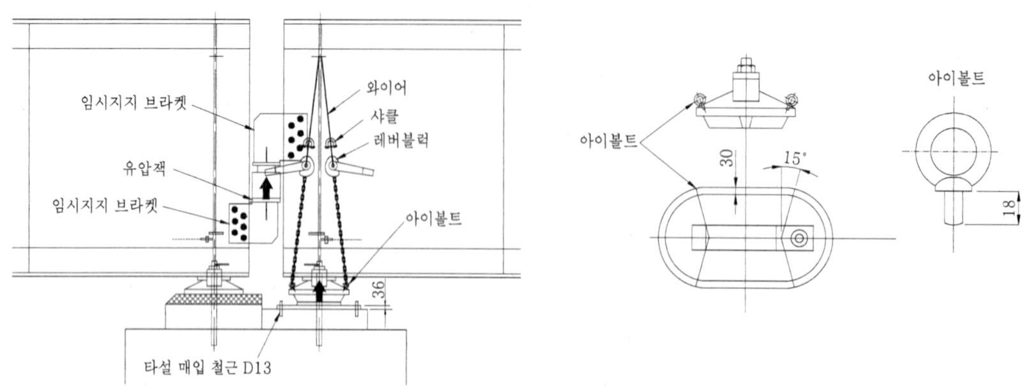

그림 4.19 유간에서의 거더지지

3) 겔버거더의 거더지지공법

이 사례는 갤버식강판형교의 겔버교차부에서 신축장치로부터의 누수에 의해, 받침이 부식하여 파손되었기 때문에 받침교체를 실시한 것이다.

그림 4.20에 나타낸 것과 같이 지지측(아래 쪽)의 복부판 단부에 반력지지 브라켓을 설치하고, 그 상부에 잭(트라이 업)을 배치하고 지지하는 거더의 거더단부 절단부분의 코너 부근에서 임시지지 하는 구조로 되어 있다. 지지하는 거더 및 지지측의 거더 모두 덧댐판에 의해 거더단부 절단부분의 보강이 실시되었다.

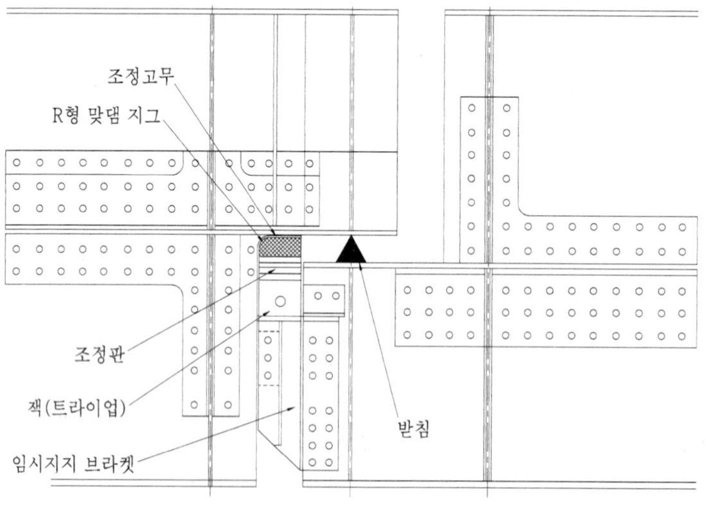

그림 4.20 갤버거더의 주거더지지

4) 특수한 임시지지 발판을 이용한 사례(사례 1)

이 사례는 큰 반력 받침으로 노면 아래에 제약이 많은 등의 조건에 있는 받침교체에 대해 고려된 특수한 임시지지 발판을 이용한 가설공법이다.

반력이 1,300ton에서 1,780ton으로 큰 반력의 받침교체이므로 「직접지지공법」은 공간부족, 「브라켓 공법」은 RC감기 내진보강이 끝난 상태로 신구의 철근이 조밀하게 배근되어 앵커천공이 곤란하며, 「밴드공법」은 임시설비 규모가 대규모로 되어 노면하부에 영향이 크기 때문에 새롭게 「Non-Anchor 브라켓공법(원통체결공법)」을 개발한 것이다.

「Non-Anchor 브라켓 공법」은 기존 콘크리트에 천공하고, 앵커로 정착하여 확폭브라켓을 고정하는 종래의 브라켓 공법에 비하여, 앵커정착을 이용하지 않고, 확폭브라켓을 원통형형상으로 하고, 그 바깥 주위를 PC강재로 긴장체결하여, 교각과의 마찰 저항력만으로 고정하는 공법이다.

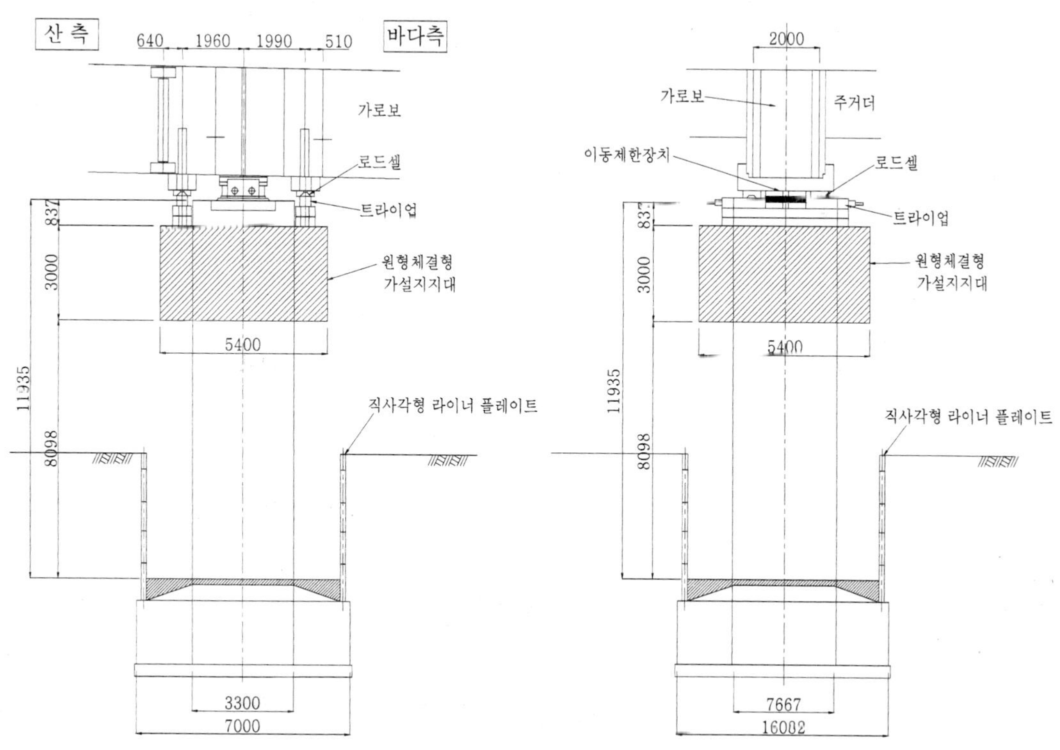

그림 4.21 설치 개요도

구조는 그림 4.21~그림 4.24에 나타낸 것과 같이 교각 꼭대기 끝단 부근에 원호형상의 브라켓을 설치하고, 바깥 주위에 PC강선을 조밀하게 배치한 후, 정착 커넥터를 이용하여, 하나의 원주형상으로 체결하여 원통체결발판과 교각 사이의 마찰 저항력에 의해 반력을 지지하는 것이다. PC강선 배치는 시험시공 결과, 시공성, 복압력, 경제성의 비교로부터 그림 4.24의 배치가 채용되었다.

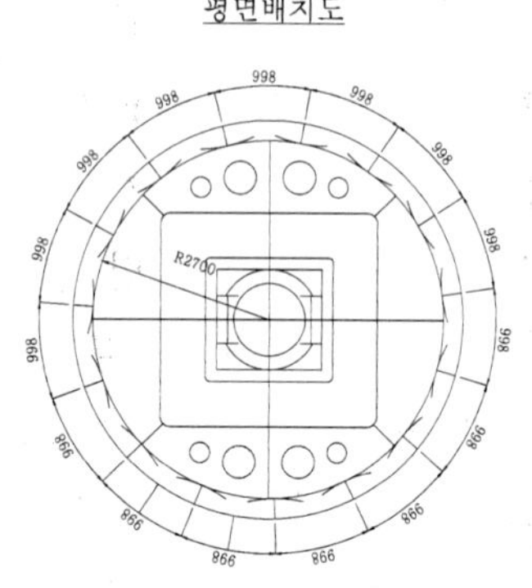

4.22 평면도

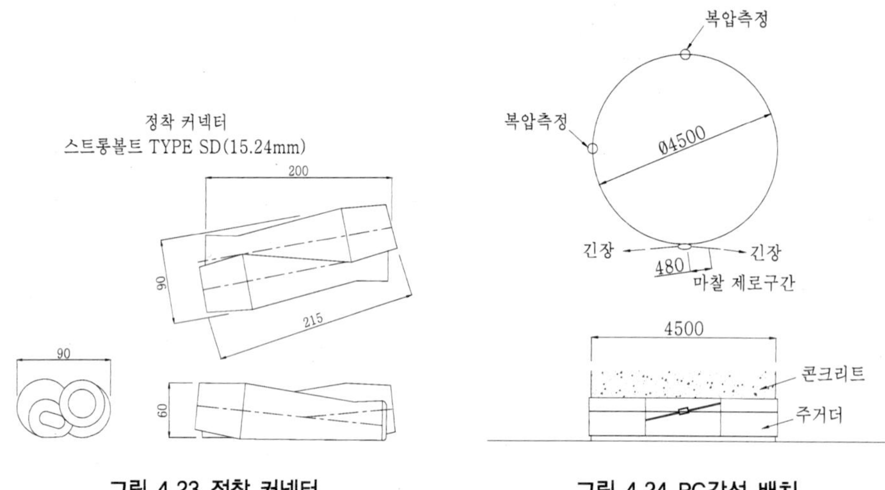

그림 4.23 정착 커넥터

그림 4.24 PC강선 배치

5) 특수한 임시지지 발판을 이용한 사례(사례 2)

이 사례는 받침자리에 충분한 공간이 없고, 지상으로부터 작업발판을 준비하는 것이 불가능한 시공조건에 적용되는 것으로 그림 4.25에 나타내는 발판이 개발되었다.

이 공법은 공장에서 제작한 2개 분할의 시멘트 블록으로, 원주형상의 교각상부를 끼워 넣고, 무수축모르타르의 충전·경화 후에, 원호상으로 배치한 PC강선을 긴장하여 교각과 PC발판을 일체화시키는 구조로 된다. 발판은 마찰력에 의해 교각에 지지된다.

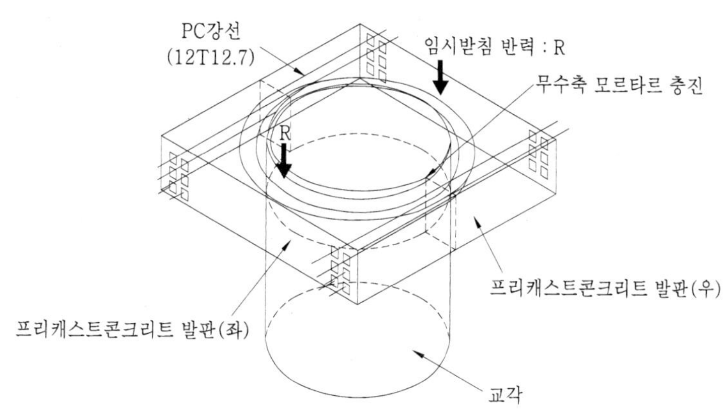

그림 4.25 PC가대 개념도

4.4.3 임시지지시의 안정성 확보의 개선 사례

여기서는 잭업시에 구속이 없어져 보가 이동하는 것을 방지하는 사례, 임시지지시의 활하중에 대해 안정을 도모하기 위한 개선사례를 소개한다. 잭업시의 거더 횡방향이동에 대응하기 위해 여러 가지 검토를 실시할 필요가 있다. 이들 검토시의 유의점은 다음과 같다.

- 시공시 하중의 적절한 설정(활하중, 시공시 하중 등)
- 거더변위의 파악 및 대책
- 시공시의 구조 안정성의 확보
- 구조변화에 수반하는 응력상태의 적절한 파악 및 내하력의 검토
  부속물 등의 기설 구조물과의 간섭 상황
- 보강부재의 반입여부(예 : 박스거더의 맨홀의 위치, 크기 등)

1) 잭업시의 횡방향이동에 대처한 사례

곡선거더 또는 종단경사가 큰 교량의 잭업시는 횡방향이동 구속을 실시할 필요가 있기 때문에, 교축방향으로 수평 잭(그림 4.26), 교축직각 방향으로 가설 가이드재(그림 4.27)를 설치한 사례가 조사되었다.

그림 4.27의 가설 가이드재에 대해 받침 교체시에 받침본체가 갖는 교축직각 방향의 이동방지 기능이 상실한 상태가 되기 때문에, 그리고 해당 교량은 2경간 연속 곡선거더로 잭업에 의해 횡방향진동이 우려되기 때문에, 가이드재를 설치하여 안전성 향상을 도모한 것이다.

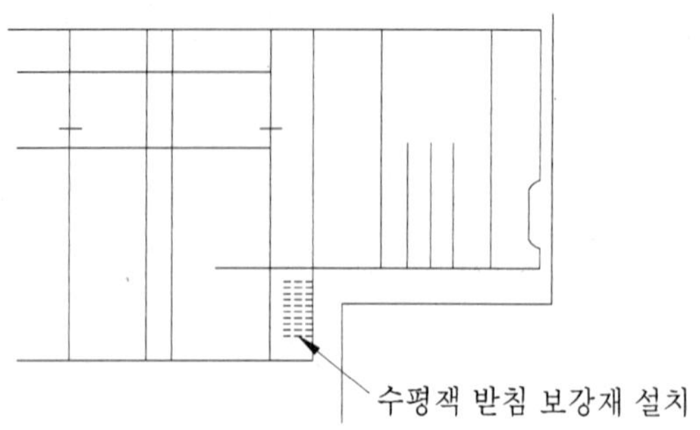

그림 4.26 임시지지 위치도

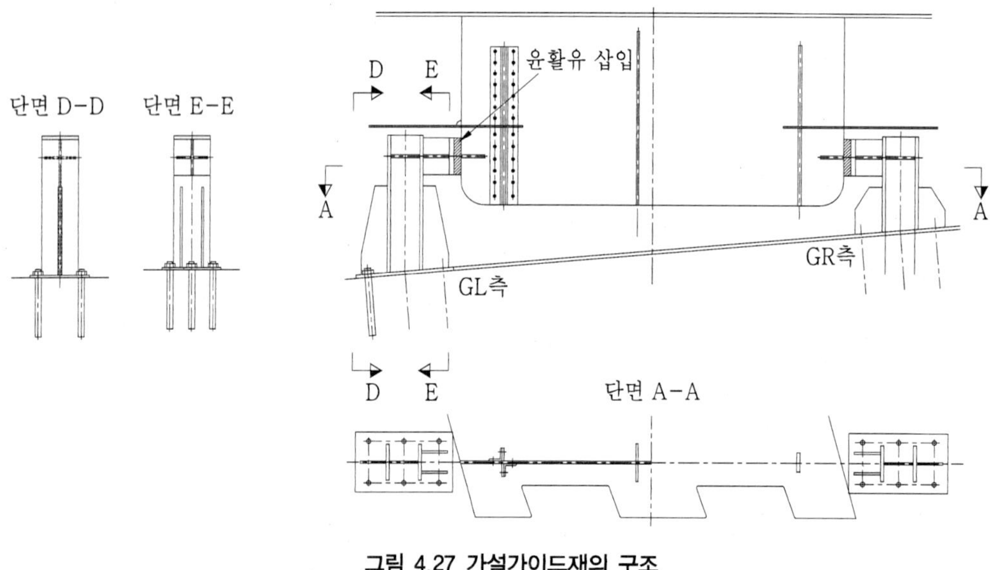

그림 4.27 가설가이드재의 구조

2) 임시지지시의 면외방향의 안정에 대처한 사례

신간선 받침교체 사례이다. 신간선에서는 받침교환을 수반하는 지점부 보강공사는 통상 야간의 한정된 시간만으로는 시공이 곤란하기 때문에, 열차 서행을 실시하는 가운데 실시되어 왔다. 그러나 다수의 받침교환 공사가 계획되어 있는 경우는 많은 서행상태를 확보하는 것이 곤란한 상황인 것을 고려하면, 서행을 필요로 하지 않는 공법의 확립이 최우선 과제이다. 그래서 그림 4.28에 나타낸 강박스거더교의 받침본체 교환에 있어서 열차 서행을 실시하지 않는 상태(이하, 무서행시공법으로 표기)로 주간에 시공하는 공법이 검토・계획되어 2개 지점의 받침을 교환하였다.

그림 4.28에 나타낸 강박스거더교는 1개의 박스거더이며 지점부는 2개의 받침으로 지지되어 있다. 받침을 교환하기 위해서는 임시지지점을 설치하여야 되나, 지점 위의 다이아프램은 보강리브를 설치한 충복판구조이다. 그래서 임시지지점을 박스거더 중심에 설치하고, 거더복부판에 반력을 전달하는 보로서 지점 위의 다이아프램을 보강하였다. 또, 임시지지시의 면외방향의 안정 도모 및 지점반력의 교체를 위하여 브라켓을 설치하였다.

보강부재에 대한 설계시 개념은 무서행시공법 확립을 목적으로 한 시공이었기 때문에, 통상 열차주행시와 동일하게 생각하여 야간에 지점반력의 교체를 실시할 때의 임시브라켓에 대해서만 가설시의 할증 25%를 고려하였다.

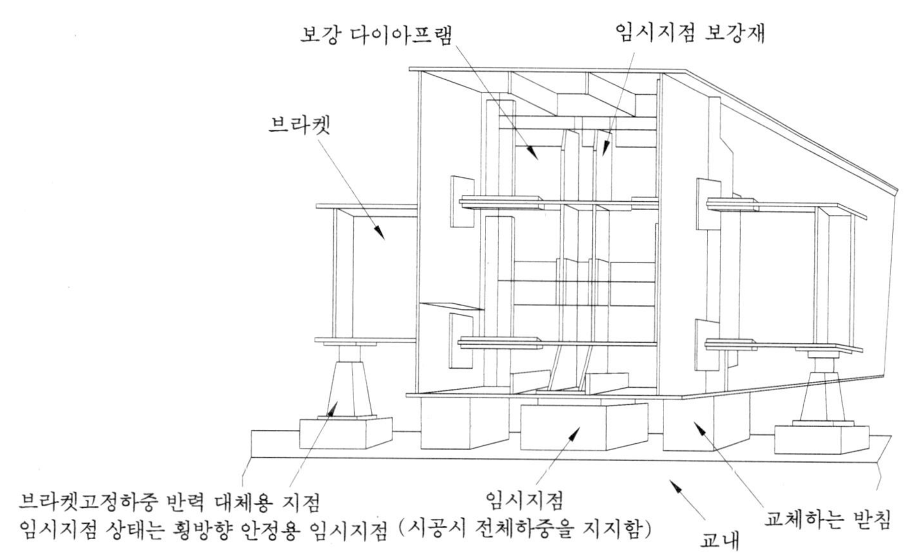

그림 4.28 잭지지 및 교환재

4.4.4 임시지지공의 합리화 · 효율화의 사례

여기서는 내진보강 부재를 임시지지 부재로서 이용하거나, 임시지지 부재를 전용하거나 하는 방법에 의해 받침 교체 시공의 합리화·효율화를 도모한 사례를 소개한다. 교체 시공의 합리화·효율화를 도모하기 위해서는 임시지지 부재를 겸용하거나 전용하거나 하는 것이 대단히 유효하다. 겸용의 경우에는 각각의 부재로서의 요구성능을 만족하도록 설계·시공을 실시할 필요가 있다. 또, 전용의 경우에는 각각의 설치 위치에서의 요구성능을 만족할 필요가 있으며, 동시에 부재의 설치·철거가 용이한 구조(부재의 크기, 연결구조의 개선 등)로 할 필요가 있다.

1) 연단 확폭브라켓 및 잭업용 브라켓의 겸용 사례

받침교체를 위해서 하부공의 가로보에 잭업용 브라켓을 설치하는 것으로 하였으나, 연단 확폭브라켓도 필요하게 되어 양쪽 모두의 기능을 겸비한 브라켓을 설치한 사례이다. 연단 확폭전용 브라켓에서는 고정하중반력만을 가장 조건이 어려운 브라켓 끝단에 재하하였다. 잭업용 브라켓에서는 차량하중을 지지한 상태에서의 잭업을 고려하여 고정하중반력+활하중반력을 잭 위치가 되는 브라켓 중심으로 재하하였다(그림 4.29).

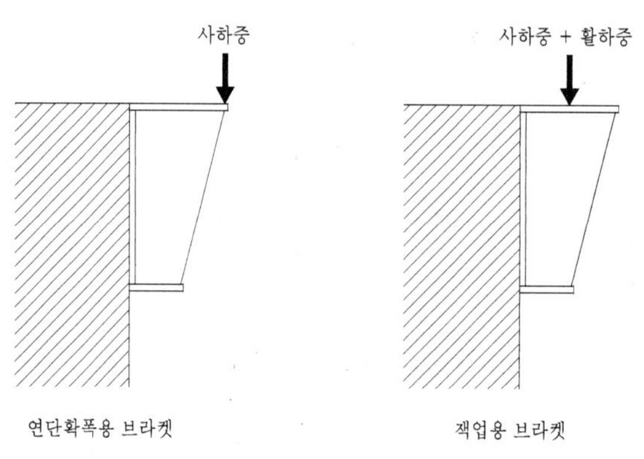

그림 4.29 하부설치브라켓

2) 임시지지용 브라켓의 전용 사례

임시지지용 브라켓의 전용 사례이다. 그림 4.30에 나타낸 것과 같이 거더에 리브를 설치하고, 그 리브에 고장력볼트를 사용하여 잭업용 브라켓을 거더당 8개소를 설치하였다. 이 브라켓은 다른 지점에 전용할 수 있는 구조·설계로 하여, 최소수의 브라켓을 제작하므로 공정별로 브라켓을 다른 지점에 전용하는 것에 의해 공사비 감축을 도모한 것이다.

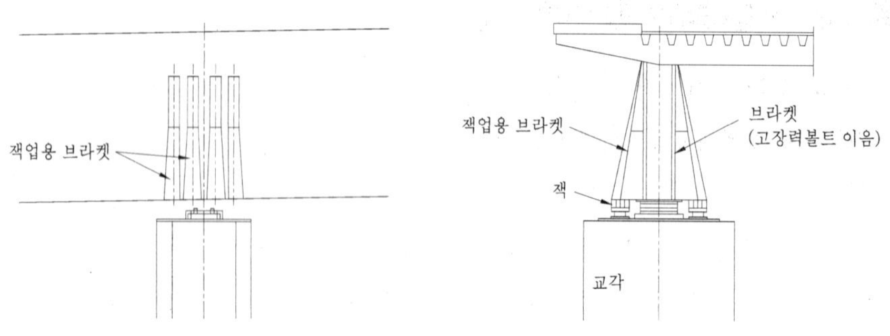

그림 4.30 임시지지 개략도

3) 임시지지용 가로보의 전용 사례

임시지지용 가로보의 경간중앙에 가로보 길이의 조정용으로 중간부재를 설치하여, 거더 간격의 변화에 대응할 수 있도록 하고, 양측의 임시지지재는 다른 지점으로 전용이 가능하도록 한 것이다.

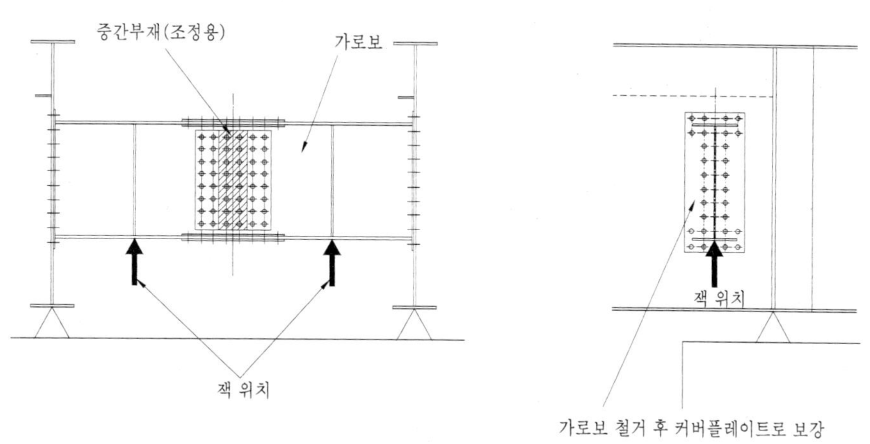

그림 4.31 임시지지 개략도

4.4.5 트러스교의 교체 사례

여기서는 구조변경을 수반하는 트러스교의 받침교체 사례를 소개한다. 트러스교는 잭업 위치의 보강이 곤란하며, 부재 추가 등의 대규모로 되는 경우가 많다. 받침부 또는 트러스 부재에 변상이 발생되어 있는 경우는 내부응력, 재료의 용접성 등의 충분한 조사·검토를 실시할 필요가 있다. 특히, 오래된 교량의 경우는 설계계산서나 도면이 보존되어 있지 않은 경우도 있으므로 사전조사가 대단히 중요하다. 또, 잭업 위치의 보강을 위해서 부재를 추가했을 경우는, 교체 완료 후에 추가부재의 영향에 의해 기존부재에 당초 설계에서 고려하지 않는 응력이 발생하는 경우가 있다. 이러한 경우는 교체 완료 후에 추가부재의 철거 여부를 검토할 필요가 있다.

한편, 지점부를 콘크리트로 두르거나 지점부 수직브레이싱을 보상하게 되면, 강성이 크게 변화하여 잭업시에 트러스의 뒤틀림을 구속하고, 횡방향이동 등의 거동을 나타내는 경우가 있으므로, 시공에 충분한 주의가 필요하다고 생각된다.

1) 중간격점에서의 임시지지의 사례

받침부근에 임시지지점 설치가 불가능한 경우, 바로 옆의 격점부에 임시지지점을 설치한 사례이다. 그림 4.32에 나타낸 것과 같이 물속의 임시지지대 앵커 시공성의 문제, 트러스 현재의 휨응력의 발생 및 보강 용접부에 인장력이 작용하는 등의 이유 때문에 현재의 받침에서 멀어진 격점부가 임시지지로 되어 있다. 여기서의 특징은 임시지지대를 하부공 형상에 맞추어 설계・제작하고, 연직・수평 방향의 안정성을 확보한 것 이외에 수위에 대해서도 대응 가능한 구조로 한 것이다.

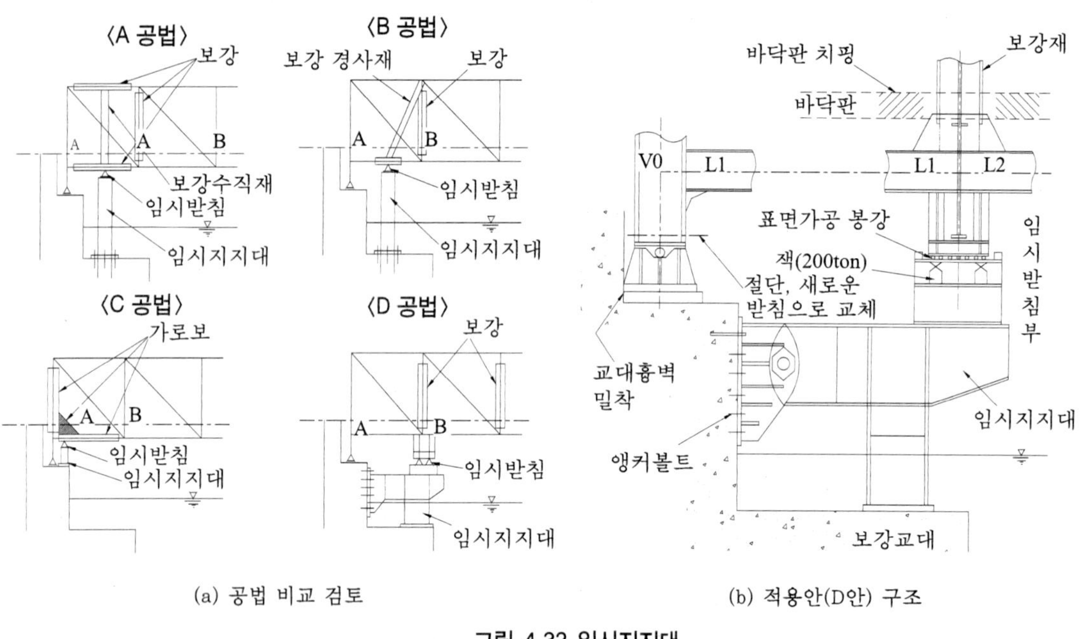

그림 4.32 임시지지대

2) 중간지점에서의 임시지지의 사례

그림 4.33에 나타낸 것과 같이 격점부에 큰 거셋을 설치하고, 현재의 받침을 사이에 두도록 임시지지점을 설치한 사례이다.

거셋은 일면방향볼트(One side bolt)를 이용하여 설치하였다. 격점・임시지점의 보강설계에서는 사재로부터의 축력의 작용이 있는 등의 응력상태가 복잡하게 되므로, FEM 해석을 실시하였다. 이 해석결과로부터 신설 거셋의 응력상태를 파악하여 설계를 실시하였다.

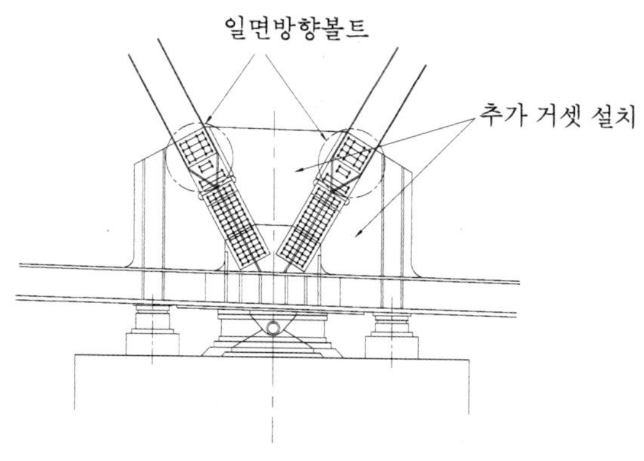

그림 4.33 중간지점부 임시지지 개요도

3) 추가 사재를 이용한 임시지지의 사례

지진으로 손상을 입은 트러스교에 대한 응급복구에서는 받침을 포함한 지점 부근의 보강이 실시되었다. 복구에 있어서는 교대를 확폭하여 응력전달 부재로 새롭게 사재를 추가한 사례이다.

그림 4.34에 나타낸 것과 같이 추가한 사재하단에 임시지점을 설치하고, 지점부의 가설부재를 절단하여 받침을 포함하여 신설부재로 교체하는 방법이 채용되었다. 이 공법은 본래의 지점위치와 임시지점의 위치가 크게 떨어져 있기 때문에 부재교체 및 완성시의 구조계가 크게 변화하므로 지점반력 및 각 부재의 거동에 영향을 주는 것이 우려되었다. 그래서 시공단계를 고려한 2단계의 입체 해석을 실시하였다. 각 단계에서의 지점반력의 변화 및 거더단부의 변위량을 파악하는 것에 의해 안전 확인 및 현장 시공시의 관리에 활용하였다.

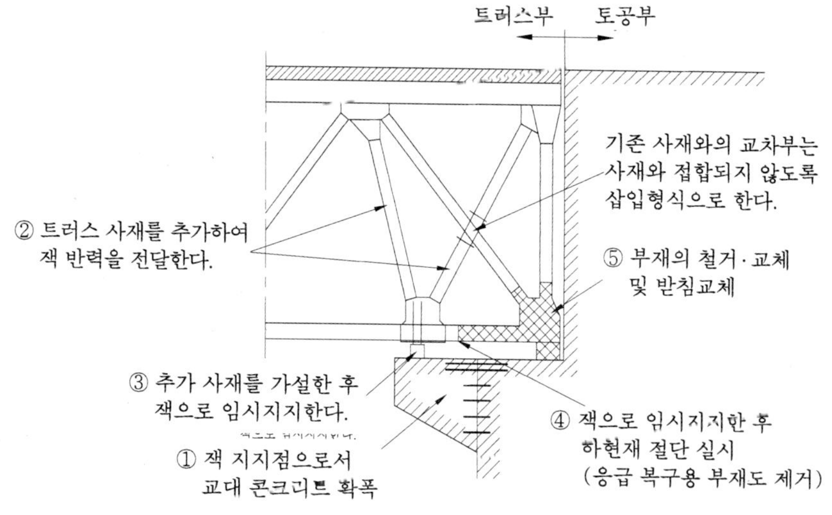

그림 4.34 철거된 사재 및 임시지점

4) 추가 예비부재를 이용한 임시지지의 사례

내진보강공사를 목적으로 한 지점부 잭업의 사례이다. 그림 4.35에 나타낸 것과 같이 예비부재를 설치하여 잭 지지대로 하고 있다. 부재의 설치는 신규 거셋과 기존부재와는 일면 방향볼트로 연결하고, 동일 거셋과 예비부재와는 고장력볼트로 연결하였다.

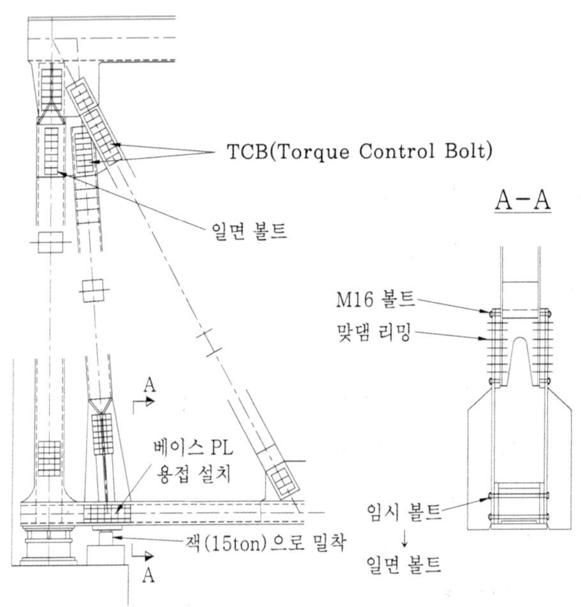

그림 4.35 추가한 예비부재와 임시지점

5) 지점부를 무수축모르타르로 보강한 사례

이 사례에서 당초 계획은 기존 바닥판 철거 후, 고정하중이 경감된 상태에서 지점 위의 가로보와 지점측 하현재 첫 번째 격점을 벤트지지 하는 것에 의해 받침교체를 실시할 예정이었다.

그림 4.36 무수축모르타르 주입상황

그러나 벤트설치(하현재 첫 번째 격점) 위치가 하천이며, 수심이 5~6m이어서 벤트 기초의 시공에 큰 문제가 발생하여 벤트설치가 불가능한 것으로 판단하였다.

그래서 A2교대의 연단확폭 후에 그림 4.36에 나타낸 것과 같이 받침상부의 모서리부에 무수축모르타르를 주입하고, 현재의 좌굴방지를 도모하여 임시지지점을 설치하고 받침교체를 실시한 것이다.

6) 대규모 지진시에 발생하는 업 리프트 대책과 받침교체 사례

트러스교와 같이 주요구조 높이가 높은 장대교량에서는 교축직각방향의 대규모 지진시(L2)에 받침부에 업 리프트(인발력)가 발생하는 경우가 있다. 이 사례는 받침교체 공사의 잭 설치부에 업 리프트 대책으로 구축한 피복보강콘크리트 구조를 활용한 사례이다.

업 리프트 대책은 면진받침으로 받침교체 및 피복보강콘크리트의 카운터웨이트에 의해 대응하고 있다. 또 콘크리트 카운터웨이트 구조를 이용하여 잭의 임시지지부를 설치하고 있다.

이 구조는 그림 4.37(a)~(c)에 나타낸 것과 같이 지점부에 집중하는 반력을 둘러싼 콘크리트로부터 교축방향의 양측에 설치한 돌기를 통하여 잭 지점에 전달하는 구조로, 피복보강콘크리트와 강재부재는 스터드듀벨을 통하여 반력이 전달된다. 그림 4.37(c)는 가설 차이부의 구조를 나타내는 것인데, 피복보강콘크리트로부터의 잭 설치를 위한 돌기는 편측만이 되기 때문에 편심비틀림을 해소하기 위하여 정상부 유격에 잭을 설치하고, 하부에는 PC 강봉으로 텐션을 작용시켜 비틀림을 방지하였다. 그림 4.37(b)는 지점부의 수지브레이싱부의 보강 사례를 나타낸 것이다.

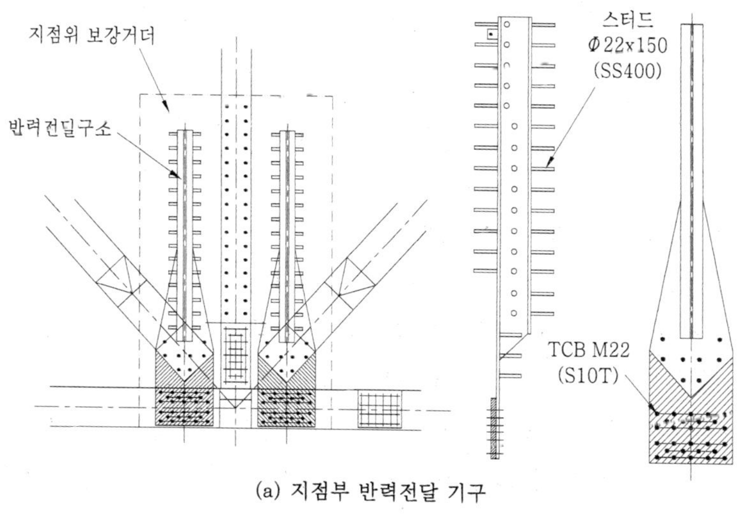

(a) 지점부 반력전달 기구

그림 4.37 지점부 보강구조 및 잭 설치구조(계속)

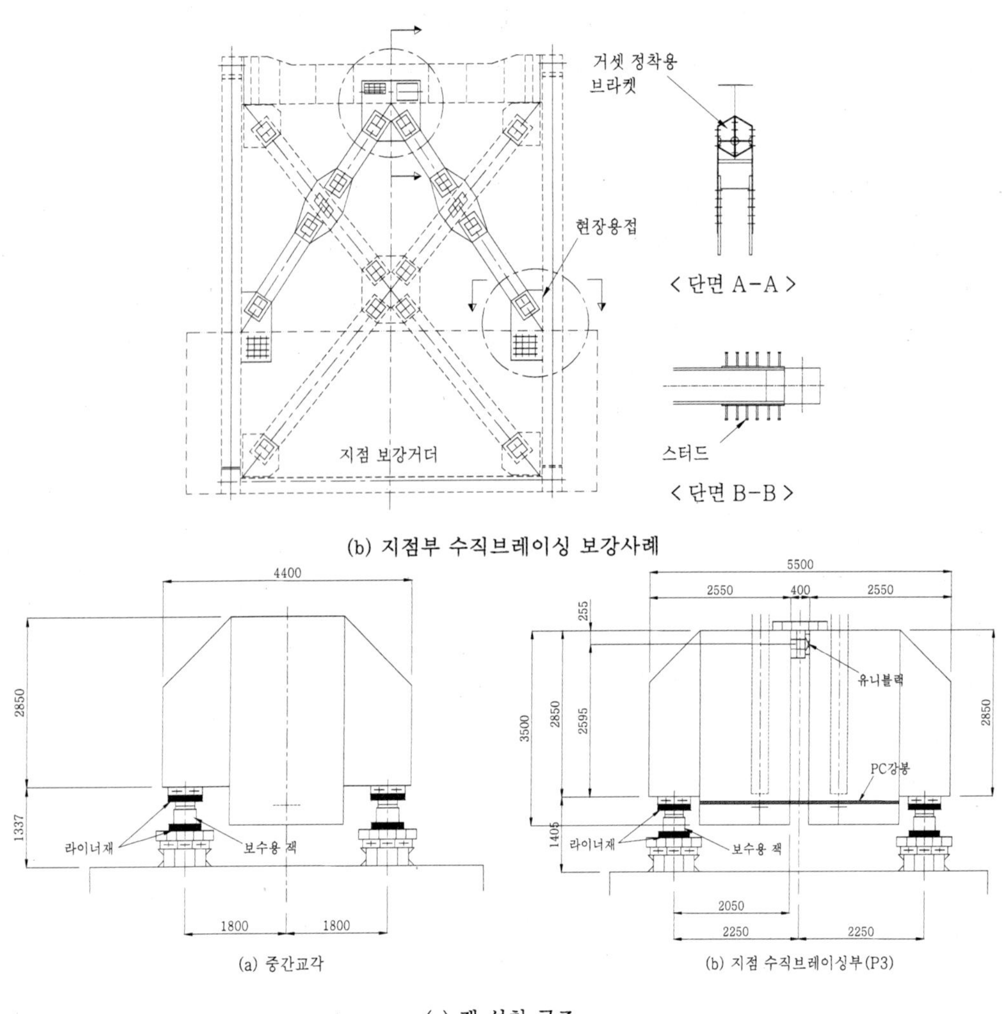

(b) 지점부 수직브레이싱 보강사례

(a) 중간교각

(b) 지점 수직브레이싱부(P3)

(c) 잭 설치 구조

그림 4.37 지점부 보강구조 및 잭 설치구조

7) 연성(flexible) 교각을 갖는 받침교체 사례

이 사례는 그림 4.38에 나타낸 것과 같이 3경간 연속강재트러스교의 내진성 향상을 목적으로 한 받침개량 사례이다. 이 교량의 특징은 높은 교각의 경감화를 실현한 교량형식이며, 교축방향은 교대 1기의 고정지지이며, 교각은 기둥 정상부와 상부구조를 힌지결합한 구조계이다. 교각은 교축방향 강성을 작게 한 변형하기 쉬운 I형 단면으로 구성되어 있어 교축방향 지진시에는 상부구조에 지지되는 거동을 나타낸다. 이 때문에 고정교대에는 상부구조의 전체 중량과 교각중량의 3/8을, 교축방향 지진시에는 상부구조를 통하여 부담하게 된다.

이러한 특징을 가지는 교량의 대규모 지진시의 내진성에 대해서는 고정 교대측의 트러스부재의 대부분이 압축 혹은 인장력에 대하여 항복응력을 초과하게 된다.

이 해결책으로서 1점에 집중하는 기설 구조계를 변경하고, 고정 교대부를 가동받침으로 변경하는 것에 의해 상부구조에는 큰 단면력이 발생하지 않는 구조계가 되는 것으로 판명되었으나, 수평변위가 증대하여, 교대에 충돌하는 사태가 발생하였다. 이 때문에 수평변위를 억제하는 대책으로서 가동받침을 감쇠효과가 있는 면진받침으로 하고, 그리고 댐퍼(제진장치)를 설치하는 것으로 대응하였다. 개량 후의 구조계는 그림 4.38에 나타낸 것과 같이 3차원 입체동적해석 모델에서는 상부구조가 교대 파라벳트부에 충돌하는 것을 고려하여 파라벳트부에 강성이 큰 스프링을 설정하였다.

고정교대부에 설치한 댐퍼는 그림 4.39에 나타낸 것과 같이 연소성체 댐퍼를 상하현재에 설치하였다. 교각에 대해서는 당초 구조에 비하여 지진시 관성력 부담이 커지지만, 교대부에 면진받침을 채용하는 것에 의해 고유주기가 장주기가 되기 때문에 지진시의 응답가속도(수평력)는 작게 되므로 교축방향에 대해서는 직각방향으로 결정한 내진보강으로 만족하는 결과가 얻어졌다.

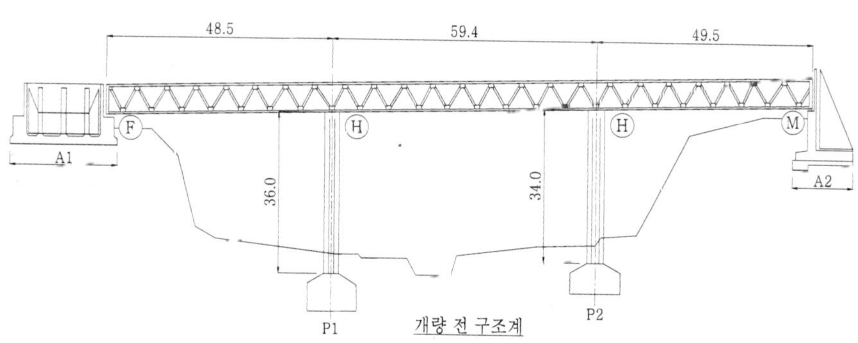

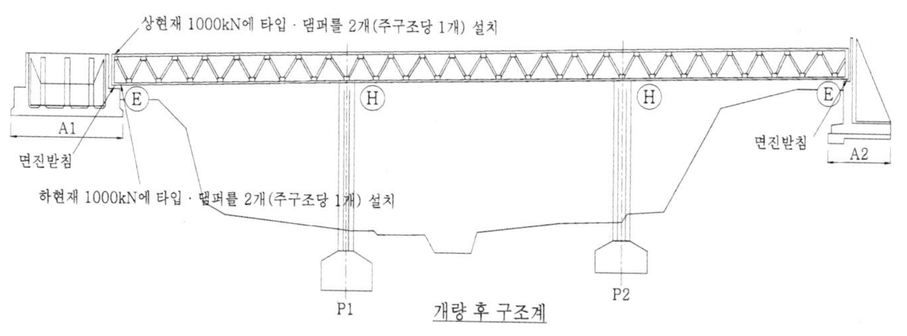

그림 4.38 구조개념도

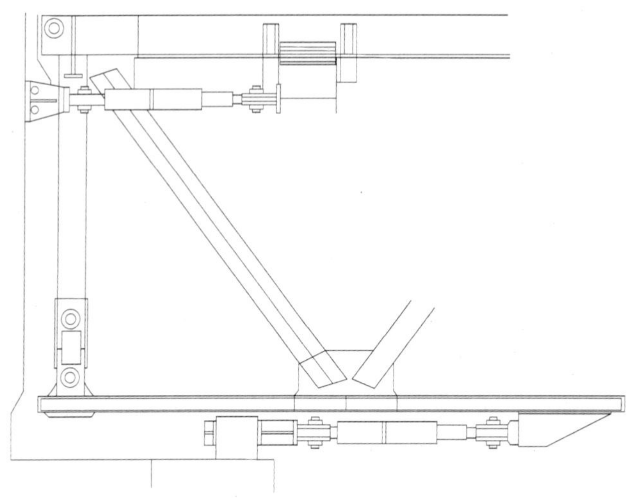

그림 4.39 댐퍼설치상황도

4.4.6 대형 면진받침의 교체 사례

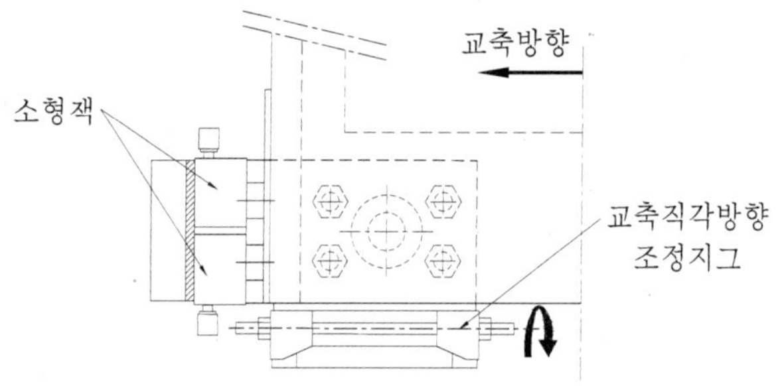

그림 4.40 변형률지그 배치도

면진받침 교체는 현시점에서는 거의 실시되지 않은 상황이다. 여기에 소개하는 사례는 약 10년 경과한 면진받침의 물성치에 대한 경년변화를 조사하는 목적으로 교체한 사례이다.

이 면진받침은 상부공이 PC교량이기 때문에 건조 수축·크리프가 거의 종료한 준공 2년 후에 전단변형을 이완시키는 공사를 실시하였다.

교환공사는 야간 전면교통금지로 실시되었으며, 고정하중반력 10,000kN에 대해 12대의 유압 잭(500kN)을 교각 주위의 가설벤트에 설치, 거더 7mm 잭업으로 받침 교환을 실시하였다.

교환시에는 온도변화에 대응한 변형률 조정 및 기존받침을 손상 없이 회수하여 신규받침으로 교환하는 것이 주안점이다. 전자는 그림 4.40에 나타낸 것과 같이 소형 잭에 의한 교축방향의 조정과 직각방향으로는 쐐기장치의 조정기구를 채용하였다. 후자는 기존 베이스 플레이트를 이용한 특별한 인입지그 등을 제작하여 대응하였다. 또 받침교환에는 가이드지그를 설치하고, 교환용 받침의 하부플랜지에 테프론 분말을 도포, 레바 블록으로 인입하고, 임시 체결한 후에 교축직각방향 변형률을 조정하였다. 이후에 교축방향 변형률 조정을 실시하고, 위쪽 볼트를 임시체결하고, 잭 다운한 한 후, 본 체결을 실시하였다. 실제 작업에서는 볼트의 구멍맞춤이 과제로 거론되어 기준점의 마킹 또는 화이버스코프(Fiber scope) 등의 이용이 유효한 것으로 제안되었다.

4.5 받침교체와 관련된 문제점

4.5.1 교체가 곤란한 구조

4.3절에서는 받침교체의 기본적인 시공방법, 4.4절에서는 받침교체시의 개선사례 또는 특수사례를 소개하였다. 이 사례의 공통점은 기존 교량의 받침부 구조는 교체를 충분히 고려하고 있지 않다는 것이다. 교체를 고려한다는 것은 받침본체에 한정하지 않고, 상부구조의 잭 업 보강이 고려되어 있는 것이나 받침교체 작업이 지장 없도록 작업공간을 고려하고 있는가 등이 포함된다.

이러한 이유 때문에 4.3절에서도 기존교량이 받침교체를 고려하고 있지 않는 구조인 것을 전제로 하여 교체시공 방법을 설명하였다. 잭 업 보강이나 무수축콘크리트의 치핑 작업이 불필요하면, 받침교체 작업은 현격히 효율적으로 실시할 수 있을 것으로 생각된다. 여기서는 받침교체가 곤란하게 되어있는 구조를 부위별로 재정리한다.

1) 상하부구조

(1) 시공공간

시공공간은 교체작업을 효율적으로 실시하는데 있어서 가장 중요한 요소의 하나이다. 교체시 시공공간은 "4.3.3 시공 순서"에 나타낸 각 공종에 대해 각각 필요하며, 각각의 공종에 적합한 공간을 필요로 한다. 시공공간이 부족하기 쉬운 경우로서는 ① 교체 이전의 받침높이가 낮은 경우, ② 1박스거더에 대해서 1받침이 배치된 경우, ③ 거더 유격이 작은 경우, ④ 받침 전면거리가 작은 경우 등을 들 수 있다. 이러한 경우는 시공기계의 사양이 제한되거나 상하부구조 모두 교체시에 보강이 필요하게 되는 것을 생각할 수 있다.

(2) 잭업 위치

건설단계에서 잭업 위치가 설정되어 있는 경우는 종래에는 거의 볼 수 없었다. 이 때문에 받침교체에 있어서는 잭업 위치를 선정하고, 상부구조에는 보강리브, 하부구조에서도 필요에 따라 보강을 실시하는 것이 필요하다. 건설단계에서 받침교체 계획까지 실시되면 이상적이지만, 장래적으로 실시가 불명확한 계획을 수립하는 것은 어려운 경우가 많았던 것으로 추측된다.

잭 업 위치를 확보하기 어려운 경우로는 ① 잭 설치 공간이 부족한 경우, ② 가로보가 수직브레이싱형식인 경우, ③ 트러스교인 경우 등을 생각할 수다. 이러한 경우는 장래의 교체계획시에 문제가 되는 경우가 많기 때문에 건설단계부터 고려가 필요하다.

(3) 콘크리트 치핑

받침 철거시에 있어서 무수축모르타르 및 하부의 콘크리트를 치핑할 필요가 있다. 받침교체 작업에 있어서 콘크리트 치핑작업은 작업성이 나쁘고 곤란한 작업이다. 콘크리트치핑이 어려운 경우로는 ① 작업 공간이 부족한 경우, ② 시공지점이 진동소음의 영향이 미치기 쉬운 지역에 근접한 경우 등을 생각할 수 있다.

2) 받침 본체

(1) 상하부구조와의 설치부

상부구조측은 받침과 거더를 일반적으로 세트 볼트와 전단 키에 의해 접합하고 있는 경우가 많다. 이 때문에 세트 볼트를 제거하면, 받침을 거더로부터 분리할 수 있다. 그러나 상부구조를 수 mm 정도 밖에 잭 업을 할 수 없으면, 전단 키를 횡방향으로 뽑아낼 수 없다. 이 경우에는 전단 키가 작용하고 있는 높이만큼 상부구조를 잭 업 한다. 또는 그림 4.41에 나타낸 것과 같이 받침하부의 콘크리트를 치핑하고, 받침을 하강시킬 필요가 있다.

하부구조측은 받침과 하부구조를 앵커볼트로 접합하고 있다. 앵커볼트는 하부구조 콘크리트에 매입되어 있으며, 아래 받침에는 너트 등으로 고정되어 있다. 이 때문에 받침을 횡방향으로 뽑아내려면, 받침 아래쪽 면에서 앵커볼트를 절단 할 필요가 있다. 교량건설시에는 아래에서 위로 차례로 설치하여 가지만, 받침교체시는 받침 반력을 제거할 수 있을 만큼의 작은 량의 잭업 밖에 할 수 없기 때문에 전단 키나 앵커볼트가 작용하고 있으면, 측면으로 뽑아낼 수가 없다. 한편, 솔플레이트도 동시에 교체하는 경우에는 전단 키의 작용 높이는 문제가 되지 않으나, 솔플레이트 용접부를 제거하는 작업이 필요하다.

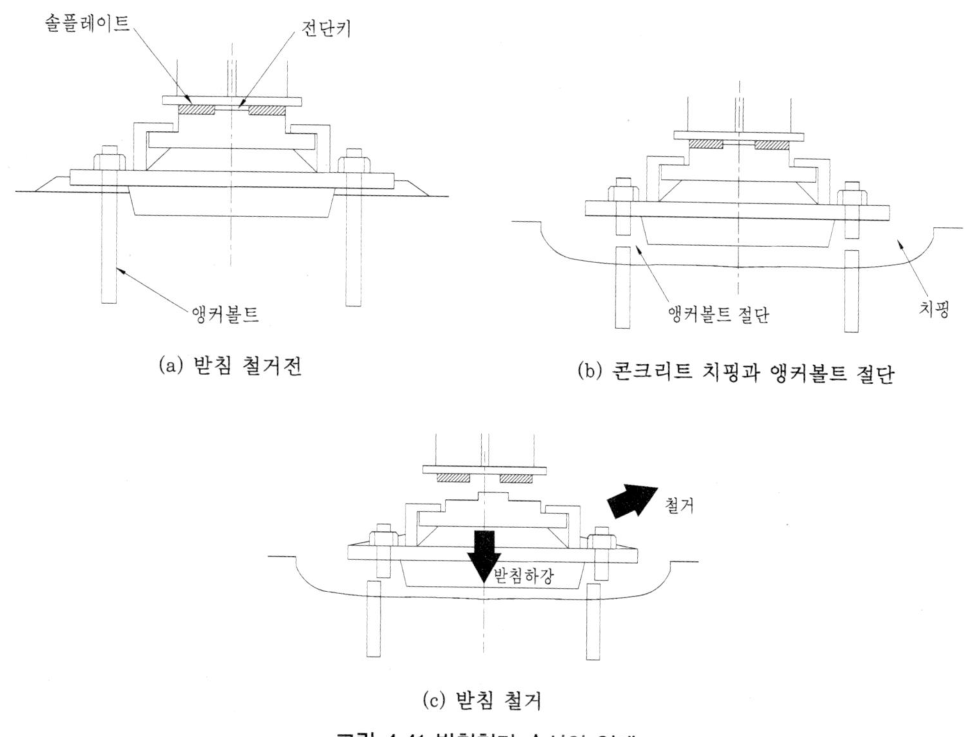

(a) 받침 철거전

(b) 콘크리트 치핑과 앵커볼트 절단

(c) 받침 철거

그림 4.41 받침철거 순서의 일례

(2) 고무받침

고무받침 교체사례는 현재 매우 적지만, 향후 교체가 필요한 경우가 충분히 있을 것으로 생각된다. 그림 4.42에 나타낸 것과 같이 미끄러짐부분이 없는 일체형 고무받침은 온도변화에 의해 항상 전단변형 상태에 있다. 따라서 상하부구조 설치부분을 제거할 때, 고무의 전단변형이 급격하게 해방될 것으로 생각된다. 사전변형을 준 지그와 같은 구속지그가 설치 가능하다면, 구속상태로 분리하여 서서히 전단변형을 해방시킬 수가 있다. 또 고무받침은 강재받침에 비하여 평면 치수가 큰 경우가 많아 나사 삽입식 형식에서는 앵커볼트도 중심 근처의 안쪽에 배치되는 경우도 있으므로, 받침 콘크리트 치핑작업이 보다 곤란하게 될 것으로 생각된다.

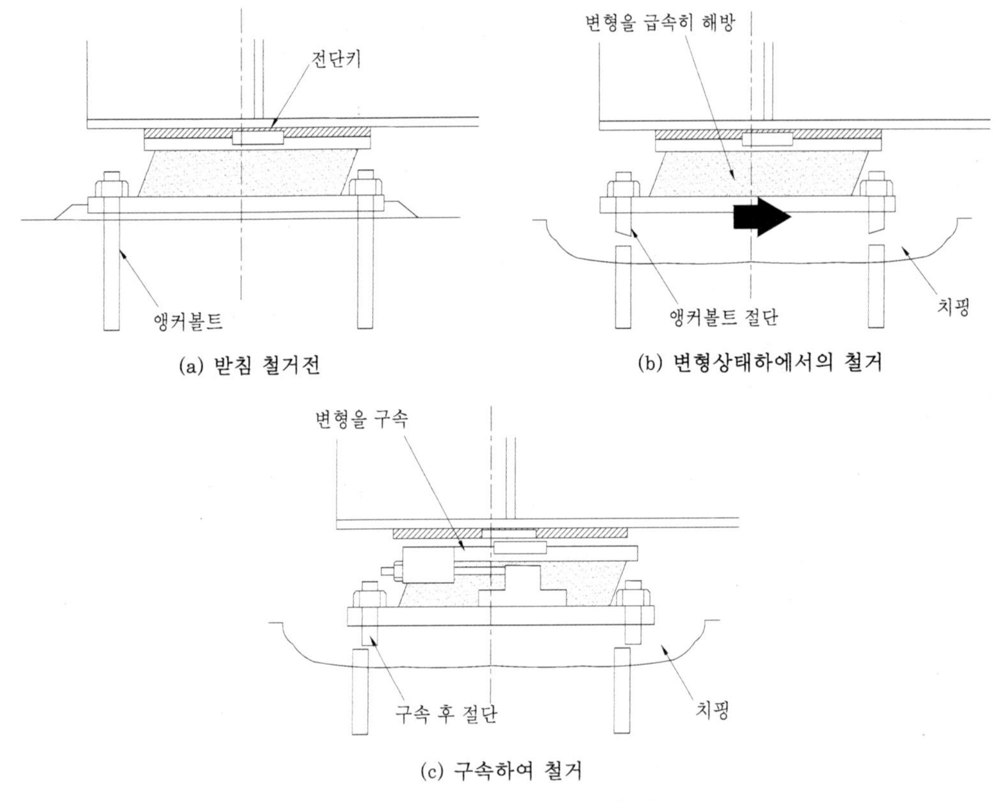

(a) 받침 철거전

(b) 변형상태하에서의 철거

(c) 구속하여 철거

그림 4.42 고무받침철거 순서의 일례

3) 낙교방지 시스템, 첨가물

낙교방지 시스템이나 첨가물은 받침 공간을 피해 설치되는 경우도 많기 때문에, 받침교체시의 시공공간이 서로 간섭되는 경우가 있다. 우회 또는 일시적인 제거가 가능하지 않은 부재를 받침 옆에 설치하는 경우는 시공공간과의 간섭에 주의할 필요가 있다.

4) 콘크리트교의 사례

콘크리트교의 경우는 상부구조와 상부받침과의 접합이 앵커 바에 의해 거더 단부 콘크리트 안으로 깊게 매입되는 구조로 되어 있다. 이 때문에 상부받침을 제거하기 위해서는 거더 단부콘크리트를 파쇄시켜 제거할 필요가 있다. PC구조의 경우는 그림 4.43에 나타낸 것과 같이 거더 단부가 PC강재 정착부와 부딪치며, 그리고 PC강재가 앵커 바의 근방에 배치되어 있다. 또한 RC구조에서도 두꺼운 부재의 가로보가 있는 경우, 바닥판교량 및 박스거더교 등에서는 공간으로서 고려할 수 있는 높이가 겨우 받침의 높이 정도이므로 거더 끝단 측을

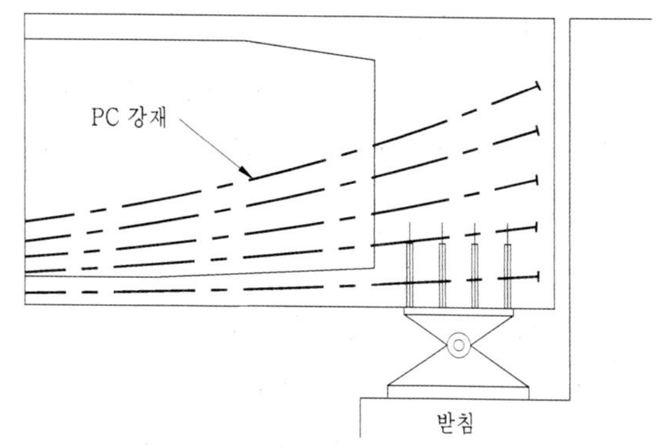

그림 4.43 PC거더 거더단부의 개요

공간으로서 이용할 수 없는 구조가 대부분이다. 그 때문에 콘크리트 치핑 작업이 매우 어려울 뿐만 아니라, 콘크리트 타설작업의 난이도도 높고, 콘크리트 품질확보가 곤란할 것으로 예상된다. 이 때문에 상부받침 교체는 실시되지 않으며, 하부받침만을 교체하는 경우가 많다. 내진성 향상을 목적으로 한 교체의 경우에서는 상부받침을 확폭한 후에 앵커를 증설하는 등의 방법에 의해 상부받침을 보강하는 사례도 있다.

4.5.2 교체 계획단계에서의 유의점

받침 교체계획에 있어서 교체 목적에 주목하면, 받침 본체나 받침부 주변이 열화·손상되어 지지기능이 저하되어, 지지기능을 회복하기 위하여 교체되는 사례가 일반적이다. 그러나 4.2절의 수집사례에도 약간 있는 것과 같이 열화·손상의 발생과는 관계없이 교량의 기능향상을 목적으로 받침을 교체하는 경우도 있다. 기능향상 중에서도 내진성 향상을 목적으로 한 교체가 매우 많이 실시되고 있는 것으로 생각된다. 여기서는 교체계획에서의 주의사항에 내해 재정리한다.

1) 열화·손상된 받침의 교체

지진 등으로 부재이 일부가 파단된 경우는 기능열화 또는 기능상실이 분명하지만, 상하부 받침이 부식되어 있는 경우, 육안에 의해 기능열화의 정도를 판단하는 것은 곤란하다. 이러한 경우는 교체의 필요성을 포함하여 기능열화의 정도를 정확하게 파악하는 조사를 실시할 필요가 있다. 열화·손상된 받침에서 기능열화의 정도를 파악할 수 있는 경우에도, 받침을 교체하지 않고도 청소·윤활유 작업 등의 보수를 실시하는 것에 의해 기능회복을 도모할 수 있는가의 여부를 판단하는 것도 필요하다. 가동형태의 받침판받침의 경우는 받침 내부의 미끄럼면 상태가 교체과정에서 밝혀지기 때문에 이러한 판난은 곤란하다.

또한 열화·손상의 원인이 받침본체에 있는지, 주변부재, 환경조건 및 사용조건의 어느 것에 있는가의 판단도 중요하다. 특히, 받침본체 이외에도 원인이 있는 경우에는 받침교체를 실시하여도 이들과 같은 열화·손상이 발생될 가능성이 높은 것에 주의할 필요가 있다.

2) 교량의 기능향상에 의한 받침 교체

교량의 확폭 등으로 지점반력이 증가하는 경우, 내진성 향상을 도모하기 위해서 고무받침으로 교체하는 경우 등과 같이 열화·손상이 발생되지 않아도 받침을 교체하는 경우가 있다. 설계조건이 변화하여 받침기능이 요구성능을 만족할 수 없으면, 교체가 필요하다. 이러한 받침교체의 경우에는 받침의 크기나 형식도 변경이 되는 경우가 많다. 이러한 경우 설치부분의 구조도 교체받침의 기능을 충분히 발휘할 수 있도록 적당한 개량이 필요하다. 설치부분의 구조가 불충분하면, 교체 후의 기능향상도 기대할 수 없게 된다. 예로서 강재받침을 고무받침으로 교체하는 경우에는, 일반적으로 고무받침의 평면치수가 커지게 되는 경우가 많다. 그 경우, 상부구조의 지점부도 확폭이나 보강리브 증설 등의 개량이 필요하다. 한편, 받침 높이가 변화하는 경우도 적절한 받침교좌를 설치하거나, 하부구조의 끝단을 넘어가지 않도록 주의할 필요가 있다.

4.5.3 결언

받침교체가 곤란하게 되는 원인에 대해서 부위별로 정리를 실시하였다. 그 결과, 교체작업을 곤란하게 하는 원인으로는 작업공간의 부족, 잭 업 보강의 곤란 및 받침 설치구조의 고려부족의 3가지로 집약된다. 4.5절의 서두에서 기술한 것과 같이 교량건설시에 받침교체에 대한 고려가 부족하였던 것이 최대 원인으로 생각된다. 광범위하게 보급된 고무받침에 대해서도 전단변형의 구속방법을 고려한 구조를 상정하는 것이 필요하며, 초기비용만을 중시하는 것은 유지관리 및 예측불가의 사태에 대한 교체를 고려하는 검토가 필요하다.

또한 받침교체시에서는 열화의 원인 및 정도를 정확하게 판단하고, 받침 단일체로서 만이 아니라 받침부나 교량의 지지 기능으로서 충분히 기능회복을 도모할 수 있도록 교체를 실시할 필요가 있다. 기능향상을 목적으로 한 교체의 경우도 교체 전후에서 각각의 받침의 구조나 기능을 충분히 이해한 다음에 교체를 실시할 필요가 있다.

05 받침 설계사례

고무받침(일본 : 가동 · 고정형 고무받침, Type B)의 설계사례를 나타낸다.

5.1 고무받침 본체검토

고무받침 본체설계는 일본의 도로교받침편람(2004년 4월)에 기초한다.

5.1.1 최대압축응력검토

최대압축응력검토는 다음 식에 의해 실시한다.

$\sigma_{max} = R_{max}/A_{cn} \leqq \sigma_{maxa}$

여기서, R_{max} : 최대반력(N)

A_{cn} : 상시이동량을 공제한 유효압축응력(mm^2)

σ_{maxa} : 허용압축응력(N/mm^2)

$S_1 \geqq 12$ 경우 $\sigma_{maxa} = 12\ N/mm^2$

$8 \leqq S_1 < 12$ 경우 $\sigma_{maxa} = S_1\ N/mm^2$

$S_1 < 8$ 경우 $\sigma_{maxa} = 8\ N/mm^2$

5.1.2 압축응력진폭 검토

압축응력진폭 검토는 다음 식에 의해 실시한다.

$\Delta\sigma = \sigma_{max} - \sigma_{min} \leqq \Delta\sigma_a$

여기서, σ_{max} : 최대압축응력 (N/mm^2)

σ_{min} : 최소압축응력(N/mm^2)

$\sigma_{min} = R_{min}/A_e$

A_e : 내부강판에 의해 구해진 유효면적($= a \times b$)(mm^2)

$\Delta\sigma_a$: 허용응력진폭 (N/mm^2)

$S_1 > 8$ 경우 $\Delta\sigma_a = 5 + 0.375\,(S_1 - 8)\ \text{N/mm}^2$

다만, 최대로 $\Delta\sigma_a = 6.5\ \text{N/mm}^2$

$S_1 \leqq 8$ 경우 $\Delta\sigma_a = 5.0\ \text{N/mm}^2$

5.1.3 회전성능 검토

사각의 영향을 고려하는 것으로 한다. 그리고 사각은 70°를 표준으로 한다. 압축처짐량 산정은 다음 식에 의한다.

$\delta_c = R_\theta / (f_v \times K_v)$

여기서, δ_c : 압축처짐량(mm)

R_θ : 회전검토 반력(최대반력의 최소값을 사용한다)

f_v : 압축스프링 정수 편차를 고려한 계수 ($= 1.3$)

K_v : 압축강성(N/mm)

5.1.4 극한전단변형률 검토

극한전단변형률 검토는 다음 식에 의한다.

$\gamma_t = \gamma_c + \gamma_s + \gamma_r \leqq \gamma_{ta}$

여기서, γ_t : 극한전단변형률

γ_c : 최대반력에 의한 국부전단변형률

γ_s : 상시이동에서의 국부전단변형률

γ_r : 회전에 의한 국부전단변형률

γ_{ta} : 허용극한전단변형률

$\gamma_{ta} = \gamma_u / f_a$

γ_u : 파단신장률

f_a : 안전율(= 1.5)

5.1.5 좌굴안정성 검토

좌굴안정성 검토는 다음 식에 의한다.

$\sigma_{\max} \leqq \sigma_{cra}$

$\sigma_{ce} \leqq \sigma_{cra}$

여기서, $\sigma_{\max}$: 최대압축응력(N/mm^2)

σ_{ce} : 지진시에서의 압축응력(N/mm^2)

$\sigma_{ce} = R_L / A_{ce}$

R_L : 지진시에서의 하향력(N)

A_{ce} : 지진시에서의 유효면적(mm^2)

σ_{cra} : 허용좌굴응력

$\sigma_{cra} = G_e \times S_1 \times S_2 / f_{cr}$

f_{cr} : 안전율

상시 $f_{cr} = 2.5$

지진시 $f_{cr} = 1.5$

5.1.6 내부강판의 인장응력검토

내부강판의 인장응력 검토는 다음 식에 의한다.

$\sigma_s = f_c \times \sigma_c \times t_e / t_s \leqq \sigma_{sa}$

여기서, σ_s : 내부강판 인장응력(N/mm^2)

f_c : 할증계수(= 2.0)

t_e : 고무층 두께

t_s : 내부강판 두께

5.2 구조

5.2.1 고무받침 본체

고무받침 본체는 볼트에 의한 연결구조로 한다(그림 5.1 참조).

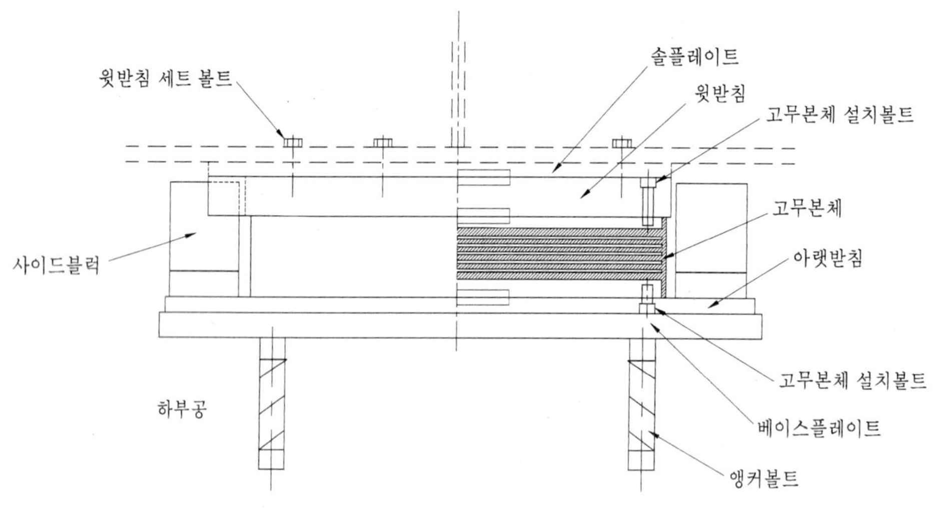

그림 5.1 고무받침 구조

5.2.2 사이드블록 설계

1) 재질

사이드블록 재질은 SM490A를 표준으로 한다.

2) 사이드블록 최소 판 두께

사이드블록 최소 판 두께는 20mm를 표준으로 한다. 다만 작은 반력을 받는 받침에 있어서 최소 판 두께를 사용하는 것에 의해 다른 부재가 구조적 요인에 의해 비경제적인 설계로 판단되는 경우는 15mm까지를 허용하는 것으로 한다.

5.2.3 세트볼트 설계

1) 세트볼트 배치

세트볼트는 윗 받침에 나사 삽입구조를 표준으로 한다.

2) 재질

세트볼트는 용융아연도금을 고려하여 강도구분 8.8(인장강도의 최소치가 80kg/mm^{2}이고 인장강도의 80%가 항복강도)을 사용하는 것으로 한다.

5.2.4 앵커볼트 설계

1) 앵커볼트 배치

베이스 플레이트에의 앵커볼트 설치는 나사 삽입방식을 기본으로 한다. 또 나사삽입 깊이는 나사부 공칭직경×0.8 이상으로 한다. 이 경우 베이스 플레이트 판 두께는 시판되는 크기를 이용하는 것으로 한다.

2) 이형강봉 및 이형환강의 사용

앵커볼트는 환강, 이형봉강, 이형환강의 순서로 선정하여 가는 것으로 한다. 또 이형봉강을 사용하는 경우, 공칭직경과 나사직경의 관계는 표 5.1에 나타낸 것과 같다.

표 5.1 이용봉강제품 앵커볼트 나사직경

공칭직경	나사직경	공칭직경	나사직경
D29	M27	D41	M39
D32	M30	D51	M42
D35	M33	D51	M45
D38	M36	D51	M48

3) 앵커볼트 매입 깊이

앵커볼트 매입 깊이는 10D로 하고, 부착응력이 허용값을 초과하는 경우는 이형봉강을 사용하는 것으로 한다. 그리고 이형봉강을 사용하는 경우, 유효부착 길이는 완전이형봉강 상태의 길이로 한다.

5.3 가동고정 고무받침 설계 사례

강재부에 대해서는 강재받침에서의 개념과 동일하므로 그 내용은 강재받침 내용을 참조한다.

5.3.1 설계조건

1) 받침타입 : Type B 가동 · 고정형 받침,
2) 사용고무 받침 : 적층고무받침($NR+SM490A+SS400$)
3) 지역보정계수 : 지역보정계수 $C_z : A$
   지반종류별 : 1
4) 설계수평진도 : 교축방향 레벨1 지진동 $K_h(L)=0.20$
   레벨2 지진동(Type Ⅱ) $K_{hc}(L)=0.89$
   교축직각방향 레벨1 지진동 $K_h(T)=0.20$
   레벨2 지진동(Type Ⅱ) $K_{hc}(T)=0.89$
5) 온도변화 : $\Delta T=\pm 50℃$
6) 이동량 집계 : 전체 이동가능량 e $\Delta L_{e1}=\pm 40\text{mm}$
7) 반력일람표

지점번호			A1(가동)	A2(고정)
최대반력	$R_{\max}$	kN	860.0	980.0
최소반력	$R_{\min}$	kN	447.0	510.0
고정하중 반력	R_d	kN	559.0	637.0
회전검토 반력	R_θ	kN	620.0	720.0
최대 활하중	R_{1+i}	kN	301.0	343.0
교축방향 수평력	R_{H1e}	kN	497.5	1133.9
교축직각방향 수평력	R_{H2e}	kN	497.5	566.9
상양력(지진시)	R_u	kN	168.0	191.0

5.3.2 고무받침

(NR + SM490A + SS400)

1) 고무받침 치수

① 고무의 최대허용압축응력 $\sigma_{max} = 8.0\ N/mm^2$

② 고무의 최소허용압축응력 $\sigma_{min} = 1.5\ N/mm^2$

③ 고무의 허용압축응력진폭 $\Delta\sigma_a = 5.0\ N/mm^2$

④ 고무의 허용전단변형률 상시 $\gamma = 70(\%)$
레벨 1 지진동 $\gamma = 150(\%)$
레벨 2 지진동 $\gamma = 250(\%)$

⑤ 고무의 허용전단탄성계수 $G_e\ (N/mm^2)$

⑥ 고무의 제반 치수

a' = 외형치수(교축방향)
b' = 외형치수(교축직각방향)
a = 보강판 치수(교축방향)
b = 보강판 치수(교축직각방향)
t_s = 보강판 두께
t_e = 고무의 1층 두께
n = t_e의 두께

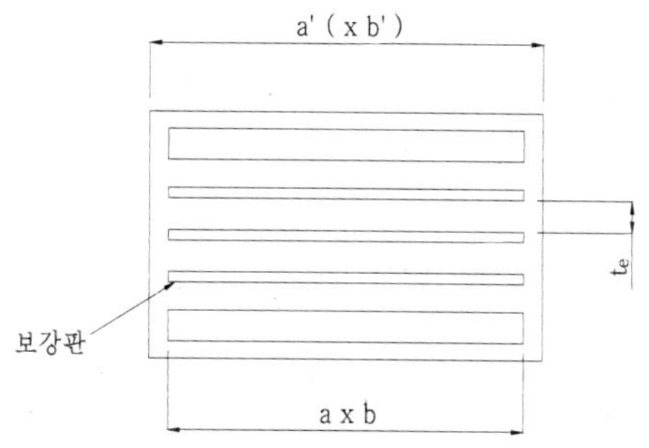

지점번호			A1	A2
교축방향	a'	mm	370	370
교축직각방향	b'	mm	370	370
교축방향	a	mm	350	350
교축직각방향	b	mm	350	350
고무의 1층 두께	t_e	mm	14	15
적층수	n		5	4
보강판 두께	t_s	mm	3.2	3.2
전단탄성계수	G_e	N/mm^2	0.8	0.8
파단변형률	γ	%	550	550

2) 고무받침 응력

① 고무받침 상시변형을 고려한 압축응력

$\sigma_{\max} = R_{\max}/A_{cn} \le \sigma_{\max a} = 8.0\,\mathrm{N/mm^2}$

A_{cn} : 상시 이동량을 공제한 유효압축면적($\mathrm{mm^2}$)

② 고무받침 최소압축응력

$\sigma_{\min} = R_{\min}/A_e \le \sigma_{\min a} = 1.5\,\mathrm{N/mm^2}$

A_e : 유효압축면적($\mathrm{mm^2}$)

③ 고무받침 압축응력진폭

$\Delta\sigma = \sigma_{\max} - \sigma_{\min} \le 5.0\,\mathrm{N/mm^2}$

④ 좌굴안정성

a) 상시 $\sigma_{\max} = G_e \times S_1 \times S_2 / f_{cr} \le \sigma_{cra}$

b) 지진시 $\sigma_{ce} = G_e \times S_1 \times S_2 / f_{cr} \le \sigma_{cra}$

G_e : 고무의 전단탄성계수 ($\mathrm{N/mm^2}$)

S_1 : 1차 형상계수 $a \times b / (2 \times (a+b) \times t_e)$

S_2 : 2차 형상계수 $a / \Sigma t_e$

f_{cr} : 허용좌굴응력계수 = 상시 2.5, 지진시 1.5

⑤ 고무받침 인장응력

a) 지진시 $\sigma_{te} = R_u / A_{te} \le \sigma_{ta}$

A_{te} : 지진시 이동량을 공제한 유효인장면적($\mathrm{mm^2}$)

다만, 지진시 상양력을 $0.3R_d$ 또는 $0.1R_d$로 하는 경우는 이동량을 고려하지 않는다.

σ_{ta}	지진시	G6	1.2	$\mathrm{N/mm^2}$
		G8	1.6	$\mathrm{N/mm^2}$
		G10 이상	2.0	$\mathrm{N/mm^2}$

⑥ 내부강판 인장응력

a) 상시 $\sigma_s = f_c \times \sigma_{\max} \times t_e / t_s \le \sigma_{sa}$

지진시 $\sigma_{se} = f_c \times \sigma_{ce} \times t_e / t_s \le \sigma_{sa}$

f_c : 인장응력 할증계수

다만, 적층고무받침, 고감쇄 적층고무받침의 경우 $f_c = 2.0$로 한다.

[계산결과]

지점번호			A1	A2
상시최대반력	R_{max}	kN	860.0	980.0
상시최소반력	R_{min}	kN	447.0	510.0
지진시 교축방향	R_L	kN	874.0	978.0
지진시 교축직각방향	R_L	kN	1006.0	1147.0
상시이동량	$\triangle L_e$	mm	40.0	0.0
교축방향 치수	a	mm	350	350
교축직각방향 치수	b	mm	350	350
고무의 1층 두께	t_e	mm	14	15
적층수	n		5	4
보강판 두께	t_s	mm	3.2	3.2
1차 형상계수	S_1		6.25	5.83
2차 형상계수	S_2		5.00	5.83

▸ 압축응력

최대압축응력(허용치)	σ_{max} $(\leq \sigma_{maxa})$	N/mm^2	7.9 (≤ 8.0)	8.0 (≤ 8.0)
최소압축응력(허용치)	σ_{min} $(\geq \sigma_{mina})$	N/mm^2	3.6 (≥ 4.2)	4.2 (≥ 4.2)
응력진폭(허용치)	$\Delta\sigma$ $(\leq \Delta\sigma_a)$	N/mm^2	4.3 (≤ 5.0)	3.8 (≤ 5.0)

▸ 좌굴안정성

상시(허용치)	σ_{max} $(\leq \sigma_{cra})$	N/mm^2	7.9 (≤ 10.0)	8.0 (≤ 10.9)
지진시 교축방향(허용치)	σ_{ce} $(\leq \sigma_{cra})$	N/mm^2	7.1 (≤ 16.7)	8.0 (≥ 18.1)
지진시 교축직각방향(허용치)	σ_{ce} $(\leq \sigma_{cra})$	N/mm^2	8.2 (≤ 16.7)	9.4 (≤ 18.1)

▸ 인장응력

지진시(허용치)	σ_{te} $(\leq \sigma_{ta})$	N/mm^2	1.37 (≤ 1.60)	1.56 (≤ 1.60)

▸ 내부강판 인장응력

상시(허용치)	σ_s $(\leq \sigma_{sa})$	N/mm^2	69.4 (≤ 140)	75.0 (≤ 140)
지진시 교축방향(허용치)	σ_{se} $(\leq \sigma_{sa})$	N/mm^2	62.4 (≤ 210)	74.8 (≥ 210)
지진시 교축직각방향(허용치)	σ_{se} $(\leq \sigma_{sa})$	N/mm^2	71.9 (≤ 210)	87.8 (≤ 210)

5.3.3 변위 대응능력

1) 고무받침 변형량

상시변형량 $\triangle L_e$

전체 이동가능량 $\triangle L_{e1}$

2) 전단변형률

상시 $\gamma_s = \triangle L_e / \Sigma t_e \times 100 \leq \gamma_{ea} = 70\%$

[계산결과]

지점번호			A1(가동)	A2(고정)
고무받침 변형량	$\triangle L_e$	mm	40.0	0.0
고무 전체 두께	Σt_e	mm	70	60
상시(허용치)	$\gamma_s (\leq \gamma_{sa})$	%	57.1 ($\leq$ 70)	0.0 ($\leq$ 70)

5.3.4 회전성능

전체 반력에 의한 연직변형률과 회전변형률	사교 경우의 회전변형률

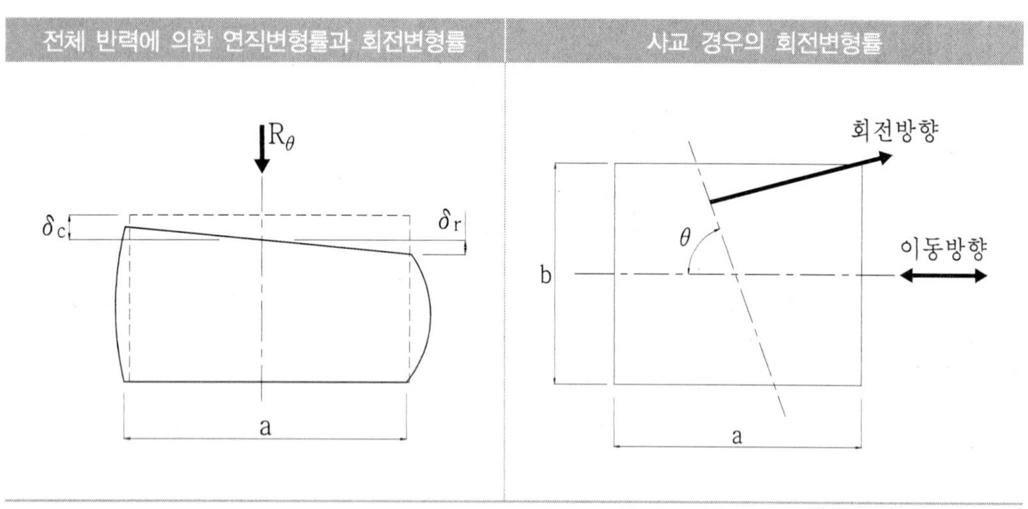

1) 회전검토 $\delta_c / f_v \geq \delta_r$

2) 연직 변형률량 $\delta_c = R_\theta / K_v$

$$= R_\theta \times \Sigma t_e / (\alpha \times \beta \times S_1 \times G_e \times a \times b)$$

3) 회전 변형률량 $\delta_r = \{(a/2)\times\sin\theta + (b/2)\times\cos\theta\}\times\sum\theta$

4) 압축스프링정수로 분산을 고려한 계수로 1.3으로 한다.

R_θ : 회전검토 반력(최대반력 최소값을 이용한다)

α : 고무받침 종류에 의한 계수

	NR	HDR
α	35	45

β : 고무받침 평면형상에 의한 계수

$0.5 \le b/a \le 2.0 \quad 1.0$

S_1 : 1차 형상계수

G_e : 전단탄성계수

$\sum t_e$: 고무 전체 두께

5) 단부 지점부 활하중에 의한 연직변형률량

$\delta_{1+i} = 1/2\times R_{1+i}/K_v \le 1.0\,\mathrm{mm}$ (δ_{1+i}: 최대활하중)

[계산결과]

지점번호			A1(가동)	A2(고정)
고무 치수	a	mm	350	350
	b	mm	350	350
	t_e	mm	14	15
	n		5	4
1차 형상계수	S		6.25	5.83
허용회전각	θ_a		1/150	1/150
사각	θ		70	70

▸ **회전 검토**

압축변형률 (회전 변형률량)	$\delta_c(\ge\delta_\gamma)$	mm	$1.557(\ge 1.495)$	$1.661(\ge 1.495)$

▸ **활하중에 의한 연직변형률량**

압축변형률 (허용 변형률량)	$\delta_{1+i}(\le\delta_a)$	mm	$0.491(\le 1.0)$	$0.514(\le 1.0)$

5.3.5 피로내구성

1) 연직반력에 의한 국부전단변형률

$\gamma_c = 8.5 \times S_1 \times R_{\max} / (E \times A_{cn})$

E : $(3 + 2/3 \times \pi^2 \times S_1{}^2) \times G_e$

A_{cn} : 상시이동량을 공제한 유효압축면적

2) 거더회전에 의한 국부전단변형률

$\gamma_r = 2 \times \{1 + (a/b)\}^2 \times S_1^2 \times \alpha_e$

3) 상시전단변형률

$\gamma_s = \Delta L_e / \Sigma t_e$

3) 전체국부전단변형률

$\gamma_t = \gamma_c \times \gamma_s \times \gamma_r \le \gamma_u / f_s$

f_s: 안전율 1.5

γ_u: 파단신장률

종류	계수	파단신장률
NR	G6	600
	G8	550
	G10	550
	G12	500

[계산결과]

지점번호			A1(가동)	A2(고정)
연직변형률	δ_0	mm	2.667	2.644
압축변형률	γ_c	%	202.4	218.5
전단변형률	γ_s	%	57.1	0.0
회전변형률	γ_r	%	41.7	45.4
전체국부전단변형률(허용치)	$\gamma_t(\le \gamma_{ta})$	%	301.2 ($\le$ 366.7)	263.9 ($\le$ 366.7)

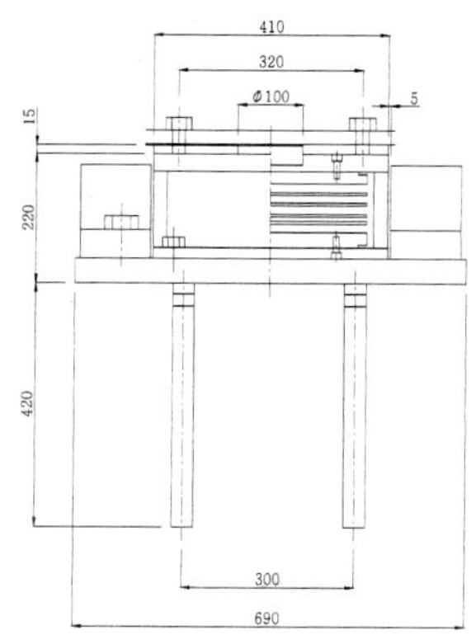

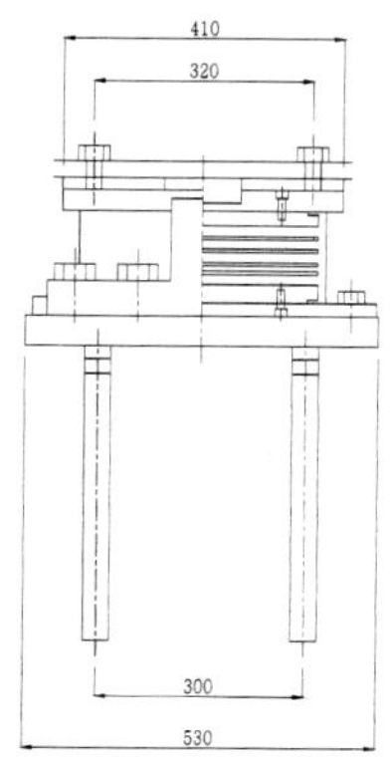

① ✓ NR+SS400+SM490A

② ✓ SM490A

상세 " a " S = 1 : 3

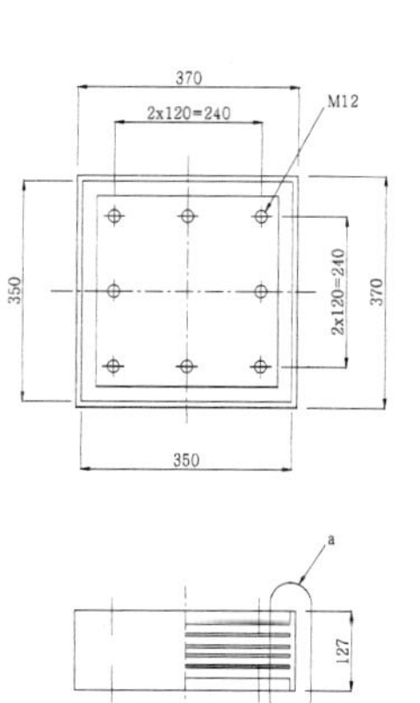

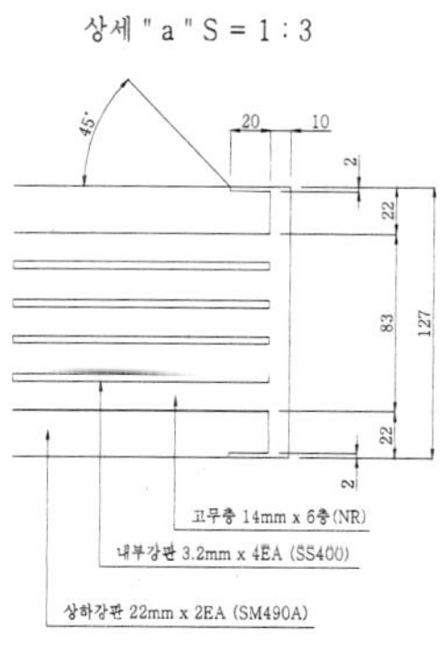

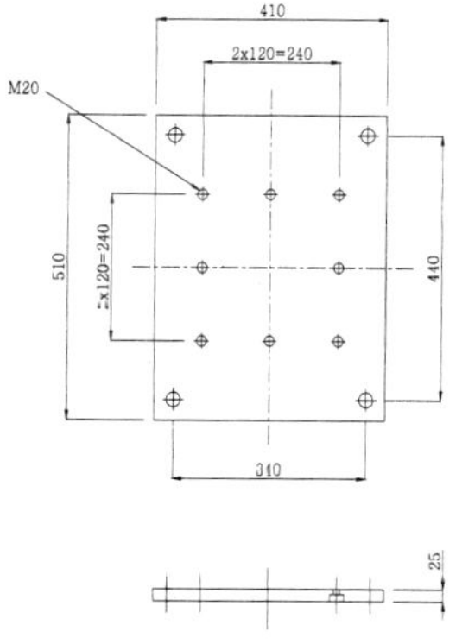

⑤ ✓ (25✓) SM490A

⑥ 25✓ SM490A

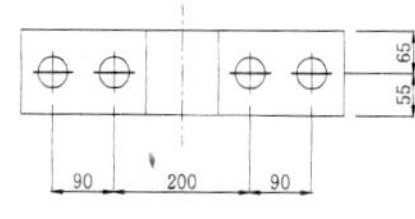

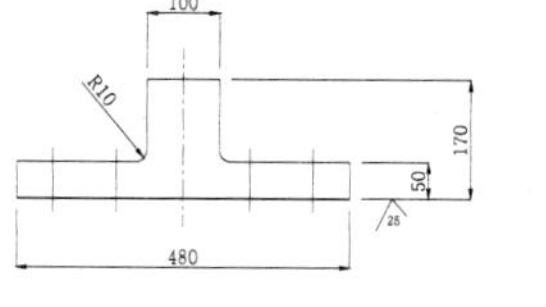

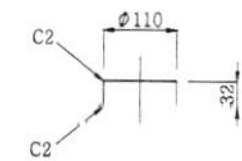

④ ∨√ SM490A

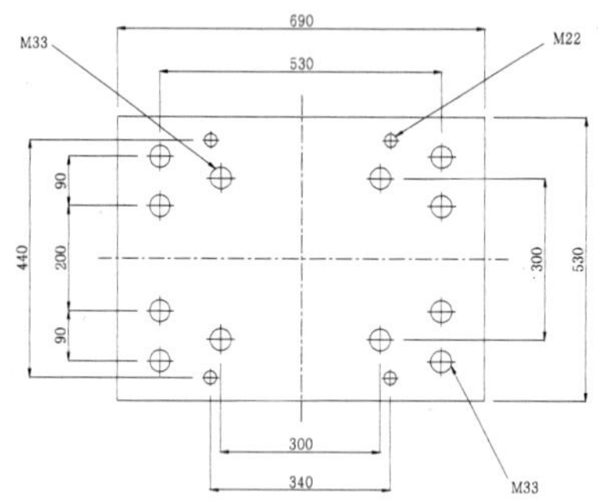

③ ∨√ (25√) SM490A

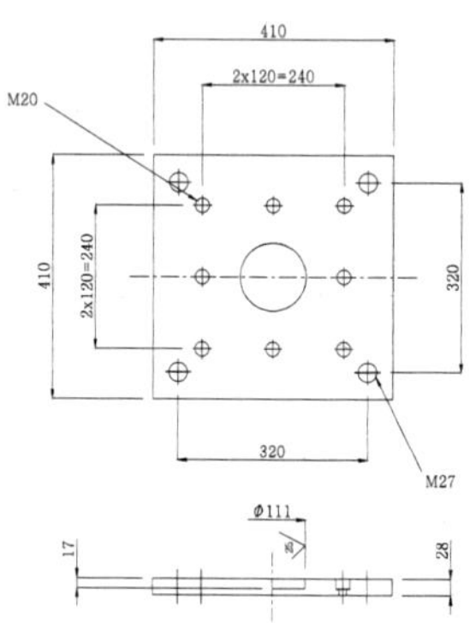

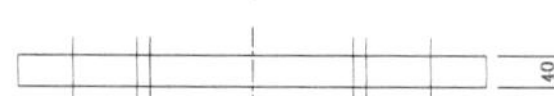

⑪ ∨√ SD345

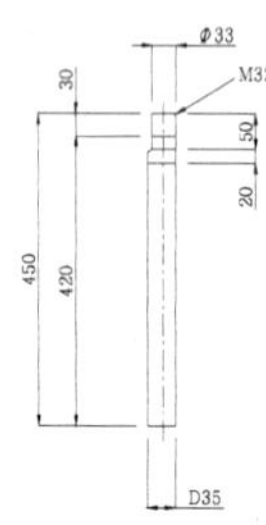

그림 5.2 Type B 가동 고무받침

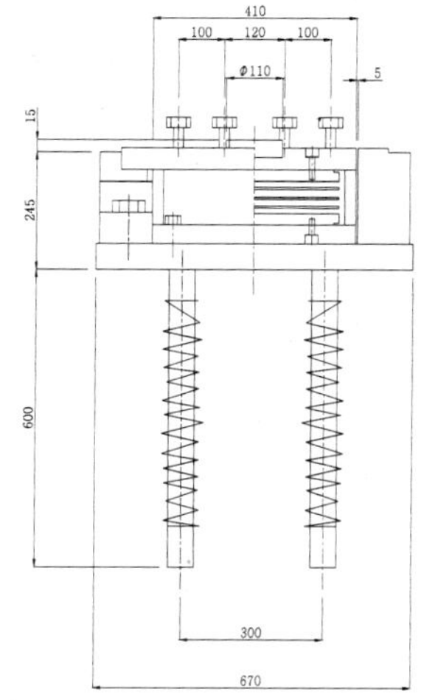

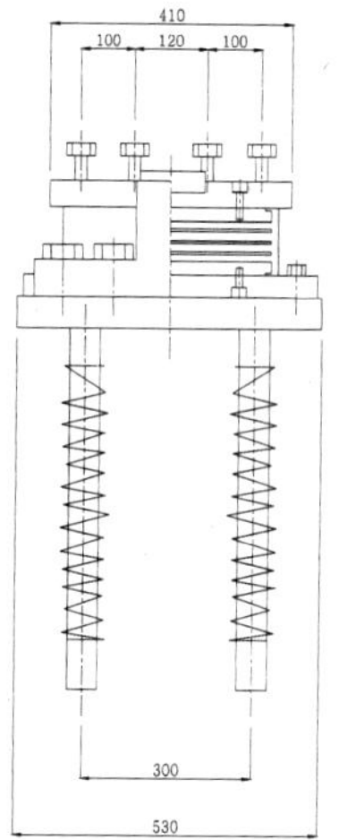

① √ NR+SS400+SM490A

② √ SM490A

상세 "a" S = 1 : 3

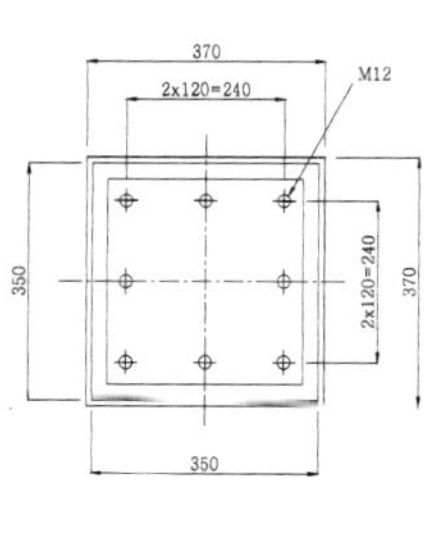

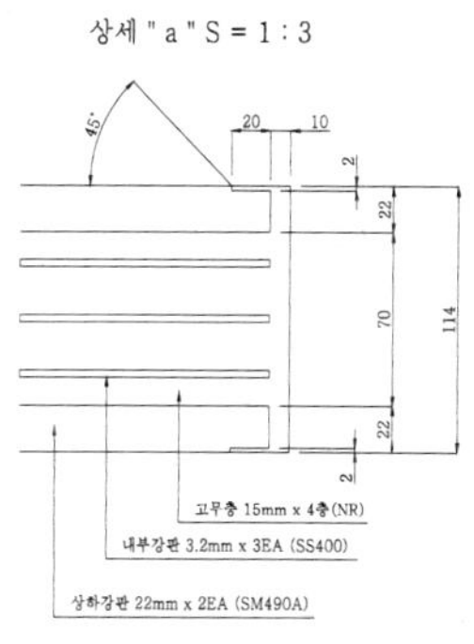

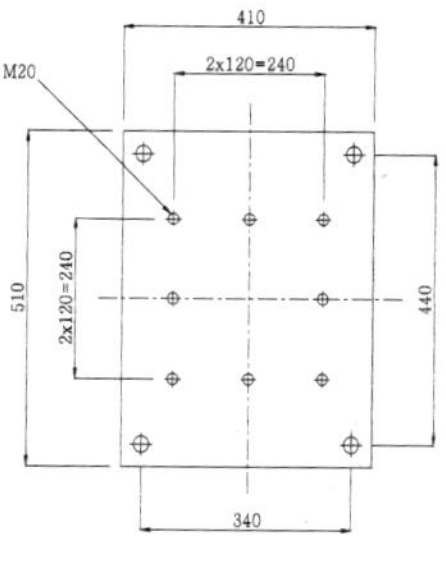

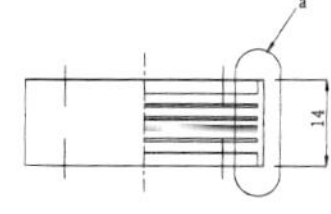

⑤ √ (25√) SM490A

⑥ 25√ SM490A

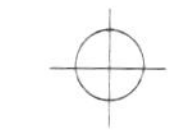

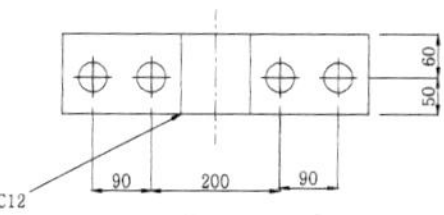

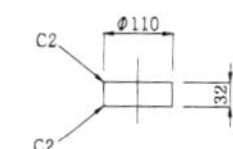

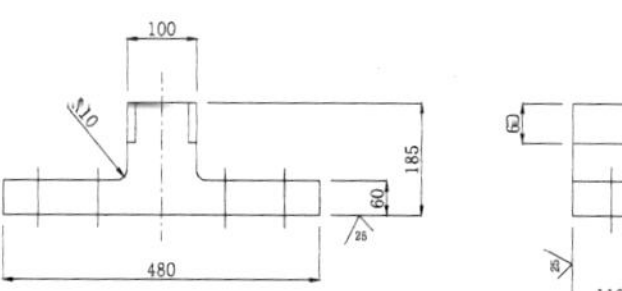

④ √ SM490A

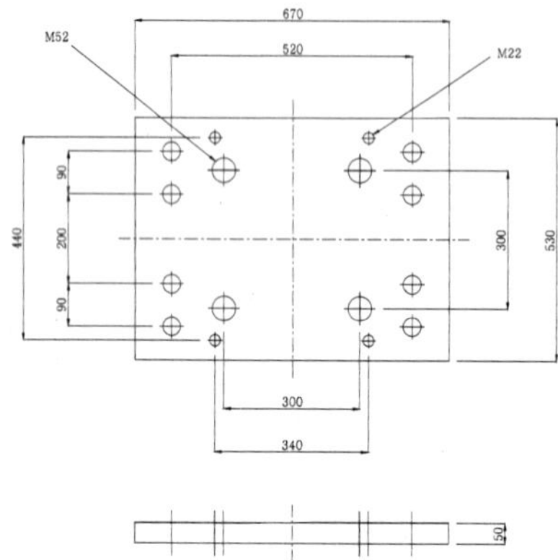

③ √ (25√) SM490A

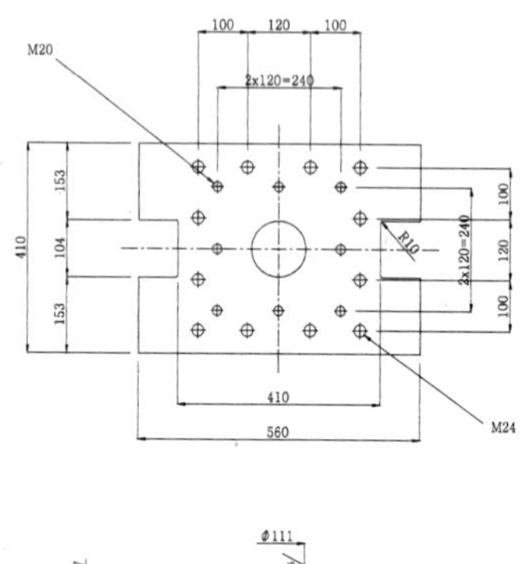

⑪ √ SD345

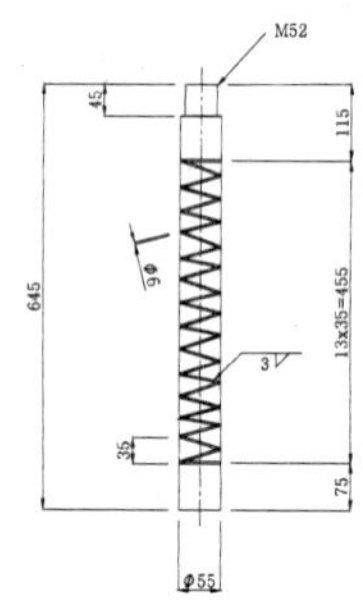

그림 5.3 Type B 고정 고무받침

06 받침 국내손상사례

6.1 A교

손상내용	받침 콘크리트 파손(선받침)

손상내용	받침 콘크리트 파손(선받침)

손상내용	너트 풀림(선받침)

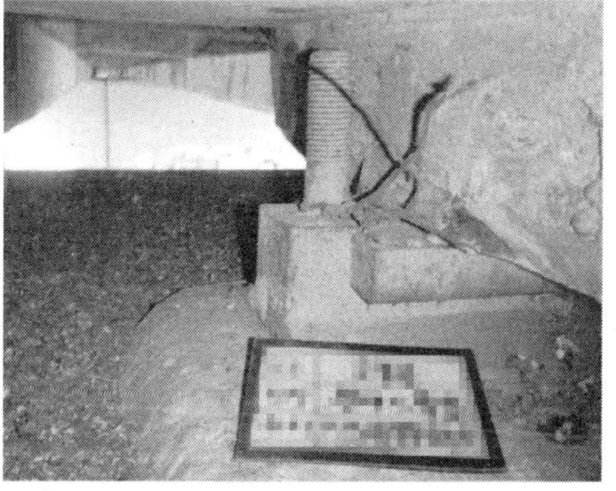

손상내용	너트 망실(선받침)

6.2 B교

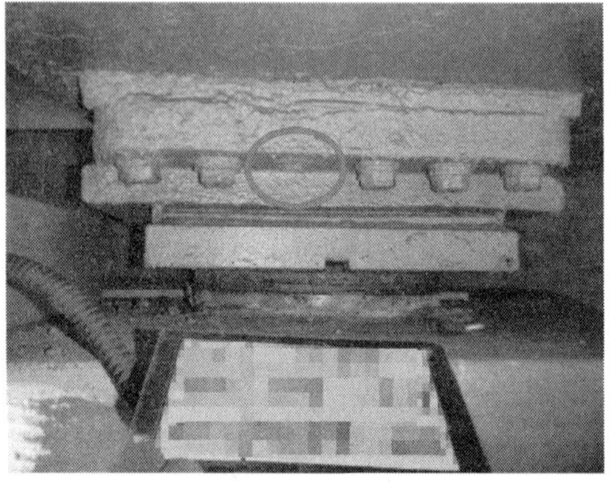

손상내용	너트 망실(고력황동 받침판 받침)	손상내용	너트 망실(고력황동 받침판 받침)

6.3 C교

손상내용	너트 망실(롤러)	손상내용	너트 풀림(롤러)	손상내용	받침콘크리트 파손 (고력황동 받침판)

6.4 creep, shrinkage 에 의한 손상

손상내용 볼트머리 절단	손상내용 교량 편기 및 볼트 절단	손상내용 받침 편기

Ⅱ. 신축이음장치 유지관리

01 개요

02 신축이음장치 설계

03 형식분류 및 적용현황

04 손상현황 및 원인분석

05 보수 · 보강공법

06 보수 · 보강 사례조사

01 개요

1.1 구조형식의 변천

석교나 목재교량은 온도변화에 따른 신축이동량이 작고 균열이나 절리가 있는 재료이기 때문에 신축이 중요한 의미를 갖지 않으며 교량구조물과 교대사이의 유간을 메워주는 별도의 장치나 기구가 필요하지 않았다. 그러나 1890년에 이르러 유럽에서 장대 강철도교 건설이 점차 증가하면서 온도변화에 따른 교량 상부거더의 종방향 신축이동량이 무시할 수 없는 수준임이 밝혀지면서 신축이음장치의 필요성이 대두되었다. 더불어 차량 통행량 증가와 운행속도가 점차 빨라지면서 통행안전을 고려하여 신축유간을 덮어주는 장치가 필요하게 되어 신축이음장치의 적용이 시작되었다.

상부구조의 불연속부분에 설치되는 신축이음장치는 상부구조의 변위와 변형을 원활하게 수용하여 2차 응력의 발생을 최소화하고, 차량 바퀴가 교면을 안전하게 주행할 수 있도록 평탄성을 유지한다. 또한, 교면 배수와 각종 이물질이 교량 하부구조로 유입되는 것을 막아 상부거더 및 받침이 부식되는 것을 방지하여야 하며, 신축이음장치의 유지관리 및 보수가 용이해야 한다.

초창기에는 구조가 간단한 매설형, 덮개형이 주로 사용되었으며, 교량연장 증가 및 연속교 적용이 늘어남에 따라 매설형보다는 신축 수용량이 큰 핑거 형식과 슬라이딩 형식이 점차 적용하게 되었다. 그러나 이러한 신축이음장치도 교면에서 유입된 우수에 대한 방수·유도배수 기능이 없었으므로 하부의 거더, 받침, 교대, 교각으로 누수가 발생하여 열화촉진과 미관을 훼손하는 주원인으로 작용하였다.

방수기능이 있는 최초의 신축이음장치는 이동량 흡수를 위해 고무튜브 사이에 강재레일을 사용하여 만들어졌다. 이것은 다양한 형태의 다중씰 신축이음장치인 레일형식으로 확대되었다. 방수기능을 가진 다른 형식으로는 차량하중을 전달시키는 열가공 강재판에 고무쿠션이 결합된 트랜스플렉스 형식과 맞댐 형식의 신축이음장치가 있다. 1990년대 중반부터는 기존 강재 핑거를 개량한 배수형 핑거 형식이 다수 적용되고 있다. 이와 같은 신축이음장치의 지속적인 발전에도 불구하고 교통량이 많고 중차량 통행이 빈번한 지역의 교량에서는 다양한 형태의 마모 및 손상이 발생하여 유지보수·보강에 많은 재원이 소요될 뿐만 아니라 보수·보강작업 시 교통통제에 따라 차량운행에 지장을 주고 사회적 간접비용이 증가하고 있는 실정이다.

따라서 신축이음장치 유지보수를 최소화하기 위해서는 형식별로 장·단점을 반영하여 가설위치에 최적 형식을 선정해야 하고 초기 시공단계에서도 정밀시공 및 철저한 품질관리가 뒷받침되어야 하며 주기적 점검을 통해 적기에 유지보수가 되어야 하나 현실적으로 신설시공 및 유지보수 매뉴얼이 확립되지 못하고 있는 실정이다.

최근 조사된 자료에 따르면 국내교량에서 신축이음장치 보수·보강에 따른 유지관리비용이 전체 유지관리비용의 35% 이상을 차지하고 있고 신축이음장치 위치특성상 교통통제를 수반하기 때문에 추가적 사회 간접비용이 발생되었을 것이다. 본 장에서는 이러한 중요 시설물에 대해 국내·외에서 신축이음장치 적용사례 및 손상현황을 돌이켜보고 문제점을 분석함과 동시에 유지관리 업무에 있어서 기술자가 고려할 기본 사항 등에 대하여 자료를 정리하고자 한다.

1.2 형식선정시 고려사항

신축이음장치는 교량구조물 변위에 대해 저항을 최소화시키면서 두 개의 구조물 사이의 유간 상부로 차량을 안전하게 통과시키는 역할을 한다. 기능적으로는 도심지역에서 소음이 적어야 하며 교량구조물에서 토공구간으로 부드러운 이동을 해야 한다. 그러므로 견고해야 하며 습도, 융해 등 어떠한 기후 조건에서도 거동 및 하중전달이 용이하여야 한다. 통상적으로 신축이음장치에 요구되는 기능은 1차적으로 신축 용량, 내구성, 주행성, 초기 신설에 대한 경제성, 방수성, 시공성 등이 고려되고 있으나, 공용 후 교량 수명동안 수회에 걸쳐 보수·보강 및 교체공사를 해야 하므로 직접비용뿐만 아니라 교통통제에 따른 간접비용 등을 감안하여 유지관리성 측면이 충분히 고려되어야 한다.

1.2.1 신축용량

신축이음장치 용량은 기본적으로 교축방향 설계 신축량을 만족하도록 선정되어야 하지만 교량형식, 종·평면 선형, 받침 배치, 교량의 지리적 기후특성 등에 따라 교축방향은 물론, 교축직각방향, 수직방향 등 다양한 방향의 교량신축이 발생하므로 설계 신축량 산정시 이에 대해 충분한 검토가 이루어져야 한다.

현방향 받침이 배치된 곡선 램프교량에서는 교축직각방향으로 신축이 발생되며, 곡선반경이 작을수록 교축직각방향으로 신축량은 증가하게 되며, 사교에서도 사각에 따라 교축직각방향으로 신축이 발생된다. 사장교 혹은 현수교에서도 풍하중의 영향이 증가하여 교축직각방향으로 신축이 비교적 크게 발생하며, 종단경사가 큰 교량에서는 가동받침이 수평방향으로만 움직이게 되므로 교축방향 신축량에 따라 수직단차가 발생된다. 이와 같은 교축직각방향 신축, 수직단차 등은 교량의 2차 응력 또는 충격을 증가시키고 이로 인하여 상부구조에 균열 및 받침부 파손을 발생시킬 수 있으므로, 교량에서 발생되는 모든 방향의 신축을 수용할 있는 형식의 선정은 가장 기본적이라 할 것이다.

1.2.2 내구성

일반적으로 신축이음장치의 파손은 중차량의 통과횟수에 좌우되며, 전체 교통량과는 직접적으로 비례하지 않는다. 따라서 중차량 교통량이 많은 고속국도, 일반국도 및 주요 지방도에는 내구성이 큰 신축이음장치를 선택할 필요가 있다. 신축이음장치는 교량의 어떠한 부재보다도 차량 충격하중에 직접 노출되므로 강도와 내구성이 우수한 제품을 선정하여야 한다. 또한 신축이음장치는 도로 포장, 교량 바닥판 단부의 내구성과도 상관관계가 있으므로 내구연한을 동시에 고려하여야 한다.

1.2.3 주행성

주행성은 신축이음장치의 내구성에 직접적인 영향을 받는 것으로서 주행성이 불량하게 되면 내구성 저하로 이어진다. 또한, 신축이음장치 본체의 단차는 주행성을 현저하게 떨어뜨릴 수 있다. 특히 강재 핑거 형식의 경우, 용접부 용접불량, 정착불량, 바닥판 콘크리트 타설에 따른 거더의 회전, 하부구조 침하 등이 원인이 되어 강판이 위로 솟아올라 차량의 주행성에 영향을 주는 경우가 있다. 도심지 교량에서도 자주 발생되는 신축이음장치 소음민원은 주행성과 직접적으로 연계되며, 크게 두 가지로 구분할 수 있다.

첫째로, 차량이 신축이음장치를 통과할 때 차륜과 부딪혀 발생되는 파열음이다. 파열음은 노면에 노출된 신축이음장치 형태에 따라 달라지며, 고무형식과 레일형식은 신축을 흡수하는 불연속면이 교축직각방향으로 형성되기 때문에 교축방향으로 파열소음과 함께 충격이 증폭되며, 특히 동절기에는 불연속부가 넓어져 소음이 더욱 크게 발생된다. 핑거 형식은 핑거판이 서로 교차되어 있어 차량의 통과면에 불연속부가 없기 때문에 파열음이 작고 주행성이 양호하다.

둘째로, 신축이음장치에 가해지는 하중이 교량으로 전달되면서 발생되는 상부구조의 울림현상이 강박스 교량에서는 울림소음이 크게 나타나며, 이는 멀리까지 전달되는 저주파로 민원을 발생시킨다. 이러한 충격소음은 신축이음장치의 하중전달 체계와 깊은 연관이 있다. 레일 형식은 지지베어링을 통해 집중하중을 받게 되므로 박스의 울림소음이 증가될 수 밖에 없으며, 핑거 형식은 차륜하중을 지지하는 핑거판이 큰 면적으로 하중을 분산하기 때문에 울림소음은 레일형식에 비해 작다.

1.2.4 배수성 및 수밀성

신축이음장치는 상부구조의 불연속부에 위치하므로 방수에 가장 취약한 부분이 될 수밖에 없다. 과거 신축이음장치는 주로 교량 상부의 신축량을 수용하는 부속시설물로 여겨졌지만, 신축이음장치 누수가 받침과 하부구조에 부식현상을 일으키는 주요 열화원인으로 밝혀지면서 신축이음장치의 방수기능은 신축기능 못지않게 중요한 기능으로 부각되고 있다. 고무재질 형식은 신축 및 방수기능을 하는 몸체가 정척단위로 제작되기 때문에 각 단위의 이음부에서 누수가 큰 문제점으로 대두되고 있으나 최근에는 이음부를 보강한 제품들이 개발되어 적용사례가 증가하고 있다. 또한, 대용량 신축이음장치에서는 고무재질의 배수홈통에 토사 등의 이물질 적체로 인한 파손이 발생하여 누수로 이어지는 경우도 다수 발생한다. 배수성 및 수밀성 확보측면에서는 고무가 전폭으로 설치되는 레일 형식이 유리하다.

1.2.5 시공성

신축이음장치는 전문성을 필요로 하는 작업으로 충분한 경험과 축적된 기술을 갖춰야 한다. 실제 신축이음장치의 누수, 단차, 후타 콘크리트 균열 등의 손상은 설치과정에서 품질관리 소홀로 인해 발생하고 있다. 레일 형식은 일체구조로서 레벨조정이 용이하나 중량이 커서 취급이 어렵고, 복잡한 부품으로 구성되어 시공 정밀도에 따라 신축이음장치의 수명에 적잖은 영향을 미치게 된다. 핑거 형식이나 고무 형식은 단위 길이로 분할되어 설치하므로 취급이 용이하나, 단차가 자주 발생되기 때문에 레벨조정에 주의하여야 한다. 국내는 연중 온도 변화폭이 크므로 설치시점에 따라 프리셋팅 작업이 요구된다. 특히 고무 재질로서 프리셋팅작업이 불가능한 트랜스플렉스 형식, NB 형식, 모노셀 형식과 같은 신축이음장치는 설치시점이 하절기 또는 동절기일 경우 추후 발생되는 최대신축량을 감안한 용량을 선정하여야 하고 최종적으로 제대로 셋팅된 상태인지를 검토하여야 한다.

1.2.6 유지관리성

신축이음장치는 교량 수명동안 지속적인 유지보수가 필요하며, 실제 교량 전체의 유지보수 비용 중에서 신축이음장치가 차지하는 비율이 35%이상으로 교통 통제에 따른 간접비용까지 고려할 경우 경제적인 손실은 막대하다고 할 수 있다. 따라서 신축이음장치의 유지관리는 일차적으로 제품자체의 내구수명에 지배되고, 다음으로 파손 시 교체작업 신속성에 달려 있다. 고무 형식은 내구수명이 짧아 점점 적용횟수가 줄어들고 있으며, 내구수명이 우수한 레일 형식 또는 핑거 형식이 적극적으로 적용되고 있다. 유지관리 측면에서 레일 형식은 교량 전폭으로 제작되고, 앵커루프를 통해 교량 상부구조와 일체로 정착되기 때문에 교체시 후타 콘크리트 해체 및 양생시켜야 하므로 교체비용과 시간이 많이 소요된다. 이에 비해 핑거 형식은 핑거판이 1m 내외로 분리하여되어 설치되고, 상부구조와 앵커볼트로 연결되기 때문에 교체시 후타 콘크리트의 해체가 필요 없이 신속히 보수가 가능한 점 등을 고려할 때 신축이음장치의 선택은 추후의 유지관리에 영향을 미친다.

1.2.7 경제성

현재 신축이음장치의 경제성을 판단하는 기준은 주로 신설비용만을 고려하고 있으며, 신설비용이 적을수록 경제성이 있는 것으로 판단하고 있는 실정이다. 그러나 신축이음장치는 교량수명동안 수회에 걸쳐 교체가 필요하며, 일반적으로 교체비용은 신설비용의 150~200% 정도가 소요된다. 초기비용이 저렴할수록 잦은 파손과 교체공사가 발생하므로, 초기비용이 다소 많더라도 내구성이 우수한 신축이음장치가 훨씬 경제적이라는 판단을 할 수 있다.

더욱이 중차량 통행량이 많은 교량일수록 파손빈도가 잦으며 교체 시 교통통제에 부담이 크다는 점을 고려할 때, 신설비용은 물론 유지관리비용을 포함한 생애주기비용 측면의 종합적인 경제성 검토가 이루어져야 할 것이다.

02 신축이음장치 설계

2.1 신축량 설계

2.1.1 신축량 산정방법

신축이음장치의 설계는 교량형식 및 설치환경에 따라 신축이음장치 형식 및 신축용량을 결정하게 된다. 설계조건으로는 상부구조형식, 활하중, 표준온도, 최소 거더유간, 사용재료, 신축 거더길이 등이 있으며 이러한 조건을 고려하여 신축량을 산정한다. 그림 2.1에서는 신축이음장치 설계순서에 대한 것으로서 강재 핑거 형식 신축이음장치를 대상으로 정리한 것이다.

신축이음장치 신축량 산정은 상부구조 온도변화, 처짐, 콘크리트의 크리프 및 건조수축, 부재 탄성변형 등에 의해 발생하는 이동량을 고려하여야 한다. 설계 신축량은 신축이음장치의 용량을 의미한다.

신축이음장치 신축량 산정에는 기본 신축량 외에 설치 시 오차와 하부구조에서 예상하지 못한 변위 등에 대처할 수 있도록 여유량을 고려하여야 한다. 이 여유량은 교량규모에 따라 상이하며 일반적으로는 다음과 같은 값을 따른다.

- 신축장 100m 미만 : (기본 신축량 × 20%) + 10mm
- 신축장 100m 이상 : 설치 여유량(10mm) + 부가 여유량(20mm)

여기서, 신축장은 신축하는 거더의 길이이며 일반받침은 고정지지로부터의 거리, 면진받침은 교량 중심으로부터의 거리를 기준으로 한다. 소교량에서는 여유량을 과다하게 산정하는 오류를 범할 수 있다. 따라서 고속국도에서는 이동량 산정기준 적용 시 발생할 수 있는 혼선에 대해 합리적인 이동량 산출기준을 수립하고자 표 2.1과 같은 고속국도 설계지침을 제시하였다.

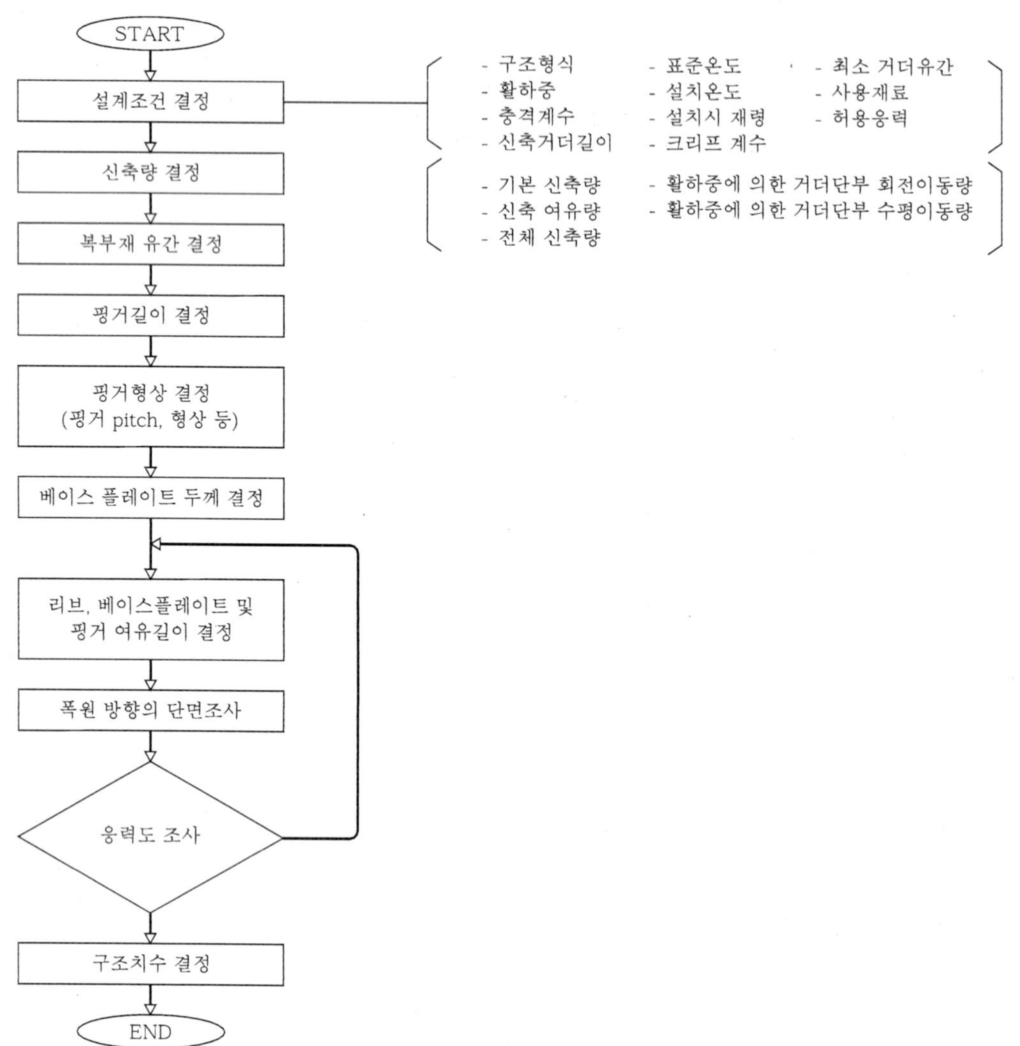

그림 2.1 신축이음장치(강재 핑거)의 설계순서

표 2.1 고속국도 설계 시 이동량 산출기준 검토

구 분	도로교설계기준	도로설계요령	고속국도 설계지침
기본 이동량	온도신축+건조수축+크리프+빔의 회전	온도신축+건조수축+크리프+빔의 회전	• 신축장이 100m 이하 : 도로설계요령과 동일 • 신축장이 100m 이상 : 도로교설계기준과 동일
여유량	• 설치여유량 : ±10mm • 부가여유량 : ±20mm	• 기본이동량의 20% • +10mm	• 신축장이 100m 이하 : 도로설계요령과 동일 • 신축장이 100m 이상 : 여유량만으로 규정
특징	• 빔의 회전고려 • 여유량이 정량(±30mm)	• 여유량이 정률(20%)과 정량(+10mm) • 보통지방과 한랭지방으로 구분	• 신축장이 100m 이하 : 도로설계요령의 보통지방기준 • 신축장이 100m 이상 : 도로교설계기준과 동일하나 여유량을 구체적으로 명시하지 않음.

2.1.2 이동량 계산 시 고려사항

1) 온도변화 이동량

온도변화에 의한 이동량은 연중 온도의 변화폭과 선팽창계수에 의해 계산된다. 이동량에 가장 큰 영향을 미치는 요인은 전체 이동량의 50% 이상을 온도변화에 의한 이동량이 차지한다. 온도변화에 의한 이동량 Δl_t은 최고온도 T_{max}와 최저온도 T_{min}의 차이로부터 다음과 같이 계산한다.

$$\Delta l_t = (T_{max} - T_{min}) \cdot \alpha \cdot l = \Delta T \cdot \alpha \cdot l$$

여기서, α : 선팽창계수(표 2.2 참조)

l : 고정받침에서 이동단부까지의 직선거리

표 2.2에 제시한 온도범위는 교량 상부구조의 평균온도이며 지역구분은 최근 5년간 최저기온 및 최고기온을 참조하여 결정한 것이다.

표 2.2 이동량 산정 시 고려하는 온도변화 및 선팽창계수

교량 종류	온도변화		선팽창계수
	보통 지방	한냉 지방	
PSC교, RC교	−5℃ ~ +35℃	−15℃ ~ +35℃	1.0×10^{-5}
강교(상로교)	−10℃ ~ +40℃	−20℃ ~ +40℃	1.2×10^{-5}
강교(하로교, 강바닥판교)	−10℃ ~ +50℃	−20℃ ~ +40℃	1.2×10^{-5}

2) 건조수축과 크리프에 의한 이동량

신축이음장치는 콘크리트의 건조수축과 크리프가 어느 정도 진행된 후에 설치되므로, 설치 이전에 이들에 대한 변형도를 고려하기 위해 표 2.3의 콘크리트 재령에 대한 저감계수 β를 사용한다. 건조수축에 의한 이동량은 콘크리트가 타설된 후부터 신축이음장치가 설치될 때까지를 다음과 같이 고려한다.

$$\Delta l_s = -\Delta T \times \alpha \times l \times \beta$$

여기서, ΔT : 온도변화

α : 선팽창계수(표 2.2 참조)

l : 고정받침에서 고려하는 이동단부까지의 직선거리

β : 저감계수

크리프에 의한 이동량은 프리스트레스 긴장력이 도입될 때부터의 콘크리트 재령에 따라 다음과 같이 계산한다.

$$\Delta l_c = -[P_i/E_cA_c] \cdot \phi \cdot \beta \cdot l$$

여기서, ϕ : 크리프 계수(=2.0)

P_i : 프리스트레싱 직후의 PS강재에 작용하는 인장력

E_c, A_c : 콘크리트의 탄성계수와 단면적

표 2.3 콘크리트의 건조수축 및 크리프에 대한 저감계수

콘크리트의 재령(월)	0.25	0.5	1	3	6	12	24
저감계수(β)	0.8	0.7	0.6	0.4	0.3	0.2	0.1

3) 지점의 회전변위에 의한 이동량

보가 높거나 변형하기 쉬운 교량은 단부 회전변위가 고려되어야 한다. 신축이음장치가 설치된 후에 작용하는 하중에 의해 교량에 처짐이 발생하며 이로 인해 교량의 단부에는 회전변위(θ_e)가 발생한다. 그림 2.2와 같이 고정받침에 대한 교량단부의 회전으로 인해 단부는 수평으로 Δl_r과 수직으로 Δv만큼 이동하게 된다. 일반적으로 θ_e는 강교에서 1/150, 콘크리트교에서 1/300을 고려하면 된다.

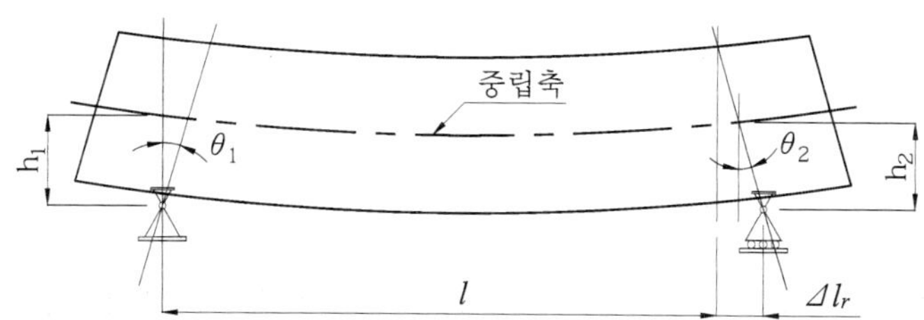

그림 2.2 보의 처짐에 따른 단부 회전변위

$$\Delta l_r = -h\theta_e$$

$$\Delta v = \alpha\theta_e$$

여기서, α : 받침의 중심에서 단부까지의 수평거리

h : 보 높이의 2/3

2.1.3 상부구조 여유간격

지진시에 교량과 교대 혹은 인접하는 교량간의 충돌에 의한 주요 구조부재의 손상을 방지하고 설계 시 고려된 내진성능이 충분히 발휘될 수 있도록 교량 단부에는 그림 2.3과 같이 여유간격을 설치한다. 교량의 여유간격은 아래식의 ΔL_i보다 작아서는 안 된다.

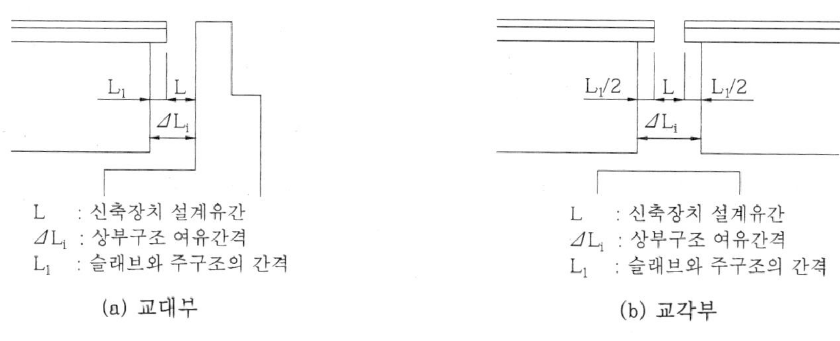

그림 2.3 교량의 여유간격

$\Delta L_i = d + \Delta L_s + \Delta L_c + 0.4\Delta L_t$

여기서, ΔLi : 교량(상부구조)의 여유간격(mm)

d : 지반에 대한 상부구조의 전체변위(d_i+d_{sub}) (mm)

ΔL_s : 콘크리트 건조수축에 의한 이동량(mm)

ΔL_c : 콘크리트 크리프에 의한 이동량(mm)

ΔL_t : 온도변화로 인한 이동량(mm)

d_i : 대상 방향의 강성중심에서 등가 지진력에 의한 지진시 설계변위

d_{sub} : 등가 지진력에 의한 하부구조의 지진시 변위

2.1.4 설계이동량 계산 간편식

교량형식, 지역별 신축량 산정이 용이하도록 표 2.4에 국내기준에 따른 신축량 계산 간편식을 정리하였고 표 2.5~표 2.6에서는 일본의 여러 기준에서 제시된 신축량 계산 간편식을 비교 정리하였다.

표 2.4 국내 설계이동량의 계산 간편식

구분	강교		PSC교	PC교
	상로교	하로교, 강바닥판교		
ΔT	50℃ (−10~+40℃)	60℃ (−20~+40℃)	40℃ (−5~+35℃)	
α	1.2×10^{-5}		1.0×10^{-5}	
Δl_t	$\Delta l_t=\Delta T\alpha l$ $=0.6l$	$\Delta l_t=\Delta T\alpha l$ $=0.72l$	$\Delta l_t=\Delta T\alpha l$ $=0.4l$	
Δl_s	−	−	$\Delta l_s = 20\alpha\beta l = 0.1l$	
Δl_c	−	−	$\Delta l_c = [P_i/E_cA_c]\cdot\Phi\cdot\beta\cdot l = 0.2l$	
Δl_e	$\Delta l_e=0.6l\times20\%-10$ $=0.12l-10$	$\Delta l_e=0.72l\times20\%-10$ $=0.14l-10$	$\Delta l_e=0.72l\times20\%-10$ $=0.14l-10$	$\Delta l_e=0.5l\times20\%-10$ $=0.10l-10$
합계 Δl	$\Delta l=0.72l-10$	$\Delta l=0.86l-10$	$\Delta l=0.84l-10$	$\Delta l=0.6l-10$

표 2.5 일본의 신축량 산정기준 비교(1)

구분		도로교 신축장치편람	일본도로공단	수도 고속도로공단	한신 고속도로공단
온도 변화 항목	상로 (RC바닥판)	[−20~+40℃] −10~+40℃	[−20~+40℃] −10~+40℃	−10~+40℃	−10~+50℃
	하로 (강바닥판)	[−20~+40℃] −10~+50℃	[−20~+50℃) −10~+50℃	−10~+50℃	
	PC	[−15~+35℃] −5~+35℃	[−15~+35℃] −5~+35℃	−5~+35℃	−5~+35℃
	RC	[−15~+35℃] −5~+35℃	[−15~+35℃] −5~+35℃	−5~+35℃	−5~+35℃
온도 변화	상로	[0.72l] 0.60l	[0.6×1.2l] 0.5×1.2l	0.60l	0.72l
	하로	0.72l	[0.7×1.2l] 0.6×1.2l	−	
	PC	[0.50l] 0.40l	[0.50l] 0.40l	0.40l	0.40l
	RC	[0.50l] 0.40l	[0.50l] 0.40l	−	0.40l
건조 수축	상로	−	−	−	−
	하로	−	−	−	
	PC	0.20lβ	0.1l	0.08l	0.08l
	RC	0.20lβ	0.1l		0.08l
크리프	상로	−	−	−	−
	하로	−	−	−	
	PC	0.40lβ	0.2l	1.2l	0.15l
	RC	−	−	−	−
소계 (기본 신축량)	상로	[0.72l] 0.60l	[0.72l] 0.6l	0.60l	0.72l
	하로	0.72l	[0.80l] 0.72l	0.60l(연속) 0.72l(단순)	
	PC	[(0.5+0.6β)l] (0.4+0.6β)l	[0.8l] 0.7l	0.60l	0.63l
	RC	[(0.5+0.2β)l] (0.4+0.2β)l	0.5l	−	0.48l
신축 여유량	상로	[0.14l] 0.12l	[0.14l+10] 0.12l+10	※0.06l(단순)	0.28l
	하로	[0.14l] 0.14l	[0.17l+10] 0.14l+10	※0.08l(연속)	
	PC	[0.10l] 0.08l	[0.16l+10] 0.14l+10	※0.04l(연속)	0.27l
	RC	[0.10l] 0.08l	[0.12l+10] 0.10l+10	−	0.22l
합계	상로	[0.86l] 0.72l	[0.86l+10] 0.86l+10	0.66l(단순·가동) 0.06l(단순·고정) 0.60l(연속·가동)	1.00l
	하로	[0.86l] 0.86l	[1.01l+10] 0.84l+10	0.80l(단순·가동) 0.08l(단순·고정) 0.60l(연속·가동)	
	PC	[(0.60+0.6β)l] (0.48+0.6β)l	[0.96l+10] 0.60l+10	0.64l(단순·가동) 0.04l(단순·고정) 0.60l(연속·가동)	0.90l
	RC	[(0.60+0.2β)l] (0.48+0.2β)l	[0.72l+10] 0.60l+10		0.70l

※ β : 건조수축, 크리프의 감소계수. ( )값은 고무계통 신축이음장치에 적용. [ ]값은 한냉지방 적용

표 2.6 일본의 신축량 산정기준 비교(2)

구 분		나고야 고속도로공사	후쿠오카북큐슈 고속도로공사	홋카이도 개발국	장대교 기술연구회
온도 변화 항목	상로(RC바닥판)	−10~+40℃	(−10~+40℃) −10~+50℃	−20~+40℃	−10~+50℃
	하로(강바닥판)	−10~+50℃			
	PC	−5~+35℃	−5~+35℃	−15~+35℃	
	RC	−5~+35℃	−5~+35℃	−15~+35℃	
온도 변화	상로(RC바닥판)	0.60ℓ	(0.60ℓ) 0.72ℓ	0.6×1.2ℓ	0.72ℓ
	하로(강바닥판)	0.72ℓ			
	PC	0.40ℓ	0.40ℓ	0.50ℓ	
	RC	0.40ℓ	0.40ℓ	0.50ℓ	
건조 수축	상로(RC바닥판)	–	–	–	–
	하로(강바닥판)	–			
	PC	0.20ℓβ	0.10ℓ	0.20β	
	RC	0.20ℓβ	0.10ℓ	0.20ℓβ	
크리프	상로	–	–	–	–
	하로	–			
	PC	0.40ℓβ	0.17ℓ	0.40ℓβ	
	RC	–	–	–	
소계 (기본 신축량)	상로	0.60ℓ	(0.60ℓ) 0.72ℓ	0.72ℓ	0.72ℓ
	하로	0.72ℓ			
	PC	(0.4+0.6β)ℓ	0.67ℓ	(0.5+0.2β)ℓ	
	RC	(0.4+0.2β)ℓ	0.50ℓ	(0.5+0.2β)ℓ	
신축 여유량	상로	0.40ℓ	(0.66ℓ) 0.28ℓ	0.07ℓ	0.28ℓ
	하로	0.28ℓ			
	PC	0.4(0.4+0.6β)ℓ	0.20ℓ	0.05ℓ	
	RC	0.4(0.4+0.2β)ℓ	0.28ℓ	0.05ℓ	
합계	상로	1.00ℓ	(0.66ℓ) 1.00ℓ	0.79ℓ	1.00ℓ
	하로	1.00ℓ			
	PC	1.4(0.4+0.6β)ℓ	0.93ℓ	(0.55+0.2β)ℓ	
	RC	1.4(0.4+0.2β)ℓ	0.70ℓ	(0.55+0.2β)ℓ	

※ β : 건조수축, 크리프의 감소계수. ( )내 값은 고무계통 신축이음장치에 적용하는 값임.
[ ]내 값은 한냉지방에 적용함.

2.2 신축이음장치 본체 설계

(본 절은 (주)동일본 고속도로의 "설계요령 교량설계편"에서 발췌한 내용임)

2.2.1 재료

강재 핑거 신축이음에 적용하는 설계활하중은 연직하중(P)는 100kN, 충격계수(i)는 1.0으로 한다. 사용하는 재료는 표 2.7을 표준으로 한다.

표 2.7 강재 핑거 신축이음에 적용하는 강재

명칭	재질	치수, 판두께, 규격 등
페이스 플레이트	SM400B,C, SM520C	JIS G 3106 최소두께 32mm
복부 플레이트	SM400A	JIS G 3106 최소두께 22mm
플랜지 플레이트	SM400A	JIS G 3106 최소두께 12mm
다이아프램 상부정착판	SM400A	JIS G 3106 최소두께 12mm 표준 300 Pitch
강판 전단연결재	SM400A,B	JIS G 3106 최소두께 12mm 표준 300 Pitch, 표준공경 Φ65mm
앵커홀	NSD400	D25mm×350mm 강판 전단연결재 간격마다 4본 설치
배수 재료	SUS 304	JIS G 4305
세트 볼트	F10T	JIS B 1186(너트 풀림방지 기능)

페이스 플레이트에 사용하는 재질은 "일본 도로교시방서 II 1.6 강종의 선정"에서 SM400B의 경우에는 40mm까지 적용할 수 있으므로 40mm 이상의 강판에는 SM400C 및 SM520C를 사용한다. 신축이음장치 설치에 사용하는 콘크리트는 본체 콘크리트와 동등 이상의 품질을 사용해야 하므로 전단연결재 등의 정착을 고려해서 선정하는 것으로 한다.

2.2.2 허용응력

페이스 플레이트의 사용재료는 내피로성 및 충격 측면에서 SM400B, C를 표준으로 한다. 신축량이 증가함에 따라 페이스 플레이트가 두꺼워지게 되나 현재의 제작기술로 가능한 페이스 플레이트 두께는 100mm가 한계이므로 판두께가 100mm를 초과하는 경우는 재질을 SM520C로 하는 것이 좋다. 이러한 경우, 재질 상향으로 인해 판두께가 얇아지게 되면 작용응력도 증가하여 피로 내구성 문제가 발생할 수 있으므로 재질을 상향시킬 경우는 안전하게 판두께를 100mm로 고정하는 것이 바람직하다.

피로 내구성을 증가시키는 측면에서 페이스 플레이트에는 판두께 40mm 이하에 대해서도 표 2.9와 같이 판두께 40mm 이상의 작용응력으로 제한하기로 한다.

표 2.8 강재 허용응력

강재 종류	SS400, SM400	
강판 판두께(mm)	40 이하	40~100
허용인장응력 σ_{ta}	140 N/mm²	125 N/mm²
허용압축응력 σ_{ca}	140 N/mm²	125 N/mm²
허용전단응력(τ_a)	80 N/mm²	75 N/mm²
필렛용접 허용전단응력(τ_a)	80 N/mm²	75 N/mm²

표 2.9 페이스 플레이트 허용응력

강재 종류	SS400, SM400		SM520
강판 판두께(mm)	40 이하	40~100	100
허용인장응력 σ_{ta}	140 N/mm²	125 N/mm²	190 N/mm²
허용압축응력 σ_{ca}	140 N/mm²	125 N/mm²	190 N/mm²
허용전단응력(τ_a)	80 N/mm²	75 N/mm²	110 N/mm²
필렛용접 허용전단응력(τ_a)	80 N/mm²	75 N/mm²	110 N/mm²

2.2.3 기본형상

강재 페이스 플레이트의 구조는 그림 2.4를 표준으로 하며 평면형상은 그림 2.5를 표준으로 한다. 종전의 핑거 형식 신축이음은 페이스 플레이트와 복부재를 T형으로 접합한 구조로서 바닥판과의 정착부는 페이스 플레이트 하면과 바닥판 사이의 공극을 무수축모르타르로 충진한 구조로 하였다. 그러나 이 구조는 페이스 플레이트가 두꺼워지면 무수축모르타르 충진이 어려워진다. 또한, 모르타르에 공극이 발생하면 신축이음 부식, 용접접합부의 피로손상으로 나타나기도 한다. 그러므로 핑거형식의 기본구조는 신축이음 본체와 콘크리트가 확실히 접합될 수 있는 박스형상으로 하였다. 조사된 손상사례로부터 페이스 플레이트와 복부재는 용접접합을 하여 탈착이 어려운 형태로 하였다.

종래의 바닥판과 교대 접합부는 앵커 플레이트 및 앵커에 의해 정착하는 구조였다. 이러한 앵커구조는 선단에서 부착력이 작기 때문에 신축이음 본체와 콘크리트부에 미소한 변위가 발생하고 내구성 저하를 유발할 수 있다. 그러므로 구멍이 있는 강판형 전단연결재, 상부 정착판 및 앵커를 사용하여 부착성능 및 강성을 증대시킨 구조를 표준으로 하였다. 신축이음의 하부는 단부 횡가로보 콘크리트 또는 교대 콘크리트에 타설하는 것으로 해서 신축이음 본체를 지지하는 구조를 표준으로 한다.

강판형 전단연결재의 구멍은 바닥판 및 교대 형상을 고려하여 배치된다. 이런 경우에도 전단연결재의 변위를 억제할 수 있도록 2열, 2단 이상으로 하는 것이 바람직하다.

페이스 플레이트 평면형상은 핑거 길이(l_o)에 따라 그림 2.5에 표시된 형태를 표준으로 하였다. A-Type 표준형상은 자동 이륜차의 앞바퀴 폭원(70mm)를 고려해서 거더가 온도변화 등에 의해 신축하더라도 교축직각방향의 페이스 플레이트 유간은 70mm이하가 되도록 한다. B-Type은 신축량이 크게 발생하는 경우에도 대처할 수 있도록 A-Type와 마찬가지로 교축직각방향의 유간을 고려하였다. A-Type과 B-Type의 적용구분은 핑거 길이(l_o) 150mm를 기준으로 하였다.

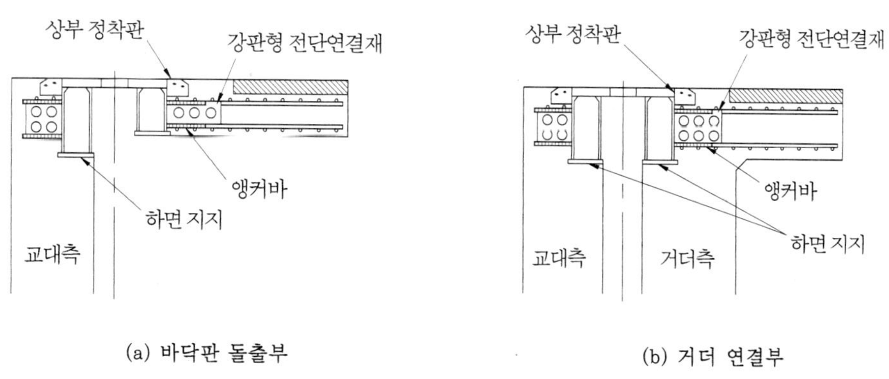

그림 2.4 강재 핑거 신축이음의 표준구조도

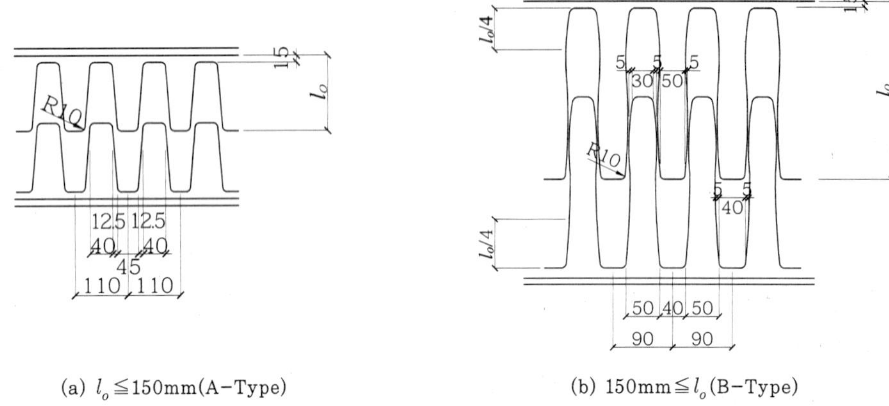

(a) l_o≦150mm(A-Type)　　(b) 150mm≦l_o(B-Type)

그림 2.5 페이스 플레이트 표준 형상

페이스 플레이트 선단형상은 그림 2.6과 같이 면절취를 하는 것으로 한다. l과 h는 그림 2.6에 나타내었으며 표준적인 절취형상은 표 2.10에 나타내었다. 표에서 a는 받침 중심에서 페이스 플레이트 선단까지의 거리(이하, 단부거리)이다.

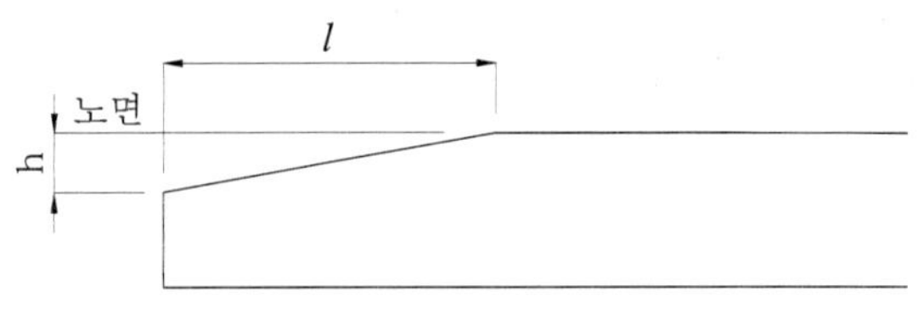

그림 2.6 페이스 플레이트 선단부 형상

표 2.10 페이스 플레이트 선단부의 표준 면절취 형상

구분	종단경사 i	i ≦ 2%		2%< i ≦ 4%		4%< i ≦ 6%	
	신축 거더길이 L(m)	L≦250	250<L≦500	L≦250	250<L≦500	L≦250	250<L≦500
콘크리트교	a≦500	5:50	5:50	5:50	10:100	10:100	15:150
	500<a≦1,000	5:50	10:100	10:100	10:100	10:100	15:150
	1,000<a≦1,500	10:100	10:100	10:100	15:150	10:100	15:150
강교	a≦500	5:50	10:100	10:100	10:100	10:100	15:150
	500<a≦1,000	10:100	10:100	10:100	15:150	15:150	20:200
	1,000<a≦1,500	15:150	15:150	15:150	20:200	15:150	20:200

표 2.10은 받침회전에 따라 발생하는 페이스 플레이트의 선단 회전변위량 등을 산출하는 것은 복잡하기 때문에 표준적인 면절취 형상을 안전측으로 설정한 것이다. 따라서 종단경사가 큰 램프교량 등과 같이 면절취로 발생하게 되는 소음·진동의 영향이 우려되는 곳은 별도의 구조계산을 한다. 온도변화, 크리프, 건조수축, 합성후 고정하중, 활하중 및 신축이음 설치후의 거더변형에 따라 발생하는 받침회전에 맞추어 페이스 플레이트 선단의 회전변위량을 산정한다. 종단경사 영향에 따라 페이스 플레이트 선단의 높이방향 엇갈림량(그림 2.7)을 산정하고 면절취 형상을 설정하는 것이 좋다. 이러한 경우, 면절취 경사는 표 2.10에 준해 설정하는 것이 좋다.

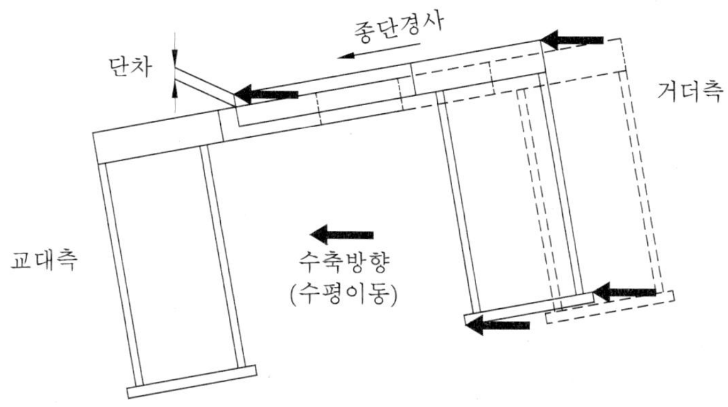

그림 2.7 종단경사 영향에 따른 페이스 플레이트 선단부의 높이방향 엇갈림량

2.2.4 핑거 길이 및 복부재 유간

핑거 최소 유간과 핑거의 최소 겹침은 표 2.11을 표준으로 한다.

표 2.11 핑거길이의 최소 겹침길이

신축장(m)	핑거 최소유간 b_{min}(mm)	핑거 최소 겹침길이 c_{min}(mm)
L≦50	20	25
50＜L≦100	25	30
100＜L≦150	30	35
150＜L≦200	35	40
200＜L≦250	40	45
250＜L≦300	45	50

여기서, b_{min} : 최고온도 시 b값, c_{min} : 최저 온도 시 c값

주) 설치시의 온도오차를 ±8℃를 고려하며 신축장 50m마다 겹침길이 및 유산을 5mm 크게 한다. 신축장 300m 이상인 경우에는 신축장 50m마다 겹침길이 및 유간을 5mm 증가된 값으로 하는 것이 좋다.

핑거 길이는 식 (2.1)에 따라 산정한다.

$$l_o = \Delta L + b_{min} + c_{min} + 15(mm) \quad (2.1)$$

여기서, l_o : 핑거 길이(mm), ΔL : 신축량(mm)

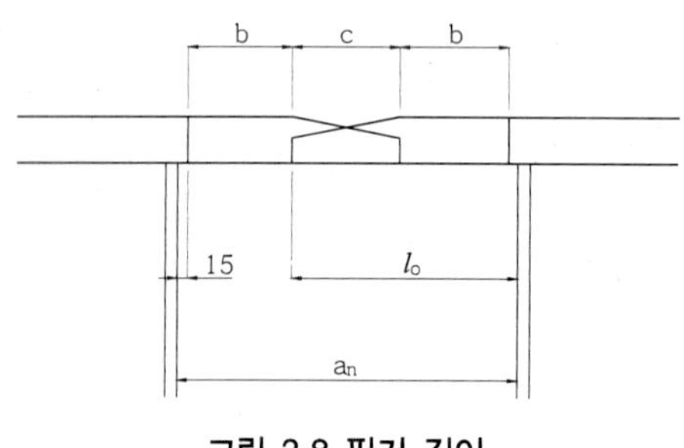

그림 2.8 핑거 길이

중심기준온도(n℃)에서 복부재 유간 a_n은 식 (2.2)에 따라 산정한다.

$$a_n = l_o + b + 15(mm) \quad (2.2)$$

$$b = \Delta L_t + b_{min}(mm)$$

여기서, $\Delta L_t^{(+)}$는 중심기준온도에서 최고온도까지 온도차이에 따른 신축량(mm)

이며 $\Delta L_t^{(+)}$는 표 2.12에 따라 구한다.

표 2.12 복부재 유간

종 류		$\Delta L_t^{(+)}$	
		보통지방	한랭지방
강교	상로교	(0.72L+10)×25/50	(0.86L+10)×30/60
	하로교, 강바닥판교	(0.86L+10)×30/60	(1.01L+10)×30/60
PC교		(0.84L+10)×20/40	(0.96L+10)×25/50
RC교		(0.60L+10)×20/40	(0.72L+10)×25/50

임의의 온도(m℃)에서 복부재 유간 a_m은 식 (2.3)에 따라 구한다.

$$a_m = a_n + \Delta T \cdot \Delta L_t^{(+)} / T(mm) \quad (2.3)$$

$\Delta T = n℃ - m℃$

여기서, ΔT : 중심기준온도에서 설치시 온도까지의 온도차이

T : 최고온도에서 중심기준온도까지의 온도차이로 한다.

강재 핑거 신축이음의 기본단면과 설계계산에 사용하는 기호를 그림 2.9에 나타내었다.

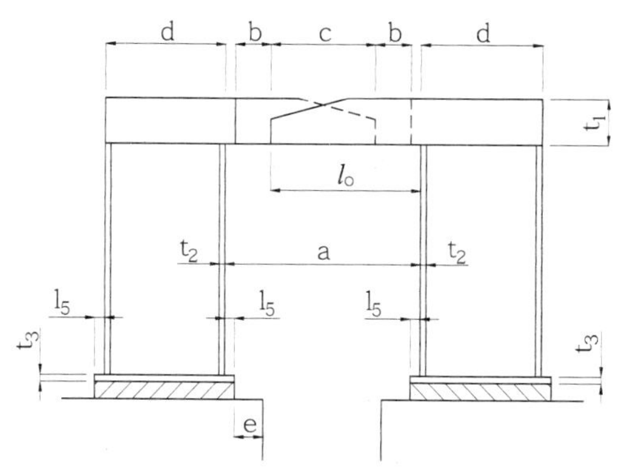

그림 2.9 강재 핑거 신축이음의 기본단면

a_{15} : 복부재 유간 – 봄 · 가을 설치 시(표준 설치온도 +15℃)
a_{25} : 복부재 유간 – 여름 설치 시(표준 설치온도 +25℃)
a_5 : 복부재 유간 – 겨울 설치 시(표준 설치온도 +5℃)
b : 핑거 유간
b_{min} : 최고온도 시 핑거 유간
c : 핑거 겹침길이
c_{min} : 최저온도 시 핑거 겹침길이
d : 핑거 여유길이
e : 단부여유량(약 20mm)
l_o : 핑거 길이
t_1 : 핑거 플레이트 두께
t_2 : 복부 플레이트 두께
t_3 : 하부플랜지 플레이트 두께

2.2.5 페이스 플레이트

1) 휨모멘트 산정

페이스 플레이트의 하중재하위치는 핑거의 선단으로 하고 좌우의 핑거가 균등히 분담하는 것으로 한다. 휨모멘트는 복부위치에서 지지된 l_o를 보 길이로 하는 캔틸레버로 계산하는 것이 좋다(그림 2.10 참조).

2) 페이스 플레이트 저항폭원

페이스 플레이트의 저항폭원 B_f는 후륜폭(500mm)에 핑거 플레이트의 선단부 간격(λ_f)과 핑거 피치(P_o)의 비(γ)를 곱한 값으로 한다. 핑거 형상에 따른 γ값은 표 2.13과 같이 적용한다(그림 2.11 참조).

표 2.13 페이스 플레이트의 핑거 피치와 선단부 간격

구분	적용구분	P_o	λ_f	γ
A-type	$l_o \leqq 150$mm	110mm	65mm	0.59
B-type	150mm $< l_o$	90mm	50mm	0.56

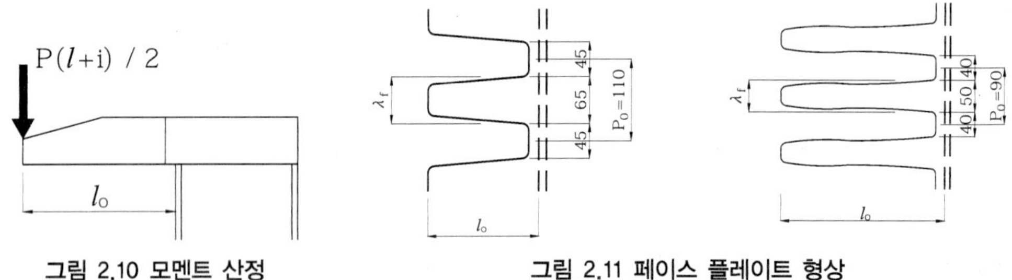

그림 2.10 모멘트 산정

그림 2.11 페이스 플레이트 형상

3) 페이스 플레이트 두께(t_1)

페이스 플레이트 두께(t_1)는 작용 휨모멘트(M) 및 페이스 플레이트 저항폭원 B_f를 이용해서 식 (2.4), 식 (2.5)에 따라 구한다.

$$\sigma_s = M/Z = 6 \cdot M/\left(B_f \cdot {t_1}^2\right) \leqq \sigma_{sa} \quad (2.4)$$

$$t_1 \geq \sqrt{6 \cdot M/(B_f \cdot \sigma_{sa})} \ \text{(mm)} \quad (2.5)$$

여기서, σ_s : 페이스 플레이트의 휨인장응력도(N/mm^2)

σ_{sa} : 강재 허용 휨인장응력도(N/mm^2)

Z : 페이스 플레이트 단면계수(mm^3)

03 형식분류 및 적용현황

60~70년대 한강에 가설된 교량의 상부형식은 강합성 박스거더교, 강판형교 및 PSC 빔교로서 연속된 교량길이가 짧기 때문에 신축이음장치의 신축용량이 작은 범위에 속해 있다. 주로 사용된 신축이음 형식은 노출면이 고무재질인 트랜스플렉스 형식, Rubber-Top 형식이거나 배수장치가 없는 핑거 형식을 적용하였다. 그러나 교통량의 증대 및 중차량 통행으로 인해 마모 손상이 가속화되고, 신축이음장치의 누수 등에 의해 상부구조 받침에도 많은 영향을 미치게 되었다. 90년대 들어 대대적으로 보수공사를 하게 되었으며 주로 적용된 형식은 주행성이 양호하고 유지관리가 용이한 핑거 형식이다. 또한 연속 경간장이 길어 신축용량이 큰 서강대교(ILM, 960m), 가양대교(강바닥판), 영흥대교(사장교) 등의 장대교량에는 레일 형식이 적용되었다.

3.1 레일 형식

상부의 강재 빔을 고무씰로 연결 설치하고 하부는 가로보를 설치하여 하중을 분산시키며 가로보는 베어링과 스프링으로 지지되는 구조로서 그림 3.1에 개략적 표준 단면을 나타내었다. 기본적으로 레일 형식은 동역학적인 개념이 도입되어 있으며 스프링과 베어링은 감쇠역할을 하여 충격을 완화시키고, 신축이음장치 본체의 피로를 감소시킨다. 특히 많은 부품으로 구성되어 있고, 공용 중에 보수, 보강이 어려우므로 초기 시공단계에서 정밀한 시공이 요구되며, 대용량은 전문업체에 의한 정밀 시공이 바람직하다.

장대교와 같이 신축량이 큰 교량의 경우는 레일 형식이 비교적 유리한 것으로 평가되고 있다. 일반적으로 180~600mm의 신축범위에서 많이 적용되며, 홍콩 칭마교에서는 ±2,000mm까지 사용된 사례가 있다.

그림 3.1 레일 형식 개요도

주요 특징으로는 완벽한 방수성, 내구성 및 주행성이 우수하나, 구조가 복잡하고 주행 시 소음이 다소 크게 나타난다. 전체 교폭에 대해 일체형으로 설치되므로 보수공사 시 교체가 어려우나 정밀시공하는 경우 내구성 및 유지관리에 문제가 발생하지 않는다. 단경간부터 신축량이 큰 장경간의 콘크리트교, 강교 등 모든 교량에 적용이 가능하며 중차량 하중과 회전변위가 큰 교량 단부에 적합한 형식이다. 그림 3.2에 대표적인 레일 형식 횡단면을 나타내었으며 그림 3.3은 국내에 설치된 레일 신축이음의 주요사례이다.

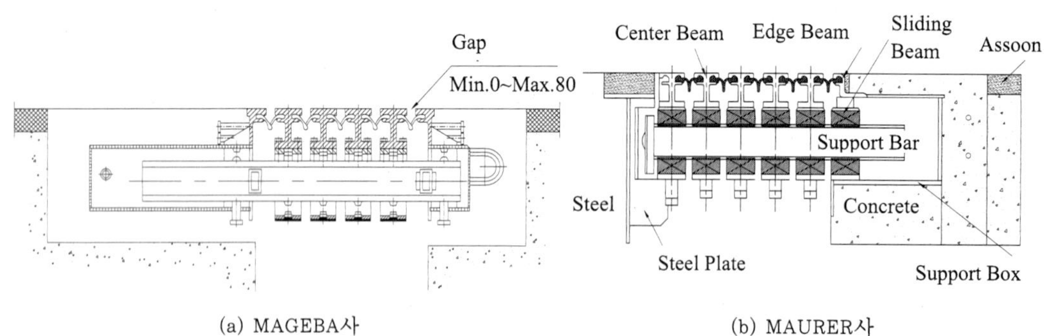

(a) MAGEBA사 (b) MAURER사

그림 3.2 레일 형식 개요도

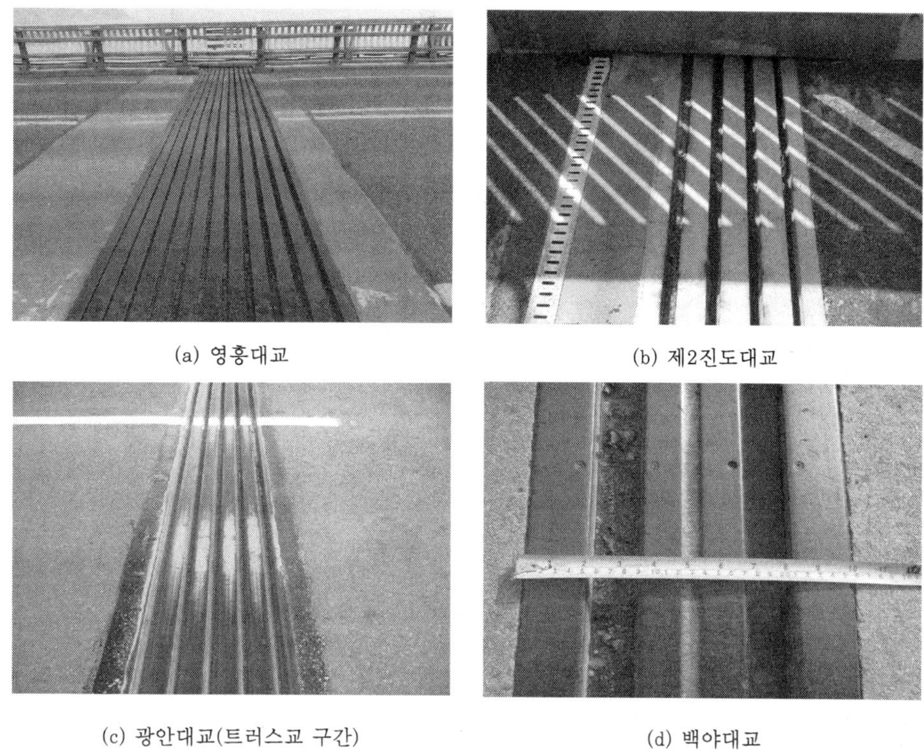

(a) 영흥대교

(b) 제2진도대교

(c) 광안대교(트러스교 구간)

(d) 백야대교

그림 3.3 레일 형식 주요 적용사례

2000년대 초기부터는 레일 형식의 단점인 소음발생 저감 및 노면단차를 해소시키기 위한 방안으로 그림 3.4와 같이 레일 빔 상부에 Sinus Plate(강재)를 볼트로 연결하는 형식이 개발되었고 점차적으로 확대 적용되고 있다.

레일 형식을 많이 적용하는 유럽에서도 차량 주행시 발생되는 소음으로 인해 다소 문제점이 발생되었으며, 레일 하단의 베어링 및 스프링에 의한 탄성원리로서 충격하중을 흡수하고 방수기능이 우수할지라도 주거지역과 인접한 곳에서는 소음으로 인해 그 적용성이 저하되는 것이 일반적이다.

이를 극복하기 위해서 레일 형식 상단에 추가적인 플레이트를 부착한 복합 형식을 설치하여 일반 레일 형식 소음의 80%까지 감소시킬 수 있으며 기설치된 레일 신축이음장치에도 설치가 가능하게 되었다.

(a) MAURER사

(b) MAGEBA사

(c) 스위스 설치사례

그림 3.4 저소음형 레일 형식 설치사례

1980년대 후반부터 1990년대 후반까지는 레일 형식 중에서 그림 3.5와 같이 레일 하단에 3W 형상의 힌지를 적용한 사례가 일부 있었다. 구조특징으로는 신축이음장치의 가장 취약부분인 특수고무와 철물과의 접촉부분을 리벳으로 고정하고 상부 지지철물의 보강재는 핀 형식으로 지지하여 교통하중에 대한 수평·수직력을 레일 구조의 변형 없이 흡수하는 방식이다. 특수 강재사용으로 부식마모에 우수하며 염화칼슘에 대한 저항성을 증대시킨 것으로서 올림픽대교와 신거제대교 등에 설치된 사례가 있다. 그 후 올림픽대교는 거동이상으로 인해 핑거 형식으로 교체되었고 신거제대교는 현재도 사용 중에 있다.

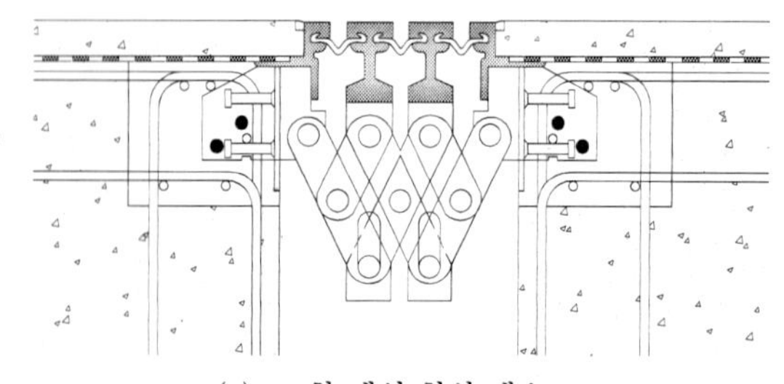

(a) 3W형 레일 형식 개요도

(b) 신거제대교 3W 레일 형식

그림 3.5 3W형 레일 형식 설치사례

3.2 핑거 형식

주행면에 노출되는 플레이트(알루미늄, 강재)가 볼트로 고정되어 있으며 하부에 방수용의 고무가 설치된 것으로서 그림 3.6에 핑거개요를 나타내었으며 이동량은 50~700mm 범위에 있다. 핑거형식의 주요 특성을 요약하면 표 3.1과 같다.

그림 3.6 핑거 형식 개요도

표 3.1 핑거 형식 주요 특성

구분	내용
특 성	• 블록아웃(Block out)의 크기가 작아 거더교에 적용성 양호 • 주행성이 우수하고 소음이 적음 • 주요 구성요소가 강재이므로 내구성 우수 • 구조가 단순하여 하자요소 적음. • 신축량이 큰 초장대교량에는 적용성 저하 • 사교, 급한 종단경사 적용 시 정밀 검토 필요 • 레벨조정, 방수처리 등 시공 난이도 높음.
시공성 및 유지보수	• 1m 길이로 제작되어 무게가 가벼워 운반, 취급 등 시공 용이 • 분할시공으로 인접 핑거간 높이 조정에 의한 정밀시공 필요 • 대부분 볼트 형식으로 시공이 간편 • 부분적 차량통제로 보수가 가능 • 신축이음부 방수, 배수처리 문제 상존
적용성	• 도심지의 경우 소음발생이 적고, 유지보수의 간편성으로 교통통제 최소화가 가능하여 사용증가

초기에 적용된 핑거 형식은 그림 3.7(g), (h), (i)에서와 같이 하부에 배수시스템이 없는 강재 핑거로서 1970년대~1990년대에 걸쳐 당시로서는 신축량이 큰 교량에 적용되었던 형식이다.

그러나 비배수형식으로서 누수에 따른 하부거더 및 받침 열화손상이 발생하였다. 1990년대 중반부터 하부에 배수시스템을 갖춘 핑거형식이 그림 3.7(d), (e), (f)와 같이 적용되었다.

표 3.2 H사 핑거 형식 개요도

구 분	개 요	단면도	실물 이미지
대용량	• 허용 신축량 : 180~1,000mm • 핑거 재질 : 강재		
중소용량	• 허용 신축량 : 60~230mm • 핑거 재질 : 알루미늄		

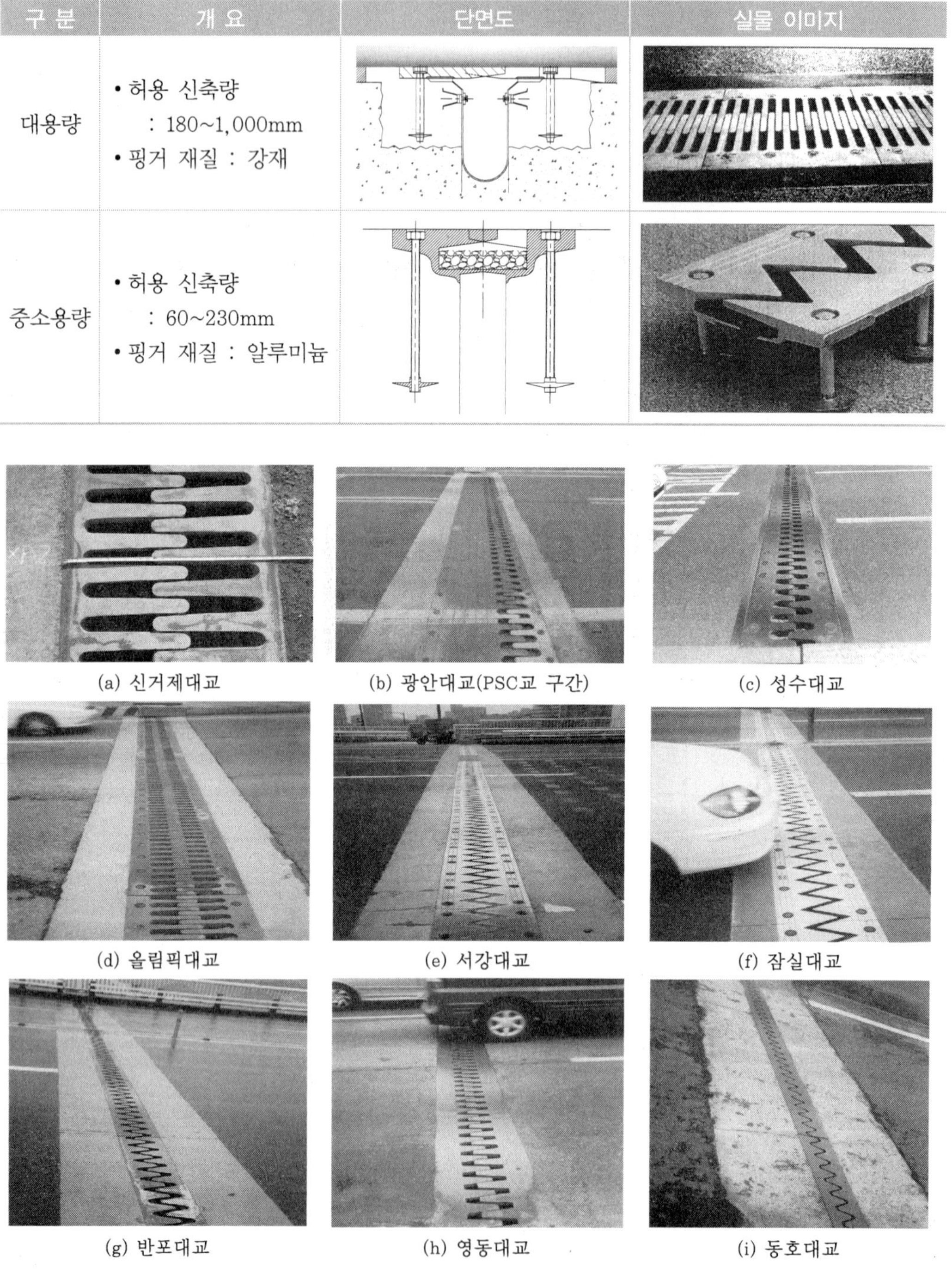

(a) 신거제대교 (b) 광안대교(PSC교 구간) (c) 성수대교

(d) 올림픽대교 (e) 서강대교 (f) 잠실대교

(g) 반포대교 (h) 영동대교 (i) 동호대교

그림 3.7 핑거 형식 주요 설치사례

신축이음장치는 비배수형으로 하는 것이 어려워 과거에는 많은 곳에서 누수가 발생하였으며, 누수가 거더 및 받침의 부식원인이 된 사례가 많기 때문에 배수구조로 하는 것이 원칙이다. 배수구조로 하는 경우에도 예측하지 못한 손상이 발생하게 되면 레일형식보다는 쉽다고는 해도 역시 교통통제 등 보수가 곤란하기 때문에 배수관 등의 배수장치를 병행하여 설치하기도 한다. 배수장치는 스테인레스 및 고무 등 부식이 발생하지 않는 재료를 사용한다.

중소용량 신축이음장치의 핑거 하단에 설치하는 지수재는 그림 3.8과 같이 다양한 형태의 탄성씰 및 백업재로 구성된다. 신축이음장치 유간의 신축에 대해서는 지수구조 자체가 체적변화를 일으키는 구조이기 때문에 큰 신축에 대응할 수 있는 제품이 개발되고 있다. 이와 같은 구조는 지수기능이 우수해야 하고 손상이 발생하여도 교체가 용이한 세부구조로 설계되어야 한다. 특히, 신축량이 큰 경우 노면위치에서 지수구조의 보수·교체가 곤란하게 되는 경우가 있으므로 해당교량의 특성을 고려하여 적용하는 것이 좋다.

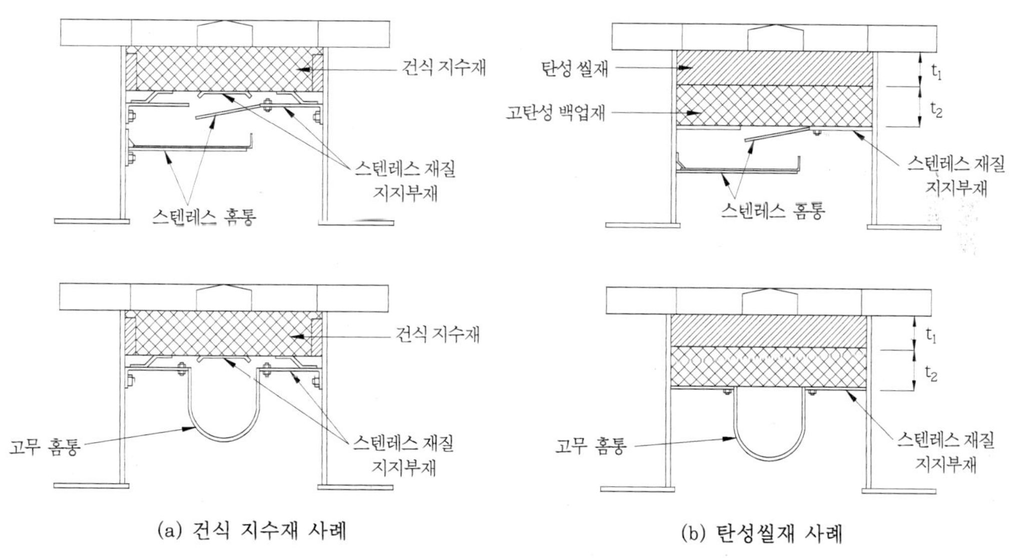

그림 3.8 지수재 및 배수관 설치사례

탄성씰재 및 백업재로 구성되는 지수재를 적용하는 경우, 신축량이 600mm까지는 표 3.3~표 3.5의 탄성씰재 및 백업재 치수와 형상을 참고하는 것이 좋다.

표 3.3 유간에 따른 탄성씰재 두께 적용범위(유간은 표준온도 기준)

적용범위	두께 t_1
복부재 유간 < 225mm	70mm
225mm ≦ 복부재 유간 < 255mm	80mm
255mm ≦ 복부재 유간 < 285mm	90mm
285mm ≦ 복부재 유간	100mm

표 3.4 유간에 따른 고탄성 백업재 두께 적용범위(유간은 표준온도 기준)

적용범위	두께 t_2
복부재 유간 < 250mm	60mm
250mm ≦ 복부재 유간 < 350mm	80mm
350mm ≦ 복부재 유간 < 400mm	100mm
400mm ≦ 복부재 유간 < 600mm	120mm
600mm ≦ 복부재 유간	150mm

표 3.5 유간에 따른 고탄성 백업재 적용형상(유간은 표준온도 기준)

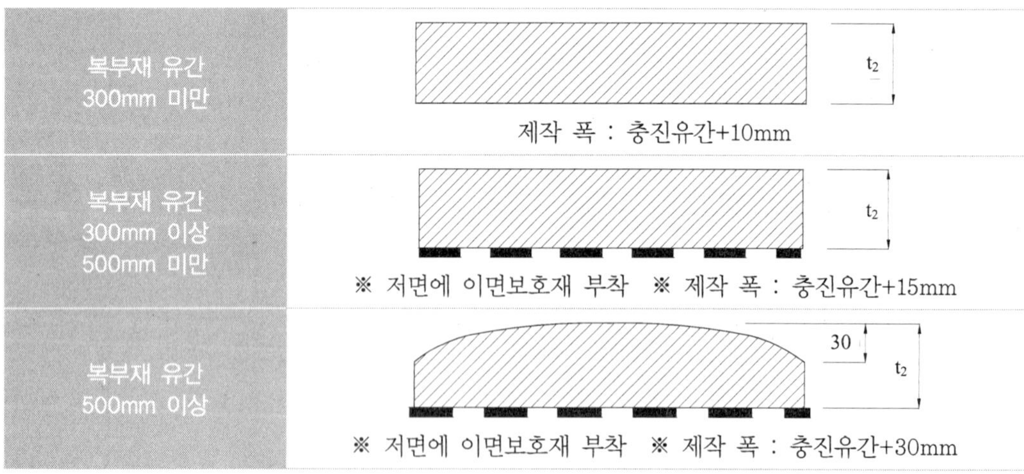

복부재 유간	적용형상
복부재 유간 300mm 미만	t_2 제작 폭 : 충진유간+10mm
복부재 유간 300mm 이상 500mm 미만	t_2 ※ 저면에 이면보호재 부착 ※ 제작 폭 : 충진유간+15mm
복부재 유간 500mm 이상	30, t_2 ※ 저면에 이면보호재 부착 ※ 제작 폭 : 충진유간+30mm

3.3 고무판 형식

네오프렌 고무와 강판이 일체구조로 제작되어 있으며 고무 변형으로 교량의 신축을 흡수하는 형식이다. 고무 재질은 겨울철에 제설제로 사용하는 염화칼슘에 의해 열화손상이 쉽게 발생할 수 있으므로 강설지역에는 사용이 제한된다. 또한 제설장비에 의하여 고무판 표면이 찢겨져 나가고 내부의 지지철판이 노출되거나 이탈되는 문제점이 발생할 수 있으므로 신축이음장치를 후타재보다 5mm 정도 낮게 설치하여 제설장비에 의해 손상되지 않도록 유의하여야 한다. 그리고 정착 볼트가 외부로 노출되어 있는 제품의 경우, 정착 볼트 풀림과 파손 등 정착부와 관련한 문제도 많이 발생한다.

고무판 형식 중에서 가장 널리 사용되었던 제품은 트랜스플렉스 형식이다. 이 형식은 과거에 비하여 품질이 많이 개선되었으나 본질적으로 제품의 구조적인 문제점을 내포하고 있다. 특히, 용량이 100mm 이상인 경우 매우 정밀한 시공이 이루어져야 하며, 그렇지 못한 경우 고무판이 부풀어 올라 차륜에 의하여 신축이음장치가 함몰되는 현상이 발생한다.

1) 트랜스플렉스 형식

고무와 강판이 일체로 제작되어 고무의 변형으로 신축거동하게 되는 형식으로서 단면은 그림 3.9와 같고 신축량 범위는 45~230mm이다. 장점으로는 표면이 고무재로 되어 있어 주행성이 양호하고 블록아웃 깊이가 상대적으로 작다.

단점으로는 내구수명이 짧고 완벽한 방수가 어려우며 고무 마모가 심하여 신축량이 100mm 이상인 경우 수축 시 중앙부가 솟아올라 파손이 잦고 수시로 보수가 필요하며 진동에 의해 정착너트의 풀림이 빈번하게 발생한다. 따라서 과거에는 사용실적이 많았으나 점차 교량이 장대화되고 제품 기능상의 문제점 등으로 인해 현재는 사용빈도가 낮다.

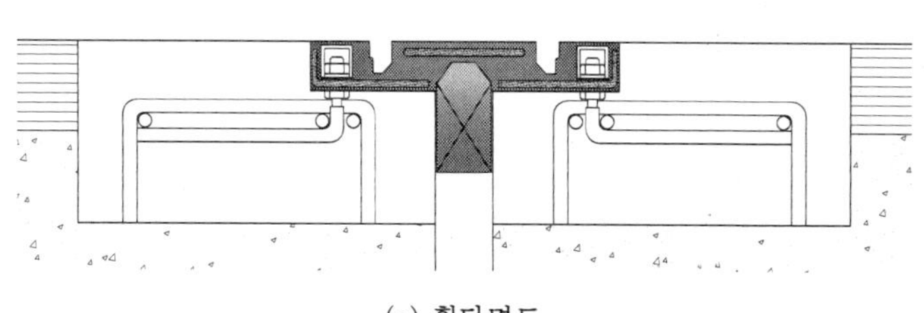

(a) 횡단면도

(b) 설치전경(원효대교)

그림 3.9 트랜스플렉스 형식 설치사례

1985년에 개통한 동호대교는 그림 3.10과 같이 트랜스플렉스 형식인 일본 요코하마사의 HAMA제품을 국내 최초로 적용하였으나 손상증가로 인해 2002년에 핑거형식으로 전면 교체되었다. 1989년에 개통한 올림픽대교 접속교에도 HAMA제품 YS-100, YS-80을 설치한 사례가 있으나 2003년~2004년 교면 재포장공사가 진행되는 시점에서 핑거형식으로 전면 교체되었다.

(a) 동호대교(1985년)

(b) 올림픽대교(1989년)

그림 3.10 HAMA제품(트랜스플렉스 형식) 설치사례

최근 일본에서는 지진변위 발생시 중규모 신축량의 수용, 대용량 유간을 확보하기 위해 개량형 트랜스플렉스 형식을 적용하고 있다. 교량의 면진·분산설계를 고려하였으며 상시 기준으로 신축량 200mm, 최대유간 600mm 가 가능하며 그 형상은 그림 3.11과 같다.

(a) 단면도

(b) 설치 전경

그림 3.11 개량형 트랜스플렉스 형식 설치사례

2) NB 형식

트랜스플렉스 형식의 개량형으로서 주행면에는 네오프렌 고무가 100mm 두께로 설치된다. 내부에는 강철판을 삽입한 일체식이며 상·하로 조립된 앵커볼트가 완벽하게 하중을 지지부로 전달하는 구조로서 그림 3.12와 같다. 양측 보강철판의 하부에는 경사를 두어 콘크리트 타설시 공극을 배제하며 신축이음장치 본체 내부와 슬래브 유간에 흡음재를 삽입하게 된다.

충격하중은 고무 탄성과 강재 강성으로 흡수 및 분산시키고, 신축이동은 고무가 인장·압축하는 구조로서 신축용량은 35~120mm 범위에 주로 적용한다.

본체 및 상부가 고무이므로 마모로 인한 정기적인 교체가 필요하며 종방향 이음부위에서 누수현상이 자주 발생하고 프리셋팅을 할 수 없는 단점이 있다.

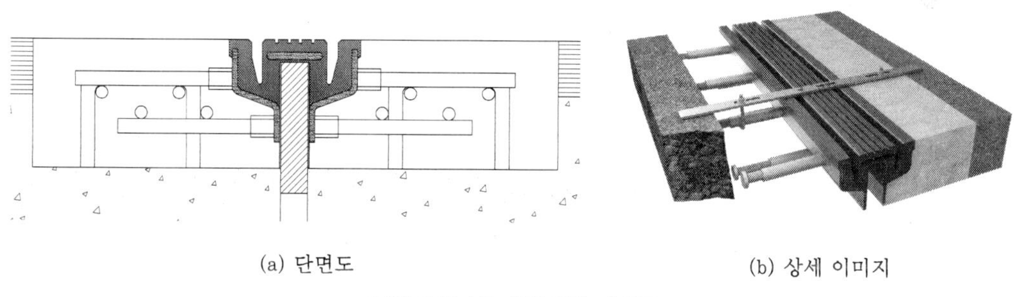

(a) 단면도 (b) 상세 이미지

그림 3.12 NB 신축이음 개요도

3.4 맞댐 형식

맞댐 형식은 이음부에 줄눈재 및 씰재를 삽입하고 필요에 따라 슬래브 단부를 형강 또는 강판으로 보강한 형식으로 신축량이 80mm 이하의 소교량에 주로 사용된다. 현재 국내에서 생산되고 있는 맞댐 형식의 신축이음장치 중에서 보수 시 가장 널리 사용되는 형식은 모노셀 형식이다.

이 형식은 표면에 고무가 노출되어 있어 제설장비에 의하여 손상을 입을 수 있다. 그러나 이 형식은 GAI-Top 형식과 Rubber-Top 형식보다 방수성이 우수하다. GAI-Top 형식은 수직형 핑거구조로서 내구성과 평탄성이 우수하나 씰재의 파손에 따른 누수문제가 발생할 수 있다.

그림 3.13(e)의 GAI-Top 형식은 상부 단부에 파형의 강재판을 종방향으로 고정시키고 중간 유간부에 고무재를 삽입하여 방수와 신축 기능을 동시에 유지하는 것으로서 강재 핑거의 단점 개선과 고무계의 장점을 접목시킨 개량형식이다. (f)의 Rubber-Top 형식은 유간부의 고무와 철판과의 접착부위가 증가된 것으로서 GAI-Top 형식과 유사하나 구조가 단순하고 시공이 간편하다. 그림 3.14에 맞댐 형식 중에서 모노셀 형식과 GAI-Top 형식 설치사례를 나타내었다.

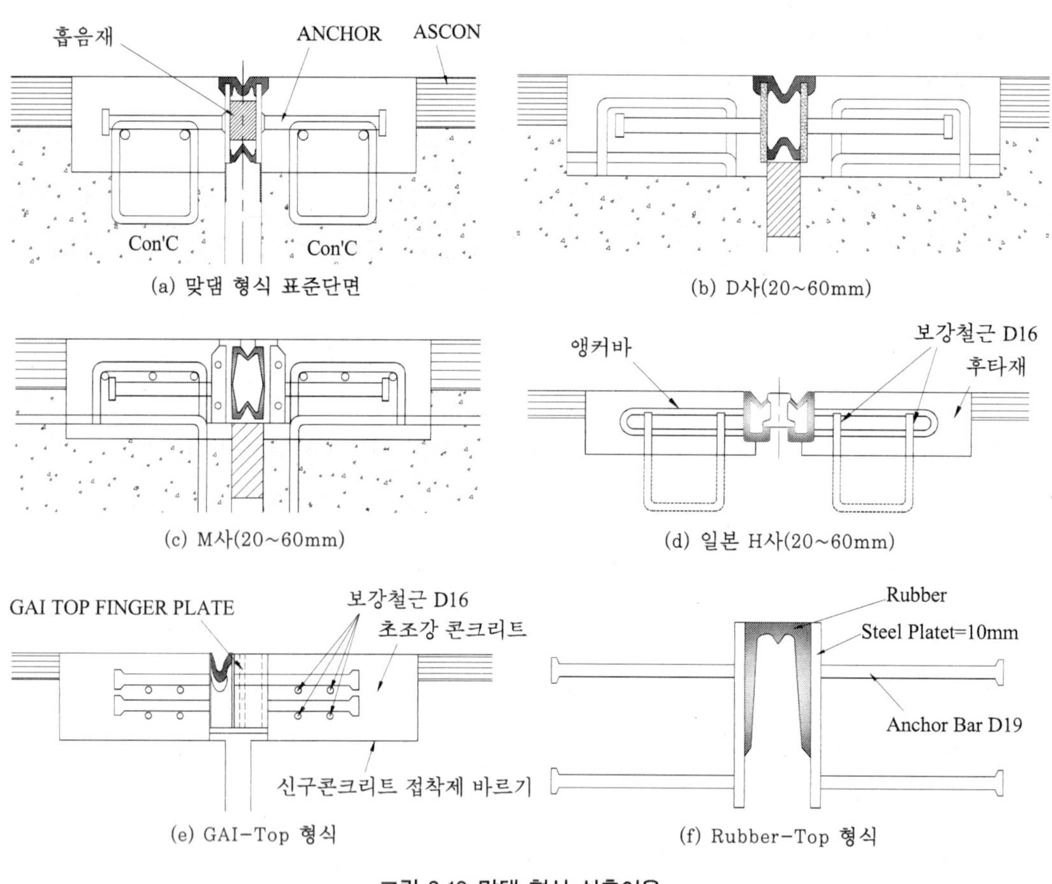

그림 3.13 맞댐 형식 신축이음

(a) 모노셀 형식

(b) GAI-Top 형식

그림 3.14 맞댐 형식 설치사례

3.5 매설 형식

매설 형식은 이음부가 교면에 노출되어 있지 않으며 포장 변형을 통하여 상부구조의 신축을 흡수하는 구조이다. 노면 연속성을 확보할 수 있으므로 비교적 주행성이 우수하며 신축량이 작은 경우에 적용된다.

1) 맹조인트

철재이음장치를 슬래브에 직접 고정시킨 후 포장으로 덮어 차량의 충격을 감소시키는 형식으로서 그림 3.15와 같으며 0.8mm의 동판이 신축작용을 하여 동판과 슬래브 단부철판을 볼트로 고정시킨다. 초기단계에서 다수 적용된 포장형 신축이음형식으로 최근에는 거의 적용하지 않는 형식이다.

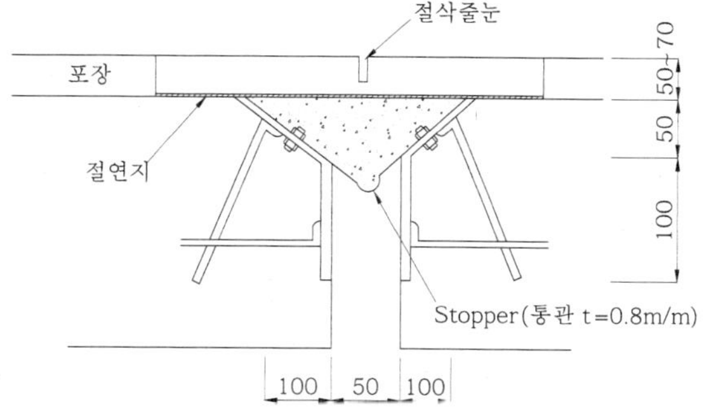

그림 3.15 조인트 개요도

2) 봉함 형식

구조물 유간에는 백업용 롯드나 신축고무를 삽입시키고 포장면에는 탄성 폴리머를 충진하는 것으로서 신축량 10~60mm범위에 적합하다. 상부구조 사이 공간에서 발생하는 방수 문제와 노면 평탄성을 현저하게 개선시킨 형식으로서 그림 3.16과 같다.

특히 탄성복원률이 40~70%로 교통량에 의한 연속하중에 변형이 발생하지 않아 주행성이 우수하고 뛰어난 수밀성과 방수성에 의해 교량 강재의 부식을 방지할 뿐 아니라 기존 보수공법에 비해 시공시간을 단축할 수 있는 장점이 있다.

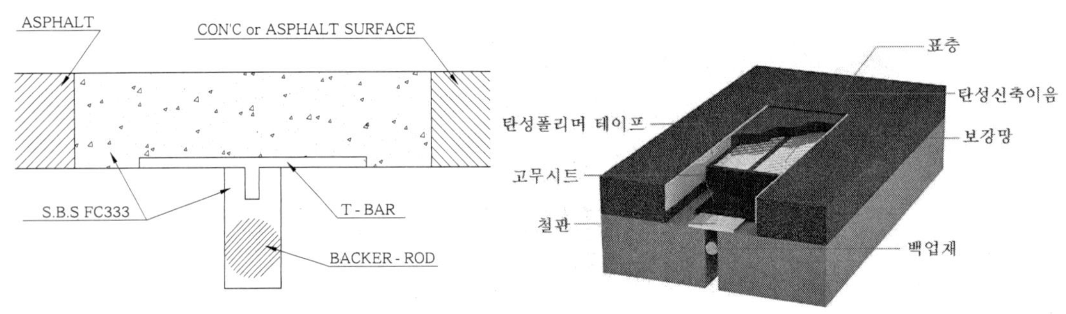

그림 3.16 봉함 형식 개요도

3.6 Roller shutter(Rolling leaf) 형식

신축량이 1m를 초과하는 구간에 주로 적용되는 형식으로서 그림 3.17과 같이 여러 개의 힌지플레이트가 연속적으로 이어져 있고 신축거동 시 하부의 슬라이딩 가이드를 따라 미끄러지게 된다. 신축용량 조정은 힌지플레이트 수와 가이드 박스 길이를 늘림으로써 가능하게 되는 구조이다.

이 형식은 1960년대~1980년대에 걸쳐 대용량을 필요로 하는 현수교와 사장교 등에 주로 적용되었으나 소음증가 등의 문제로 인해 다수 교체되었으며 최근에는 거의 적용되지 않는다. 국내에서는 진도대교, 돌산대교 및 남해대교 등의 장대교량에 설치한 사례가 있으며 돌산대교와 남해대교는 아직 공용중인 상태로서 그림 3.19는 남해대교에 설치된 Roller shutter형식의 내·외부를 나타낸 것이다.

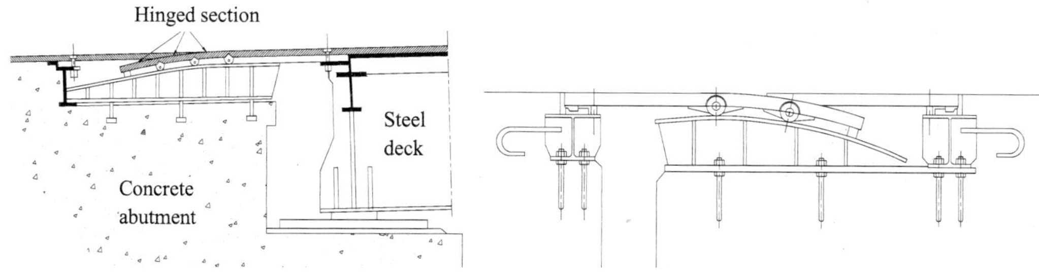

그림 3.17 Roller shutter 개요도

그림 3.18 진도대교에 사용된 Roller shutter형 신축이음장치

(a) 상부 주행면 전경

(b) 하부면 설치 상태

그림 3.19 남해대교 Roller shutter 형식 설치전경

04 손상현황 및 원인분석

차량의 원활한 통행을 주목적으로 하는 신축이음장치는 반복적인 차량하중을 받기 때문에 교량을 구성하는 요소 중에서 가장 파손되기 쉬운 부분이다. 과거에는 단순히 불연속부를 연속화시키는 차량통행이 주목적이었으나 점차 교량의 장대화와 더불어 신축량이 커짐에 따라 신축이음장치가 교량전체에 미치는 영향이 연구되기 시작하고 주행성은 물론 내구성, 방수성, 유지보수성, 경제성 등을 신축이음 선정에 중요한 요소로 인식하게 되었다.

특히 신축이음장치 파손은 그 자체 손실뿐만 아니라 보수를 위하여 차량 통행을 제한해야 하므로 사회적 간접비용의 손실이 크게 된다. 국내에서는 90년대 중반 이후부터 교량유지관리의 중요성이 대두됨에 따라 기존교량의 점검, 유지, 관리, 보수를 집중적으로 하게 되었고 신축이음장치에 대해서도 대대적인 보수 및 교체 작업을 하게 되었다. 본 장에서는 신축이음장치의 다양한 손상사례 조사 및 원인분석을 통하여 형식의 변화과정 및 적합성을 분석하고자 한다.

4.1 국내 고속국도 손상사례 조사 및 분석

1) 1980년 조사자료

1980년 고속국도에 설치된 453개 교량의 신축이음장치를 대상으로 손상상태를 조사하였으며 표 4.1은 형식별로 분류하고 표 4.2는 신축 용량별로 구분하여 나타내었다.

표 4.1 형식별 손상상태 분류(1980년)

구분 / 형태	계(m)	상 태(m)			비 고
		양 호	보 통	불 량	
맹조인트	16,238	8,115(50)	5,124(32)	2,999(18)	( )%
앵글 맞붙임	172	160(93)	–	12(7)	
강재 핑거	415	304(73)	57(14)	54(13)	
샌드위치 S–50	603	177(29)	327(54)	99(17)	
〃 S–70	561	79(14)	339(60)	143(26)	
〃 S–100	214	140(66)	37(17)	37(17)	
〃 C–50	682	372(55)	239(35)	71(10)	
〃 C–70	661	413(62)	145(22)	103(16)	
〃 C–100	348	200(57)	97(28)	51(15)	
합 계	19,894	9,960(50)	6,365(32)	3,569(18)	

표 4.2 신축용량별 손상상태 분류(1980년)

구분 / 신축량	계(m)	상 태(m)			비 고
		양 호	보 통	불 량	
0~15m/m	15,962	8,053(50)	4,880(31)	3,029(19)	( )%
16~50m/m	3,743	1,781(48)	1,442(38)	520(14)	
51~75m/m	15	14(93)	–	1(7)	
76~100m/m	105	97(92)	–	8(8)	
100m/m 이상	69	15(22)	43(62)	11(16)	
합 계	19,894	9,960(50)	6,365(32)	3,569(18)	

2) 1993년 조사자료

각 형식별 내구성을 평가하기 위하여 표 4.3에 나타낸 바와 같이 중부선에 공용중인 103개 교량, 293개 신축이음장치에 대하여 조사를 시행하였다. 조사시점에 공용년수가 5~6년이며, 레일 형식인 MAGEBA ZS, LR과 트랜스플렉스 형식이 주로 사용되었으며 대부분 양호한 것으로 평가되었다.

표 4.3 중부선 형식별 설치현황자료(1993년)

신축이음장치 형식	신축용량(mm)	개소	신축이음장치 형식	신축용량(mm)	개소
MAGEBA ZS	75	96	ACE NB	80	18
MAGEBA LR	160	30	ACE NB	120	6
MAGEBA LR	240	4	FREYSSINET N	75	30
MAGEBA LR	320	4	FREYSSINET FT	100	2
트랜스플렉스	50	46	YOKOHAMA Y.S		4
트랜스플렉스	70	12	모노셀	20	12
트랜스플렉스	100	29			

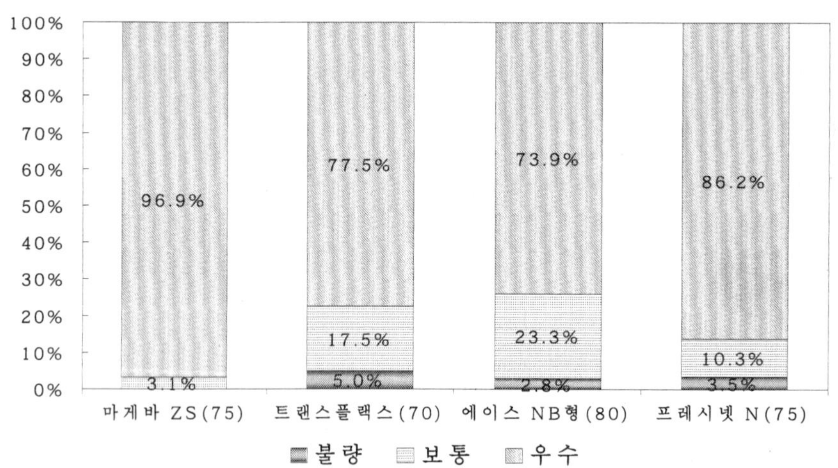

그림 4.1 신축이음장치 형식별 손상현황(1993년, 중부선)

손상현황에 대한 평가결과는 그림 4.1과 같으며 주요사항을 아래와 같이 정리하였다.

- 신축량이 작은 경우(80mm이하)가 큰 경우보다 내구성 및 평탄성이 우수하였다. 특히 레일 형식인 MAGEBA ZS 형식은 대단히 우수한 것으로 평가되었다.
  이러한 레일 형식으로는 MAGEBA, HONEL, SHW, GLACIER, MAURER, FREYSSINET 제품 등이 있으며 비록 제품이 고가이나 현재 80mm이하에서는 가장 내구성이 뛰어난 형식으로 평가되었다.
- 난간부 및 중분대에 신축이음장치가 연장되어 있지 않거나 불완전하게 처리되어 대부분의 교량에서 누수가 발생하였다.

- 차륜과의 접촉면이 넓은 트랜스플렉스 형식은 내마모성이 가장 나쁜 것으로 평가되고, 실제 제설장비에 의하여 표면고무가 찢어지고 철판이 노출되거나 이탈된 경우가 많았다. 또한, 교차로에 위치한 교량과 같이 차량이 감속 및 가속되는 구간에서는 고무표면이 마모되는 것을 관찰할 수 있었다. 따라서 제설장비를 사용하는 구간 내에서는 폭이 넓은 고무판 형식(Plank Seal Joint)의 사용을 제한할 필요가 있는 것으로 분석되었다.
- 평탄성은 신축량이 80mm이하의 경우 매우 우수하나 80mm이상의 MAGEBA LR과 트랜스플렉스 100의 경우 차량 통과시 상당한 소음 및 충격이 느껴졌다. 특히 트랜스플렉스 100의 경우 정착볼트 파손 및 조인트가 부풀어 올라 큰 충격과 소음이 발생하는 경우도 있었다.
- 일부 PSC 교량에서는 건설 당시 크리프, 건조수축 및 여유량을 고려하여 트랜스플렉스 100을 사용하였으나 6년이 경과한 시점에서 교체를 한다면 단지 온도변화만을 고려하여 신축용량을 산정할 수 있다.

  따라서 현재 파손된 신축이음장치를 교체하게 되면 신축용량이 작은 모노셀 형식을 적용하여 내구성 및 경제성을 확보하는 것이 바람직하다. 이러한 경우는 앞에서 언급한 교량 외에도 많은 다른 교량에도 적용되며 이로 인하여 비록 외관은 조금 나빠지나 보수비가 절약될 뿐만 아니라 평가결과가 우수한 신축이음장치를 사용함으로써 유지관리업무를 줄일 수 있다.
- MAGEBA LR 형식 중 용량이 240mm 이상이 경우는 8개소에 사용되었으나 파손이 빈번하고 현재 전면적인 보수가 필요한 실정으로서 전면보수를 위해서는 교통을 완전히 차단해야 하는 문제가 있다. 이러한 파손원인은 신축이음의 자체적인 결함보다는 시공관리 소홀이 주 원인으로 평가되었다.

3) 2002년 4월 조사자료

1991년에서 2000년까지 준공된 교량 중에서 1066개를 대상으로 조사를 시행하였다. 신축이음장치의 형식별 분포도는 트랜스플렉스 397개소(37.0%), 레일 244개소(22.9%), 모노셀 199개소(18.7%), NB 121개소(11.4%) 등의 분포로 적용되었다. 표 4.4의 형식별 하자 현황 분석에서 보면 하자율은 NB 형식이 24%, 트랜스플렉스 형식이 18.6%로서 비교적 높게 발생하고 있다.

표 4.4 하자현황 분석

구 분	합계	신축이음장치 형식							후타 콘크리트 파손
		소계	트랜스 플렉스	NB (ACE)	맹조인트	레일	모노셀	기타	
대상개소	1,066	1,066	397	121	27	244	199	78	
하자개소	146	119	74	29	1	9	4	2	27
비율(%)	13.7	11.2	18.6	24.0	3.7	3.7	2.0	2.6	
최초하자 보수년도	3.7	3.7	3.8	4.2	5.0	2,.6	3.8	3.0	3.4

4) 2002년 5월 조사자료

조사대상 교량은 40개소로서 NB 형식이 28개소(사교 : 22개, 직교 : 6개), 강재 핑거 형식이 10개소, 레일 형식이 2개소로 구성되어있다. 신축이음장치 형식별 조사결과는 표 4.5와 같다.

표 4.5 신축이음장치 형식별 손상특성 분석(2002년)

형식	손상 현황
NB 형식	• 최근 신설노선의 상태는 양호하나 이음부에서 누수 발생 • 사교의 파손율은 60%, 직교는 40%를 나타냄 • 전반적으로 파손율이 높음
레일 형식	• 개통 4~7년이 경과된 레일 형식의 레일 지지대(지지빔, 3W) 파손으로 인해 소음 민원발생 및 보수비용 증가
강재 핑거 형식	• 6년 경과된 강재 핑거에서 상태가 양호하고 소음발생이 적음 • 이음부 누수방지 미흡 • 연약지반에서 교대 변위로 인해 단차 발생

5) 2008년 누수조사 결과

신축이음장치 누수하자가 지속적으로 발생하고 이로 인한 구조물의 2차 열화가 발생하는 문제로 인해 2008년에는 270여개의 교량을 대상으로 누수현황을 조사하고 원인을 집중적으로 분석하게 되었으며 그 결과는 표 4.6과 같다.

표 4.6 신축이음장치 형식별 누수현황 조사(2008년)

구 분	계	레일	핑거	트랜스 플렉스	모노셀	기타	비고
대 상	270	45	39	9	106	71	
누수개소(%)	133(49)	10(22)	16(41)		57(54)	50(70)	

점검대상 신축이음장치 270개 중에 133개소에서 누수가 발생하는 것으로 확인되었고 핑거 및 모노셀 형식 중 73개소가 누수발생이 확인되어 평균적으로 50%에 이르고 있다. 이러한 누수 원인으로 고무 형식(모노셀, NB 등)은 1.8m단위로 생산되어 이음부 및 후타 콘크리트부위 누수에 취약한 것으로 조사되었다. 핑거 형식은 1.0~1.8m 단위로 생산되며 신축량이 적은 경우 하부 누수방지 시설이 없어 누수에 취약한 것으로 평가되었다. 핑거 형식의 하부에는 누수방지시설이 고정식으로 설치되어 배수용 고무에 하자가 발생하여도 교체가 곤란한 단점이 있었다.

4.2 해외 손상사례 조사 및 분석

4.2.1 일본 중부지방

일본 중부지방의 신축이음장치 본체의 손상상태는 표 4.7에서와 같이 맞댐 후 시공형식(포장 시공 후에 설치하는 맞댐 구조)이 가장 높고 그 다음이 고무계, 강재의 순으로 나타나고 있다. 맞댐 후시공형식이 19.8%의 파손율이고, 고무계가 14.2%, 강재가 4.2%의 파손율을 보였다.

표 4.7 신축이음장치 형식별 손상상태 분석(일본 중부지방)

종 류	파 손 형 태
맹 조인트 형식	• 포장부의 균열로 조인트부 탈락 • 조인트부의 토사 유입에 의한 방수조인트 낙히 • 조인트 부근의 포장부 함몰
맞댐 선시공 형식	• 우각부 콘크리트부 균열 및 탈락, 조인트재 탈락 • 앵글 변형, 앵글과 앵커바와의 접합부 파손 • 플랫바 절단, 씰재 탈락
맞댐 후시공 형식	• 씰제의 접칙력 부족, 토사 관입과 차륜하중에 의한 씰재 탈락 • 후타재 경화 시 수축에 의해 포장과 후타재와의 박리 • 후타재 강도부족, 포장면과의 단차에 의한 후타재 부분 함몰
고무 형식	• 초기 압축량 오산, 차륜하중에 의한 본체 고무 파손 • 강판 부착재의 부족에 의한 고무 박리 • 앵커용 강봉과 강재 중판과의 간격에 의한 소음
강재 형식	• 앵커부재 부족 또는 강도부족에 의한 앵커부재 결손 • 앵커부 콘크리트의 다짐불량에 의한 앵커콘크리트 파손 • 리벳 구멍 확대 또는 용접 접합의 결함 등에 의한 페이스 플레이트 탈락 • 강거더와의 접합불량에 의한 차량 통과시 소음 • 배수홈통의 토사 막힘에 의한 배수장치의 기능 상실
공 통	• 앵커볼트 이완 • 볼트홀 충전물의 박리 • 후타재 균열, 함몰 • 후타재 전·후의 요철 • 바닥 슬래브 단부의 파손

표 4.8 신축이음장치 형식별 파손원인(일본 중부지방)

구 분	파 손 원 인	
설 계	• 바닥 슬래브 단부의 강도부족 • 신축이음장치 본체의 강도부족 • 신축이음장치 앵커부의 강도부족	• 후타재 선정 오류 • 신축량 산정 오산 • 사용 형식 부적절
시 공	• 슬래브 유간의 시공오차 • 신축이음장치의 설치불량	• 신축이음장치 앵커부의 시공불량 • 후타재 시공불량
유지관리	• 차륜하중 및 반복하중 증대 • 슬래브 노후화 • 신축이음장치 전후의 노면 요철	• 노면의 청소 불충분 • 화재, 지진 등의 이상사태 발생

4.2.2 영국 손상사례 조사 및 분석

영국의 고규격도로에서는 강재 핑거 형식 및 매설 형식이 다수 이용되고 있으며 일반국도에서는 레일 형식이 많이 적용되고 있다. 아래에는 250여개의 교량을 대상으로 형식별 적용분포를 분석하고 하자사례를 조사하였다.

대상교량 250개에서 APJ(Asphalt Plug Joint)가 50%, EMR(Elastomeric Joint)가 30%, REJ(Reinforced Elastomeric Joint)가 20%로 구성되어 있으며 각 형식별 단면형상은 그림 4.2와 같다.

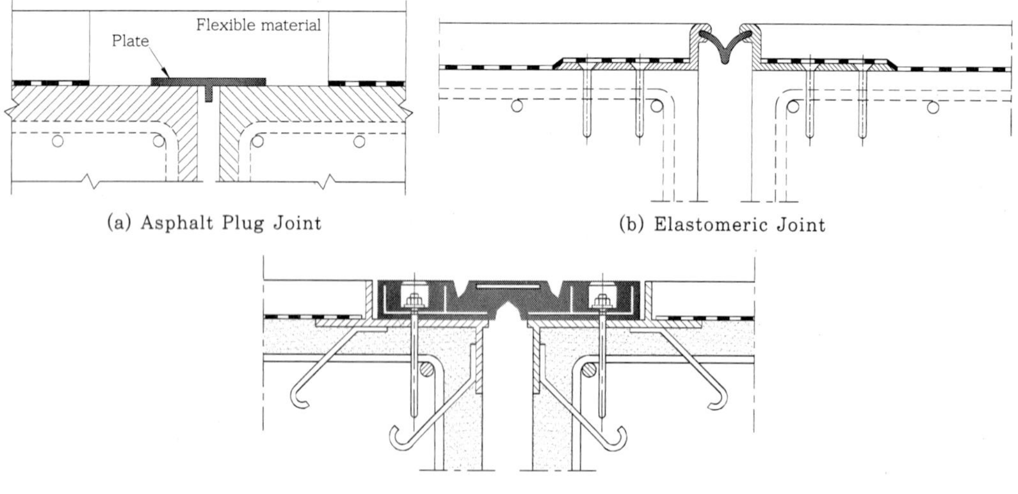

(a) Asphalt Plug Joint

(b) Elastomeric Joint

(c) Reinforced Elastomeric Joint

그림 4.2 신축이음장치 단면도(영국)

APJ의 손상형태는 후타재 균열이 11.9%, 단차발생이 36.4%, 부착력 저하가 27.0%로 조사되었으며 26.4%가 양호한 상태로 확인되었다. 형식별 초기손상 발생형태는 APJ가 평균 7.7년에 경미한 손상이 나타났고, REJ는 평균 8.5년에 방수기능 저하가 발생하였으며 EMR은 평균 11.2년에 고무씰에서 손상이 발생한 것으로 분석되었다.

손상조사를 요약하여 정리하면 아래와 같다.

- 공용년수는 탄성씰재(Elastomeric Insert)의 교체시기에 따라 정해지는 바, EMR형식이 가장 길고, Insert 교환 후 기능을 복원하여 장기간 작동할 수 있다.
- 교량표면에 물이 고일 수 있는 위험부위, 특히 양쪽 단부는 표층부의 누수에 의한 침투수의 배수시설을 설치해야 한다.
- EMR형식에서 레일 사이에 이토 등의 이물질이 적체되는 경우가 많으므로 정기적으로 청소해야 한다. 이로 인해 레일, 지지빔의 손상이 발생할 수 있다.

4.2.3 미국 손상사례 조사 및 분석(미 교통청)

미국 교통청에서 조사한 신축이음장치의 주요 손상형태는 다음과 같다.

- 고무씰의 이완, 찢어짐, 깨짐, 손상과 경화
- 고무씰과 배수홈통, 집수구에 돌 부스러기와 비압축성 물질의 축적
- 강판, 형강, 앵커와 볼트, 기타 강재 부품의 이완과 녹 발생, 균열 등의 손상
- 콘크리트의 균열과 탈락, 하부 구조물과 구조강재에서의 녹 발생 및 철근 노출
- 바닥 슬래브 하부로 물이 침투한 징후
- 차량이 이음을 통과하는 동안 소음의 정도
- 이음, 거동의 자유 구속
- 회전, 기울어짐 또는 침하
- 부적절한 이음 틈새의 간격

4.3 국내 · 외 손상 유형의 고찰

국내 · 외에서 조사된 파손 유형은 설치된 형식에 따라 거의 유사한 형태를 보이고 있다.

아래에는 형식별로 나타나는 주요 파손유형을 정리하였다.

4.3.1 레일 형식

레일 형식은 제품회사별로 시공 상세 및 거동형태가 상이하고, 전문업체의 시공참여 유무에 따라 차이가 있다. 특히 탄성원리에 따라 거동하므로 일부 부품에서 미소한 하자가 발생하면 탄성거동이 되지 않고 하중이 직접 가해져 소음 및 충격이 증가하게 되어 레일이 파손·탈락하거나 지지빔의 손상이 일어난다.

레일 형식에서 가장 중대한 파손은 주요부재인 중간레일 및 지지보의 피로파괴이다. 특히 피로파괴는 연쇄적으로 발생되므로 결국 신축이음장치를 교체해야 한다. 지지식은 중간레일과 지지보의 연결방식에 따라 용접식과 하우징식으로 구분되며, 용접식에서는 용접부의 피로파괴가 발생하고, 하우징식에서는 고정볼트의 풀림현상이 발생된다. 특히 용접식은 제작과정에서 예열 및 후열의 작업절차를 엄격히 준수하지 못하면 용접부에 큰 잔류응력이 발생되고 가공부분에는 노치가 발생되어 피로파괴의 직접적인 원인이 되기도 한다.

레일 형식은 복잡한 구조로 구성되며, 각 부재의 연결부에서는 차륜재하에 따른 진동발생으로 볼트의 풀림현상이 자주 발생되며, 위치 특성상 반복 및 충격하중에 노출되기 때문에 강결상세가 많은 레일 제품에서는 급격한 피로파괴가 자주 발생되고 있다. 레일 사이에 설치된 고무씰은 대부분 양호한 상태로 확인되었으며 특히 엣지빔(Edge Beam)과 고무씰만으로 구성된 80mm 이하 제품은 내구성이 뛰어난 것으로 평가된다.

3W 힌지트러스 형식에서는 힌지트러스의 거동 불량에 의해 많은 손상이 일어나고 전면교체된 사례가 많이 확인되었다.

(a) 레일 하단부 빔 파손

(b) 레일변형으로 고무씰 간격 불량

그림 4.3 레일 형식 손상사례(계속)

(c) 이토 퇴적, 체수로 인한 본체 부식

(d) 신축량 과다로 지지보 이탈

(e) 지지보의 볼트 풀림

(f) 유간 부족에 따른 고무씰 이탈

(g) 레일 파손

(h) 레일하단(힌지트러스)의 파손후 임시보강

그림 4.3 레일 형식 손상사례

4.3.2 핑거 형식

핑거 형식은 1970년대부터 적용해왔던 강재 핑거, 1990년대 중반부터 적용하기 시작한 알루미늄 핑거, 대용량 핑거로 분류할 수 있으며 각 형식별로 손상경향이 그림 4.4, 그림 4.5, 그림 4.6과 같이 다소 상이하게 나타난다. 이 형식은 우선적으로 단위제품 연결부에서 발생한 후타재의 균열, 연약지반 교대부에서 단차발생, 배수홈통의 이물질 적치에 따른 고무파손이 두드러진 형태이다. 핑거자체의 파손은 소용량에서는 발생하지 않았으나 최근 대용량 핑거의 적용사례가 증가함으로 인해 핑거 본체 파손이 일부 확인되고 있다.

신축량이 200mm를 초과하는 대용량 강재 핑거 신축이음의 경우 그림 4.4와 같이 핑거 형상이 세장한 것을 적용하고 있다. 이러한 형상은 핑거판 캔틸레버 길이가 늘어나 고정볼트에 하중이 과다하게 발생하여 볼트풀림, 볼트파단, 핑거판 이탈 등의 손상사례가 확인되고 있다.

대용량 핑거 하부에는 고무쉬트를 이용한 배수방식이 주로 적용되며 핑거판 사이의 유간으로 유입되는 우수를 핑거판 하부에 위치한 고무쉬트를 통해 교량의 측면으로 배수시키는 방식이다. 방수쉬트에는 우수만이 유입되는 것이 아니라 흙, 먼지 등 각종 이물질이 유입되어 적체현상이 발생한다. 또한, 고무의 내구수명에 영향을 주는 염화칼슘, 자동차 오일을 비롯한 각종 유해물질이 배수기능을 마비시키고 고무쉬트를 손상시켜 그림 4.4(f)와 같은 누수현상이 발생하기도 한다.

(a) 핑거본체의 부분파손

(b) 핑거 꺾임 발생

그림 4.4 대용량 강재 핑거의 손상 사례(계속)

(c) 과다 유간 발생

(d) 볼트풀림에 의한 본체 탈락

(e) 과다 유간 및 단차 발생

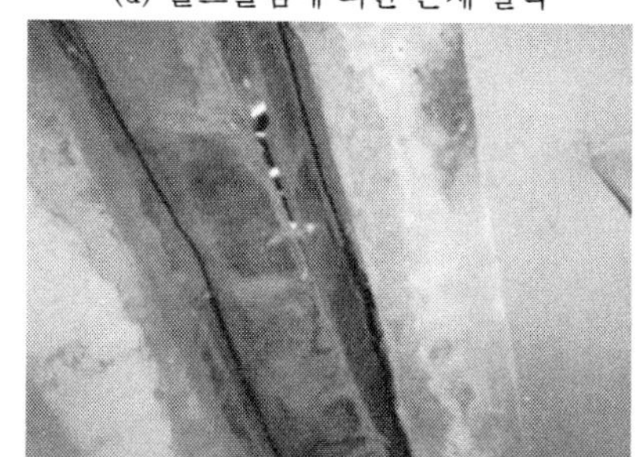

(f) 하부 배수고무재 손상

그림 4.4 대용량 강재 핑거의 손상 사례

(a) 핑거 플레이트 파손

(b) 핑거 단차 발생

(c) 핑거 편기 및 이물질 적체

(d) 핑거와 후타재 사이에 단차 발생

그림 4.5 알루미늄 핑거 형식 손상사례

(a) 신축 유간부에 토사 퇴적 (b) 유간부족으로 인한 핑거 돌출

그림 4.6 소용량 강재 핑거 손상사례

4.3.3 고무판 형식

트랜스플렉스, 모노셀, NB 형식 등 고무판 신축이음장치의 가장 일반적인 파손유형은 고무재의 마모 및 파손, 누수 현상 및 후타 콘크리트의 균열 또는 탈락 등이다. 고무판 형식에서 자주 발생되는 파손유형은 몸체의 마모 및 파손이다. 그림 4.7과 같이 신축이음장치 본체는 내부에 보강철판이 삽입된 고무로 구성되어 있고, 신축방향으로 고무에 홈을 형성시켜 이 홈부분에서 교량의 신축을 흡수하도록 되어 있다. 우선 고무의 마모현상은 차륜이 고무에 직접 닿아서 발생되는 현상으로 내구년수가 단축되는 원인으로 작용한다. 마모가 심화되거나 교량의 이상거동이 발생될 경우 고무내부에 삽입된 철판에 분리현상이 발생하게 된다.

트랜스플렉스 형식은 표면의 네오프렌 고무 마모가 많이 발생하고 신축용량 80mm 이상의 제품에서는 단차가 주로 발생한다. NB 형식은 연결이음부 부근에서 고무와 강재의 접착불량에 의해 부풀림 현상이 많이 발생하였다. 모노셀 형식은 폭이 작아 트랜스플렉스 형식이나 NB 형식에 비해 차륜 마모현상이 작게 발생하지만, 고무의 재료적 한계로 인하여 일정기간이 지나면 마모 또는 찢어짐 현상이 나타난다. 고무판 형식에서 공통적으로 누수현상도 발생한다. 신축이음장치의 이음부에서 누수가 발생되며 누수는 가황된 고무접착제를 이용해야 하므로 고무판 형식의 제작과 설치와 관련되기 때문에 고무판 형식에서 근본적인 문제점이다. 고무판 신축이음은 보통 1.8m의 길이로 제작되므로 설치 시 현장이음부에 여러 가지 누수방지 조치를 취하기는 하지만, 근본적으로 고무의 접착은 현장에서 고무의 완전한 접합은 불가능하며 그림 4.7(d)와 같은 누수하자가 빈번하게 발생한다.

(a) 트랜스플렉스 고무 마모

(b) 고무판 이격

(c) NB 형식 고무 마모

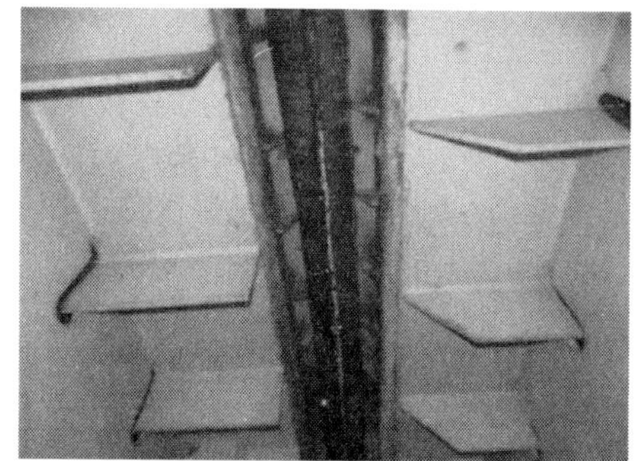

(d) 체수로 인한 하부 강재부 녹발생

그림 4.7 고무판 형식 손상사례

4.3.4 맞댐 형식

맞댐 형식은 한강 횡단교량 중에서 신축량이 적은 램프 등 제한적인 구간에 일부 적용되었다. 고무와 강재의 접착불량에 의해 고무 박리가 발생하고 이물질 적치에 의해 고무의 열화손상 및 누수현상이 주로 확인되었다.

4.3.5 후타재 손상

후타재에서는 균열, 패임현상, 후타재 전·후의 요철 등이 주로 확인되었다. 이러한 손상은 후타재의 내구년수에도 영향을 미치나 직접적인 문제는 주행차량의 충격하중이 신축이음장치 표면부에 작용하게 되어 후타재 손상 구간에서 신축이음장치의 피로, 단차발생 등이 가속화 되는 등 모든 부품에 과도한 응력이 작용하게 된다.

고무판 형식에서 후타재 균열 및 탈락현상은 주로 신축이음장치 몸체와 후타재가 접하는 부분에서 발생되며, 고무로 구성된 본체는 차륜에 의한 변형이 큰 반면, 40MPa 강도의 후타재는 변형이 거의 없어, 차륜하중이 대부분 후타재에 집중적으로 작용하여 콘크리트의 모서리 부분이 파손되게 된다. 이와 같은 원인은 고무형 신축이음장치의 근본적인 문제점이고, 특히 제품 폭원이 넓은 트랜스플렉스 형식에서 두드러지게 나타나는 현상으로서 그림 4.8과 같은 패임 및 탈락현상이 발생한다.

(a) 후타재 단차

(b) 후타재 패임

(c) 후타재 패임

(d) 후타재 탈락

그림 4.8 후타재 손상사례

05 보수 · 보강공법

5.1 보수 · 보강 절차

설계, 시공, 유지관리 등의 복합요인에 의해 손상이 생긴 신축이음장치는 계속해서 문제점을 유발할 수 있다. 이러한 신축이음장치에 대해서 기존에는 경제성, 기능성의 회복수준, 차량 통행에 미치는 영향에 대해 확립된 기준 없이 교량별로 보수 또는 교체작업을 시행해 온 실정이다.

여기서는 문제점이 발생된 신축이음장치에 대해 "어떠한 절차로 보수할 것이냐"를 검토하고자 한다. 특히 선진 외국에서는 80년대 들어 무조인트(Jointless) 교량이 본격적으로 연구되어 많은 시공사례가 있는 바, 보수설계 시에는 그림 5.1과 같이 우선적으로 무조인트 형식의 적용성을 검토한 후 그 이후에 보수 또는 전면 교체하는 방안이 고려되어야 한다.

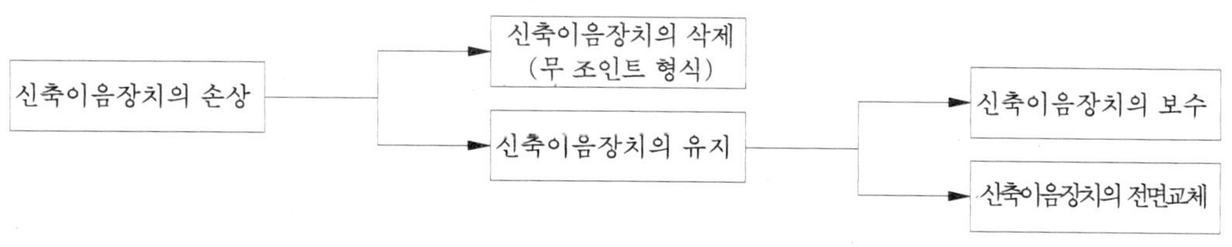

그림 5.1 신축이음장치 보수보강 절차도

5.1.1 무조인트 교량 설치검토

1) 무조인트 검토목적

신축이음장치 자체에 대한 여러 가지 개량이 시도되기도 하고 구조물의 강도 및 규격을 변경하여 신축이음장치의 수명을 연장시키기 위해 노력하고 있으나, 노력에 비해 좋은 결실을 얻지 못하고 있는 실정이다. 가장 바람직한 것은 신축이음부가 존재하지 않는 교량을 건설하는 것이지만 장대교량의 경우는 거의 불가능하다. 그러나 국도 또는 고속국도에 존재하는 중·소형 교량(연속 지간장 : 120m 이하)의 경우에는 신축이음부를 제거하는 것이 기술적으로 가능하며 이미 미국, 일본 등 외국에서는 신축이음부를 두지 않는 무조인트 교량의 시공사례가 많다. 기존 신축이음장치를 복원하거나 교체하는 결정을 내리기 전에 신축이음장치를 없앨 수 있는가를 반드시 검토해야 한다. 기존 바닥판의 신축이음장치 삭제가 가능한 경우에는 신축이음장치로 인해 현재와 장래에 야기되는 문제점을 단순하면서도 효과적으로 해결하는 방법이기 때문이다(Wasserman, 1977).

2) 무조인트 검토방향

신축이음장치를 삭제한다는 생각은 아주 직설적인 방안이지만 적절한 절차에 의해서 이루어지지 않으면 교량의 전반적인 일체성에 악영향을 미치게 된다. 신축이음장치를 둔 교량에서 신축이음장치가 없어지면 응력과 변형이 상부 주거더와 하부구조로 전달된다. 그러므로 신축이음장치를 삭제한 결과로 인해 교량에 어떠한 손상을 입히지 않도록 하기 위해서는 구조해석을 실시하여 온도응력에 의한 기존 교량 부재의 강도와 변형 능력을 산정할 필요가 있다.

구조해석에서 기존 교량 부재들이 온도응력과 변형에 저항, 수용할 수 있는 것이 판명되면 신축이음장치의 삭제에 따른 유지관리비용은 대폭 감소하므로 무조인트 구조가 그 교량의 문제를 해결하는데 이상적인 방안이 된다. 지간장이 짧은 교량과 높고 유연한 하부구조를 가진 교량이 통상적으로 그러한 범주에 속한다.

또 다른 측면에서 구조해석 결과 만일에 온도응력과 거동에 저항, 수용하기 위해서 대대적인 보강과 수정을 필요로 하는 경우에는 신축이음장치를 제거하는 방안이 복원 또는 교체하는 것보다 더 많은 비용이 소요될 것이 분명하다. 중경간 또는 장경간 교량과 짧고 견고한 하부구조를 갖는 교량이 이 범주에 속한다. 대부분의 교량들은 상기의 두 범주 사이에 속해 있기 때문에 교체 또는 복원방법과 비교하여 삭제방안의 타당성을 결정하기 위한 비용분석을 필요로 한다.

3) 무조인트 교량 시공절차

- 교각 위치에서 부모멘트 철근의 설치와 바닥 슬래브의 재시공을 위해 바닥 슬래브의 상부 부분을 제거한다.
- 거더 형식과 연장에 따라 거더의 단부를 수정한다. 단경간의 강재 거더, 현장타설 콘크리트, PSC 거더에 대해서는 연속화하더라도 슬래브 기능이 상부구조의 온도변화, 크리

프, 캠버 증가에 의해 유해한 영향을 받지 않는 경우라면 추가적인 수정이 필요하지 않을 것이다. 장경간의 강재 거더에 대해서는 압축 플랜지를 연속화하고 적정 기능을 만족하는 교량 받침으로 교체를 한다. 장경간의 콘크리트 거더는 인접하는 거더 사이에 압축 블록을 타설하고 만일 추가적인 강성이 필요한 경우에는 단부 다이아프램을 압축블록과 일체화시킨다.

• 교대 위치에서는 바닥 슬래브의 일부분과 교대 뒷벽체, 접속 슬래브를 제거한다. 바닥 슬래브와 뒷벽체, 접속 슬래브와 모멘트 접합구조를 위한 철근을 설치한다. 강재보를 매입시키고 콘크리트 보와 교대 사이의 이격 틈새를 메우기에 충분한 두께로 뒷벽체를 다시 설치한다.

5.1.2 보수와 전면교체의 비교

보수 작업의 필요성이 정해지면 다음 단계는 기존 신축이음장치에 시행해야 할 작업의 범위를 결정하는 것으로서 할 수 있는 선택은 아래와 같다.

첫째로, 기존의 부품을 보수, 교체하여 신축이음장치를 복원하고 허용되는 물리적, 기능적 상태로 회복하는 부분 보수방법

둘째로, 기존의 바닥 슬래브를 전면교체하거나 보다 더 좋은 바닥 슬래브 시스템으로 교체하는 방법이 있다.

상기의 2가지 방법에서 구조적인 요구사항, 비용, 기존 신축이음장치의 기능적인 상태 등을 면밀히 분석하여 적절한 보수·보강이 이루어져야 한다.

1) 구조적 요구사항(Structural Requirements)

복원 공사를 조심스립게 시행할 경우에는 신축이음장치를 구조적으로 건전한 상태로 복구시키는 것이 가능할 수도 있지만, 신축이음장치의 하부구조가 염화물로 심하게 오염되었거나 바닥 슬래브가 층리(delamination)가 생겼을 때는 건전한 상태로 복구시키는 것이 매우 어려워진다.

바닥 슬래브 하부 부분의 상태를 물리적으로 개선시키지 않고는 기존 바닥 슬래브의 열화가 계속되어서 신축이음장치를 새롭게 보수하더라도 단시일 내에 파괴되거나 추가적인 보수가 필요하게 된다. 다른 한편으로 신축이음장치를 교체할 경우에는 대부분의 경우에 길이 방향으로 바닥 슬래브의 전체 또는 일부분의 두께를 철거하고 교체하게 된다. 바닥 슬래브의 교체 작업이 완료된 후에 신설 하부 부분에 신설 신축이음장치를 고정시킨다. 그

렇게 하는 것이 복원한 신축이음장치보다도 더 오랜 수명을 갖게 되며 보다 더 적절하게 기능을 수행할 수 있을 것이다.

2) 비용(Cost)

보수를 위한 가용 재원이 부족한 경우가 많이 있으므로 비용면에서 가장 효율적인 보수방법을 적용하는 것이 아주 중요하다. 신축이음장치를 복원하는 것보다도 교체하는 쪽이 비용면에서 몇 배 더 많이 소요될 것이다. 그러므로 각각의 보수방법에 대한 비용을 산출하여 비교분석을 해야 한다. 만일에 복원 비용이 교체 비용의 60~80% 범위에 있으면 교체를 하는 대안의 채택을 신중하게 고려해야 한다. 또 다른 고려 사항은 바닥 슬래브의 잔존 수명이다. 만일에 바닥 슬래브의 잔존 수명이 짧다면 신축이음장치를 고비용으로 교체하는 것보다는 적은 비용이 소요되는 복원방법을 채택하는 것이 바람직할 것이다. 바닥 슬래브를 교체하거나 신축이음장치를 전면적으로 교체할 때 새로운 형식의 신축이음장치를 채택할 수 있다. 만일 바닥 슬래브의 잔존 수명이 새로운 형식의 신축이음장치의 수명과 유사할 때는 전면적인 신축이음장치 교체가 보다 더 유리할 것이다.

3) 기능적인 상태(Functional Status)

의사 결정과정에서 마지막으로 검토해야 할 항목은 기존 신축이음장치의 기능적인 상태이다. 만일에 기존 신축이음장치가 거동 범위가 적절하지 않거나 수밀성이 확보되지 않고 주행표면 상태가 불량할 경우에는 교체가 필요하다.

상기의 요소들의 하나 또는 복합적인 요소들의 우선순위를 정하고 이들을 토대로 보수작업, 복원, 교체 등의 방안을 결정하는 것이 바람직할 것이다. 특정한 조건에서는 기존 신축이음장치를 삭제하는 제3의 선택이 유리할 수 있다는 것을 반드시 염두에 두어야 한다.

5.2 보수 · 보강공법

5.2.1 형식별 보수 · 보강공법

1) 레일 형식

전체 길이에 걸쳐서 열화된 신축이음장치 주변의 바닥 슬래브를 건전한 콘크리트가 노출될 때까지 제거하고 세척한 후에 노출된 철근을 에폭시 도장하고, 급결 채움재나 조강 콘크리트를 사용하여 바닥 슬래브 모서리를 재생한다. 손상된 씰과 분리봉, 기타 부속철물을 철거하여 교체한다. 또한, 신축이음장치와 배수홈통에 쌓인 오염물을 제거한다. 하자유형별 보수방법은 아래와 같다.

- **베어링 및 스프링 손상** : 신축이음장치 하부에서 작업할 경우에 교통차단을 하지 않으며 상부에서 작업할 경우에는 1차선씩 차단하고 유압잭을 이용하여 교체작업을 진행한다.
- **고무지수판의 손상시** : 1차선씩 차단하고 교체작업이 가능하며 1m당 2분내 신속히 교체가 가능하다.
- **강재 파손시** : 주요 연결부위를 기존의 용접방식에서 볼트체결 방식으로 변경함으로서 빔을 교량상부 및 하부에서 쉽게 분해할 수 있으며, 교량 밖에서 파손된 빔을 용접한 후 원상태로 조립한다. 이때 차량통제는 파손된 레일을 원위치 시킬 때에만 잠시 필요하나 교통사정상 전면 통제가 불가할 경우 파손된 부위의 현장 용접보수가 가능하며 이 경우 한 차선만 교통을 통제하면 된다.
- **조인트 박스의 변형시** : 변형의 원인이 주로 박스하부 콘크리트의 충진 불량 때문이므로 천공 후 에폭시를 주입하거나 가로보 박스주변의 콘크리트를 깨내고 교정 후 콘크리트를 재타설한다.

2) 핑거 형식

신축이음장치의 전체 길이에 걸쳐 열화부위의 바닥판 슬래브를 건전한 콘크리트가 노출될 때까지 제거하고 세척한 후에 노출된 철근을 에폭시 도장하고, 급결 채움재나 조강 콘크리트를 사용하여 바닥 슬래브 모서리를 재생한다. 부식, 만곡, 균열되거나 서로 붙어버린 강판과 앵커는 철거하여 교체한다. 또한 신축이음장치와 배수홈통에 쌓인 오염물을 제거한다. 배수홈통이 없는 경우에는 이를 신설한다. 핑거 형식에 대한 보수방법은 아래와 같다.

(1) H사(프랑스)

신축이음장치의 일부가 파손되었을 경우 교체가 가능하다. 도로포장을 새로 하게 되어 신축이음장치를 들어 올리고 몰탈로 고여 줌으로써 쉽게 작업할 수 있다. 이때 정착볼트는 새로운 제품으로 교체하는 것이 좋다.

- **유지 보수 주기(빈도)** : 특히 배수 장치의 청소를 매 6개월마다 하는 것이 바람직하다.
- 신축이음장치가 몇mm 정도 벌어져 있을 경우 신축이음장치를 해체하지 않고도 받침 교체 등을 위해 교량 바닥 슬래브를 20~30mm 들어 올릴 수 있다.

• 프랑스 정부기관에서는 핑거형 신축이음장치가 설치되어 사용 중인 교량의 50% 이상을 현장조사한 결과 1968/1970년도에 최초 설치된 것을 비롯한 대부분의 신축이음장치가 아무런 문제없이 가동 중이며, 실제 현장조사에서도 도로 포장재의 수명이 신축이음장치 수명보다 짧았음을 확인하였다.

(2) 페이스 플레이트 핑거의 손상 및 보수공법(일본)

• **용도 및 목적** : 강재 형식의 페이스 플레이트 핑거 파손에 대한 보수방법으로는 그림 5.2와 같이 공장에서 새로 제작된 핑거부분을 용접으로 연결하는 방법이다. 연결강도를 높이기 위하여 용접 길이를 늘리는 슬릿트를 설치하여 보수하게 된다. 이 방법에 의한 보수는 중기적인 수명연장이 되며 장기적인 보수대책은 아니고 새롭게 교체하는 것이 최선이다.

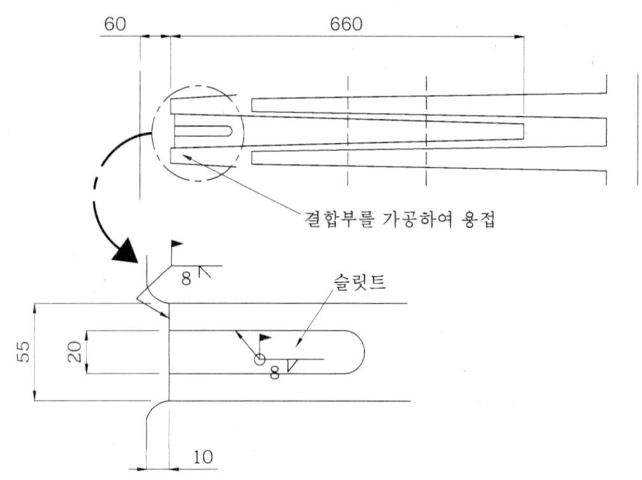

그림 5.2 페이스 플레이트 핑거의 손상 및 보수 개요도(일본)

(3) 핑거 플레이트의 보수(일본)

• **용도 및 목적** : 핑거 플레이트가 부분적으로 파단된 경우에 주행 쾌적성을 위하여 부분적으로 보수한다.

• **설계 및 시공방법** : 핑거 플레이트 파단부의 보수는 그림 5.3과 같이 실시하며 우선 파단되거나 파단 직전에 있는 플레이트를 가우징(Gauging)으로 철거하여 결손부분의 플레이트를 반대측의 핑거 플레이트에 용접한다. 또한 파단부분을 원형대로 맞추어 용접하는 것도 생각할 수 있는데, 이때는 현장용접으로 인해 강도상의 문제가 발생할 수 있으므로 필렛 용접으로 하되, 용접전에 가우징(Gauging)으로 용접 부위를 완전히 깨끗이 한 후 용접해야 한다.

고속국도 등의 야간공사를 제외하고는 비교적 작업이 용이하다. 거더 하면에서 작업하는 핑거 플레이트 배면의 보수용접 및 받침재의 부착은 조인트 유간, 주거더 간격도 좁아 작업성이 상당히 나쁘므로 동 공법 외에 다른 방법을 채택해야 한다.

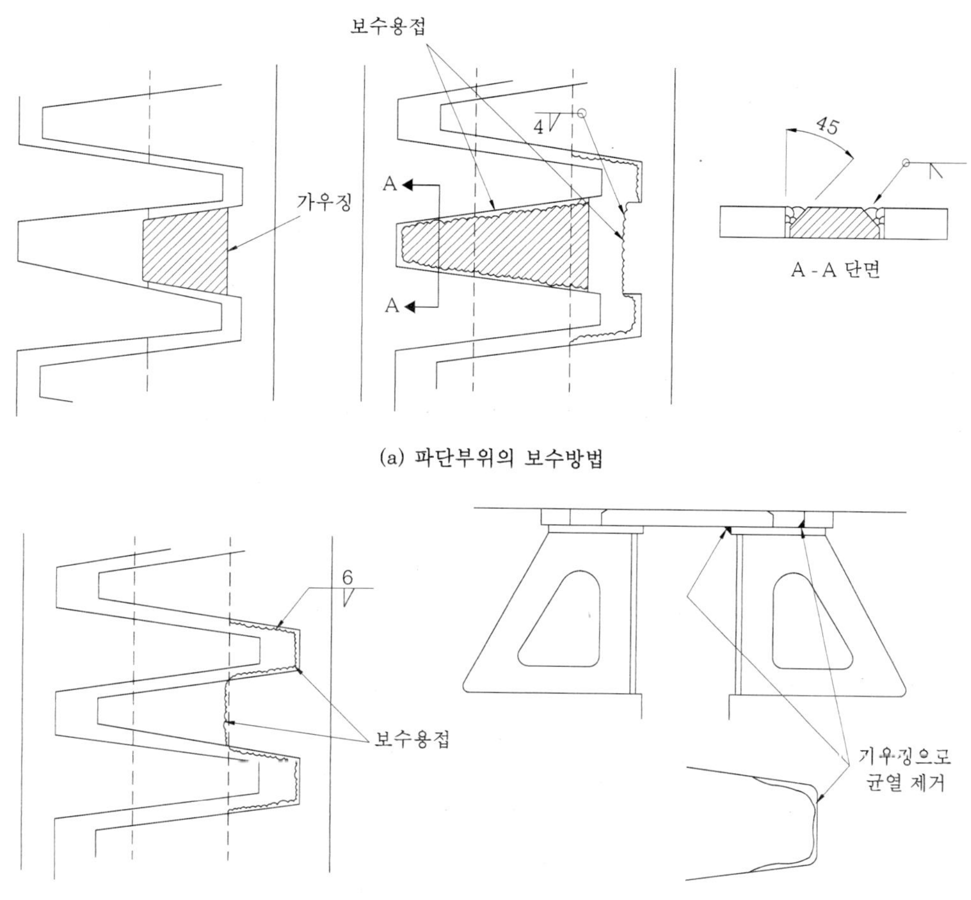

(a) 파단부위의 보수방법

(b) 용접 결함 부위의 용접방법

그림 5.3 핑거 부분손상시 보수 개요도(일본)

3) 개방형 이음장치 (Open Joints)

열화된 신축이음장치 주변의 바닥 슬래브를 건전한 콘크리트가 노출될 때까지 제거하고 세척한 후에 노출된 철근을 에폭시로 도장하고, 급결 채움재나 조강 콘크리트를 사용하여 바닥 슬래브 모서리를 재생한다. 최소한의 조치로 신축이음장치 틈새와 배수홈통으로부터 돌 부스러기를 제거한다. 배수홈통이 없는 경우에는 바닥 슬래브 높이보다 아래에 있는 교량 부분에 물, 오염물, 제설제가 들어가지 않도록 이를 설치한다.

4) 충진형 이음장치(Filled Joints)

신축이음장치의 전 길이에 걸쳐서 개방형 이음장치의 보수방법과 동일하게 바닥 슬래브의 모서리를 보수한다. 대안으로 기존의 주입재가 분리, 균열, 수축 또는 팽창되거나 비압축성 물질이 포함되어 있는 경우에는 주입재를 제거하고 새로운 제품으로 교체한다.

5) 압축형과 띠형 씰 이음장치(Compression and Strip Seal Joints)

신축이음장치의 전 길이에 걸쳐서 개방형 이음장치의 보수방법과 동일하게 바닥 슬래브의 모서리를 보수한다. 부식, 만곡, 균열되거나 서로 붙어버린 강판과 앵커는 철거하여 교체한다. 또한, 신축이음과 배수홈통에 쌓인 오염물을 제거한다. 기존의 씰 이음부분에서 누수가 있으면 세척한 후에 접착제로 밀봉시킨다.

6) 시트씰과 판재형 씰 이음장치(Sheet and Plank Seal Joints)

신축이음장치의 전 길이에 거쳐서 개방형 이음장치의 보수방법과 동일하게 바닥 슬래브의 모서리를 보수한다. 손상된 고정봉이나 앵커를 철거하여 교체한다. 또한 이음장치와 배수홈통에 쌓인 오염물을 제거한다.

5.2.2 보수방법과 문제점

점검에 의해 발견된 파손을 평가하여 부분보수가 적절하다고 판단된 후에는 파손 원인을 정확히 파악하여 보수하는 것이 필요하다.

아래에는 보수 공사시 주의사항에 대해 기술하였으며 표 5.1에서는 신축이음장치 손상형태별 보수방법 및 문제점을 요약정리하였다.

(1) 보수재료의 선정–파손원인과 보수목적에 따라 보수방법 및 신축이음장치, 재료, 후타재 등을 선정해야 한다. 후타재 사용 시 각 재료의 양생기간을 잘 고려하여 보수방법을 선택해야 한다.
(2) 후타재 단차로 인해 포장면 요철이 발생하지 않도록 하여야 한다.
(3) 경량콘크리트를 절삭할 때는 특히 주의를 요한다.
(4) 절삭 시 기존 바닥 슬래브나 철근 등 구조본체의 손상에 유의한다.
(5) 기존의 신축이음장치 앵커에 철근이 없는 경우에는 홀 앵커를 타입한다.
(6) 소음과 건설폐기물의 낙하에 유의해야 한다.

표 5.1 신축이음장치 손상형태별 보수방법 및 문제점

손상 분류	파손 상태	보수방법	시공성	문제점
조인트부근 포장부의 결손	경미	패칭	비교적 용이	기존 포장과의 접착성 문제
	파손이 많음	치환	곤 란	장시간 교통통제
조인트 낙하 및 토사 관입	토사 관입	청소	용 이	-
	조인트 낙하	경미한 경우는 조인트 씰	용 이	-
		부분 또는 전체교체	곤 란	장시간 교통통제
후타앵커 콘크리트의 파손	경미	균열 씰	용 이	-
	손상 많음	국부 또는 전부교체	곤 란	후타재 시공관리가 어렵고, 경우에 따라서 신축이음 본체의 교체가 필요
페이스플레이트・고무 본체의 파손	경미	-	용 이	-
	손상 많음	전부 교체	곤 란	장시간 교통통제
앵커볼트・앵커재의 느슨함	앵커볼트의 느슨함	조임	용 이	회전방지 부착재 사용
	앵커볼트의 파손	교체	곤 란	장시간 교통통제
	앵커재의 결손	교체	곤 란	장시간 교통통제
단 차	조인트의 단차	교체 또는 높임	곤 란	장시간 교통통제
	후타재 전・후 요철	평탄화	다소곤란	-
강거더와 접합불량에 따른 차량주행소음	소음 경미	볼트조임 또는 앵커바의 용접	곤 란	장시간 교통통제, 작업공간 협소
	접합볼트 파손	교체	곤 란	장시간 교통통제, 작업공간 협소
배수기능 상실	토사추적	청소	곤 란	작업공간 협소
	배수홈통 부식, 파손	교체	곤 란	작업공간 협소

5.3 후타재 양생공정에 따른 작업공법

5.3.1 후타재 단기양생 공법

1) 특징

교통차단에 따른 시민불편을 최소화하기 위하여 부득이 교통을 부분통제하고 23시부터 익일 06시까지 7시간 내에 야간작업을 시행한 후 교통을 개방하여 교체된 신축이음장치 및 후타재 상부로 차량을 통과시키는 보수공정을 적용하는 것으로서 7시간 동안 신축이음장치의 교체 및 후타재 양생 등의 전 공정을 완료하는 공법이다. 후타 콘크리트 파쇄 시 슬래브 하면 일부(t=100~200mm)를 남겨놓고 핸드 브레커를 사용하여 파쇄·제거하며 신설 후타재는 현장배합 초속경 무수축 콘크리트를 타설하고 2~4시간 양생한다.

2) 시간대별 시공개요

작업시간	공종
23:00~23:10	현장 상황 파악
23:10~23:30	안전시설물 설치
23:30~23:40	시공부위 라인마킹 및 컷팅
23:40~01:00	신축이음장치부 콘크리트 제거
00:00~01:20	파손된 신축이음장치 해체 및 제거
01:20~01:40	신축이음장치 블록아웃부 치핑
01:40~01:50	잔 재 청 소
01:50~02:30	신규 신축이음장치 거치
02:10~02:50	신축이음장치간 연결, 철근배근 및 보강
02:50~03:00	신·구 콘크리트 접착제 도포
03:00~03:30	초속경 무수축 콘크리트 타설
03:30~06:00	양 생
03:30~05:30	현 장 정 리
05:30~06:00	안전시설물 철거

3) 문제점

기존 후타재 파쇄 시 충격으로 인해 하부의 존치 슬래브(80~100mm)에 다수의 균열과 콘크리트 탈락이 발생하며, 고강도의 조기발현과 양생시간의 단축을 위해 사용하는 초속경 콘크리트의 품질관리가 어려워 그림 5.4와 같이 후타재 균열발생 및 내구성 저하가 나타난다. 또한, 조기 교통개방이 불가피하기 때문에 양생시간 부족, 파쇄에 따른 균열 및 콘크리트 탈락이 발생하며 신축이음부 전체에 대한 내구성 저하로 이어져 신축이음장치 조기파손 및 상부 구조물에 영향을 초래한다.

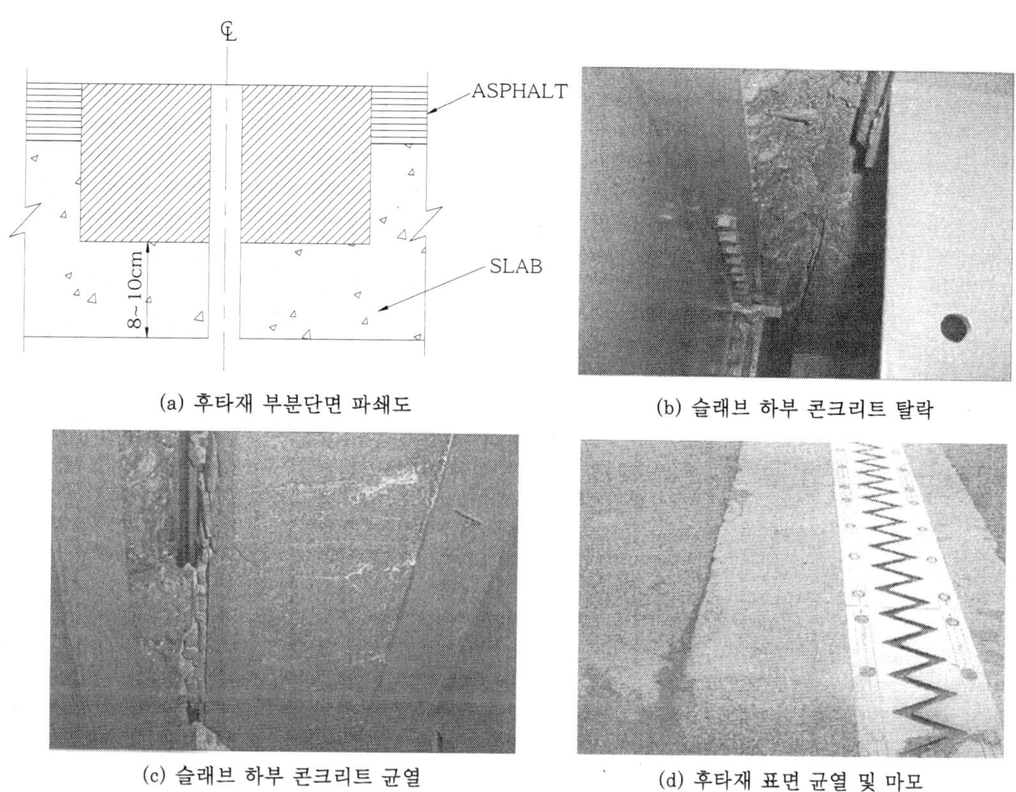

(a) 후타재 부분단면 파쇄도

(b) 슬래브 하부 콘크리트 탈락

(c) 슬래브 하부 콘크리트 균열

(d) 후타재 표면 균열 및 마모

그림 5.4 후타재 단기양생에 따른 추가 손상현황

5.3.2 복공판 설치후 양생하는 방안

1) 개 요

후타재 품질확보 및 신축이음장치 정밀시공을 위해 2~3일간에 걸쳐 야간작업을 하고, 후타재 양생을 3일간 시행하며 주간에 차량통행을 위해 복공판을 설치하는 것으로서 작업순서는 그림 5.5에 나타내었다. 후타재만 철거할 경우에는 2일간에 걸쳐 시공하며, 슬래브를 포함하여 전단면을 파쇄할 경우에는 3일간에 걸쳐 시공하는 방안이다.

후타재 재료는 적정 양생기간이 확보되는 조건이므로 품질관리가 비교적 용이한 초조강 콘크리트를 사용한다.

2) 시간대별 시공개요

(1) 3일간 시공

작 업 시 간		작 업 내 용
1일차	23:00~23:30	안전시설물 설치
	23:30~00:00	시공부 라인마킹 및 절단
	00:00~05:00	기존 후타재 제거(전단면 파쇄)
	05:00~05:30	잔재 청소 및 보호복공판 설치
	05:30~06:00	안전시설물 철거 및 개통
2일차	23:00~23:30	안전시설물 설치, 보호복공판 제거
	23:30~00:30	기존 신축이음장치 해체 및 철거
	03:30~01:30	거푸집 설치
	01:30~02:30	유간측정, 신규 신축이음장치 거치
	02:30~05:00	철근배근 및 보강
	05:00~05:30	잔재청소 및 보호복공판 설치
	05:30~06:00	안전시설물 철거 및 개통
3일차	23:00~23:30	안전시설물 설치, 보호복공판 제거
	23:30~24:00	단면부 청소 및 신구 접착제 도포
	24:00~05:00	초조강 콘크리트 배합 및 타설, 양생포 설치
	05:00~05:30	잔재청소 및 보호복공판 설치
	05:30~06:00	안전시설물 철거 및 개통
4, 5, 6일차		양 생(보호복공판 유지)

(2) 2일간 시공

작 업 시 간		작 업 내 용
1일차	23:00~24:00	콘크리트 커터기를 이용하여 필요부위 절단
	24:00~05:00	신축이음장치 콘크리트 제거
	05:00~05:30	블록 아웃 위치에 차량통행용 복공판 설치
	05:30~06:00	교통 통제구간 해제
2일차	23:00~24:00	복공판 제거, 신축이음장치 및 철근배근
	24:00~01:00	신·구 접착재 도포, 초조강 콘크리트 타설
	01:00~05:00	양 생
	05:00~05:40	잔재청소 및 보호복공판 설치
	05:40~06:00	안전시설물 철거 및 개통
3, 4, 5일차		양 생

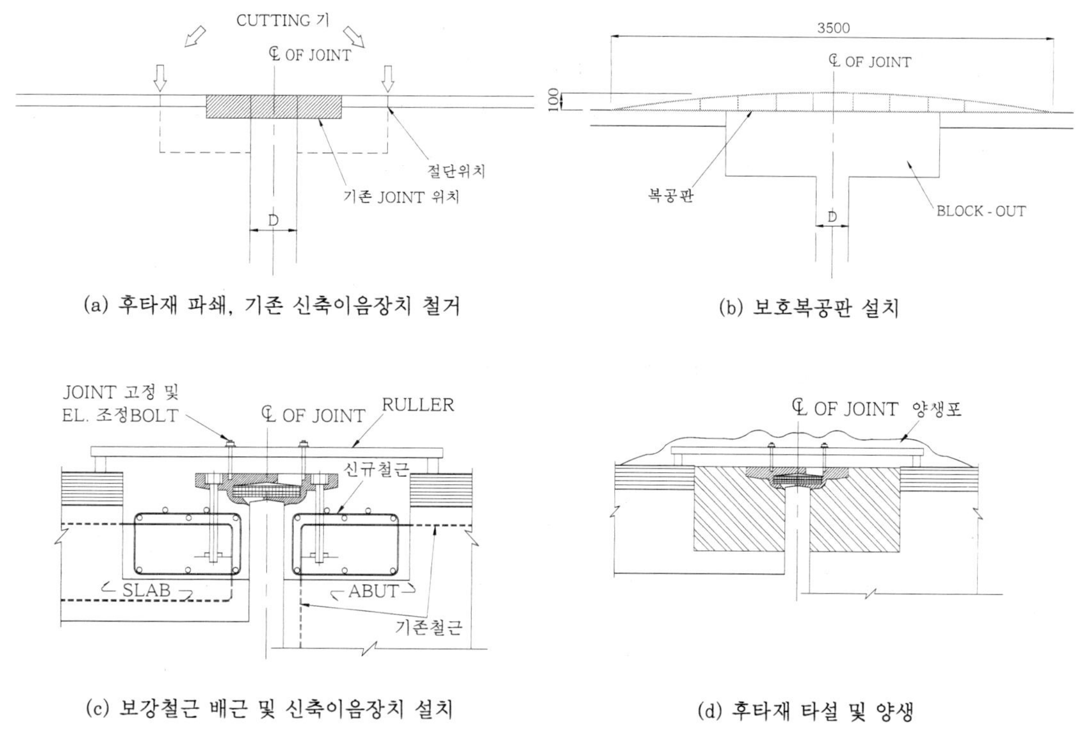

(a) 후타재 파쇄, 기존 신축이음장치 철거

(b) 보호복공판 설치

(c) 보강철근 배근 및 신축이음장치 설치

(d) 후타재 타설 및 양생

그림 5.5 보호복공판 설치에 의한 신축이음장치 단계별 시공개요

3) 개선 내용

초조강 콘크리트에 의해 충분한 초결시간(175분)과 양생시간이 확보되므로 양질의 품질이 기대되고 내구성이 증진될 수 있으며 신축이음장치의 거치시간이 충분히 확보되므로 유간관리 및 신축이음장치 설치가 용이해진다. 또한, 작업 통행용 복공판을 설치하여 적정 작업시간의 확보가 가능하며 후타재는 품질 관리가 비교적 용이한 초조강 콘크리트를 사용하므로 향후 하자 요인이 감소하게 된다.

4) 보호복공판의 설치

신축이음장치의 설치 및 후타재 양생기간에는 야간작업 후 주간에 차량이 통행해야 하므로 작업구간에 보호복공판을 설치하게 된다. 이러한 복공판은 한강대교, 성산대교 및 고속도로 구간에서 다수 적용된 사례가 있으며 보호복공판 설치시 아래사항에 유의하여 설치하여야 한다.

• 경량으로서 운반 취급이 용이하여야 한다.
• 차량통과가 원활하도록 복공판 높이가 최소화되어야 한다.
• 고무 등의 충격흡수재에 의해 차량하중의 분배 및 충격흡수가 되어야 한다.
• 복공판의 처짐시에도 후타재와 이격거리가 확보되어야 한다.
• 복공판이 진동에 의해 이탈되지 않도록 교량구조물에 고정되어야 한다.

5.4 신축이음장치 교체시 슬래브 파쇄범위

5.4.1 개요

신축이음장치를 설치하기 위해 콘크리트 슬래브에는 표 5.2와 같이 블록아웃이 필요하며 슬래브의 단면손실이 발생하게 된다. 블록아웃 하단의 슬래브는 두께가 대체로 얇아 신축이음장치 교체에 따른 후타재 파쇄 시 진동 및 충격으로 인해 균열발생 우려가 높고, 상시에도 슬래브와 후타재간에 발생되는 미세한 틈새로 노면수의 침투, 염화칼슘(제설재)의 유입 등으로 인해 열화현상이 촉진될 수 있는 부위이다.

이와 같은 부위에서 신축이음장치 교체 시의 슬래브 전단면을 파쇄하는 방법과 후타재만 제거하는 방법에 대해 비교 검토하였다.

표 5.2 신축이음장치 형식별 블록아웃 크기 (단위 : mm)

종 류	최소설치높이(a)	최소설치폭(b)	비 고
핑 거	200~280	440~770	b, ℄, ASPHALT, a, SLAB, SLAB
레 일	200	535	
뉴모노셀	195	695~735	
NB	150	735	

5.4.2 단부 슬래브 단면 두께

신축이음장치의 설치공간 확보로 인해 블록아웃되는 슬래브의 단면을 보강하기 위해 1996년 도로교 표준시방서 개정시에는 슬래브 최소두께를 220mm으로 하였으며 도로교설계기준에서는 바닥판의 두께를 헌치 높이만큼 증가시키도록 하여 바닥판의 내하력을 보다 향상시키도록 하였다.

이러한 단부슬래브를 헌치처리에 의해 증가시키는 방법은 1994~1997년에 적용되기 시작하였으며 그 이전의 교량은 표 5.3의 한강 횡단교량의 바닥판 단면과 같이 대부분 헌치가 없고 따라서 후타재 하면의 슬래브가 비교적 얇은 경향을 나타낸다.

표 5.4에서는 슬래브 파쇄범위에 대한 것으로서 기존 후타재 단면만 파쇄하는 방안과 슬래브를 포함한 전단면을 파쇄하는 방안을 비교하였다. 기존 후타재 단면만 파쇄하는 방안은 후타재 거푸집이 최소화 되므로 시공성이 양호하고 작업시간 단축되나 파쇄충격에 의해 기존하부 슬래브의 균열 및 열화가 촉진되고 슬래브의 내구성 저하로 인해 조기파손 및 안전성이 떨어지는 단점이 있다. 슬래브를 포함한 전단면을 파쇄하는 방안은 신축이음장치 및 후타재에 대해 근본적인 내구성 확보가 용이하나 파쇄량 증가 및 거푸집 설치 등에 의해 시공성 및 작업시간이 증가하고 기존 슬래브와 적정한 전단마찰력 확보를 위한 상세가 필요하다.

표 5.3 한강 횡단교량의 바닥판 단면 (단위 : mm)

교 량 명	단면두께(A=B+C)	포장두께(B)	슬래브 두께(C)	비 고
성산대교	250	50	200	1980년 준공
원효대교	250	50	200	1981년 준공
한강대교(신교)	250	50	200	1982년 준공
반포대교	330~500	80	250~420	1982년 준공
양화대교	336~634	80	256~554	2002년 준공
한남대교(구교)	385~770	80	305~690	2004년 준공

표 5.4 슬래브 파쇄 범위에 대한 비교

구 분	기존 후타재 단면만 파쇄	슬래브를 포함한 전단면 파쇄	비 고
개 요	• 기존 후타재 파쇄 후 신설 신축이음장치를 설치하고 신설 후타재를 타설	• 신축이음장치 설치 단면에서 전단면으로 슬래브를 파쇄하고 후타재를 새로이 타설	
단 면 도	ASPHALT ℄ SLAB	ASPHALT ℄ SLAB	
장 점	• 후타재 거푸집이 최소화 되므로 시공성이 양호하고 작업시간 단축	• 신축이음장치 및 후타재에 대해 근본적인 내구성 확보 가능	
단 점	• 파쇄충격에 의해 기존하부 슬래브의 균열 및 열화촉진 • 슬래브의 내구성 저하로 인해 조기파손 및 안전성 저해	• 파쇄량 증가 및 거푸집 설치 등에 의해 시공성 및 작업시간 증대 • 기존 슬래브와 적정한 전단마찰력 확보 필요	

5.4.3 검토결과

기존 후타재 단면의 하부 슬래브 두께가 얇은 경우에는 슬래브 파쇄 시 균열 및 콘크리트 탈락의 우려가 높으므로 전단면 파쇄가 바람직하다. 그러나 신축이음장치 주변 콘크리트의 열화도가 다르고 신축이음장치의 종류별, 규격별 최소설치 높이가 다르므로 시공성, 경제성을 고려하여 파쇄단면의 범위를 정하는 것이 적절한 것으로 판단된다. 다만, 향후의 하자 요인을 줄이고 지속적인 내구성 확보를 위해서는 작업시간이 증가하고 시공 범위가 증대하더라도 전단면 파쇄가 바람직하다.

5.5 후타재의 적정성 분석

5.5.1 개요

1) 후타재의 특성

신축이음장치의 초기 시공단계에서는 일반적으로 무수축 몰탈 및 고강도 콘크리트를 적용하고 있다. 이 몰탈은 초기 공용시에는 비교적 양호한 평탄성을 나타내고 외관상으로도 균열이 없는 건전한 형태를 보인다. 그러나 그림 5.6과 같이 후타재는 다양한 손상형태를 나타내며 콘크리트의 건조수축, 수화열뿐만 아니라 차량의 반복적인 집중하중 등에 의해 균열, 박리, 박락, 패임현상을 나타내고 이러한 틈새로 누수 및 동결융해 작용에 의해 급격한 열화현상을 보인다.

이러한 현상으로 인해 후타재 자체의 내구성 저하뿐만 아니라 패임현상에 의해 노면 단차가 발생한다. 따라서 신축이음장치에 대한 주행차량의 충격계수가 증가되어 손상이 가속화 될 수 있다. 최근 연구보고에 따르면 신축이음장치 손상의 50%는 후타재가 그 원인인 것으로 보고되고 있다.

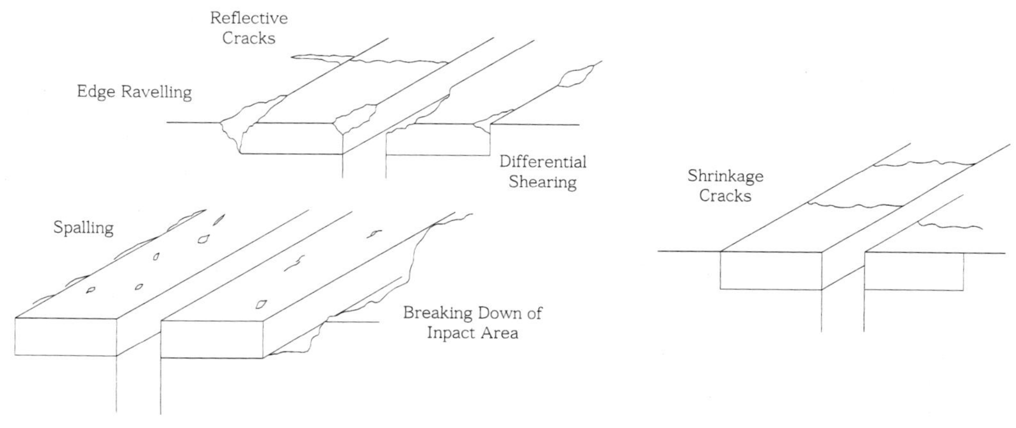

그림 5.6 후타재의 손상형태

특히, 교체 시공시에 타설되는 후타재는 조기 교통개방에 따른 양생시간의 부족, 기존 슬래브와의 재령차이, 야간 및 짧은 작업시간에 의해 품질관리가 불리한 측면이 있다. 이러한 요인에 따라 보수 교체된 구조물에서 재차 손상발생이 우려되는 현실로 인해 콘크리트의 재료적 측면, 적정 양생기간 확보 측면에서 후타재를 비교하고 최적의 후타재 및 시공관리될 수 있도록 검토하였다. 표 5.5에서는 후타재 재료인 수지 콘크리트, 초속경 콘크리트, 초조강 시멘트, 조강 시멘트, 보통 시멘트의 양생을 고려한 교통 개방시간을 비교하였다.

표 5.5 후타재 재료별 양생시간(강도 : 20MPa 기준)

후타재 종류		교통개방시간
수지 콘크리트	에폭시계, 폴리에스테르계	3시간
초속경 콘크리트	강제교반, 믹서사용, 배합 시공, 양생관리 철저	4시간
초조강 시멘트	20℃ 양생	10시간
조강 시멘트	20℃ 양생	48시간
보통 시멘트		72시간

5.5.2 후타재의 균열원인

1) 건조수축의 영향

콘크리트는 건조되면서 체적이 감소하는 건조수축현상을 보인다. 콘크리트의 수축작용이 구속을 받지 않으면 균열은 발생하지 않으나 후타재는 보강철근, 신축이음장치 및 슬래브의 구속으로 인하여 수축 시 후타재에 균열이 발생할 수 있다.

건조수축은 재령초기에는 활발하나 재령이 증가될수록 감소하며 약 20년에 걸쳐 일어난다고 발표되어있고 1개월 내에 총 수축량의 40%, 1년 내에 총 수축량의 80%가 발생한다.

또한 건조수축은 시멘트량이 많을수록, 물-시멘트비가 클수록(단위수량이 많을수록), 단면이 작을수록 크게 나타난다. 후타재와 같은 구조는 단면이 작고 고강도이므로 단위 시멘트량이 많으며 철근이 매우 조밀하고 복잡하여 슬럼프값이 비교적 높아야 공동이 발생하지 않고 면처리가 양호하게 되므로 건조수축에는 별로 좋은 환경이 아니다. 이러한 콘크리트 특성과 신축이음장치의 교체 특성상 바닥 슬래브 시공 후 오랜 기간 후에 시공되므로 건조수축을 피할 방법이 거의 없다.

2) 온도의 영향

신축이음장치의 온도변화는 다음의 세 가지 방법으로 영향을 미치게 된다.

① 대기온도와 신축이음장치와의 온도가 상이하면 그 차이 값만큼 온도 포텐셜이 다르므로 서로 같아지려는 작용이 발생하며 신축이음장치의 표면부터 대기온도와 같아지며 서서히 구조물(신축이음장치 및 후타재) 내부로 전달되는 열전도 현상이 있다.

② 모든 물체는 태양열을 받으면 뜨거워지는 복사열 현상이 발생하며 신축이음장치의 몸체는 강재 또는 알루미늄재이고 후타재는 콘크리트이므로 복사열의 영향이 서로 달라 온도

차이가 발생하며 금속과 콘크리트의 복사열 차이는 여름과 겨울에 따라 다르나 최소한 10℃ 정도이고 이러한 온도 차이는 콘크리트에 균열을 수반하게 한다.

③ 금속과 콘크리트의 열팽창계수가 상이함에 따른 영향으로 두 재료는 철근과 몸체의 고정볼트에 의하여 합성작용을 하며 두 재료의 열팽창계수 차이는 신축량의 차이를 수반하여 상대적으로 약한 콘크리트에 균열이 발생하게 한다.

3) 차량통행의 영향

교량에는 대부분 강성이 매우 큰 단부 가로보가 있으므로 차량통행으로 인한 후타재의 균열과는 직접적으로 관계는 없다. 다만, 초기수축으로 인한 균열이 차량 통행에 따른 진동의 영향으로 진전될 가능성이 높으며 신축이음장치 시공 후 차량 통행까지의 기간이 건조수축 활동이 가장 큰 시기이므로 이때 발생한 균열이 차량 통행에 따른 균열로 오인되고 있다.

5.5.3 후타재의 균열억제 대책

1) 수축줄눈의 시공

이 방법은 수동적이긴 하지만 균열의 유도가 확실하고 유도된 줄눈으로 방수가 확실하다면 효과적인 균열제어가 가능하다. 한강상의 잠실대교, 원효대교 및 한강대교에서 이러한 수축줄눈의 설치에 의해 비교적 양호한 콘크리트 면을 나타내고 있다. 시공방법으로는 3일 이상 콘크리트를 양생한 후 콘크리트 표면을 컷터기에 의해 폭 3~4mm, 깊이 30~50mm로 절단하고 Air로 분말을 제거 후 신축성이 양호한 에폭시계 수지로 홈을 충진한다.

2) 건조수축 및 동해방지 방안

- 콘크리트 타설 직후 수분증발을 억세하고 수분공급을 위하여 젖은 양생포를 덮고 그 위에 비닐커버를 씌운다(5일).
- 대기 온도가 영하일 경우에는 가급적 수분 손실이 없는 온도관리를 실시한다.
- 교축직각방향으로 보강철근을 충분히 배치시킨다(철근비 2%이상).
- 굵은 골재치수를 19mm에서 25mm로 상향 조정한다.
- 슬럼프는 100mm정도로 유지한다.

5.5.4 적정 후타재 비교 검토

1) 초조강 콘크리트

통상 1일강도(24시간)로서 사용 가능한 콘크리트를 나타내는 것으로서 초조강성을 발휘하기 위해서 아래 내용이 반영된다.

- 시멘트의 분말도를 높게 하고 시멘트 입자를 조절한다.
- 석분 첨가량을 증가시킨다.
- C_3S, C_3A, C_2S, C_4AF 등 콘크리트 속에 포함되는 광물조성을 적정화한다.
- CaF_2, Cr_2O_3, $MnCO_3$ 등의 특수성분을 첨가한다.

소요 슬럼프를 얻기 위해 필요한 단위수량은 그림 5.7과 같이 일반 콘크리트에 비해 2~5% 증가한다. 그러나 재료분리에 대한 저항성이 크기 때문에 세골재가 일반 콘크리트에 비해 2.3% 감소하여도 적정한 워커빌러티를 얻을 수 있다. 블리딩은 그림 5.8에 나타낸 바와 같이 콘크리트에 비해 작고 종료시간도 빠르다. 초결은 보통 콘크리트보다 약 1시간 정도 빠르고 초결부터 종결까지의 시간은 단축된다. 그림 5.9의 압축강도와 재령 상관도에서 초조강 콘크리트 압축강도는 재령 1일에서 보통 콘크리트의 7일 강도를 나타내고, 재령 3일에서 보통 콘크리트의 28일 강도를 발휘한다.

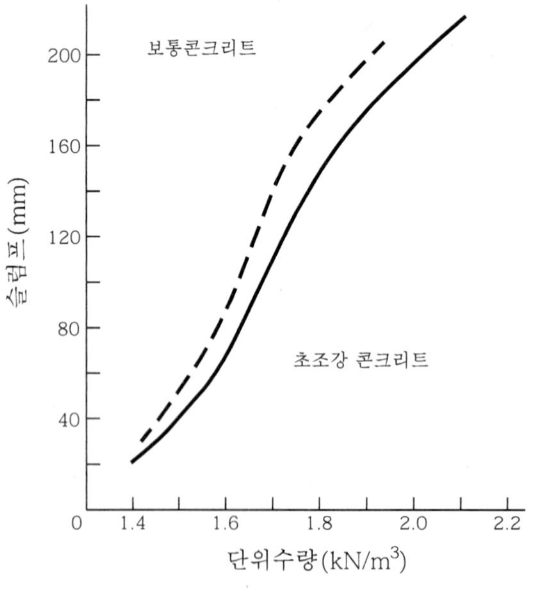

그림 5.7 단위수량과 슬럼프의 상관도

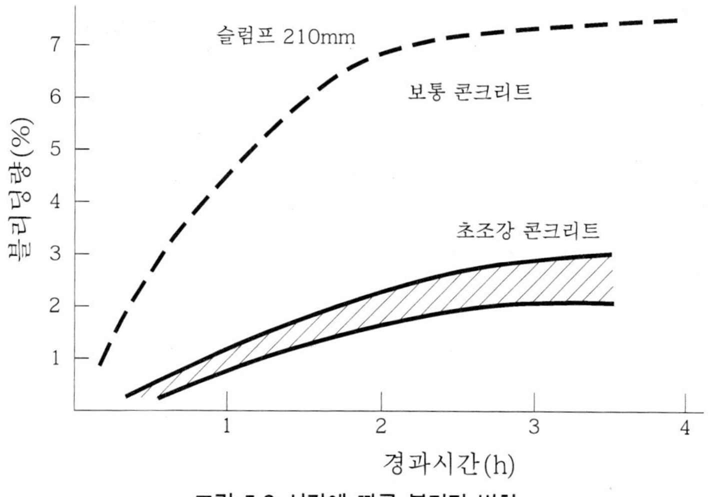

그림 5.8 시간에 따른 블리딩 변화

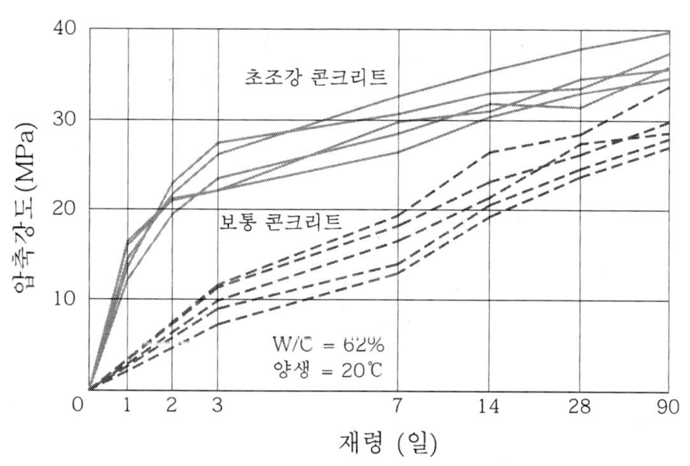

그림 5.9 압축강도와 재령 상관도

초조강 콘크리트는 그림 5.10에서와 같이 양생온도가 낮은 경우에도 강도발현이 용이하다. 이러한 것은 한중콘크리트보다 유용하다는 것을 의미한다. 물시멘트비가 같은 경우 동일한 온도에서 강도는 일반콘크리트에 비해 크다는 것을 알 수 있다. 압축강도에 대한 인장강도 및 휨강도비는 일반콘크리트와 유사하다.

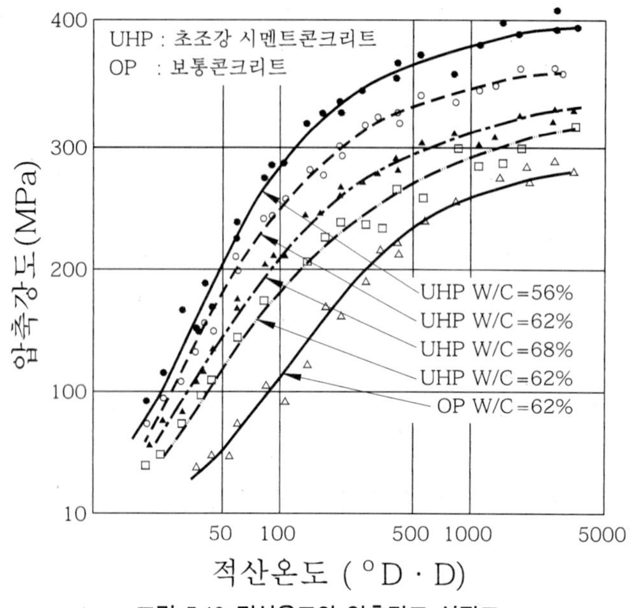

그림 5.10 적산온도와 압축강도 상관도

초조강 콘크리트의 건조수축은 그림 5.11에서와 같이 일반콘크리트에 비해 건조 시점에서 약 1주 동안은 매우 큰 건조수축을 나타내는 경향이 있다. 장기적으로는 오히려 초조강 콘크리트가 작은 경우도 있으나 결국은 두 콘크리트의 건조수축은 거의 유사하다고 볼 수 있다. 초조강 콘크리트는 경화에 따라 발열이 급속히 발생하므로 콘크리트의 온도 상승은 일반콘크리트에 비해 매우 크다. 그러므로 한중콘크리트 적용시 양생에 따른 경비절감을 도모하고 반대로 부재가 큰 구조물은 온도균열이 쉽게 발생한다.

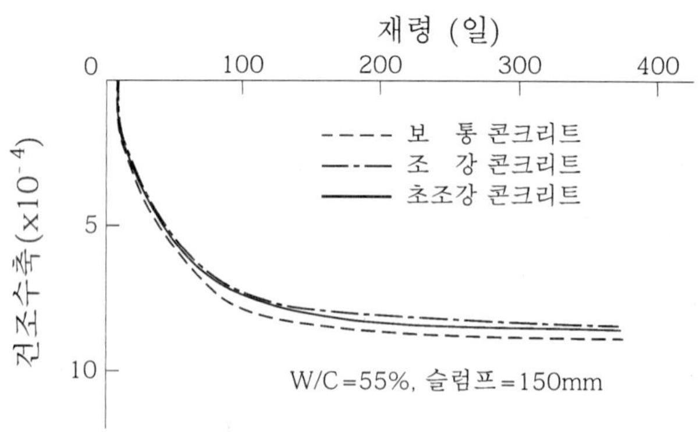

그림 5.11 장기재령에서의 건조수축

초조강 콘크리트는 재령 1일의 강도가 조강 콘크리트의 2배에 이르는 초조강성을 발휘하므로 다음과 같은 용도에 적절하게 사용될 수 있다.

- 교량의 바닥판, 신축이음장치 등의 긴급보수공사
- 도로, 활주로 등의 포장교체공사
- 한중공사
- 그라우트(미세분말 및 초기 강도발현을 필요로 하는 곳)

2) 초속경 콘크리트

(1) 개요

원료는 포틀랜드 시멘트용의 석회, 점토 외에 알루미나를 원료로 하는 보오키사이트, 카오린 등과 불소를 원료로 하는 형석이 일반적으로 사용된다. 또한, 알루미나(Al_2O_3) 및 SO_3의 양이 많고, 실리카(SiO_2)의 양은 작다. 초속경 콘크리트는 재령 3시간에서 압축강도가 20MPa 이상으로서 응결이 매우 빠르게 진행된다. 일반적으로 저온에서의 시공 또는 특수한 경우를 제외하고는 초속경 시멘트를 시멘트만을 사용하지 않고 응결지연제를 첨가하여 응결시간을 조절한다. 비중은 포틀랜드 시멘트에 비해 가볍고, 분말도는 초조강 포틀랜드 시멘트보다 높다.

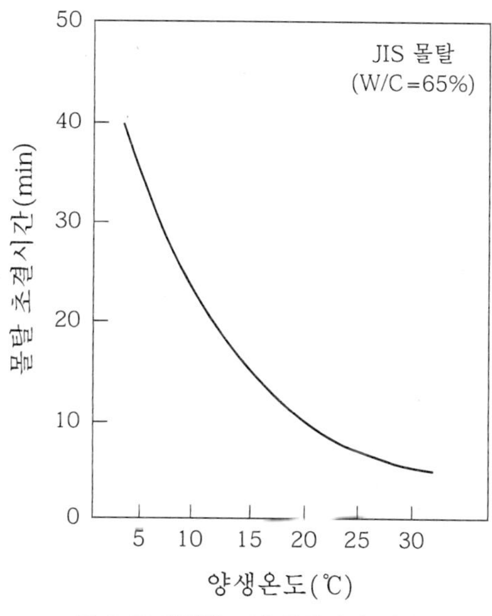

그림 5.12 양생온도와 초결시간 상관도

(2) 초속경 콘크리트의 성질

콘크리트 응결시간은 그림 5.13과 같이 혼합사용하는 응결지연제의 양에 따라 변화한다. 일반콘크리트에 비해서 슬럼프의 저하율이 크게 된다. 초속경 콘크리트의 블리딩은 슬럼프가 150mm이하일 때 거의 확인되지 않는다. 그 이상의 슬럼프에서도 표면에만 약간 블리딩이 발생하며, 응결시간이 짧으므로 조속한 표면 마무리가 요구된다. 소요 공기량 및 감수효과를 얻기 위해 AE제 및 감수제 양은 보통 콘크리트 보다 증가한다.

압축강도의 발현 예를 일반 콘크리트와 비교하면 재령 3시간에서 20MPa, 1일일 때 40MPa의 강도가 나타난다. 이러한 것은 초속경 시멘트의 주성분인 $C_{11}A_7CaF_2$의 수화반응에 의한 것이다. 장기적으로 계속되는 강도발현도 양호하다. 그 이유는 포틀랜드 시멘트와 동일하게 수화반응을 하는 토벨 폴라이트계 수화물의 생성에 의한 것이다.

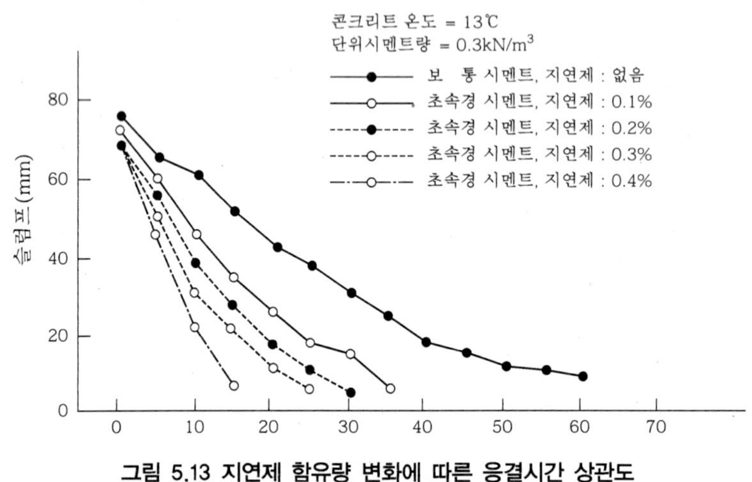

그림 5.13 지연제 함유량 변화에 따른 응결시간 상관도

또한 강도발현에 미치는 양생온도의 영향은 작고 저온에서의 강도 증진도 양호하다. 5℃에서 재령 6시간 경과 시 10MPa, 재령 1일일 때 약 25MPa의 압축강도를 얻을 수 있다. 압축강도를 변수로 한 휨강도, 인장강도 및 탄성계수 산정은 일반 콘크리트와 유사하다.

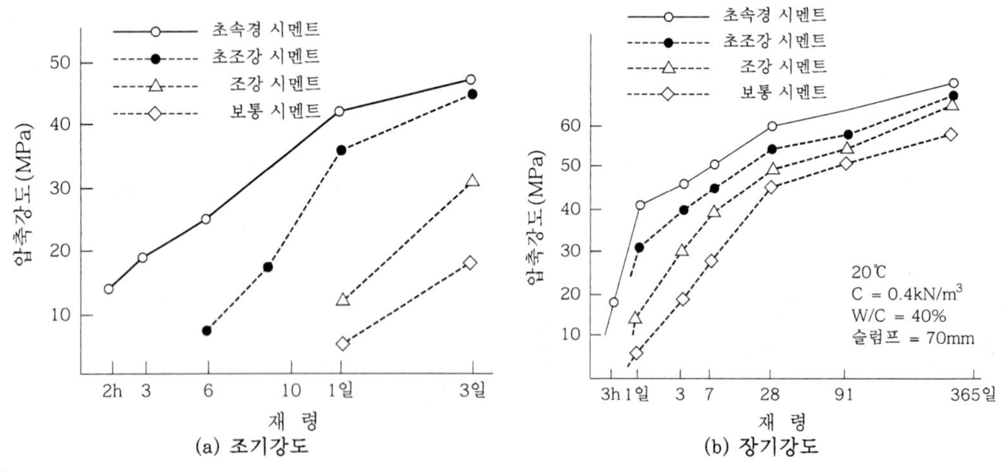

그림 5.14 초속경 콘크리트의 초기강도와 장기강도

건조수축은 일반 콘크리트에 비해 작게 발생한다. 초속경 시멘트의 수화속도가 빠르고, 건조에 의한 중량 감소율이 다소 작으며 수화생성물 및 구조가 다른 것이 그 이유이다. 크리프는 초기재령 단계에서는 크나 재령이 경과하면 보통콘크리트보다 작아지며 이러한 상관관계를 그림 5.15에 나타내었다. 투수계수는 보통 콘크리트에 비해 작아진다. 초속경 콘크리트의 온도 상승속도는 급격하게 변화한다.

최고 온도도 보통 콘크리트에 비해 약 10℃ 높게 나타난다. 이러한 것은 한중 콘크리트 시공시에는 좋은 조건이 될 수 있으나, 매스 콘크리트 구조물에서는 불리한 조건이 된다. 초속경 콘크리트는 응결시간이 빠르므로 슬럼프 저하가 급속하게 진행된다. 따라서 공장에서 레미콘 생산으로서는 곤란하며 현장에서 소형 믹서기로 배합 생산한다.

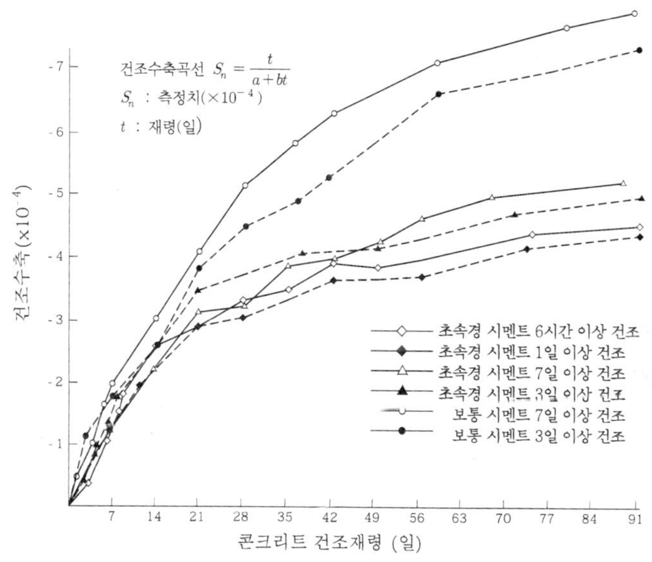

배합	a	b	배합	a	b
J-6h	3.68	0.191	J-1d	4.41	0.172
J-2d	3.02	0.167	J-7d	4.06	0.154
N-3d	2.99	0.091	N-7d	3.11	0.116

그림 5.15 재령에 따른 건조수축률의 변화

06 보수·보강 사례조사

6.1 국내사례

6.1.1 고속국도

교통차단 및 시공방법은 노선대별 교통량에 따라 다소 상이하나 일반적으로 주간에 부분 차선 통제 후 신축이음장치를 교체시공한다. 조기에 교통개방을 위해 후타재 상부에 보호 복공판을 설치하고 차량을 통과시키는 공법도 일부 적용된다.

① 시공부위 절단

② 신축이음장치 후타재 제거

③ 신축이음장치 철거

④ 잔재 청소

⑤ 신축이음장치 운반 및 설치

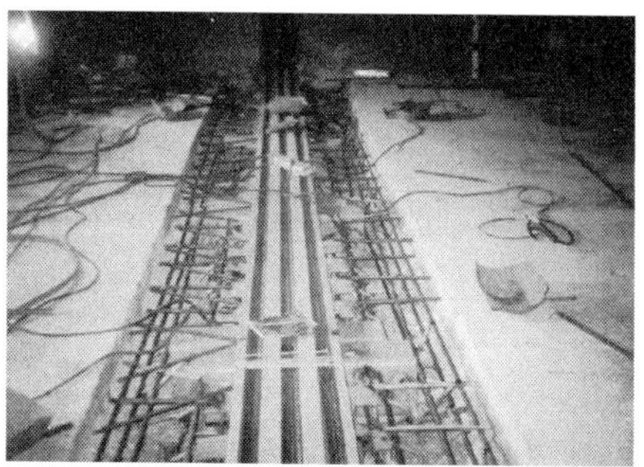

⑥ 철근배근 및 보강

⑦ 무수축 콘크리트 타설

⑧ 표면 마무리

6.1.2 한강대교(2일간 시공)

① 마킹 후 후타재 절단(1일차 개시)

② 후타재 파쇄

③ 기존 신축이음장치 철거

④ 파쇄잔재물 청소

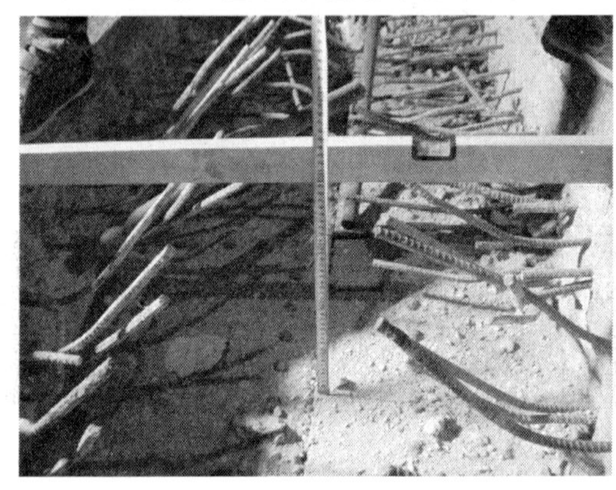

⑤ 블록아웃부 단면측정

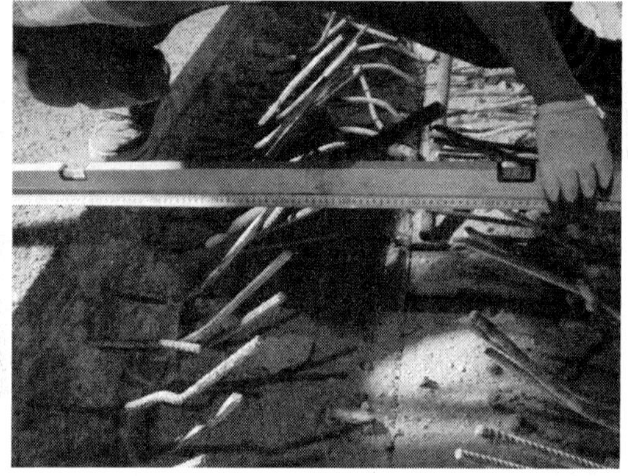

⑥ 블록아웃부 단면측정

⑦ 잔재청소

⑧ 보호복공판 설치(1일차 완료)

① 보호복공판 제거(2일차 개시)

② 보도에서 보강철근 조립

③ 철근 및 거푸집 설치

④ 철근배근이 완료된 상태

⑤ 하부에서 바라본 거푸집

⑥ 신축이음장치 설치(핑거 형식)

⑦ 신축이음장치가 설치된 상태

⑧ 신·구 콘크리트 접착제 도포

⑨ 후타재 타설

⑩ 후타재 면고르기 후 비닐 덮기

⑪ 양생포 설치

⑫ 보호복공판 설치(2일차 완료)

⑬ 차량통행

⑭ 신축줄눈 컷팅

⑮ 면고르기

⑯ 설치완료

6.1.3 성산대교(후타재 적정성 검토를 위주로 작성)

1) 시공개요

- 시공기간 : 2003. 3. 9~2003. 4. 7
- 시공구간 : 성산대교 램프구간 13개소(L=137m)

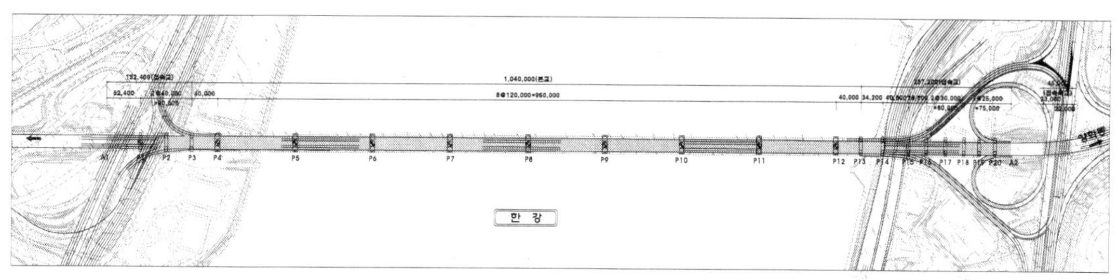

그림 6.1 성산대교 본선 및 램프 평면도

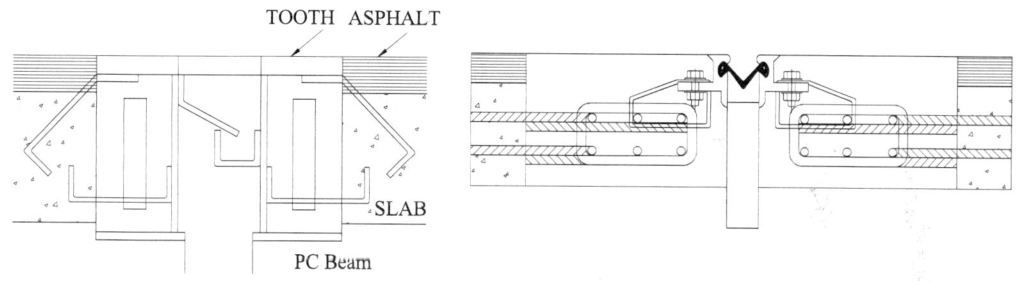

(a) 교체 전 핑거 형식 단면도　　(b) 교체 후 레일 형식 단면도

그림 6.2 성산대교 램프 신축이음장치 교체 전·후 단면도

2) 초조강 콘크리트에 대한 배합시험

- 시험방법
  - 슬럼프 시험 : KS F 2402 기준(3층 25회 다짐 후 시험콘 제거)
  - 압축강도 시험 : KS F 2405 기준(공시체 : D150×300mm, 1회 3개)
- 시험조건 : 일평균 기온을 고려, 양생조건을 2가지로 시험(10℃, 외기조건 3~4℃)

• 배합조건

조 건	슬럼프(mm)	W/C(%)	S/a(%)	재료량(kg/m^3)				혼화제(C*%)
				C	W	S	G	
A	100±10	38.0	40.0	460	175	650	1009	1.3
B	100±10	35.0	40.0	500	175	637	988	1.5

• 시험결과(현장배합은 건조수축을 고려하여 시멘트량이 적은 'A' 조건으로 배합)

배합명	양생 온도	슬럼프(mm)	압축강도(MPa)			비고
			1일	2일	3일	
A	10℃	90	10.5	27.6	37.7	적용
	외기		3.2	15.1	31.2	
B	10℃	80	14.2	35.2	43.1	
	외기		4.5	19.3	37.2	

3) 시험시공 현황

• 시공내용

구분	시공내용	투입장비	투입인원	비고
1회	• 신축이음장치 : 18m • 후타재(3개소) : 375(폭)×230(두께)×6000(길이) • 초조강 콘크리트 타설 : 3.2m^3	• 핸드브레이커 3대 외 8종 13대 • 보호복공판 (1조 : 1.5×3m)	• 콘크리트공 7명 등 총 35명	

• 시공순서

– 1일차 : 기존 후타재 철거

– 2일차 : 신축이음장치 설치

- 3일차 : 초조강 콘크리트(후타재) 타설
- 4~6일차 : 양생(차량 통행용 보호복공판 설치)

4) 압축강도 측정 및 육안조사 결과

타설일	위치	기온	슬럼프 (mm)	압축강도(MPa)						비고
				1일	2일	3일	5일	7일	28일	
'03.3.10	J2(P6)	10℃	90	7.8	21.2	26.3	34.4	41.6	53.9	압축강도는 현장콘크리트 타설시 제작된 시료에 대한 파괴검사 강도임.
3.13	J2(P2)	12℃	90	7.5	21.2	29.3	35.3	42.0	55.6	
3.18	J1(P5)	8℃	90	8.7	22.9	29.3	37.3	43.3	54.3	
3.29	L2(P4)	8℃	90	8.9	22.9	30.1	35.2	41.6	54.7	
4. 2	L1(P4)	10℃	90	8.7	21.6	28.9	34.8	40.7		

• 압축강도 측정 결과

압축강도 측정결과 차량통행 가능 강도(20MPa)는 2일째에 발현되었고 공사시방서가 요구하는 설계기준강도(35MPa)는 타설 후 5일째 발현되었으며 육안조사결과 표면 및 하면 상태가 매우 양호하여 충분한 내구성을 확보할 것으로 검토되었다.

5) 후타재 선정

우수한 품질확보와 시설물의 안전성, 사용성을 고려하여 후타설 콘크리트 재료는 표 6.1과 같이 초조강 콘크리트를 사용하는 것이 바람직한 것으로 검토되었다. 초조강 콘크리트의 양생중에 진동 영향 및 차량통행 지장 최소화를 위하여 보호복공판(H=100mm, L=3.0m)의 개량, 요철주의 표지 등 충분한 안전시실이 보완뇌어야 한다.

보호복공판 설치에 따라 고속주행 차량의 안전성 확보가 우려되는 곳과 도로여건상 초조강 콘크리트 사용이 어려운 곳은 초속경 콘크리트를 사용하는 것을 검토하여야 한다.

표 6.1 초조강 콘크리트와 초속경 콘크리트 비교

<table>
<tr><th>구 분</th><th>기 존 안
(초속경 콘크리트 타설)</th><th>개 선 안
(초조강 콘크리트 타설)</th></tr>
<tr><td>물리
성능
비교</td><td colspan="2">
<table>
<tr><th rowspan="2">구분</th><th colspan="2">응 결</th><th colspan="6">압 축 강 도(MPa)</th></tr>
<tr><th>초 결
(분)</th><th>종 결
(시간 : 분)</th><th>3시간</th><th>6시간</th><th>1일</th><th>3일</th><th>7일</th><th>28일</th></tr>
<tr><td>초속경</td><td>30</td><td>00:45</td><td>27.6</td><td>33.0</td><td>43.2</td><td>46.8</td><td>51.3</td><td>54.9</td></tr>
<tr><td>초조강</td><td>175</td><td>03:30</td><td>–</td><td>–</td><td>23.0</td><td>40.0</td><td>46.5</td><td>51.0</td></tr>
<tr><td>보 통</td><td>240</td><td>07:20</td><td>–</td><td>–</td><td>9.0</td><td>19.5</td><td>28.5</td><td>36.8</td></tr>
</table>
</td></tr>
<tr><td>특 징</td><td>◦ 차량통행 가능 압축강도(20MPa)는 3시간 후 발현
◦ 조기강도 발현으로 도로, 교량 등의 초긴급 공사에 사용
◦ 야윈계(C4A3S)와 알루미나계(CA)가 있음.</td><td>◦ 차량통행 가능 압축강도(20MPa)는 24시간 후 발현
◦ 1일 이상의 양생기간으로 어스 앵카, 지하철 도상 등 특수목적으로 사용</td></tr>
<tr><td>장 점</td><td>◦ 필요강도의 조기발현과 신속한 공사 마무리로 차량통행 지장 최소화</td><td>◦ 품질관리 확보 유리
· 충분한 초결시간(175분)으로 원활한 작업 가능
· 양생시간이 충분히 확보되면 타 콘크리트에 비해 양질의 품질 기대</td></tr>
<tr><td>단 점</td><td>◦ 품질관리 어려움
· 작업시간 제한(배합 후 20분)
· 높은 수화열과 건조수축 영향으로 균열 등의 내구성 저하 우려
· 소요품질 확보를 위해 제시된 배합기준 및 철저한 양생 필요</td><td>◦ 충분한 양생을 위해 보호보공판 사용
· 시공성 저하(설치, 철거 등)
· 차량통행 지장(과속방지턱 역할)
◦ 양생기간 중 차량통행 등 진동의 영향으로 콘크리트 성능 저하 우려</td></tr>
<tr><td>경제성</td><td>1.00</td><td>1.08</td></tr>
</table>

6.2 해외 신축이음 교체시공사례

6.2.1 Golden Horn Bridge(터키, 이스탄불)

- 준공년도 : 1974년
- 교체년도 : 1997년

- 상부형식 : 강바닥판교
- 보수내용
  - 기존 Roller Shutter 형식을 레일 형식(MAURER사)으로 교체하는 것으로서 보수기간 동안 그림 6.3과 같이 신축이음장치 상단에 강판으로 복개하여 교통을 지속적으로 개방하였으며 보수기간은 2개월(7~8월)이 소요되었다.

그림 6.3 Golden Horn Bridge 신축이음장치 교체 시 보호복공판 설치 전경

6.2.2 세븐마일교 및 롱키교(미국, 플로리다)

- 준공(보수)년도 : 1980년대 초반(1989년 3월)
- 신축이음장치 수량
  - 세븐마일교 : 39개소
  - 롱키교 : 14개소
- 차량통행량 : 1일 1만대 수준이며, 주말 및 휴가철에는 증가
- 하자내용
  - 신축이음장치 하단의 슬래브 두께가 얇아 균열 발생
  - 신축이음장치가 부분 이탈(기존 형식 : WABO FLEX)
- 보수 주요 내용
  - 손상된 슬래브를 완전히 절단하고 보강재 설치 후 핑거 형식 설치
  - 후타재(고강도 콘크리트)는 레미콘 공장에서 공급하고, 강도 발현 후 PC 강선으루 보강 월요일~금요일 정오까지 차도를 통제하여 8개월 동안 보수 시공

6.2.3 일본에서의 HAMA 제품(모노셀 형식) 교체시공사례

1) 시공순서 및 개요도

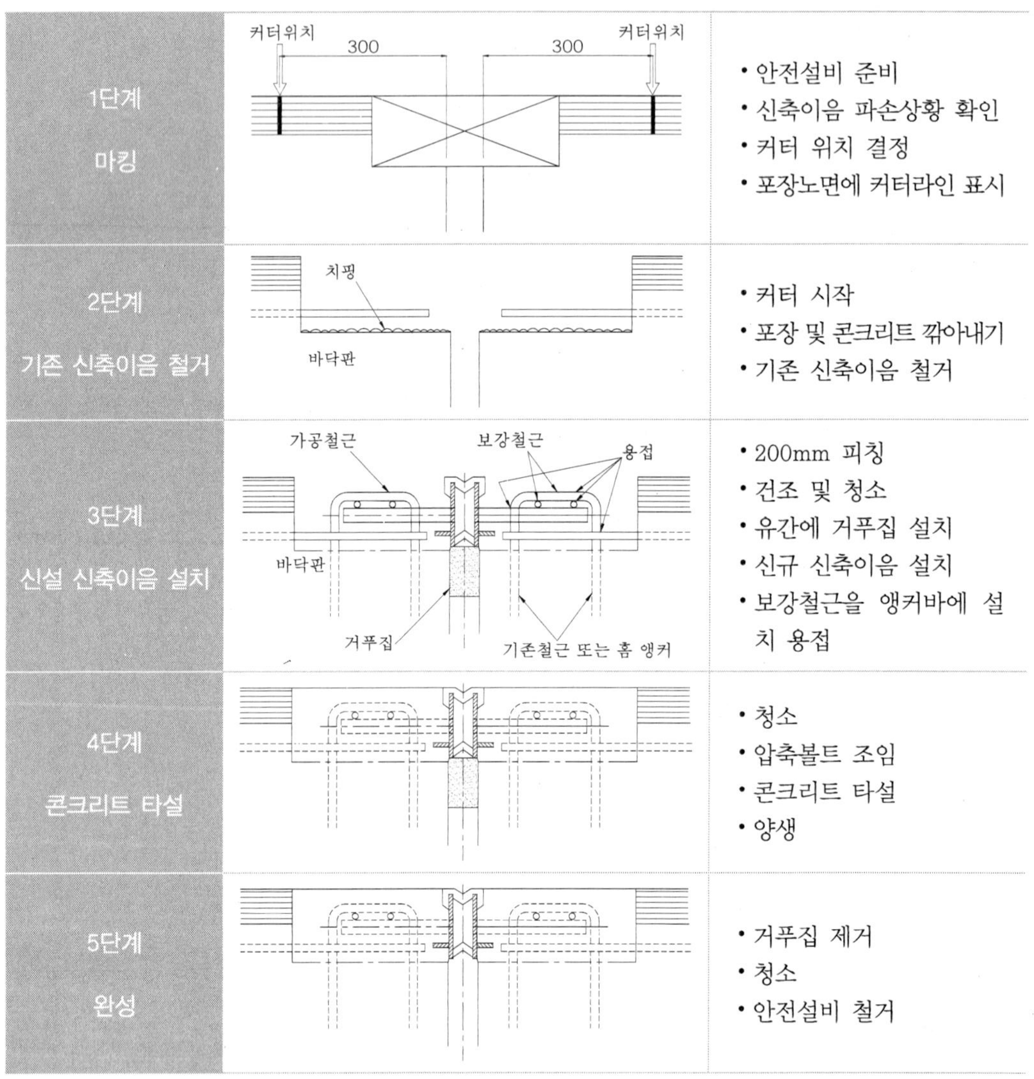

1단계 마킹	• 안전설비 준비 • 신축이음 파손상황 확인 • 커터 위치 결정 • 포장노면에 커터라인 표시
2단계 기존 신축이음 철거	• 커터 시작 • 포장 및 콘크리트 깎아내기 • 기존 신축이음 철거
3단계 신설 신축이음 설치	• 200mm 피칭 • 건조 및 청소 • 유간에 거푸집 설치 • 신규 신축이음 설치 • 보강철근을 앵커바에 설치 용접
4단계 콘크리트 타설	• 청소 • 압축볼트 조임 • 콘크리트 타설 • 양생
5단계 완성	• 거푸집 제거 • 청소 • 안전설비 철거

2) 시간대별 시공개요

1차선 시공기준으로 야간(22시부터 새벽 6시까지)에 작업을 시행하였으며 표 6.2와 같이 후타재, 기존 슬래브의 블록아웃, 기존 신축이음장치 철거작업이 4일간 진행되었다. 파쇄충격에 따른 잔여 슬래브의 균열발생을 최소화하기 위해 작업기간이 증가하였으며 후타재는 초속경 콘크리트를 사용하였다.

표 6.2 일본의 HAMA 제품(모노셀 형식) 교체시공 시간계획

작업항목 \ 시간			22시	23	24	1	2	3	4	5	6
제1일	안전설비 준비공		-----								
	포장절단공		---								
	절삭공			-------							
	복공판설치공					-------					
	안전설비 철거공						-------				
제2일 ~ 제4일	안전설비 준비공		-----								
	복공판철거공		---								
	절삭공			·······							
	복공판설치공					-------					
	안전설비 철거공						-------				
제5일	안전설비 준비공		-----								
	복공판철거공		---								
	절삭공			·······							
	폴앵커공 (피칭)				-------	-------	-------				
	복공판설치공						-------				
	안전설비 철거공							-------			
제6일	안전설비 준비공		-----								
	복공판철거공		---								
	거푸집공			-------	-------	-------	----				
	조인트설치공										
	복공판설치공						---	----			
	안전설비철거공							---	----		
제7일	안전설비 준비공										
	복공판철거공	---									
	청소		-------	-------							
	콘크리트타설공				·······	·······	·······	·······			
	양생, 형틀제거										
	안전설비 철거공								-----		

6.2.4 일본에서의 맞댐 고무형식 교체시공사례

1) 시공순서 및 개요도

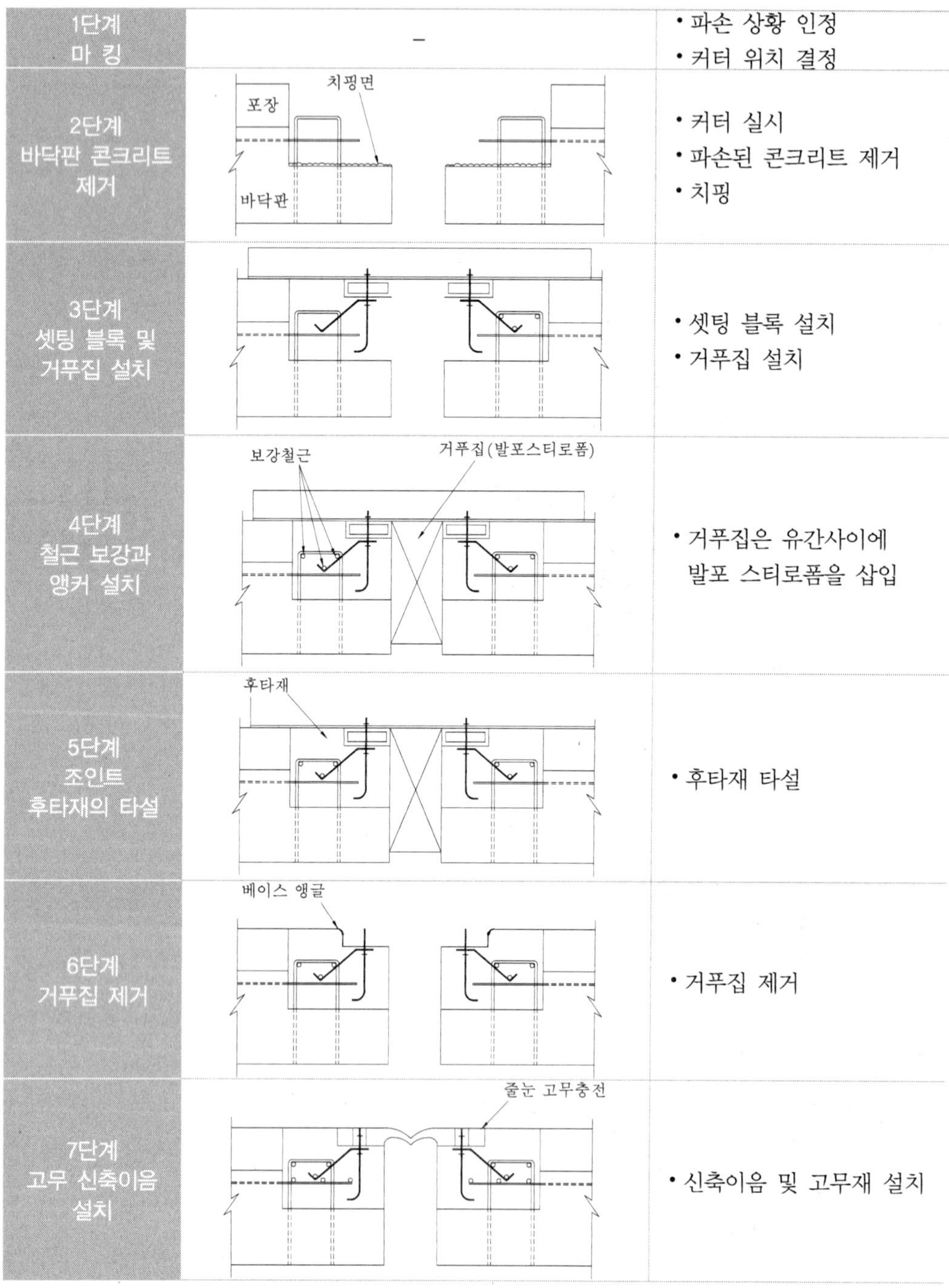

단계	개요도	내용
1단계 마 킹	–	• 파손 상황 인정 • 커터 위치 결정
2단계 바닥판 콘크리트 제거		• 커터 실시 • 파손된 콘크리트 제거 • 치핑
3단계 셋팅 블록 및 거푸집 설치		• 셋팅 블록 설치 • 거푸집 설치
4단계 철근 보강과 앵커 설치		• 거푸집은 유간사이에 발포 스티로폼을 삽입
5단계 조인트 후타재의 타설		• 후타재 타설
6단계 거푸집 제거		• 거푸집 제거
7단계 고무 신축이음 설치		• 신축이음 및 고무재 설치

2) 시간대별 시공개요

전체 교체작업은 표 6.3과 같이 야간(22시부터 새벽 7시까지)에 진행되었으며 후타재, 기존 슬래브의 블록아웃, 기존 신축이음장치 철거작업이 4일간 소요(1차로 기준)되었다. 후타재는 초속경 콘크리트를 사용하였다.

표 6.3 일본의 맞댐 고무형식 교체시공 시간계획

작업항목		22시	23	24	1	2	3	4	5	6	7
제1일	안전설비 준비공	-----									
	포장절단공	---									
	절삭공		-------								
	복공판설치공				·······						
	안전설비 철거공					-------					
제2일 ~ 제4일	안전설비 준비공	-----									
	복공판철거공	---									
	절삭공		-------								
	복공판설치공				-------						
	안전설비 철거공					-------					
제5일	안전설비 준비공	-----									
	복공판철거공	---									
	절삭공		-------								
	배근공				········	········	········				
	복공판설치공							-------			
	안전설비 철거공								-------		
제6일	안전설비 준비공										
	복공판철거공	-----									
	거푸집공	---									
	(Set설치공)		-------	---							
	콘크리트공			---	-------	-------	-------	-------			
	(양생포함)										
	계수설치공								-------		
	안전설비 철거공									·····	

6.2.5 슬라이딩 형식에서 핑거 형식 교체시공사례(일본)

본 사례는 강 겹침 신축이음(슬라이딩 형식)을 강재 핑거 형식으로 교체한 것으로써 가설 당시 신축이음장치는 강 겹침 형식이었지만, 오랜 시간 공용됨으로 인해 변형이 나타났다. 특히 중차량 통과시에는 충격 소음이 발생하였으며 육안관찰에 의해서 차량과 접하는 철판이 이탈된 것으로 확인되었다.

본 교량은 중차량 교통량이 많고 신축이음장치의 유간량도 비교적 크기 때문에 보수 시공이 용이한 강재 핑거 신축이음을 사용하였으며 교체 전·후의 신축이음 개요는 그림 6.4와 같다. 교통량이 많아 교통통제가 불가능하기 때문에 야간에 폭원의 1/2로 나누어 시공하고 주간에는 복공판으로 덮어 그 위로 차량이 통행하도록 하였으며 신축이음장치는 중앙 거더 위에서 현장 용접하였다.

교체 시공순서는 다음과 같다.

① 단부 바닥판 및 연석 콘크리트를 거더 단부로부터 약 700mm 제거하고, 기존 신축이음장치를 철거한다.
② 기존 교량의 바닥판 철근을 거더 단부로부터 약 400mm 제거한다.
③ 신설 신축이음장치를 설치한다.
④ 바닥판 단부의 하면 및 측면에 거푸집을 설치한다.
⑤ 바닥판 단부에 보강철근을 배근한다.
⑥ 초속경 콘크리트를 타설한다.
⑦ 콘크리트를 양생한다.

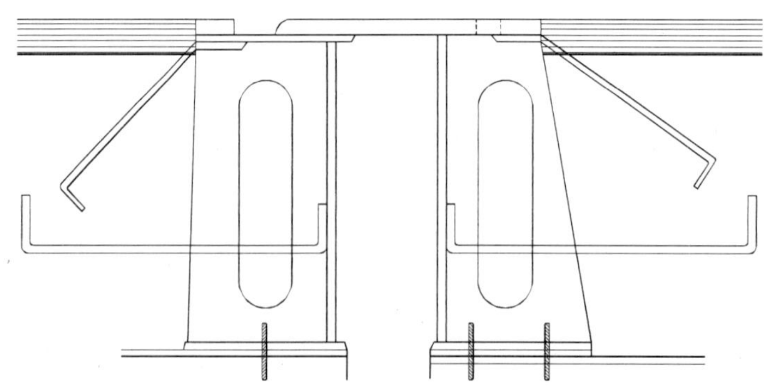

(a) 기존 강 겹침 슬라이딩 형식 신축이음장치(단면도)

그림 6.4 슬라이딩 형식에서 핑거 형식으로의 교체시공사례(일본)(계속)

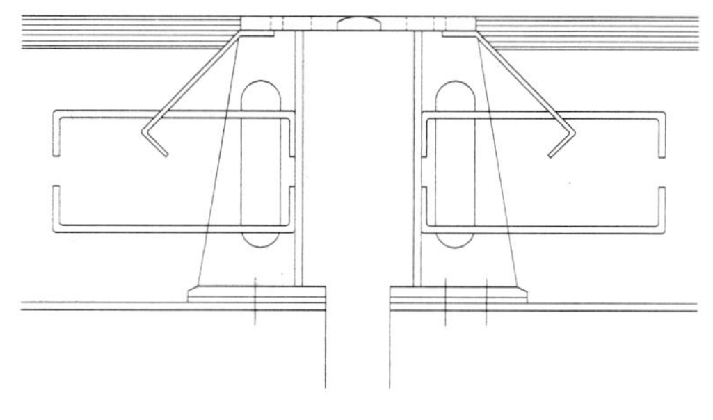

(b) 신설 핑거 형식 단면도

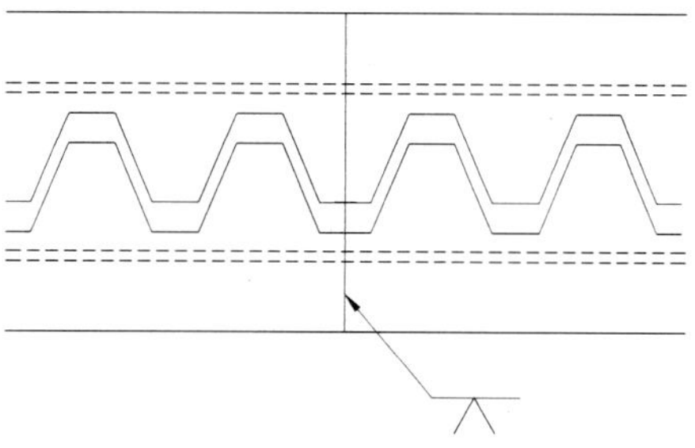

(c) 신설 핑거 형식 평면도

그림 6.4 슬라이딩 형식에서 핑거 형식으로의 교체시공사례(일본)

표 6.4 신축이음장치 교체 시 형식 변경 사례(일본)

구 분	기존 신축이음장치	교체 신축이음장치
1	하마셀	하마셀, 트랜스플렉스 Rubber-Top 네오쓰미, SB Rubber YUZ형, WABO FLEX
2	하마 ZG	트랜스플렉스, Rubber-Top 하마셀 SB Rubber
3	콘크리트 맞댐식	Cut off
4	강재 맞댐식	Cut off, Rubber-Top, 트랜스플렉스
5	네오쓰미 조인트	Cut off, Rubber-Top 네오쓰미, 트랜스플렉스 하마셀
6	M식 조인트	Cut off, SB Rubber
7	Cut off	Cut off, 하마셀, 스미씰
8	아스콘 맞댐식	Cut off, SB Rubber Rubber-Top, 하마셀
9	핑거 형식	Cut off, 트랜스플렉스 하마S, SB Rubber 하마셀

6.2.6 Garden State Parkway Bridge(미국, 뉴저지주)

바닥판 덧씌우기 공사를 시공할 때 수밀성을 확보하기 위해서 기존의 개방형 신축이음장치 상부를 연속으로 포장하였으나 덧씌우기 포장이 열화하여 누수가 계속됨으로 인해 강재 거더 양단부에 있는 교량 받침 부분에서 열화가 촉진되었다. 신축이음 교체작업 시공절차에는 기존의 덧씌우기 층과 교량 받침을 제거하도록 하였다.

또한, 단부 다이아프램 상부의 슬래브 일부분을 철거하고 압축 씰과 보강 앵글로 구성된 신설 신축이음장치를 설치하고 새로운 강판과 형강재를 사용하여 기존의 단부 다이아프램에 이를 연결하였다. 최종적으로 신축이음장치 주변에 콘크리트를 타설하여 슬래브와 신축이음장치 공사를 완료하였다. 그 결과는 슬래브를 최소로 제거하면서 아주 양호한 수밀성을 확보할 수 있었다.

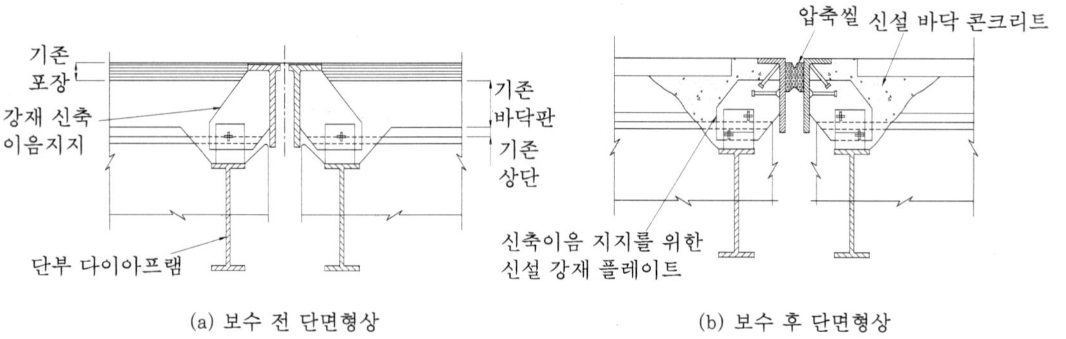

(a) 보수 전 단면형상 (b) 보수 후 단면형상

그림 6.5 Garden State Parkway Bridge(뉴저지주)의 신축이음 교체 전·후 단면형상

6.2.7 The Shark River over Bridge(미국, 뉴저지주)

기존의 핑거 형식에서는 배수홈통이 없기 때문에 누수의 진행으로 주변의 교량 부재가 열화되었다. 하부구조의 추가 열화를 방지하고 신축이음장치의 성능을 개선하기 위하여 교대와 교각에 있는 핑거를 강재 고정블록이 있는 시트 씰로 교체하였다.

우선적으로 단부 다이아프램 위에 위치한 바닥 슬래브와 단부 다이아프램 주위의 철근콘크리트를 제거하였다. 강재 앵글로 된 신설 신축이음장치의 하부 지지틀을 설치하고 그 주위에 콘크리트를 타설하였다. 그 후에 시트 씰을 설치하여 신축이음 복구공사를 완료하였다. 교대 뒷벽체와 접속 슬래브 사이의 충진형 이음장치도 교각부와 동일한 방식으로 교체하였다.

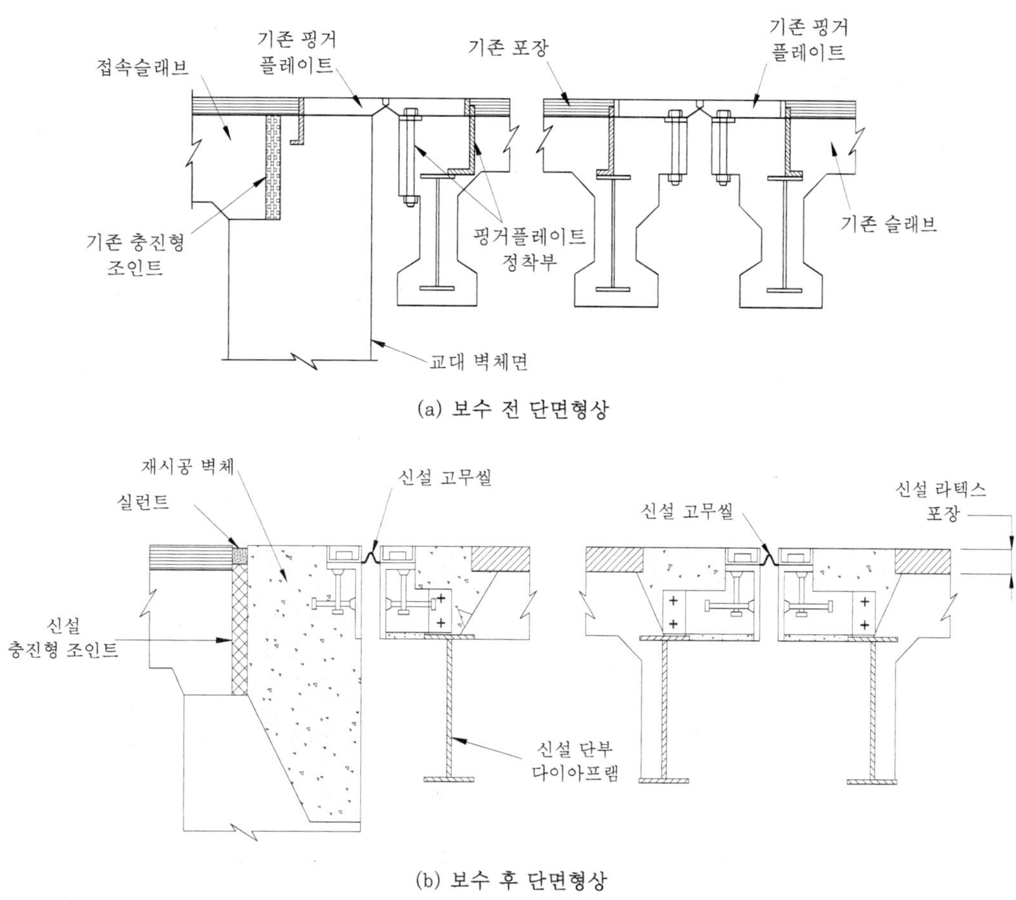

(a) 보수 전 단면형상

(b) 보수 후 단면형상

그림 6.6 The Shark River over Bridge(뉴저지주)의 신축이음 교체 전·후 단면형상

6.2.8 Morris County에 있는 교량(미국, 뉴저지주)

공용년수가 경과함에 따라 탄력성이 상실된 기존 압축 씰을 교체한 사례이다. 기존 씰을 제거하고 단일체(single-piece)인 신제품 씰을 연석과 연석사이의 교면을 횡단하여 설치한다. 씰을 차량 방호책 연석부까지 연장시키기 위해서는 차량 방호책 연석 속에 압축 씰을 짧은 길이로 삽입시키고 방호책 연석 내부에 독립적 수직재인 띠형 씰을 설치한다. 그리고 접착제를 사용하여 단편의 압축 씰을 메인 씰(main seal)에 부착시킨다. 띠형 씰과 철물을 방호책 연석의 형상에 맞추어서 상향으로 구부린다. 대안으로는 기존 씰을 인접한 바닥 슬래브와 함께 제거하고 노출된 철근을 세척, 에폭시 도장한 후에 이동량을 흡수할 수 있는 규격의 새로운 형식의 신축이음장치를 설치한다. 교체형식은 신설 보강한 압축 씰, 시트 씰, 판재형 씰이 적정하다.

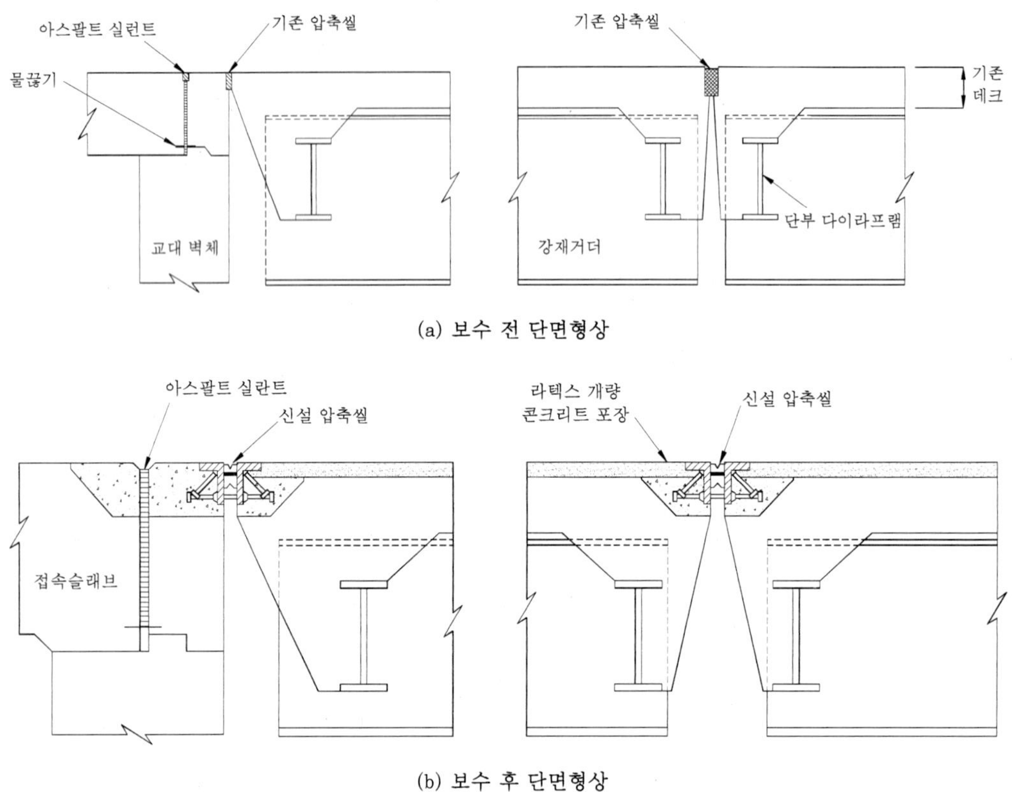

그림 6.7 뉴저지주 Morris County에서의 압축 씰 교체 전·후 단면형상

6.2.9 샌프란시스코-오클랜드 베이교(미국)

1989년 Loma Pieta 지진 이후 교량에 대한 내진성능을 전반적으로 재검토하게 되었으며 본교 동쪽구간의 신축이음장치는 큰 지진에 매우 취약한 것으로 검토되었다. 보수 범위는 기존 신축이음장치를 보수하는 것보다 전면 교체하는 것이 경제성, 교통통행 측면에서 유리한 것으로 평가되었다. 지진발생시 예상되는 파괴형상은 그림 6.8과 같이 3가지 경우가 가능한 것으로 분석되었다.

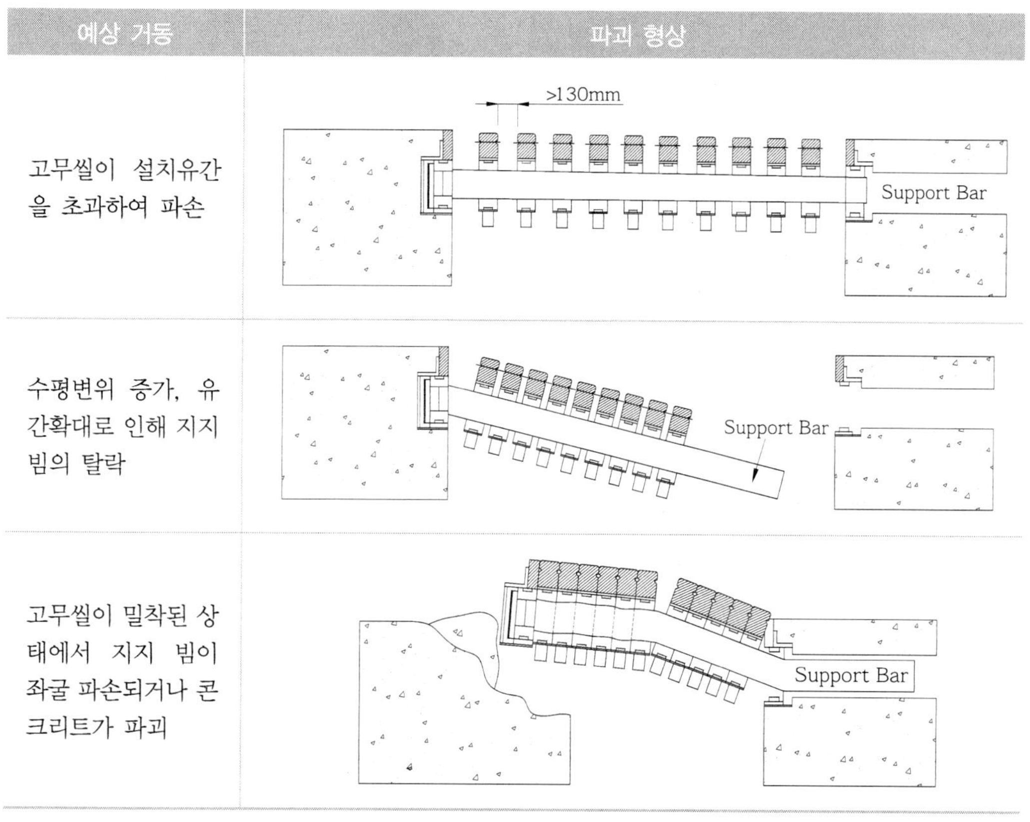

그림 6.8 지진시 예상되는 파괴형상

기존교량은 고무씰의 설계유간이 부족하거나 지지 빔의 삽입길이가 짧아 대지진 발생시 그림 6.8과 같은 파괴가 예상되므로 설계 유간 및 지지 빔 길이에 주안점을 두고 전면교체를 하게 되었다.

본교는 1일 평균 200,000대의 차량이 통행하는 중요교량으로서 교통 피크시간대에는 어떠한 교통통제도 할 수 없고, 유지관리에 필요한 교통통제는 야간에만 할 수 있는 여건이므로 그림 6.9와 같은 시간계획에 따라 교통통제를 하고 교체작업을 수행하였다.

요일 \ 시간	Midnight	1:00 AM	2:00 AM	3:00 AM	4:00 AM	5:00 AM	6:00 AM	7:00 AM	8:00 AM	9:00 AM	10:00 AM	11:00 AM	None	1:00 PM	2:00 PM	3:00 PM	4:00 PM	5:00 PM	6:00 PM	7:00 PM	8:00 PM	9:00 PM	10:00 PM	11:00 PM	Midnight
월 ~ 목																									
금																									
토																									
일																									
공휴일 전날																									
공휴일																									

범 례

- : 최소 1차선 개방
- : 최소 2차선(인접) 개방
- : 최소 3차선(인접) 개방
- : 최소 4차선(인접) 개방
- : 최소 5차선(인접) 개방
- : 최소 6차선(인접) 개방
- : 전면 개방

그림 6.9 샌프란시스코-오클랜드 베이교 교체작업 시 교통통제 일정표

6.2.10 Roller shuter형을 레일형으로 교체한 사례

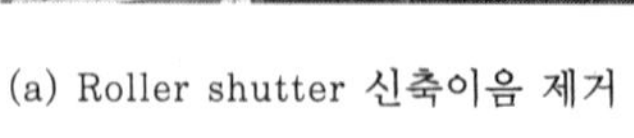
(a) Roller shutter 신축이음 제거

(b) 상부 플레이트 제거

그림 6.10 Roller shutter형을 레일형으로 교체시 단계별 시공전경(계속)

(c) 슬라이딩 가이드 제거

(d) 슬래브 단부 부분 파쇄

(e) 콘크리트 면정리

(f) 레일 신축이음 설치

(g) 후타재 타설

(h) 설치 완료

그림 6.10 Roller shutter형을 레일형으로 교체시 단계별 시공전경

Ⅲ. 기타 부속시설물

01 교량 배수

02 보도 및 자전거·보행자 겸용도로

03 방호울타리

04 단부처리시설

05 교명주

06 점검시설

07 교량 조명시설

08 교면포장

01 교량 배수

교량 노면수의 원활한 배수를 위하여 길어깨부에 배수구를 설치하고 있다. 교량 노후화와 주원인 중 하나는 배수불량으로 인한 누수 및 체수이다. 또한 교면포장과 슬래브 내구성 저하에 결정정인 영향을 미치고 있어서 배수시스템의 정비, 보수는 교량의 유지관리 활동에 있어서 기본적인 항목이다. 교량 노면의 체수와 수막현상을 최소화하는 적절한 배수시스템의 설계 및 유지관리 활동은 대형 교통사고의 발생을 방지하고, 교량의 내구성을 증진시킨다.

교량구간의 빗길 교통사고 발생현황 분석자료에 따르면, 교량구간의 사고건수와 사망자수가 토공구간에 비하여 다소 높게 나타나고 있다(한국도로공사, HI-유지관리(교통사고 관리)).

교량의 경관을 설계하는 경우에 외관을 매우 중요하게 검토하고 있으나, 교량의 배수관에 대한 고려가 적절하지 않은 경우 이러한 경관에 대한 노력을 무의미하게 하기도 한다. 따라서 교량의 경관 설계시 배수관의 처리방안에 대한 세심한 주의가 필요하다.

그림 1.1 미관불량

그림 1.2 막힘부 식물생육

그림 1.3 배수구 오염

노면수는 배수구를 통하여 배수함이 원칙이나, 신축이음부로 우수가 침투할 경우 거더의 단부와 교대전면의 열화 또는 부식의 발생에 유의하여야 한다.

1.1 국내의 교량 배수시설 설계기준 조사 및 분석

국내에서 활용 중인 교량배수설계에 관한 자료는 국도건설공사 설계실무요령(국토교통부, 2013)과 도로배수시설 설계 및 관리지침(국토교통부, 2012)을 중심으로 한국도로공사의 관련방침이 다수 있다.

1.1.1 도로배수시설 설계 및 관리지침(국토교통부, 2012)

본 지침의 제9장에서 구조물의 시공 중 혹은 시공 후에 발생하는 배수로서 교량과 고가구조의 배수, 터널의 배수, 옹벽의 배수를 포함하고 있다.

교량과 고가구조의 배수에서 배수시설을 하천용과 육교용으로 구분하고 있다.

하천용은 교면수를 하천에 직접방류 하여도 좋은 경우에 적용하고, 육교용은 하부에 도로 및 철도 등이 존재하여 교면수를 직접방류하기 곤란한 경우에 설치한다, 단 하천용의 경우에도 교면수의 직접방류가 곤란한 구간은 부분적으로 육교용으로 설치한다고 기술하고 있다. 하천용 실시 구산에 대하여 노면수의 비산에 의한 민원이 증가하고 있으므로 육교용 설치구간에 대하여 보다 구체적인 적용범위에 대한 보완이 필요하다.

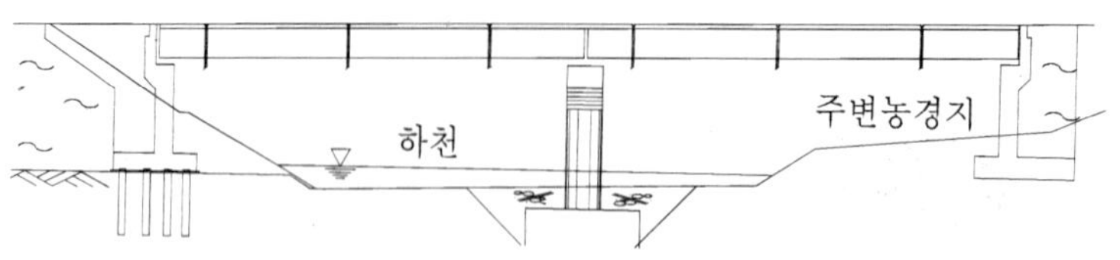

그림 1.4 하천용 배수시스템

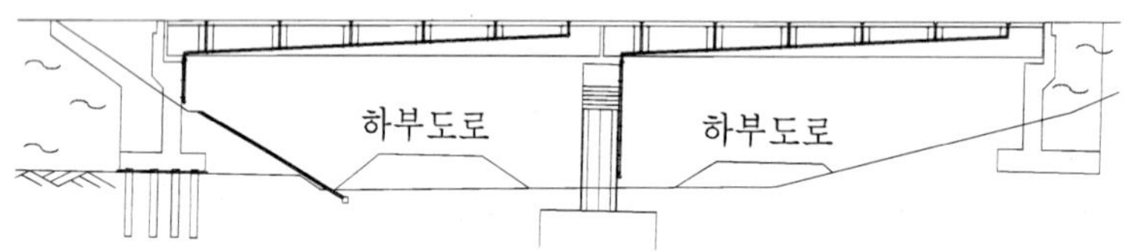

그림 1.5 육교용 배수시스템

배수홈통(배수구), 배수관에 대하여 재질과 설치간격, 유의사항에 대한 일반적인 내용을 기술하고 있다. 기술하고 있는 내용은 국도건설공사 설계실무요령의 내용과 유사한 수준으로 부분적으로 다소 보완이 필요하며, 방호벽 하부 횡부수관을 통한 방호벽 후면 측구 개념의 선형배수시설을 이용한 선배수 시스템을 개략적으로 소개하고 있다.

1.1.2 국도건설공사 설계실무요령(국토교통부, 2013)

본 설계실무요령에서 기술하고 있는 주요 내용은 다음과 같다.

1) 배수구의 배치기준
2) 배수관의 형상
3) 배수관 굴곡부 막힘 방지
4) 육교형 배수관 형식을 적용해야 하는 경우
5) 교량용 배수관 하부지반의 세굴방지대책
6) 교량상판 배수처리공법
7) 교량부 선배수 시스템 도입
8) 교량경관 개선 및 장대교량 연속 배수 적용

설계실무요령에서는 육교형 배수관 형식의 적용대상으로 다음과 같은 경우를 제시하고 있다.

a. 도로 및 철도를 횡단하는 경우
b. 농경지 통과구간
c. 강풍시 비산으로 인해 인접가옥에 피해가 우려되는 경우
d. 하천제방 등에 직접 낙수되어 세굴이 우려되는 경우
e. 하천구간 중 수질보호를 위해 직접 낙수하는 것이 바람직하지 않다고 판단되는 경우
f. 기타 설계자가 필요하다고 판단하는 구간

최근 배수구에서 비산되는 오염수로 인하여 민원이 발생하고 이를 방지하기 위하여 육교형 배수시스템의 적용이 증가하고 있는 추세이다. 육교형 배수시스템은 주기적인 청소가 필요하며 유지관리가 어려운 시설로 설치비용뿐만 아니라 유지관리비용에 대한 고려도 필요하다. 최근에는 개방형의 측구를 교량측면에 설치하는 선배수 시스템이 개발되었으며, 본 요령에서는 이러한 선배수 시스템에 대한 적용기준을 제시하고 있다.

교량의 포장하부로 침투하는 침투수의 경우 교량의 종단경사 또는 편경사에 따라 난간전면, 집수구 주변, 신축이음부에서 체수가 발생하며 이를 배수하기 위한 다양한 배수방식을 나열하고 있으나, 이러한 배수처리공법의 적용 범위에 대한 보다 상세한 내용의 제시가 필요하다. 또한, 본 요령에서는 배수관 설치에 따른 교량경관 개선 및 장대교량 연속 배수에 대하여 세부기준을 제시하지 못하고 있다.

1.1.3 한국도로공사의 도로설계요령과 설계 방침

한국도로공사는 도로설계요령과 다수의 설계방침을 통하여 배수시설에 대한 개선을 위한 지속적인 노력을 수행하고 있다.

교량 배수시설 관련 도로공사 설계방침 현황은 다음과 같다.

- 교면 배수구 설치기준 검토(설계일16210-222호, 1997. 6. 27.) : 노면부 배수설계 기준 제시
- 교량 배수시설 설치기준 개선(설계구10201-497호, 2003. 12. 3) : 육교용 설치 대상구간 확대, 배수구 유출부 세굴방지대책 제시, 배수관 굴곡부 막힘방지를 위한 청소공 설치 제시, 종배수관 용량 검토
- 교면배수구 설치기준 개선(설계처-573, 2005. 3. 7) : 곡선부 중앙분리대 세부 설계 기준 제시

- 교량 배수시설 설치기준 개선(설계처-3779, 2007. 12) : 배수관 설치방법 다양화, 배수관 재질 다양화
- 도로시설물 도난방지안(설계처-3918, 2009. 7) : 도난이 우려되는 교량 배수관으로 F.R.P관 적용
- 교면배수 시스템 개선(점→선배수)(설계처-1174, 2011. 5) : 난간 후면에 측구 개념의 선형 배수시설 적용

도로설계요령 8-5편 교량부대시설물, 7. 교면배수장치에서 일반적인 교량, 고가교량에 적용하는 배수시설의 설계기준을 제시하고 있다. 2009년 이전의 방침내용을 중심으로 규정을 기술하고 있으며, 이후 방침으로 선배수 시스템 등에 대한 내용의 보완이 필요하다. 또한, 배수구 간격결정, 배수관 직경 산정에 대한 보다 상세한 설계기준의 제시가 필요하다.

고속도로 유지관리 기술지침(토목편, 2014)에서는 고속도로 유지관리를 위해 시행하는 일상유지관리 및 점검, 도급공사(연간 유지보수공사 및 개량공사 등) 시행 시 현장기술자의 판단에 도움을 주기 위한 기술적인 내용을 제시하고 있다. 이 지침의 제7장 배수에서 배수시설의 일상보수 시행을 위한 정기점검 시행시기를 제시하고 있다.

표 1.1 배수시설 점검 시행

구 분	점검시기	주 요 점 검 내 용	결 과 활 용
일상점검	수시	• 노면 물고임부, 배수시설파손 유무 등	• 상시 유지보수
정기점검	상반기 (3월)	• 동절기 열화배수시설 중점점검 등	• 춘계 정비시 집중 보수 계획 수립 시행 • 필요시 긴급예산 요청
	하반기 (9월)	• 우기철 배수불량구간 집중 점검	• 추계 정비시 집중 보수 계획 수립 · 시행 • 차기년도 사업계획 반영 요청 등
특별점검	풍수해 전 (6월초~중순)	• 절 · 성토토부 및 노면 배수시설 집중 점검 등	• 보수 계획 수립

1.2 미국의 교량배수 시설 기준

미국은 주 도로국(DOT, department of transport)별로 교량설계 매뉴얼 또는 가이드에서 교량의 배수시설 설치기준을 제시하고 있다.

1.2.1 캘리포니아주 도로국, Bridge design aids

캘리포니아주 도로국의 Bridge design aids(2006)의 제17장 Deck drainae design에서 배수파이프의 용량 등 배수설계에 관련된 제반 계산과정을 제시하고 있다. 또한 1/2정도 높이의 흐름에서 자정기능을 유지하기 위하여 관 유속은 최소 3 ft/s를 유지하여야 한다고 제시하고 있다. 또한, 2개의 설계예제를 포함하고 있다. 유속을 산정하는 식은 다음과 같다.

$$V = (K/n)R^{2/3}S_o^{1/2} = \frac{1.49}{n}R^{2/3}S_o^{1/2}\ (ft/s)$$

이 규정에서는 종배수관의 배수구를 교대전면에 처리하는 방식이 아닌 교대 흉벽 배면을 통하여 토공부의 배수로에 연결하는 구조를 취하고 있다. 또한 방호벽 외부에 배수로를 설치하는 경우에 대하여 하단부에 개구부를 설치하고 있다.

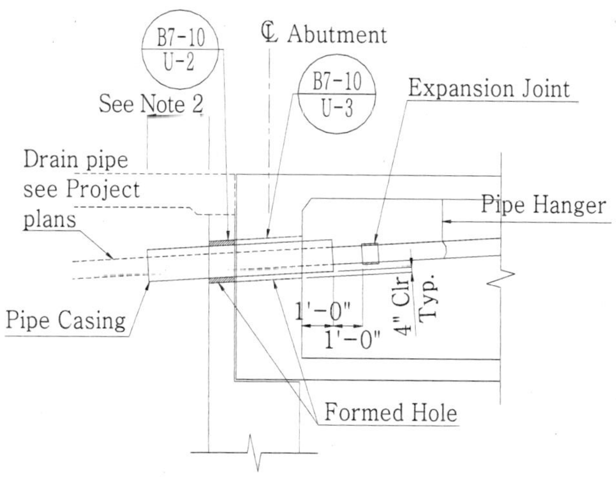

그림 1.6 교대부에서 배수구 연결상세

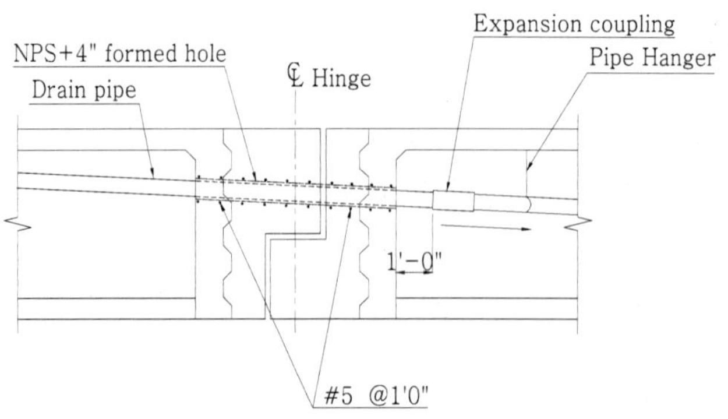

그림 1.7 힌지부 배수구 설치상세

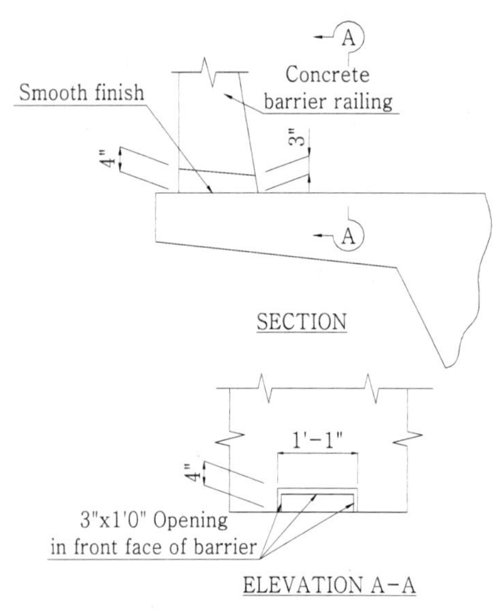

그림 1.8 개구부 상세

1.2.2 사우스 캐롤라이나주 도로국, Bridge design manual

사우스 캐롤라이나주 도로국은 bridge design manual(2006) 제33장 bridge deck drainage에서 개단면과 폐단면 배수로에 대하여 분리하여 기술하고 있으며, 경관적 배려에 대한 규정을 포함하고 있다. 경관성이 문제가 되지 않을 때에는 배수관을 바닥판의 하부에 부착하는 것이 유리할 수 있다. 그러나 배수관이 노출된 경우에 설계자의 경관적 주의가 필요하다. 구조물 외부에 부착된 배수관은 교량의 경관을 훼손할 수 있다. 이를 피하기 위하여 배수관은 기둥 배면의 틈새에 설치할 수 있다. 노출된 배수관은 구조물의 선에 평행하게 배치되어야 하고, 교량의 색상에 맞추어서 착색되어야 한다. 노출관의 색상은 콘크리트 거더와 강거더교량에 대하여 light gray(Federal Shade No. 26622)을 적용하고, 내후성 강거더의 경우 brown(Federal Shade No. 30045)을 적용하도록 규정하고 있다.

1.2.3 인디아나주 도로국, bridge design manual

인디아나주 도로국은 bridge design manual, 제33장 bridge deck drainage에서 배수시설의 설치 가이드라인을 항목별로 세분하여 기술하고 있다.

1) **유지관리 최소화** : 교량에 배수시설이 필요하지 않을 수 있다. 바닥판의 배수구로부터 차량에 의한 이물질과 겨울의 유지관리 활동으로 누적된 모래를 제거하기 위하여 많은 유지관리 활동을 피할 수 있다. 바닥판의 막힌 배수구는 배수구가 없는 구조물에 보다 더 길어깨와 주행차로에 침해를 유발할 수 있다. 바닥판 배수는 우수를 받아내고, 적절한 배출구로 전달하기 위하여 추가적인 토사청소구가 필요할 수 있다.
2) **확산의 최소화** : 우수가 배수로의 폭을 초과하여 주행차로로 누적과 확산될 경우 주행성을 저하시키고 안전문제를 유발할 수 있다. 차로로 우수가 확산되기 전에 바닥판의 우수를 제거하기 위하여 배수구의 크기와 간격은 적절하게 결정되어야 한다.
3) **수막현상 제거** : 강우는 차량의 바퀴와 도로면 사이에 수막을 생성시키고, 수막의 높이가 일정높이 이상으로 발생할 경우 차량바퀴가 도로면으로부터 분리된다. 이러한 위험을 제거하기 위하여, 배수시스템은 우수흐름의 높이가 일정높이 이상이 되지 않도록 계획되어야 한다.
4) **바낙판의 농결손상 감소** : 추운날씨에 교량 바닥판은 도로에서 첫 번째로 결빙되는 부분이다. 적절한 교량배수는 동결의 확산을 방지하기 위한 필수적 요소이다. 서리에 의하여 교량바닥판의 결빙은 표면처리와 유지관리를 제외하고 방지하기 어렵다. 결빙에 대하여 운전자에게 경고를 할 수 있는 표지판이 필요하다.
5) **구조적 통합** : 배수시스템은 교량의 구조적 요구를 만족하여야 한다. 배수상세는 구조설계에 영향을 미친다. 예를 들면, 철근콘크리트 바닥판의 배수구는 철근 배근에 맞추어야 한다. 만약 바닥판 배수가 필요하지 않다면, 구조설계는 배수상세를 고려하지 않는다. 배수 시스템은 물, 염분, 기타 부식요인들과 구조 요소와의 접촉을 방지한다.
6) **경관** : 바닥판 배수구에서 지표면까지 우수를 운송하는 배수관은 교량의 외면에 부착될 수 있다. 그러나 잠재적인 동결 피해로 인하여 구조부재 내에 배관을 설치하는 것은 부

적절할 수 있다. 이상한 각도로 구조물 외면에 부착된 배관은 불쾌한 실루엣을 제시하고, 교량의 미학을 손상할 수 있다. 이러한 현상을 피하기 위하여, 배관은 기둥배면의 틈새에 설치될 수 있고, 장식벽체 뒤에 숨길 수 있다.

7) **수질의 보호** : 수로에 직접 배수되는 배수구는 감소되어야 한다. 실제적으로 가능하다면, 수로에 유입되기 전에 우수 처리에 대한 대책이 포함되어야 한다. 추가처리 대책은 초기 협의 또는 관계기관 인허가 단계에서 요구될 수 있다.

이러한 계획에 대한 가이드라인 외에 배수설계에 대하여 단계별로 상세한 내용을 제시하고 있으며, 종단 경사를 고려하여 4개의 설계예제를 제시하여 기준을 활용함에 있어서 사용자의 이해를 돕고 있다.

1.3 일본의 교량 배수시설 현황 및 설계기준

교량 배수시설에 대한 구글의 검색에서 여러 현의 설계편람 또는 요령이 검색되었으며, 설계요령의 교량부속물편에서 배수시설에 대한 내용을 확인할 수 있었다. 일본의 설계편람 또는 요령의 배수시설 관련 규정은 국내의 설계기준과 유사한 내용으로 구성되어 있다. 이들 설계편람 또는 요령 중 기후현과 아이치현의 교량설계요령과 가이드에서 교량의 배수설계에 참고할 만한 내용을 발췌하였다.

1.3.1 기후현 교량설계요령

기후현의 교량설계요령(2012) 중 제7장 교량부속물편의 배수시설에 수록되어 있는 설계규정들 중 참고할 만한 내용은 다음과 같다.

- 경관을 고려하여 배수관을 설치하여야 하는 경우 배수관을 거더 내측에 설치하는 것이 바람직하다.
- 상부구조와 하부구조 배수관을 접속할 경우에 플렉시블 이음관(flexible pipe)을 사용한다.
- 종방향 배수관을 지지하는 지점의 설치간격에 대한 기준 표를 제시하고 있다.

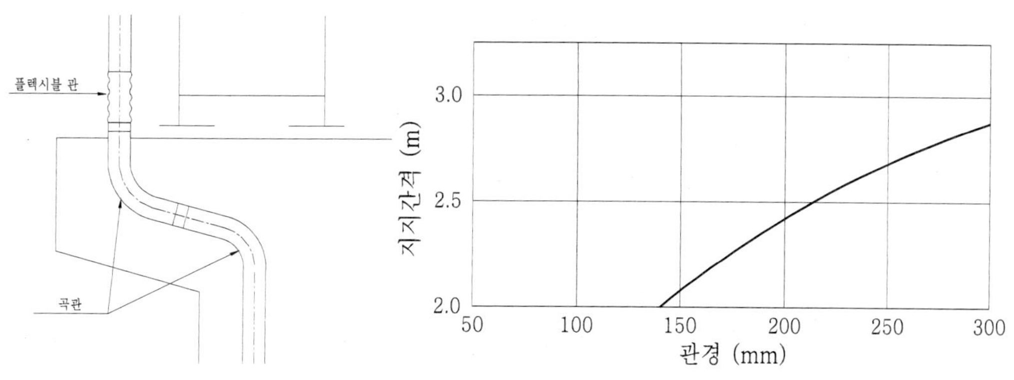

그림 1.9 플렉시블 이음관

그림 1.10 종방향 배수관의 지지간격

1.3.2 아이치현 교량설계 가이드

아이치현의 교량설계 가이드(2014) 중 제6장 받침부, 신축장치, 부속물 등의 배수시설에 수록되어 있는 설계규정들 중 참고할 만한 내용은 다음과 같다.

– 배수관의 설계순서도를 제시하고 있다.

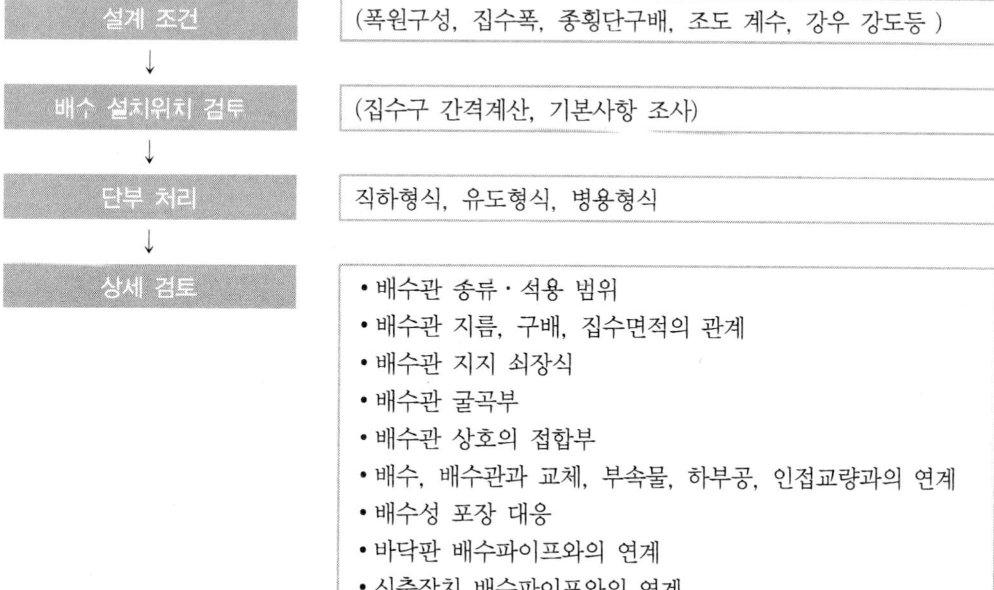

- 다음식과 같이 배수구의 간격 계산방법을 제시하고 있다.

$$\text{유출량 산정식} \quad Q_1 = \frac{1}{3.6 \times 10^6} \times c \times \gamma \times w$$

$$\text{설계통수량} \quad Q_2 = V \times A \times F = \frac{1}{n} \times R^{2/3} \times I^{1/2} \times A \times F$$

$$\text{배수구 간격} \quad L = \frac{Q_2}{Q_1}$$

- 배수관의 재질로 염화비닐관(VP관)을 표준으로 하며, 관의 다양한 연결상세를 제시하고 있다.

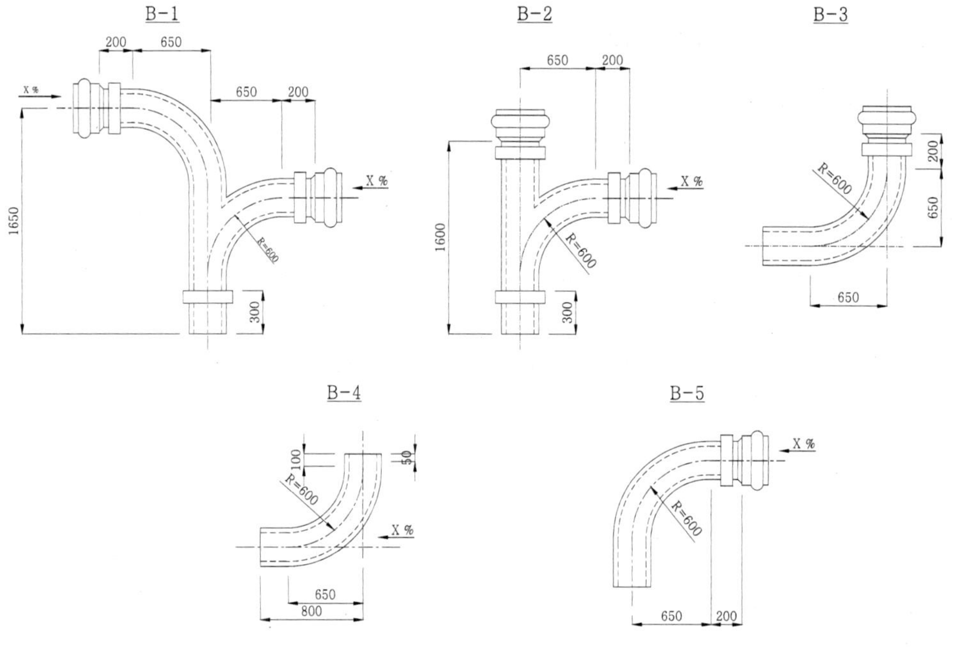

(a) VP관 연결부 상세

그림 1.11 VP관 상세(계속)

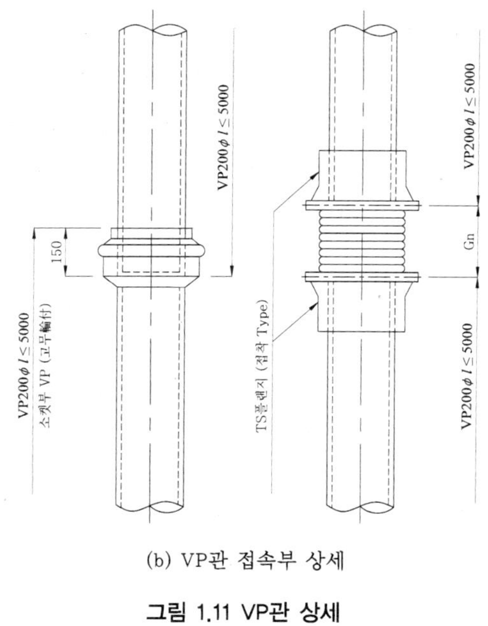

(b) VP관 접속부 상세

그림 1.11 VP관 상세

방수층 상면의 배수처리를 위한 유도배수 파이프를 신축이음과 난간 전면부에 설치한다.

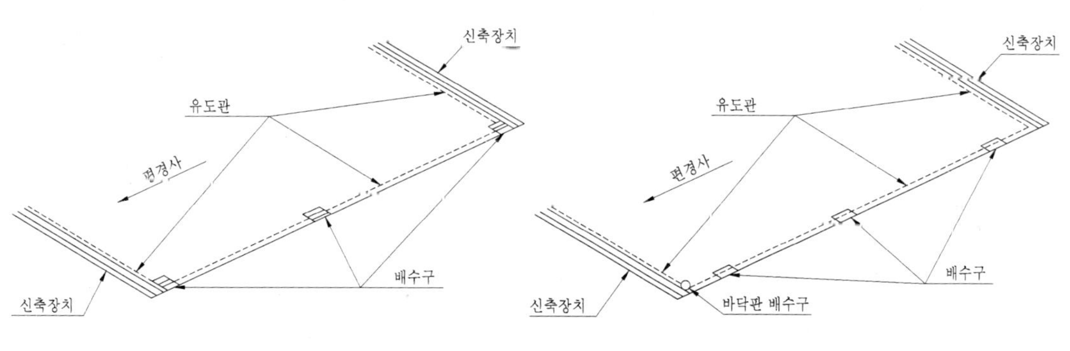

(a) 배수구만을 설치했을 경우 (b) 필요에 따라 바닥판 유도배수파이프를 설치했을 경우

그림 1.12 바닥판 유도배수 파이프의 설치 평면도

1.3.3 교량 배수시설 사례 조사

구글의 검색기능을 이용하여 일본의 교량배수시설 이미지로 검색된 조사내용이다. 교량배수에 대한 이미지 검색에서 배수시설 현황에 대한 전문적인 자료 보다는 표면적인 이미지와 배수시설 설치업체에서 제공하는 이미지가 검색되었다. 유지관리에 대한 현황에 대한

단편적인 자료와 일본에서 적용되고 있는 배수시설 설치현황을 확인할 수 있었다. 일본의 배수시설 설치 현황은 국내와 크기 상이하지 않다.

그림 1.13은 교면 배수구가 흙으로 묻혀 풀이 자라고 있는 모습으로 배수구의 기능이 완전히 손상되어있다. 그림 1.14는 사각 배수관의 배수관 하부가 부식되어 있는 모습이다. 그림 1.15는 거더내부에 설치된 배수관의 모습과 연결부의 누수로 인하여 하부플랜지에 부식이 진행되고 있는 사례이다.

그림 1.13 배수구와 풀

그림 1.14 배수구 단부 부식

그림 1.15 거더내부 배수관

그림 1.16은 콘크리트 박스거더의 캔틸레버 하면과 거더 복부에 배수관을 밀착하여 설치하고 거더 하부로 우수를 유출하는 경우이다. 그림 1.17은 거더 내측으로 배수관을 배치한 사

레이며, 상부와 하부구조 연결부에 고무연결구를 사용하여 우수의 비산을 방지하였다. 그림 1.18은 캔틸레버에서 거더 측면으로 횡배수관을 설치하고 거더 내부로 배수관을 삽입한 경우이다. 거더내부에 종배수관을 배치한 것으로 판단된다.

그림 1.16 복부 하천배수

그림 1.17 거더 내측 종방향 배수로

그림 1.18 캔틸레버 횡배수관

그림 1.19는 U형거더과 T형거더 형식의 철도교량으로 상부로부터 하부교각으로 연결한 배수관을 교각내부로 연결한 사례이다. 그림 1.20은 상부의 배수관을 거더내부로 연결하고, 박스하면을 통하여 교각에 연결한 사례이다. 그림 1.21은 히로시마 고속도로공사의 교량부속 구조물 표준도 중에서 상부 배수관을 기더 내측으로 관통하여 반대편으로 연결한 사례이다.

그림 1.19 교각 기둥 내부로 배수관 연결

그림 1.20 거더내측 배수로

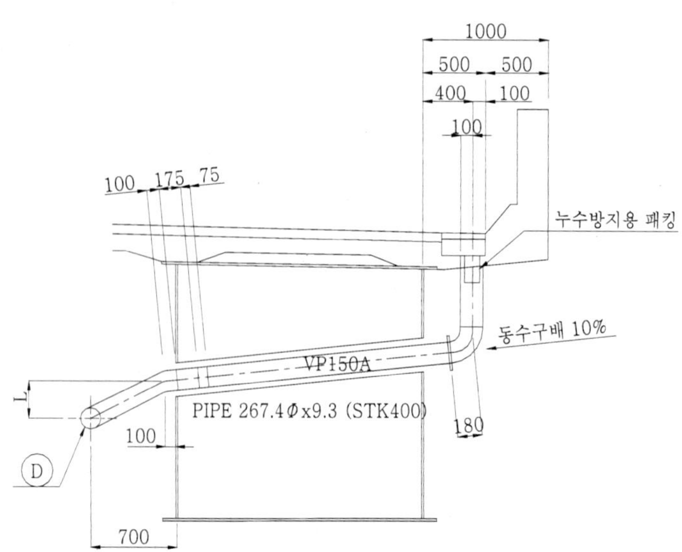

그림 1.21 거더 통과 배수로

그림 1.23 배수구 천공

그림 1.24 배수홀 설치

그림 1.25 유도관 설치

그림 1.23~1.25는 포장면 하부의 침투수로 인하여 연석 전면에 풀이 자라나는 구간에서 교량의 연석 선단에 포장과 바닥판에 구멍을 뚫어서 유도관을 거더 하면으로 연결하는 공사 사진이다.

1.4 교량배수설계 일반사항

1) 교면에는 배수를 원활하게 하기 위하여 필요한 횡단경사를 두고 길어깨에는 필요한 간격으로 충분한 크기의 배수구를 설치하도록 한다. 박스 거더 및 트러스 부재 등의 폐단면 및 바닥판에서 구조상 물이 고이기 쉬운 장소에는 배수공을 설치하는 것이 좋다(도로교설계기준, 2010, 2.4.5 배수).
2) 횡단육교에서는 가급적 배수구를 교량 내에 두지 않도록 한다(국도건설공사 설계실무요령, 261쪽. 2편 공종별 설계요령 04 교량공 4-02 설계요령 1. 일반사항 차. 교량배수 시설기준). 차량의 이물질과 겨울에 뿌려진 모래로 인하여 배수구가 막힐 경우 우수가 배수로 폭을 초과하여 주행차로로 확산되어 주행의 안전성을 저하시키고 안전문제를 유발할 수 있다.
3) 교량의 내구성을 고려하여 구조 각부는 배수를 확실히 실시할 수 있는 구조로 해야 한다. 또 바닥판 표면에 침수한 빗물 등을 신속하게 배제할 수 있는 구조로 해야 한다.
4) 배수시설은 교량의 공용 기간 중에 확실히 기능이 유지되도록 유지 관리의 방법 등의 계획과 연계하여 필요한 내구성을 가지는 구조로 해야 한다.
5) 배수시설은 상부구조에 불가결한 부속물이며 교면방수, 바닥판 배수구, 신축 장치로부터의 배수 등에 있어서, 상부구조의 계획·설계 시에 함께 검토해야 한다. 또한 소규모의 상부구조에 대해서는 교량상부구조 전후의 도로 배수와 연계하거나, 신축 장치의 구조를 확인하여 배수시설을 설치하지 않는 편이 바람직하다.
6) 교량의 외면에 돌출한 배수시설은 불쾌한 실루엣을 제시하고 교량의 미관을 손상할 수 있다. 교량의 외면에 가급적 밀착시키고, 색상을 교량의 외면 색상과 동일하게 하는 것을 원칙으로 한다. 배관을 기둥 배면의 틈새에 설치하거나 장식벽체 뒤에 숨기는 등 미관을 개선하는 방법을 고려해야 한다.
7) 배수구 단부는 주거더 등 주부재로 물이 비산하지 않도록 처리하여 열화 손상 요인을 배제하도록 한다.
8) 가급적 수로에 직접 배수를 하지 않는 것을 원칙으로 하며, 수로에 유입되기 전에 우수처리에 대한 대책을 검토해야 한다. 추가처리 대책에 대하여 인허가 기관과 협의해야 한다.
9) 거더(강박스 및 PSC 거더)의 내부에는 원칙으로서 배수관을 배치하지 않도록 한다. 부득이하게 배치하는 경우는 주거더 내의 체수를 방지하기 위해서 방호관을 이용하는 이중관구조로 한다.

1.5 설계 순서

배수 시설의 설계 순서를 그림 1.26에 나타낸다.

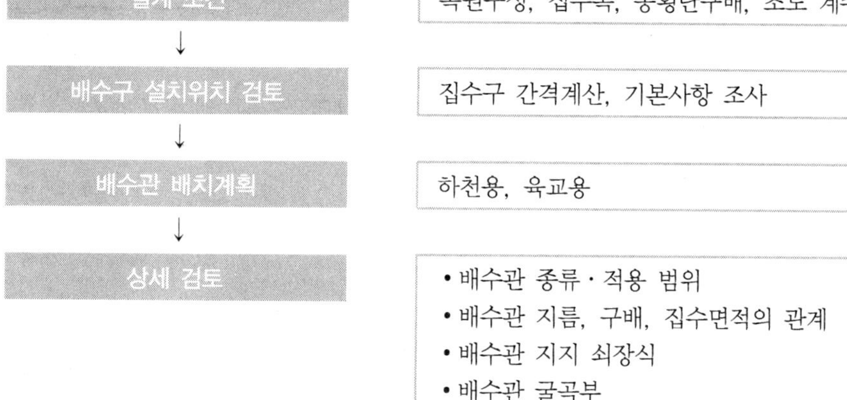

그림 1.26 배수 장치의 설계 순서

1.6 설계 조건

배수 설계를 실시하기에 전에 표 1.2의 설계조건을 정리한다.

표 1.2 배수 장치 설계 조건

설계 조건	적용 값	선정 근거
폭원구성	선형 계산서	통수단면 – 길어깨부
집수폭	선형 계산서	전 폭원
횡단 구배	선형 계산서	변화구간은 5m간격 정도로 조사
종단 구배	선형 계산서	변화구간은 5m간격 정도로 조사
배수형식	FRP or SCW	콘크리트 바닥판 형식 PC, RC=FRP, 강상판=SCW
매닝 조도계수	0.013	아스팔트 포장(지포면에 의해 결정)
유출계수	0.9	아스팔트 포장(지포면에 의해 결정)
강우강도	100mm/h	3년 확률

1.7 교량배수 시설기준

1.7.1 배수구 배치기준

1) 차량의 주행 안전성을 확보하는 관점에서 교량표면의 물을 신속하게 배제하기 위하여, 도로면에는 필요한 편경사에 따라 길어깨부에는 필요한 간격으로 충분한 크기의 배수구를 설치해야 한다.
2) 교량의 편경사는 2.0%를 표준으로 하고, 배수구의 간격은 원칙적으로 집수구 통수능력에 따른 수리검토를 실시하여 간격을 결정하여야 한다.
3) 배수구의 최소 배치간격은 5m 정도로 한다. 또한, 배수구는 바닥판을 관통해 배치되어 열화 손상의 원인이 되므로 20m 이하로 배치하는 것이 바람직하다.
4) 배수구의 배치는 교각 상면에 물이 떨어지지 않는 곳에 두도록 하며, 횡단육교에는 가급적 배수구를 교량 내에 두지 않도록 한다.
5) 배수관은 유지 관리 측면에서 종배수관을 최소로 하는 것이 바람직하다.
6) 교량 전후의 종단경사로 교량표면이 오목부가 되는 경우에는 반드시 그 오목부 최저부에 배수구를 설치해야 한다(그림 1.27). 그 부근에서의 배수의 간격은 3~10m 정도로 좁게 배치하고 그 이외의 교량표면에서는 종・횡단경사나 폭원 등을 고려하여 설치한다.

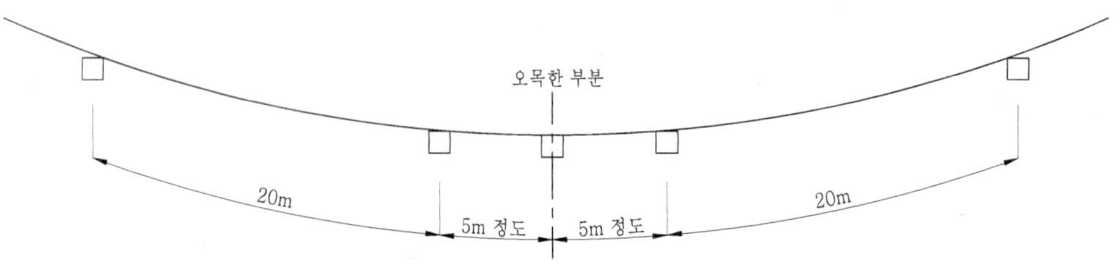

그림 1.27 오목종단 최저점부의 설치 위치

7) 완화곡선 구간 및 S자곡선 구간의 변곡점부근에서 발생하는 편구배가 수평 또는 이에 근접하는 개소에는 차도의 양측에 배수구를 설치한다(그림 1.28).

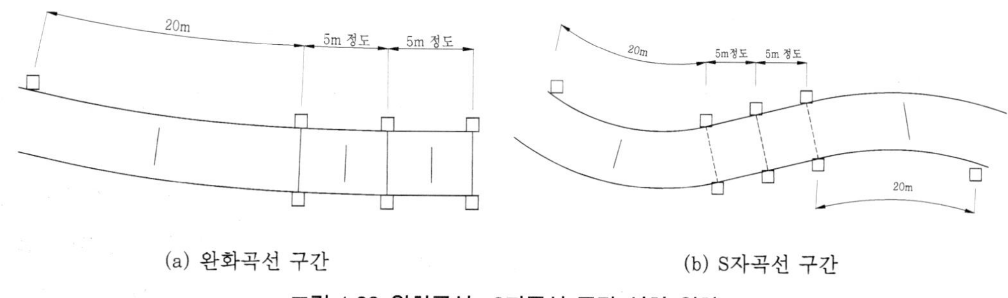

그림 1.28 완화곡선 · S자곡선 구간 설치 위치

8) 신축 장치의 상류부에는 주형 단부에서부터 800mm 정도의 위치에 배수구를 설치하여 신축장치로의 유입량이 최소화 되도록 계획한다.
9) 배수구의 설치 위치는 바닥판 구조, 거더 구조와 거더 위치 등과의 간섭을 충분히 검토할 필요가 있다. 특히 PSC바닥판 거더는 강선과 배수구의 간섭에 주의하여야 한다.
10) 배수구의 표면은 포장면보다 5~10mm 정도 낮게 설치한다. 이때, 길어깨를 통행 할 가능성이 있는 자전거, 보행자 등을 고려하여 큰 단차가 생기지 않도록 배수구를 고정시켜야 한다(도로배시시설 설계 및 관리지침, 국토교통부, 2012. Ⅱ-166쪽).
11) 배수구에는 물빼기구멍을 설치하고 방수표면의 배수를 할 수 있도록 한다.

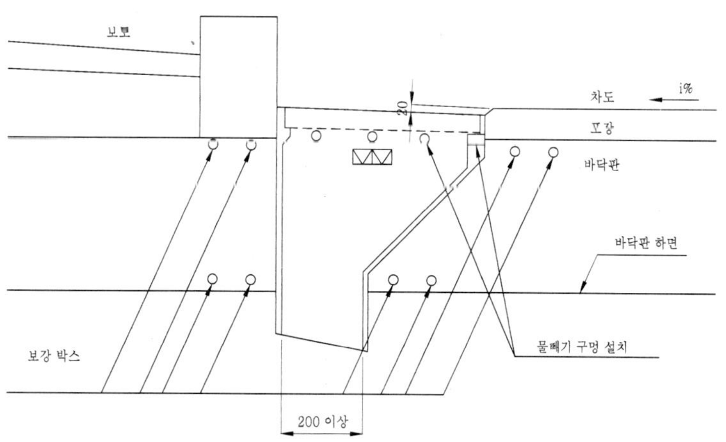

그림 1.29 배수구 설치 위치

12) 집수구 뚜껑은 체인 등 고정시설을 사용하여 고정하여야 한다.

1.7.2 배수관 배치기준

1) 배수관의 단면은 원칙적으로 원형으로 하고, 내경은 150mm 이상, 계획배수량의 3배를 유하시킬 수 있는 단면으로 계획한다.
2) 배수관의 재질은 교량의 미관, 연장, 위치 등을 고려하여 경질염화비닐관, 스테인레스관, 알루미늄관, FRP관 중에서 적합한 재질을 선정한다. 다만, 차량 통행이 적고 하부에 도로가 있는 등 도난이 우려되는 교량의 배수관 재질은 FRP관을 적용할 수 있다.
3) 종배수관 굴곡부 갯수를 가급적 적게 하고 거더의 높이를 고려하여 가급적 큰 경사로 배수관 굴곡부 막힘 현상을 방지 하여야 하며, 부득이 종배수관을 완만한 경사로 설치하거나 모래, 토사 등 유입으로 배수관 굴곡부 막힘이 예상되는 경우는 종배수관 규격을 가급적 크게 하거나, 굴곡부에 뚜껑이 있는 청소공을 설치하도록 한다.
4) 하천용 배수구는 거더 하단부에서 200mm 이상 돌출시켜야 한다. 단 교량받침에 비산할 우려가 있는 경우에는 교량받침보다 200mm 아래에서 절단해야 한다.
5) 교량과 고가구조의 배수시설은 하천용과 육교용으로 구분할 수 있다.
6) 하천용은 교면수를 하천에 직접방류 하여도 좋은 경우에 적용하고, 육교용은 하부에 도로 및 철도 등이 존재하여 교면수를 직접방류하기 곤란한 경우에 설치한다, 단 하천용의 경우에도 교면수의 직접방류가 곤란한 구간은 부분적으로 육교용으로 설치할 수 있다.

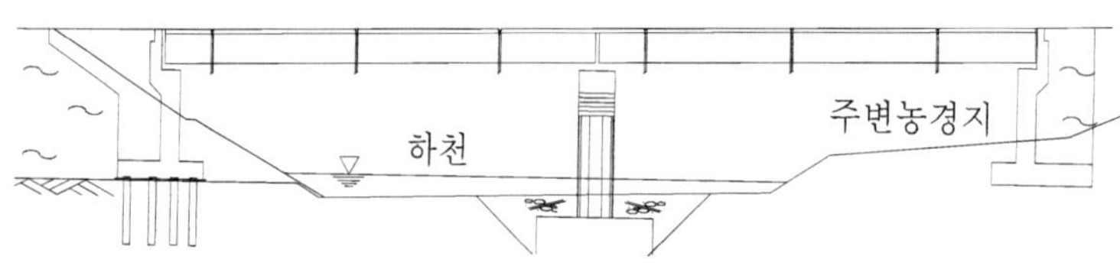

그림 1.30 하천용 배수시스템

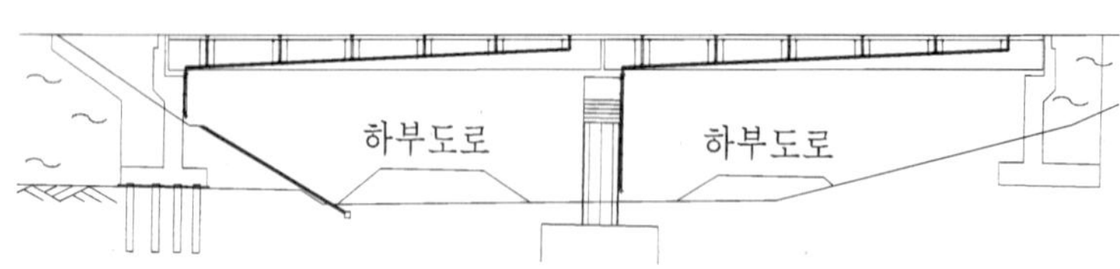

그림 1.31 육교용 배수시스템

7) 하천용 배수관의 설치로 피해가 예상되는 경우에는 가급적 육교용 배수관 형식을 적용해야 하며, 대상은 다음과 같다.

a. 도로 및 철도를 횡단하는 경우
b. 농경지 통과구간
c. 강풍시 비산으로 인해 인접가옥에 피해가 우려되는 경우
d. 하천제방 등에 직접 낙수되어 세굴이 우려되는 경우
e. 하천구간 중 수질보호를 위해 직접 낙수하는 것이 바람직하지 않다고 판단되는 경우
f. 기타 설계자가 필요하다고 판단하는 구간(국도건설공사 설계실무요령, 2013, 262쪽)

8) 육교용 배수관 하부지반의 세굴방지대책

육교용 배수관의 하단부에는 필요한 경우 유도수로(토사 또는 콘크리트 측구)를 설치하여 배수관을 인접수로에 연결하고, 지형여건상 유도수로가 불필요한 경우 또는 설치가 곤란한 경우에는 콘크리트 물받이를 설치해야 한다.

한랭지에서는 관의 끝단에서 배수된 물이 얼어붙어 배수기능이 저하되므로 배수관의 단부가 지표면에서 최소 500mm 이상 이격되어야 하며, 가능하면 1.0m 이상 떨어지도록 한다.

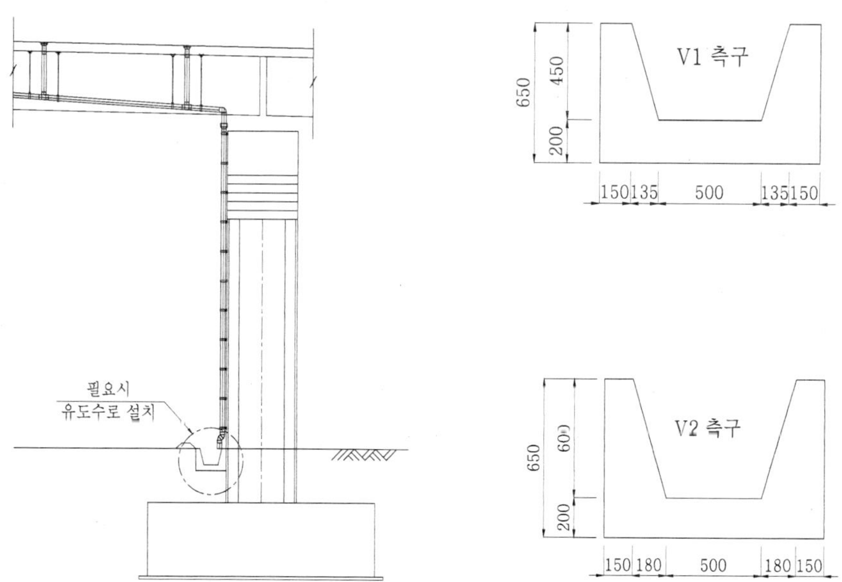

그림 1.32 배수관 단부 세굴방지대책

1.7.3 선배수 시스템

1) 교면배수 집수구가 아닌 난간하부 횡배수관으로 1차 배수 후 후면 측구 개념의 선형(Linear) 배수 시설을 설치하여 배수하는 시스템이다.

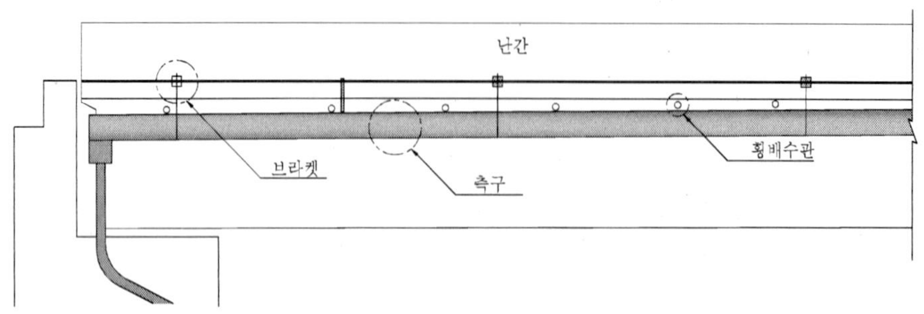

그림 1.33 선배수 시스템 측면도

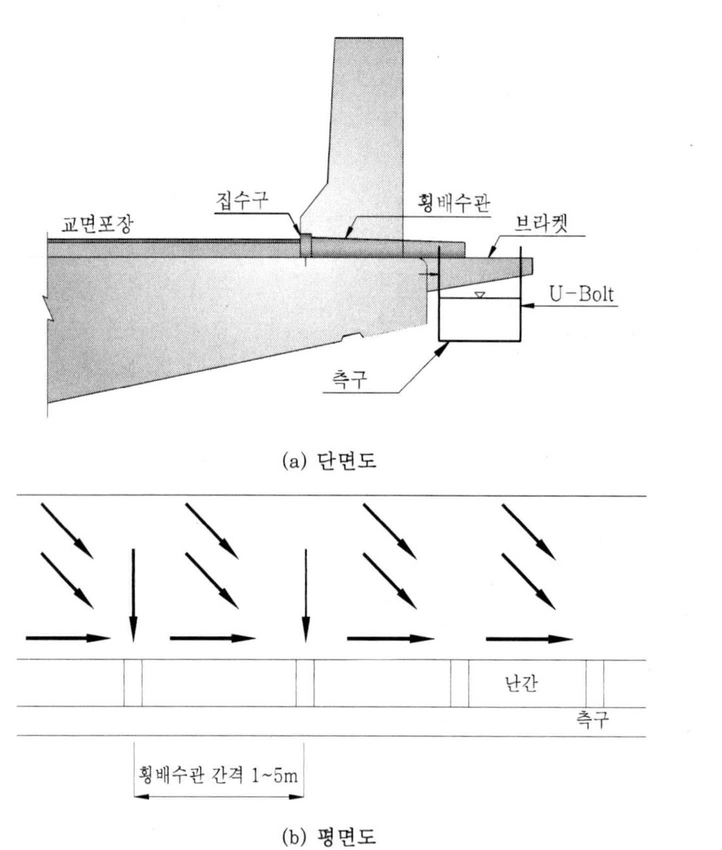

그림 1.34 선배수시스템 단면 및 평면

2) 선배수 시스템은 육교용 배수관이 설치되는 구간에 적용되며, 설치대상은 다음 표 1.3과 같다.

표 1.3 선배수 시스템 설치대상

구 분		대 상	비고
직선교량		전 체	
곡선 교량	분리교량	각 행선별 곡선내측	
	비분리교량	길어깨측(중앙분리대측 제외)	

3) 곡선교량에서 중앙분리대 측으로 수로가 형성되는 구간에서는 수직배수구를 이용하는 기존의 점배수 방식을 적용한다.
4) 횡배수관 규격은 방호벽 철근과의 간섭이 발생하지 않도록 80mm를 적용하며, 횡배수관의 경사는 최소 3% 이상이어야 한다.
5) 측구의 설계시 강우강도는 10년이며, 수위는 측구 전체높이의 80%이하이어야 한다.
6) 측구의 규격은 다음 표 1.4를 표준으로 하며, 교량별로 유량에 따른 측구규격을 산정해야 한다.

표 1.4 측구 표준규격

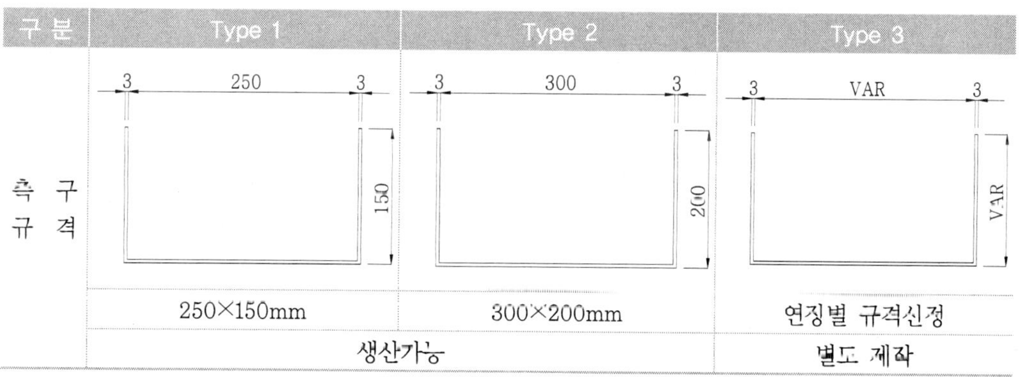

구 분	Type 1	Type 2	Type 3
측 구 규 격	250×150mm	300×200mm	연장별 규격신정
	생산가능		별도 제작

5) 교량점검시설 설치구간은 측구 간섭이 발생되지 않도록 교량 점검시설을 측구 외측에 설치한다(교량점검시설 별도 구조검토 시행).
6) 신축이음 설치구간은 신축이음의 전(후)에 수직관을 설치하여 교각 측면으로 배수한다.

1.7.4 아스팔트 포장 침투수 배수처리공법

1) 배수구의 측면에 구멍을 두어 아스팔트 포장을 침투한 우수가 배수될 수 있도록 한다.

2) 아스팔트 포장의 침투한 우수의 처리를 위하여 슬래브 상면에 드레인파이프 등을 설치해야 한다.

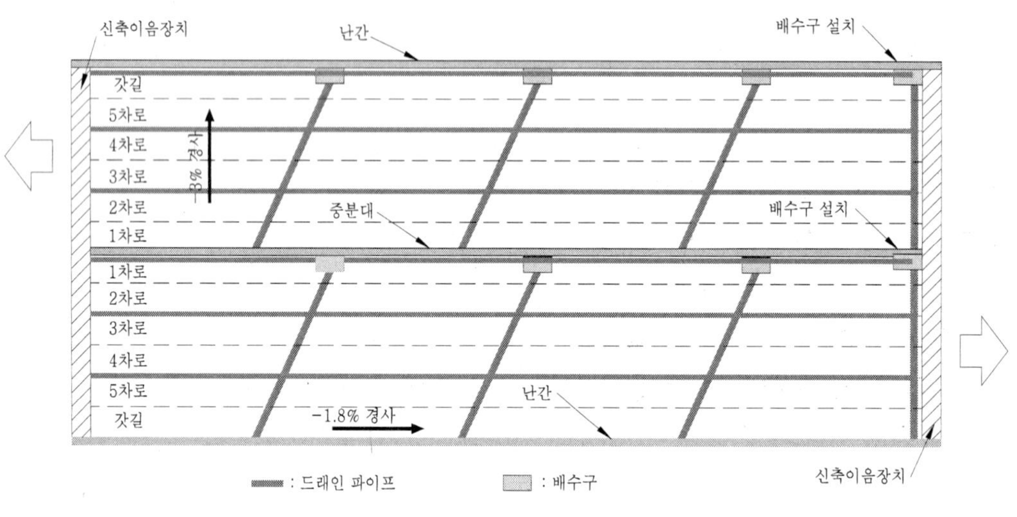

그림 1.35 침투수 배수 평면

3) 침투수의 하부도로 낙수 및 결빙으로 인한 안전사고 예방을 위하여 내부침투수 배수관을 연장하여 주 배수관에 연결 또는 별도 종배수관을 설치할 수 있다.

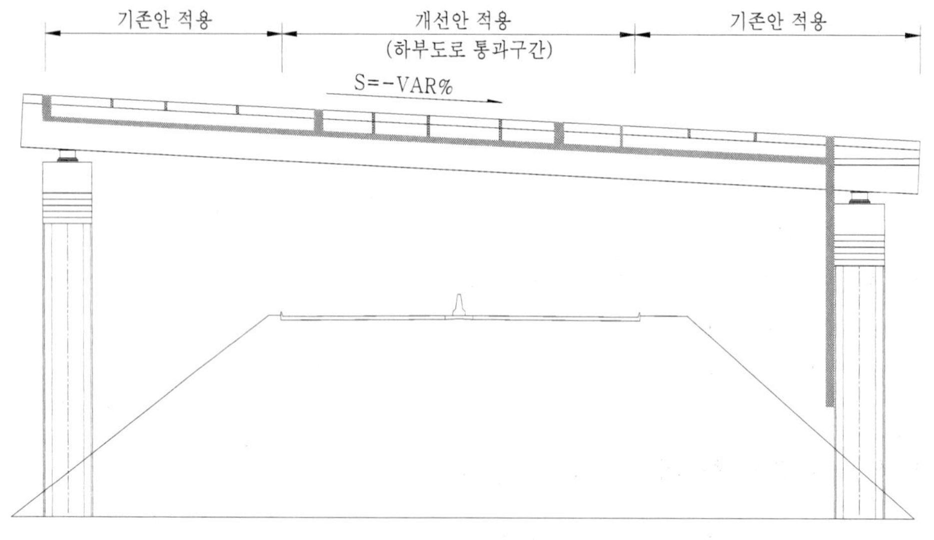

그림 1.36 침투수-종배수관 연결 개요

1.8 배수구 간격 및 배수관 규격 산정

1.8.1 배수구 간격 산정

1) 유량구분

$$Q = Q_i + Q_b \tag{1.1}$$

여기서, Q : 길어깨에 집수되는 총유량

Q_i : 집수구로 유출되는 유량(Q_intercepted)

Q_b : 집수구로 유출되지 않고 종방향으로 흐르는 유량(Q_bypassed)

$$Q_i = E \times Q$$

$$= Q \times [R_f \times E_o + R_s \times (1 - E_o)] \tag{1.2}$$

여기서 Q : 길어깨에 집수되는 총유량(m^3/sec)

R_f : 집수구 전면으로 흐르는 유량(Q_w)중 집수구로 유출되는 유량의 비율

$= 1 - 0.09(V - V_o)$

E_o : 전체 길어깨 유량에 대한 집수구 전면흐름 유량의 비율

$= 1 - \left(1 - \dfrac{W}{T}\right)^{2.67}$

W : 배수구 폭(m)

T : 전체 수로폭(m)

R_s : 측면흐름유량(Q_s) 중 집수구로 유출되는 유량의 비율

$= 1/\left(\dfrac{0.15V^{1.8}}{S \times L^{2.3}}\right)$

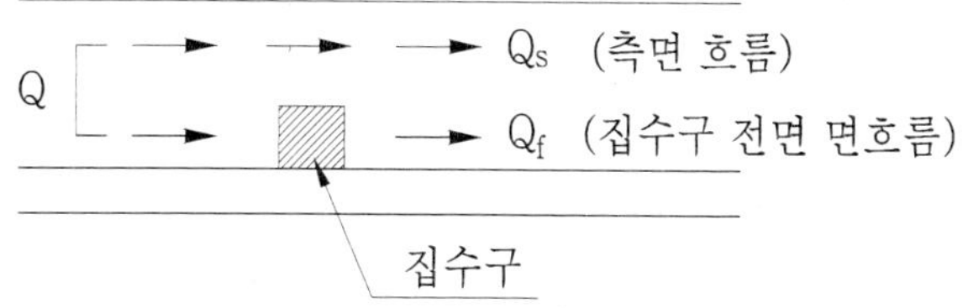

2) 길어깨 최대 통수량 중 실제로 집수구로 유출되는 유량(Q_i)에 의한 집수구 간격결정

- 초기 집수구 설치위치 = $\dfrac{\text{길어깨 최대통수량}}{\text{단위길이당 유량}}$

- 집수구간격 = $\dfrac{\text{집수구 유출량}(Q_i)}{\text{단위길이당 유량}}$

3) 길어깨 최대 통수량

$$Q_{max} = A \times V = A \times \left(0.8 \times \frac{1}{n} \times R^{2/3} \times I^{1/2}\right) \tag{1.3}$$

여기서, n : 조도계수(=0.015)

A : 길어깨 최대 통수단면적(m^2)

V : 길어깨 유속(m/sec)

$$V = 0.8 \times \frac{1}{n} \times R^{2/3} \times I^{1/2}$$

R : 동수반경(A/P)

I : 수로경사(%)

4) 유출량(Q_i) 산정을 위한 계수결정

- 그레이트 집수구의 유출효율 결정 : $R_f \fallingdotseq 1.0$
- 그레이트 집수구의 측면흐름 효율 결정 : R_s

$$R_s = \frac{1}{(0.5 \cdot V^{1.8}) \; / \; (S_x \cdot L^{2.3})} \quad \text{(단위 환산에 유의)} \tag{1.4}$$

여기서, V : 길어깨 유속(ft/sec) (1m = 3.28084 ft)

S_x : 수로 횡단구배

L : 교축방향 집수구 유효 길이(ft) (1m = 3.048 ft)

- 전체 길어깨 유량에 대한 집수구 전면 흐름 유량의 비율 결정 : E_o

$$E_o = 1 - \left(1 - \frac{W}{T}\right)^{2.67} \tag{1.5}$$

여기서, W : 배수구 폭(m), T : 수로폭(m)

5) 유출량(Q_i) 결정

$$Q_i = Q \times [R_f \times E_o + R_s \times (1 - E_o)] \tag{1.6}$$

6) 초기 집수구 위치

$$Q = \frac{1}{3.6 \times 10^6} \times C \times \gamma \times W \times S \ (m^3/sec)$$

$$\rightarrow S = 3.6 \times 10^6 \times Q_{max} / (C \times \gamma \times W) \tag{1.7}$$

C : 유출계수 → 0.9(포장부)

γ : 강우강도 → 10년 빈도

W : 교량폭원

7) 배수구 설치간격

$$Q = \frac{1}{3.6 \times 10^6} \times C \times \gamma \times W \times S \ (m^3/sec)$$

$$\rightarrow S = 3.6 \times 10^6 \times Q_i / (C \times \gamma \times W) \tag{1.8}$$

C : 유출계수 → 0.9(포장부)

γ : 강우강도 → 10년 빈도

W : 교량폭원

1.8.2 종배수관 규격 및 설치연장 산정

1) 종배수관 허용 통수량 산정

- 종배수관 최대 통수량

$$Q_{max} = A \times V = A \times \left(0.8 \times \frac{1}{n} \times R^{2/3} \times I^{1/2}\right) (m^3/sec) \tag{1.9}$$

여기서, A : 최대 통수단면적(m^2)

$$= \frac{\pi}{4} \times D^2 \times \frac{240}{360} + \frac{D}{2} \sin(60^\circ) \times \frac{D}{2} \cos(60^\circ)$$

D : 관의 내경(m)

V : 길어깨 유속(m/sec)

$$V = 0.8 \times \frac{1}{n} \times R^{2/3} \times I^{1/2}$$

n : 조도계수(=0.015) (강재계열관-0.015, 플라스틱계열관-0.010)

R : 동수반경(A/P) (윤변, $P = \pi \times D \times \frac{240}{360}$)

I : 종배수관 경사(%)

- 종배수관 허용 통수량

$$Q_{SF} = Q_{max}/3 \qquad (1.10)$$

2) 종배수관이 부담하는 상부연장

$$L = \frac{3.6 \times 10^6 \times Q_{SF}}{C \times \gamma \times W}(m) \qquad (1.11)$$

여기서, C : 유출계수 → 0.9(포장부)

γ : 강우강도 → 10년 빈도

W : 교량폭원(m)

02 보도 및 자전거·보행자 겸용도로

2.1 일반사항

보도 및 자전거·보행자 겸용도로는 보행자의 통행 안전 및 편리성 확보를 위하여 설치하는 것으로 교량구간에서도 일반 도로구간에서와 같은 규정을 적용한다. 교량 횡단을 구성할 때에는 보행자의 안전과 통행시설, 차량으로부터의 안전 대책이 고려되어야 한다.

2.2 보도

2.2.1 횡단구성

「도로의구조·시설기준에관한규칙」에는 보도의 최소 폭을 1.5m로 규정하고 있으나, 「교통약자의이동편의증진법」에 따라, 보도의 최소 유효 폭은 2.0m를 확보하도록 하며 지형상 불가능하거나 기존 도로의 증·개축시 불가피하다고 인정되는 경우에는 1.2m 이상으로 완화할 수 있다. 최소 유효 폭 2.0m는 휠체어 사용자 2인이 교행 가능한 최소 폭에 해당한다.

보도의 유효 폭이 1.5m 미만인 경우에는 휠체어 사용자가 다른 휠체어 또는 유모차 등과 교행할 수 있도록 50m마다 1.5m×1.5m 이상의 교행구역을 설치한다.

2.2.2 구조

보도와 차도가 인접하여 설치되는 경우에는 연석 등을 이용하여 차도와 보도의 경계를 명확하게 구분한다. 보도면과 차도면의 높이 차이에 따라 그림 2.1에 제시된 세 가지 형식으로 구분할 수 있다. 보도면의 형식을 선정하는 경우에는 배수, 보행자 특징(시각장애인,

휠체어 사용자, 고령자) 등을 종합적으로 고려하여 선정한다.

보도면 Type I 은 보도면이 차도면 높이보다 높고 연석 높이와 같은 형식이다. 그러나, 차도와 충분하게 분리되지 못한 경우에는 보행자가 차도로 쉽게 진입할 수 있어 통행 안전상의 문제가 발생할 수 있다. 따라서 Type I 을 선택하는 경우에는 보행자의 통행 안전을 위한 대책이 수반되어야 한다. 보도면 높이는 차도면으로부터 150mm를 표준으로 한다.

Type Ⅱ는 연석보다는 낮고 차도면보다는 약간 높은 구조로 보도면 높이는 차도면으로부터 50mm를 표준으로 한다.

Type Ⅲ은 연석보다는 낮고 차도면과는 동일한 높이를 갖는 구조로 차도로부터 빗물이 보도 쪽으로 유입될 소지가 있으므로, 이에 대비한 배수 대책이 필요하다.

차도에 인접하여 보도를 설치하는 경우에는 보행자의 통행 안전을 위한 대책이 마련되어야 하며, 일반적으로 연석 등을 이용하여 차도와 구분한다. 자동차의 주행속도가 높고, 자동차의 보도 진입이 우려되는 곳에서는 필요에 따라 보도용 방호울타리를 추가적으로 설치한다.

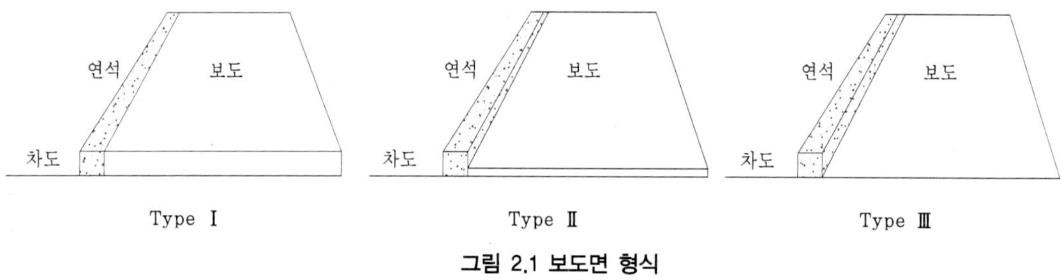

그림 2.1 보도면 형식

연석의 높이는 배수, 자동차의 보도진입 억제 등을 감안하여 결정하며, 자동차의 주행속도가 낮은 도로구간에는 수직형 연석을 설치하고, 주행속도가 높은 도로에서는 경사형 연석을 설치한다. 수직형의 높이는 150~250mm로 하고 표준 높이는 150mm로 한다. 교량 및 터널 등에서 시설 구조를 보존할 필요가 있는 곳에는 250mm까지 높일 수 있으나, 운전자가 비상시에 문을 열고 나올 수 있도록 가능한 높이를 200mm이하로 하는 것이 바람직하다.

1) 경사형(완경사형) Mountable curb

① 연석 전면의 경사가 1:1보다 급하면 포장 면으로부터의 높이는 10cm 이하로 한다.

② 전면의 경사가 1:1~1:1.2이면 포장 면으로부터의 높이는 15cm 이하로 한다.

③ 경사형은 필요시(고속주행 구간, 주정차 허용구간, 보행우선구역에 설치할 경우 등) 차량의 바퀴가 연석 위로 올라갈 수 있도록 한 것이다.

④ 가드레일과 병행하여 설치할 경우 연석의 전면은 가드레일의 전면과 일치시키거나 연석을 가드레일보다 약간 후면에 설치하는 것이 바람직하다.

2) 수직형 I (급경사형), 수직형 II (직사각형) Barrier curb I , II

① 연석의 높이는 25cm 이하가 되도록 한다.

② 저속도로의 경우 차량의 이탈을 방지한다.

③ 고속주행시 바퀴가 연석에 충돌하면 차량이 전복되므로 속도가 높은 도로에는 부적합하다.

④ 저속주행에도 차량의 이탈을 방지할 목적으로 사용할 경우에는 가드레일과 병행하여 설치한다.

⑤ 차도에 접하여 옹벽이 설치되거나 터널 내부에서 충분한 길어깨가 확보되지 못할 경우 연석을 설치함으로써 운전자로 하여금 경각심을 일깨울 수 있다

연석의 모서리 부분은 차도 및 자전거도로 쪽을 곡선 혹은 모따기로 처리하여 차량의 충돌시 타이어 파손을 예방해야 한다.

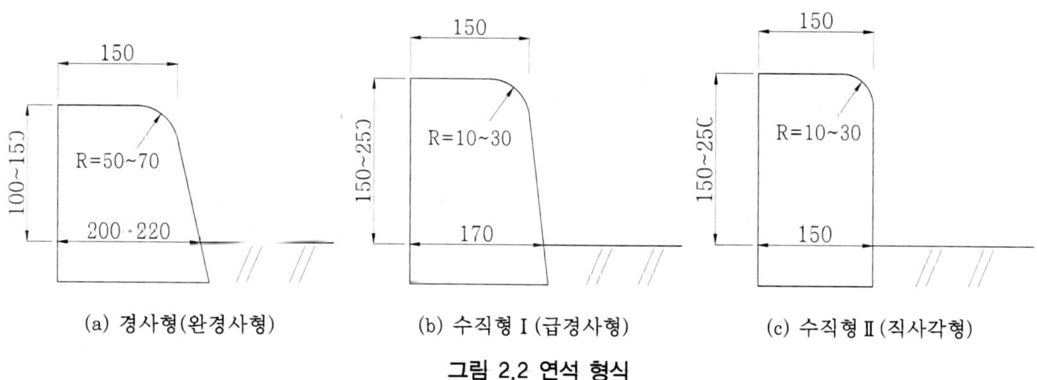

(a) 경사형(완경사형)　(b) 수직형 I (급경사형)　(c) 수직형 II (직사각형)

그림 2.2 연석 형식

2.2.3 보도 포장

보도 포장은 보행자가 안전하고 쾌적하게 통행할 수 있는 구조적 기능을 갖추어야 한다. 보도 포장은 보행자, 자전거, 관리용 차량 등의 교통하중에 대하여 충분한 내구성을 갖고 있어야 하며, 특히 교통약자를 포함한 보행자의 안전한 통행을 보장할 수 있도록 미끄럼 저항성, 평탄성, 투·배수성 등의 기능을 갖추어야 한다.

보도 포장 시공은 설계 시방서에 규정된 기준을 준용하여 동결융해에 따른 보도 포장의 파손을 예방하도록 한다. 보도 포장 형식의 선정은 지역 특성과 보수의 용이성, 경제성 등을 고려하여 결정하며, 특히 토지이용 특성 등의 주변 환경과 최대한 조화될 수 있도록 한다.

교량 구간의 보도 포장 재료는 아스팔트 혼합물, 다양한 블록, 수지계 결합재료 등이 이용되며 경관을 고려한 착색 포장 재료가 이용되기도 한다. 교량 구간의 보도 포장은 상판의 내구성 확보를 위해 방수성을 확보하는 것이 중요하다. 물의 침입이 예상되는 포장 재료를 이용하는 경우에는 방수층의 설치 등 필요한 조치를 취한다. 방수층의 설계 및 시공은 『도로포장 설계 및 시공 지침』을 참고한다.

2.3 자전거, 보행자 겸용도로

자전거・보행자 겸용도로는 차도와 독립적으로 설치하는 것을 우선 고려하며, 부득이 차도에 인접하여 설치하는 경우에는 식수대, 연석 등을 이용하여 분리한다.

시가지 지역 등 보행자 교통량이 많은 곳에서는 필요 보도 폭을 우선 산정하고, 자전거의 통행에 필요한 최소 폭 1.1m(연장 100m 미만의 교량 및 터널구간에서의 최소 폭은 0.9m)를 더하여 결정한다. 최소 폭 1.1m는 자전거 핸들 폭 0.7m에 양측 여유 폭 0.4m를 더한 값이다. 따라서, 일반 도로구간에서 자전거・보행자 겸용도로의 폭은 보도의 최소폭 2.0m와 자전거도로의 최소 폭 1.1m를 더하여 최소 3.1m 이상으로 한다. 단, 주변지역 여건, 지장물 등으로 유효 보도 폭을 1.5m로 하는 경우에는 자전거・보행자 겸용도로의 폭을 최소 2.6m 이상으로 한다.

2.4 유지관리

보행자가 안전하게 통과하도록 하기 위해서 보도의 유효 폭 이내에는 어떠한 장애물도 있어서는 안 된다. 노상시설은 가능한 일렬로 정비하여 안전한 보행공간을 확보하도록 한다. 특히 보도의 잡풀이나 적치한 자재 등은 신속하게 제거하거나 이동시킨다.

2.4.1 정기 점검

보도가 제 기능을 원활히 수행할 수 있도록 보도 관리대장(정기 점검용)에 정기적으로 점검 및 보수한 내용을 기록하여 유지관리를 실시한다.

1) 시설 파손 점검

- 보도 블록의 파손 등은 정기 점검이 필요하며, 파손 시 신속하게 보수한다. 보도에 빗물이 고이는 경우는 보수 계획을 수립하고 신속히 보수한다.
- 보도 포장에서 발생하는 주요 파손 위치 및 형태는 다음과 같으며 주로 복합적으로 발생하는 경우가 많다.
  - 국부적 처짐 : 배수 불량, 하부구조의 다짐 불량, 급격한 하중 부하 등으로 인해 부분적으로 특정 장소 또는 일정 구간에 처짐이 발생
  - 균열 : 하부구조의 불량, 시공 불량, 재료 불량 등의 원인으로 인해 종·횡 방향으로 발생

2) 장애물 제거

- 노상 장애물이 보도에 방치되지 않도록 정기적으로 점검한다. 보도상의 불법 광고시설 등은 보행자의 통행을 방해할 뿐만 아니라 도로 경관을 해치므로 제거한다. 보도면 위의 잡풀 등 이물질도 신속하게 제거한다.
- 보도 설치장소, 설치 일시, 시설 특징 등 유지관리에 필요한 사항을 관리대장에 기록한다. 보도가 파손되었을 때에는 파손 형태 및 원인 등을 보도 관리대장(정기 점검용)에 기록하여 개선 대안 수립에 활용한다.

3) 점검항목

- 정기점검
  - 강재 : 도장 손상 및 부식, 파손
  - 콘크리트 : 박리, 부스러짐, 파손
- 정밀점검
  - 보도 : 신축이음부 부스러짐(파손), 표면 부스러짐(동결융해)
  - 연석 : 강재 - 도장 손상 및 부식, 파손
    콘크리트 - 박리, 부스러짐, 파손

2.4.2 보도 포장 교체

1) 교체 주기

- 보도 포장의 교체는 어떤 형식이든 상관없이 10년 이내에 실시하는 것을 원칙적으로 금지한다. 다만, 보도 포장의 상태가 매우 불량하여 미관을 해치거나, 노약자가 통행에 불편을 느끼는 경우 또는 주변 환경과의 조화를 위한 포장 공법 및 형식의 변경 등 부득이한 사유가 발생하는 경우에 대해서는 도로법 시행령 혹은 이에 준하는 별도의 '보도정비위원회'의 승인을 득한 후 실시하도록 한다. 심의회에서는 정량적인 보도 포장 상태 평가자료 등을 토대로 보도 포장의 교체여부를 결정한다.
- 보도 포장의 재령이 10년이 지난 경우는 심의회를 통하진 않더라도 보도 포장 파손 현황에 대한 보도 포장의 상태를 기록함으로써 기존 보도 포장의 상태에 대한 관련 근거를 남겨 두어야 한다.

2) 보도 포장 상태 평가

- 보도의 포장 상태는 평탄성을 근거로 평가하여 보도 포장의 보수수준(교체 또는 일상보수)을 결정한다. 보도의 포장 상태 조사는 교차로와 교차로 사이 등 보도가 연속적으로 설치된 구간을 평가 대상 구간으로 하고 종 방향 길이를 0.6m마다 단위구간으로 구분하여 수행한다. 단위 구간의 길이 0.6m는 일반적인 보행자의 보폭을 감안하여 결정하였다. 단위구간별 종·횡단경사는 건설교통부 제정 「교통약자의이동편의증진법」에서 규정한 보도의 종·횡단경사 기준과 비교한다. 동 기준은 교통약자가 통행할 수 있는 보도의 최대 기울기로 종단경사 1/12(8%), 횡단경사 1/25(4%)를 규정하고 있다.
- 보도의 포장 상태는 경사계를 이용하여 평가 대상 구간 중 종·횡단 경사 기준에 미달되는 단위구간의 비율(이하 '파손율')을 산출하여 평가한다.

03 방호울타리

3.1 일반사항

교량용 방호울타리는 교량 위에서 차량이 차도로부터 교량 바깥, 보도 등으로 벗어나는 것을 방지하기 위해서 설치하는 시설물을 말한다.
교량용 방호울타리는

1) 알루미늄 혹은 철재로 만든 지주에 각종 단면의 빔을 연결시키는 빔타입 방호울타리(반강성)
2) 콘크리트 강성 방호울타리
3) 높이가 낮은 콘크리트 강성 방호벽 위에 빔을 설치한 혼합형 방호울타리

으로 구분할 수 있다. 교량위에 설치된 방호울타리는 충돌 차량을 큰 처짐 없이 차로로 복귀 시키는 것이 무엇보다 중요하기 때문에 빔 타입이라도 노측용 연성 방호울타리에 비하여 전체적인 구조물의 강성이 커 반강성 방호울타리로 구분하기도 한다. 차량의 추락을 방지한다는 목적만으로 보면 강성 방호울타리가 유리하나 강성 방호울타리는 일정높이 이상이 되면 승용자 운전자의 시야를 가림으로써 주변경관을 소망할 수 없게 만들기 때문에 빔 타입을 주로 사용하게 되고 빔 타입과 강성 방호울타리의 장점을 결합한 혼합형 방호울타리를 사용하기도 한다.

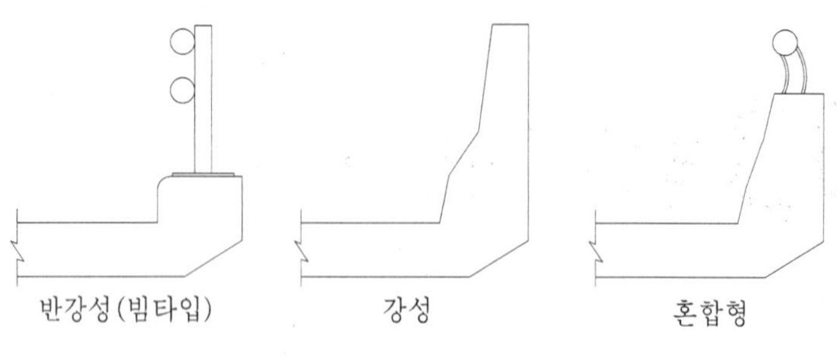

그림 3.1 교량 방호울타리

3.2 설치 장소

3.2.1 노측에 설치하는 경우

방호울타리는 교량과 같은 구조물로 인하여 다음과 같이 필요한 구간의 노측에 설치한다.

1) 교량, 터널 등의 전후 도로에 특히 필요하다고 인정되는 구간

일반적으로 교량, 터널 등의 전후 구간은 지형상, 시선 유도상 방호울타리가 필요한 경우가 많으며, 또한 제어를 잃은 차량이 이와 같은 구조물에 충돌할 경우 탑승자의 위험뿐만 아니라 구조물의 파괴가 예상되므로 방호울타리의 설치를 검토하여 효과가 인정되는 구간에 설치하도록 한다.

2) 교량 등의 난간 대신 방호울타리를 연속 설치하는 것이 보다 효과적이라고 인정되는 구간

교량 등의 구조물에는 일반적으로 난간이 설치되지만, 자동차 교통을 주목적으로 한 도로 구조물의 경우나 성토 구간이 짧은 교량 등의 구조물이 있는 경우 또는 곡선 구간에 설치되는 교량 등에서 그 전후에 있는 접속 도로의 방호울타리와 연속하여 방호울타리를 설치할 경우가 시선 유도상 효과가 있을 때에는 교량, 고가 등의 난간 대신 또는 부가적으로 방호울타리를 설치해야 한다.

3) 교량 등의 부근에서 특히 필요하다고 인정되는 구간

차도 내 및 차도 끝에서 2m 이내에 교각, 교대, 옹벽, 안전섬 등이 있을 경우 탑승자의 안전과 구조물의 보호를 위하여 방호울타리를 설치해야 한다.

3.2.2 교량에 설치하는 경우

교량 위에는 차량이 차도로부터 교량 바깥, 보도 등으로 벗어나는 것을 방지하는 차량 방호울타리와 보행자와 자전거가 교량 바깥으로 떨어지는 것을 방지하기 위한 난간을 설치한다. 난간의 설치는 도로·교통 조건에 대한 상세한 조사를 토대로 시설이 제 기능을 충분히 발휘할 수 있도록 한다.

일반적으로 교량은 도로의 다른 구간에 비해 도로의 선형 조건이 좋아 운전자가 진로를 잘못 판단하는 일은 드물다. 특히, 보도 등이 설치되어 있을 경우에는 차량이 정상적인 진로를 벗어나더라도 보도와 차도 경계의 연석이 차량이 보도 위로 올라오는 것을 억제해 주고, 더 심한 경우에 연석을 넘어 섰다고 해도 보도 폭 내에서 정상적인 상태로 회복하게 될 것이다.

그러나 교량 밖으로 떨어진 차량으로 인한 추가 사고를 방지하고, 특별히 안전성을 향상시키기 위해서는 보도와 차도의 경계에 차량 방호울타리를 설치한다. 또한, 곡선 교량 등에서 차량이 보도로 이탈하는 사고로부터 보행자, 자전거를 보호하고 차량 자체가 교량 바깥으로 떨어지는 것을 방지하기 위해서도 가능한 보도와 차도의 경계부에 차량 방호울타리를 설치한다.

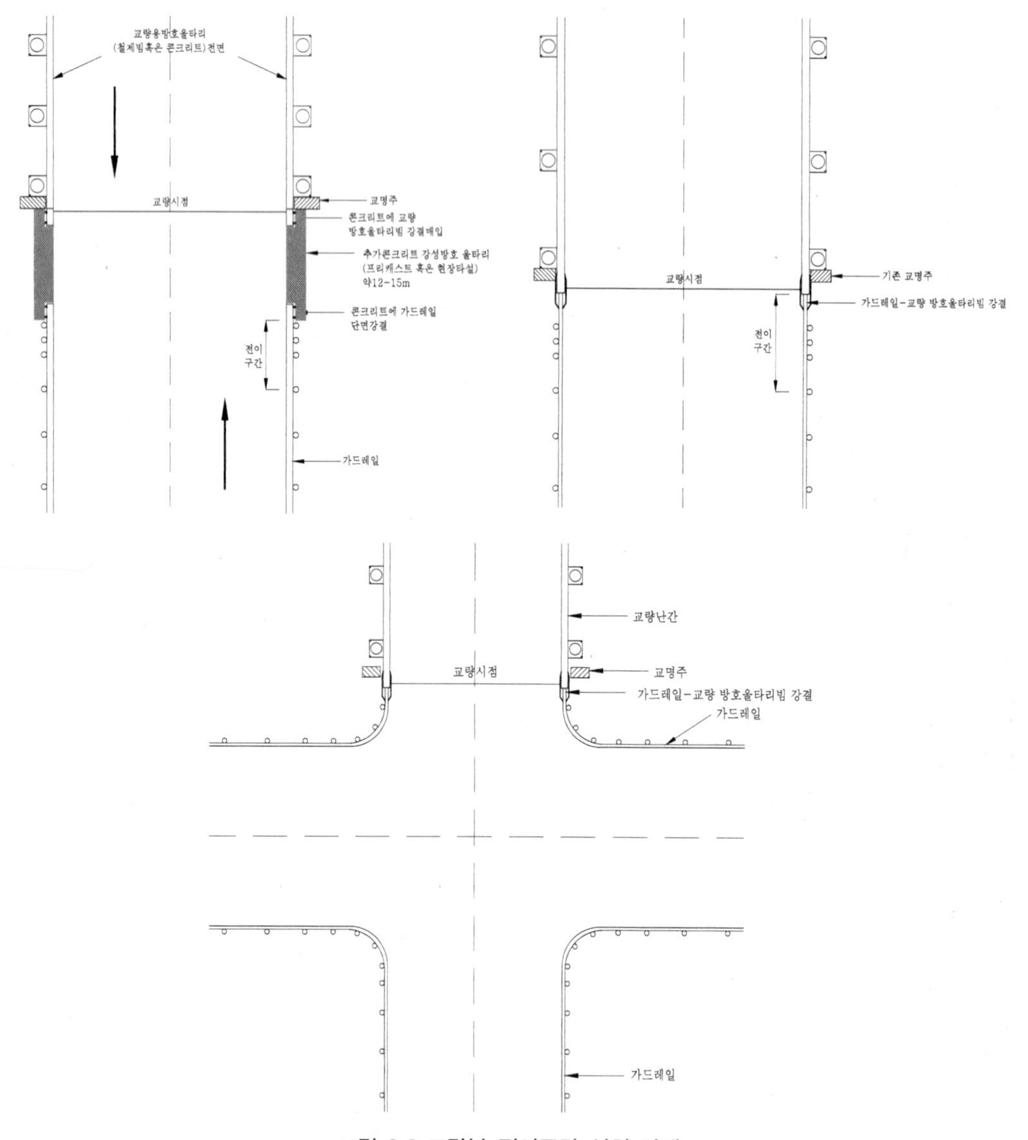

그림 3.2 교량부 전이구간 설치 사례

일반적으로 교량에 설치된 교명주는 차도 쪽으로 돌출된 구조로서, 차량과 충돌할 가능성이 높다. 특히, 교량에 접근하면서 도로의 폭이 좁아지는 경우에는 더욱 사고의 위험성이 높아진다. 근본적으로는 차량 충돌에 의한 사고 피해가 큰 교명주를 설치하지 않는 방향으로 교량설계가 이루어져야 한다. 기존에 설치된 교명주에 대해서는 현장조건에 따라 그림 3.2와 같이 전이구간으로 처리한다.

1) 설치 위치

교량용 연성 방호울타리는 교량 연석 또는 보차도 경계부에 설치한다. 교량용 방호울타리는 실물충돌시험에 합격한 제품의 설계도면과 동일하게 설치하여야 한다. 그러나 교량용 연성 방호울타리를 실물충돌시험 조건과 다른 교량연석 단면 위에 설치되는 경우 교량용 방호울타리의 1차 목표가 추락방지임을 고려하여 다음과 같이 설치해야 한다.

① 교량용 연성 방호울타리 빔의 차도 쪽 전면은 교량연석의 전면과 일치한 제품(그림의 ①)을 표준으로 하며, 교량연석 전면과 25cm 이내의 차이를 두고 실물충돌시험에 합격한 제품(그림의 ②)에 한하여 설치할 수 있다.

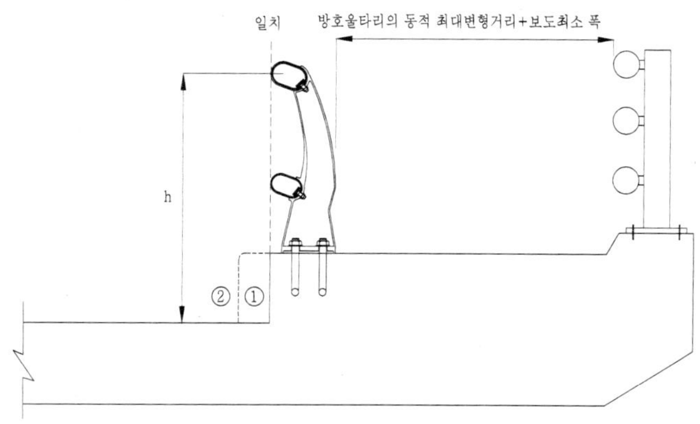

그림 3.3 방호울타리 전면과 연석 전면의 거리

② 현장에 설치되는 교량연석의 높이(현장연석높이)가 실물충돌시험시의 연석높이(설계연석높이)보다 클 경우 일반석으로 현장의 연성 방호울타리 빔의 높이가 충돌시험의 경우보다 높아지는 것 외에는 강도측면에서는 소금 유리할 수 있다. 그러나 변화된 빔 높이로 소형차 범퍼가 연석과 빔 사이에 낄 우려가 있는 경우에는 설치할 수 없다. 또한 현장연석높이가 설계연석높이보다 낮은 경우 현장의 연성방호울타리가 받는 충격력이 충돌시험 시 받은 충격력 보다 크기 때문에 설치할 수 없다.

차량 충돌에 대해 일정 한도 내에서 변형을 허용하는 연성 방호울타리를 설치하는 경우는 도로 폭이 허용하는 범위 내에서 방호울타리 뒤쪽으로 여유 폭을 충분히 확보하는 것이 바람직하다.

2) 보도의 유·무에 따른 설치 방법

교량용 방호울타리는 보도의 유·무에 따라 그 설치 형식을 결정해야 하며, 교량 양쪽에 보도가 있는 경우, 한쪽에만 보도가 있는 경우, 보도가 없는 경우에 교량용 방호울타리의 설치 방법은 다음과 같다.

① 교량 양쪽에 보도가 있는 경우

차도의 양쪽에 보도가 설치되어 있는 경우, 원칙적으로 보도와 차도의 경계부에 차량 방호울타리를 설치하고, 보행자와 자전거의 추락을 방지하기 위한 난간을 교량 연석에 설치하는 것으로 한다. 단, 도시부 교량에서 차량의 주행 속도가 낮고, 보행자의 통행량이 적은 곳에서 연석만으로 차량의 진입을 억제할 수 있는 곳에서는 보행자·자전거의 횡단 방지를 위한 횡단방지 울타리를 필요에 따라 설치할 수 있다. 이 경우에도 가능한 보행자의 안전을 위해 차량 방호울타리를 설치하는 것이 추천된다. 이때 설치되는 방호울타리의 시종점부는 1:2(V:H)의 비로 포장면 혹은 교량면으로부터 측정높이에 이르도록 하여야 한다.

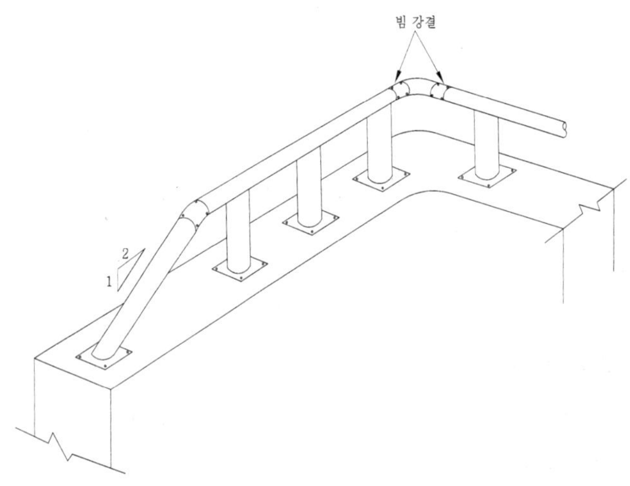

그림 3.4 교량용 방호울타리 구조물 위 설치 사례

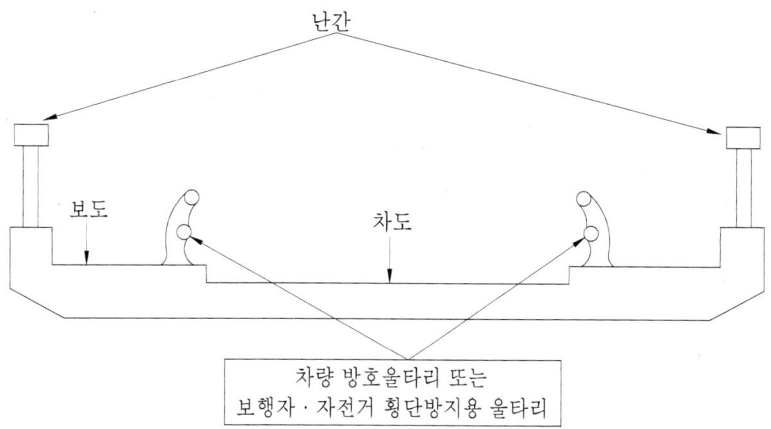

그림 3.5 교량 양쪽에 보도가 설치된 경우의 방호울타리 설치

차량이 교량 밖으로 이탈하는 것을 방지할 필요가 있는 구간에서, 보도 등의 폭이 좁아 보차도 경계부에 차량 방호울타리를 설치하면 보행자 등의 통행을 방해할 우려가 있는 경우는 교량 연석에 난간 겸용 차량 방호울타리를 설치한다.

교량용 방호울타리가 지하차도의 중앙분리대, 지하차도 옹벽 같은 구조물 위에 위치되는 경우는 어느 경우에도 빔이 완전 연결되게 하여야 하고 빔의 시작점은 1:2(V:H)의 비로 구조물 표면에서 높이가 점차 변하게 설치해야 한다.

② 교량 한쪽에만 보도가 있는 경우

차도의 한쪽에만 보도가 설치되어 있는 경우, 보도가 설치된 쪽에는 기본적으로 보도와 차도의 경계부에 차량 방호울타리를 설치한다. 다만, 도시부 교량에서 차량의 주행 속도가 낮고, 보행자의 통행량이 적은 곳에서 연석만으로 차량의 진입을 억제할 수 있는 곳에서는 보행자 · 자전거의 횡단 방지를 위한 횡단방지 울타리를 설치할 수 있다. 이 경우에도 보행자의 안전을 위해 가능한 차량 방호울타리를 설치하는 것이 바람직하다. 차량이 교량 밖으로 이탈하는 것을 방지할 필요가 있는 구간에서, 보도와 차도의 경계부에 차량 방호울타리를 설치하기가 어려울 경우에는 교량 끝단에 난간 겸용 차량 방호울타리를 설치한다.

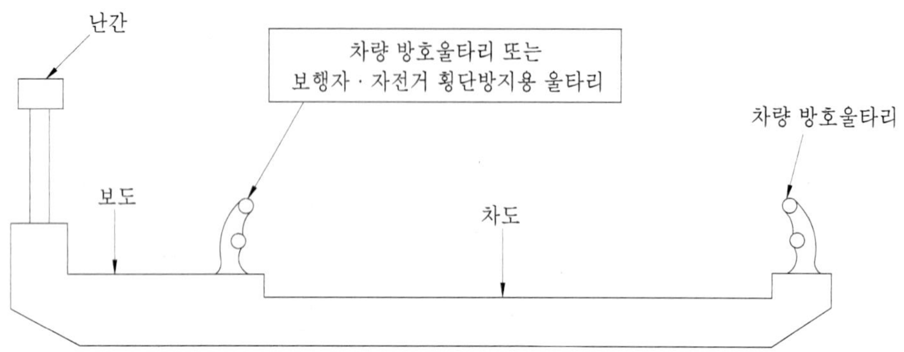

그림 3.6 교량 한쪽에 보도가 설치된 경우의 방호울타리 설치

③ 교량에 보도가 없는 경우

보도가 설치되어 있지 않은 경우는 교량 끝단에 차량 방호울타리를 설치하는 것을 원칙으로 한다. 단, 보행자, 자전거가 혼입될 우려가 있을 경우에는 필요에 따라 난간 겸용 차량 방호울타리를 설치한다.

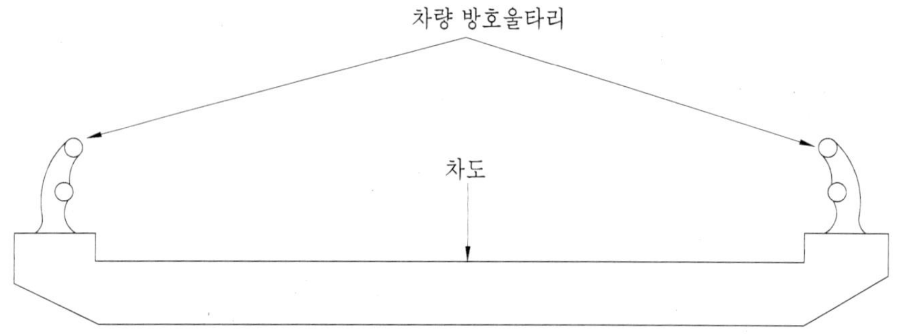

그림 3.7 보도가 없는 경우 교량용 방호울타리의 설치

3.3 설계

3.3.1 차량 방호울타리

차량 방호울타리는 충돌 차량의 이탈을 방지하기 위한 구조적 강도와 탑승자의 안전성을 동시에 만족시켜야 하며, 적용도로의 등급, 교통량, 설계속도 별로 각각의 설계조건(충격도)을 갖도록 설계한다.

1) 강도 성능 평가를 위한 조건

방호울타리는 표 3.1과 같이 적용도로의 설계속도별 시설물의 강도에 따라 9개 등급으로 구분되고, 각 등급에 적합한 시설물의 강도를 가질 수 있도록 각 조건에 따라 성능을 평가하기 위한 시험을 수행한다.

표 3.1 강도 성능 평가를 위한 시험 조건

<table>
<tr><th>등 급</th><th>충돌 속도(km/시)</th><th>차량 중량(kg)</th><th>충돌 각도(°)</th><th>기준 충격도(kJ)</th></tr>
<tr><td>SB1</td><td>55</td><td rowspan="4">8,000</td><td rowspan="9">15</td><td>60</td></tr>
<tr><td>SB2</td><td>65</td><td>90</td></tr>
<tr><td>SB3</td><td>80</td><td>130</td></tr>
<tr><td>SB3-B</td><td>85</td><td>150</td></tr>
<tr><td>SB4</td><td>65</td><td rowspan="3">14,000</td><td>160</td></tr>
<tr><td>SB5</td><td>80</td><td>230</td></tr>
<tr><td>SB5-B</td><td>85</td><td>270</td></tr>
<tr><td>SB6</td><td rowspan="2">80</td><td>25,000</td><td>420</td></tr>
<tr><td>SB7</td><td>36,000</td><td>600</td></tr>
</table>

2) 탑승자 보호 성능 평가를 위한 조건

탑승자의 안전성을 평가하기 위한 시험 조건은 표 3.2에 나타낸 바와 같이 적용도로의 설계속도별로 각 시설의 성능에 적합한 등급의 조건에 따라 시험한다.

표 3.2 탑승자 보호 성능 평가를 위한 시험 조건

<table>
<tr><th>등 급</th><th>충돌 속도(km/시)</th><th>차량 중량(kg)</th><th>충돌 각도(°)</th></tr>
<tr><td>SB1</td><td>60</td><td rowspan="5">900a)
1,300</td><td rowspan="5">20</td></tr>
<tr><td>SB2, SB4</td><td>80</td></tr>
<tr><td>SB3</td><td rowspan="2">100</td></tr>
<tr><td>SB5, SB6, SB7</td></tr>
<tr><td>SB3-B, SB5-B</td><td>120</td></tr>
</table>

주) Option a) : 900kg 승용차 시험 권장, 충분한 연구가 있을 때 까지 1300kg 승용차로 시험 실시, 900kg 승용차 시험 통과 시설에 대해서는 1300kg 승용차 시험 필요 없음.

3) 차량의 충돌 속도에 대하여

방호울타리 강도 성능 평가를 위한 차량의 충돌 속도는 최근 도로환경이 개선되고 주행속도가 높아지는 경향이 있지만, 사고 시 대형차의 제동장치 작동과 차로별 이용차량의 구분 및 감속 등을 감안하여 기본적으로 충돌 속도는 설계속도의 80%를 적용하는 것으로 하였다. 설계속도 120km/시 구간에 대해서 소형차와 대형차의 성능을 동시에 만족해야 하는 기술개발의 어려움을 고려해서 대형차의 충돌속도는 설계속도의 70%를 적용하였다.

탑승자 보호 성능 평가를 위한 시험에서는 탑승자의 안전도를 높이기 위하여 설계속도를 그대로 적용하여 60, 80, 100, 120km/시로 구분하였다.

4) 차량의 중량에 대하여

현재의 교통 특성상 중차량이 점하는 비율이 높으므로 방호울타리는 주로 대형 중차량을 대상으로 하여 설계할 필요가 있다.

차량의 길 밖 이탈을 방지하기 위해서는 방호울타리의 강도를 충분히 높여야 한다. 그러나 강도만을 고려하여 설계하면 소형차가 충돌하였을 때 여타 조건이 동일하여 가속도가 크게 작용하므로 탑승자의 안전성 확보가 곤란하게 되므로, 소형차에 대한 부하 조건도 고려할 필요가 있다.

따라서 방호울타리의 설계에 사용하는 차량 중량은 도로 상황과 교통량에 대한 중요도 및 국내 시험 여건을 고려하여 설정하였다. 방호울타리의 강도 성능 평가를 위한 시험에서는 중량 8,000kg의 대형차를 표준으로 하고, 상위 등급의 시험에는 14,000kg 트럭을, 그리고 필요에 따라 특수한 경우 25,000kg 또는 36,000kg의 트럭을 사용하는 것으로 하였다.

탑승자 보호 성능 평가를 위한 소형차 시험에는 유럽과 미국 기준을 고려하여 국내 차량의 누적분포에서 6%를 차지하는 900kg 승용차 시험을 권장하도록 하였다. 900kg 승용차를 이용한 시험이 탑승자 보호 성능을 강화하기 위해서 바람직하지만 기존시설이나 새로운 시설이 기준을 만족할 가능성이 많지 않기 때문에 충분한 연구가 있을 때 까지 기존의 1,300kg 승용차 시험을 기본으로 하였고 900kg 승용차 시험 통과 시설에 대해서는 1,300kg 승용차 시험이 필요 없도록 하였다.

5) 차량의 충돌 각도에 대하여

일반적으로 차량의 충돌 각도(차량의 진행 방향과 방호울타리와의 각도)는 직선부에서 약 15°, 곡선부에서는 약 16°이내에 있다고 알려져 있으며, 이들 결과를 토대로 과거 지침에서는 직선부와 곡선부를 구별하지 않고 다같이 15°로 한 바 있다. 최근에는 국제적으로 과속 주행의 경향을 반영하고 안전도를 더욱 높이기 위하여 승용차의 경우에는 20°를 적용하는 추세이다. 따라서, 대형차에 대해서는 15°, 소형차에 대해서는 20°를 적용한다.

6) 방호울타리 충돌지점의 선정

동일한 방호울타리라도 충돌지점에 따라 결과가 상이할 수 있으므로 시험의 실패가능성이 가장 높은 CIP(Critical Impact Point)를 충돌지점으로 선정하여야 한다. CIP는 구조물의 종류에 따라 다르고 스내깅(snagging) 및 포켓팅(pocketing)에 대한 CIP와 베리어 빔의 파단 위험성에 대한 CIP가 각각 다르다. 따라서 CIP는 시뮬레이션을 통하여 구하도록 유도하고 연구에 의하여 보다 정확한 값이 구하여 질 때까지 당분간 x=1.0m를 병행하여 쓸 수 있도록 한다.

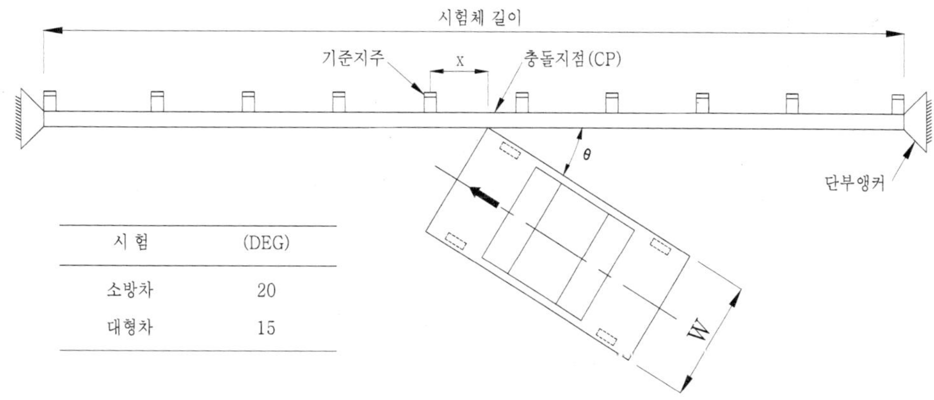

그림 3.8 방호울타리 충돌지점 기준

3.3.2 난간

난간의 설계는 난간의 정상부 윗면에 수직으로 980N/m(100 kgf/m), 측면에는 직각 방향으로 2,500 N/m(250 kgf/m)의 수평력을 가정하여 설계한다. 단, 도시부 등에서 보행자 통행이 많은 곳은 3,700N/m(375kgf/m)의 수평력을 가정하여 설계한다.

연직 방향 하중을 설계할 때는 통행자 등이 난간을 올라타거나, 기대는 경우와 중량물(重量物)을 올려놓는 경우가 있을 수 있으므로, 어느 정도 연직 하중을 고려하는 것이 바람직하다. 이와 같은 경우, 교량의 바닥판에 미치는 영향에 대해서는 앞서 언급한 수평력과 보도 등의 등분포 하중과의 조합에 대해 안전성 여부를 살펴보아야 한다. 이때, 허용 응력도는 증가시키지 않는다.

3.3.3 난간 겸용 차량 방호울타리

난간 겸용 차량 방호울타리는 난간 기능과 차량 방호울타리로서의 기능을 모두 만족시킬 수 있도록 설계한다.

차도와 병행하는 자전거 도로에 설치하는 방호울타리는 자전거 이용자를 보호하기 위해 난간겸용차량방호울타리를 설치하며, 자전거 추락방지를 목적으로 설치할 경우는 「자전거 이용시설 설치 및 관리 지침」을 따른다.

3.4 성능 기준

3.4.1 차량 방호울타리

차량 방호울타리는 적용도로의 설계속도별로 시설물의 강도(충격도)를 기준으로 한 등급에 대해 주어진 시험조건에 따라 실물차량 충돌시험시, 구조 성능, 탑승자 보호 성능, 충돌 후 차량의 안전 성능 등이 각각의 성능 기준을 만족해야 한다.

1) 구조 성능

차량의 이탈 방지를 위한 시설의 구조 성능은 방호울타리가 갖추어야 할 중요한 성능 가운데 하나이다. 이러한 구조 성능의 만족 여부의 확인은 대형 차량을 이용한 시험에서 방호울타리의 부재나 결합 부위의 파손 등으로 차량이 방호울타리를 돌파하지 않는 것을 확인하는 것으로 한다.

연성 방호울타리에 과다한 변형이 발생했을 경우, 차량이 도로에서 밀려져 나와 노측이나 교량 밖으로 떨어지거나 보도로 침범할 우려가 있기 때문에 허용할 수 있는 최대 충돌변형거리를 규정한다. 여기서, 최대 충돌변형거리란 차량이 방호울타리와 충돌할 때 차량의 충돌로 인해 방호울타리면이 원위치로부터 바깥 방향으로 밀려나온 거리(차도와 직각방향) 중 최대값을 말한다. 연성 방호울타리의 경우는 최대 충돌변형거리가 지주를 흙속에 매입할 경우 1.0m 이하, 콘크리트 기초에 설치할 경우에는 0.3m 이하이어야 한다.

도로관리자는 충돌시험 성적서의 동적최대변형거리, 차량 혹은 방호울타리의 최대 점유폭(Working Width), 구성부재 비산 상황 등을 확인하여 현장여건에 적합한 방호울타리가 설치되도록 충분히 검토가 필요하다. 특히 강성 시설물의 설치위치보다 연성 방호울타리의 최대충돌변형거리가 적은 방호울타리를 선정해야 한다. 또한 도로의 옆이 절벽인 경우는 최대충돌변형거리가 없는 강성 방호울타리를 선정하는 것이 바람직하다(그림 3.9 참조).

2) 탑승자 보호 성능

탑승자 보호 성능은 시험차로서 승용차를 사용하고 등급별 시험 조건에서 THIV 및 PHD를 계산하여 표 3.3의 기준에 따라 평가한다. 현재 유럽연합의 기준으로 ASI를 계산하여 사용하고 있기 때문에 계측된 가속도를 이용하여 이를 계산하여 기록하면 외국과 실험결과를 공유하기 편리하기 때문에 평가에 관계없이 기록하기로 한다.

- THIV(Theoretical Head Impact Velocity, 탑승자-컴파트먼트 충돌속도) : 차량이 안전시설에 충돌할 때 탑승자의 충돌 위험도를 평가하기 위한 지수들 중에 하나로 탑승자의 머리가 차량의 충돌속도로 자유 비행한다고 보고, 차량이 시설물과 충돌하여 감속되는 동안 머리가 자유 비행하여 차량 내부공간의 가상 면에 부딪칠 때의 차량과 이상화된 탑승자 머리의 순간 상대속도를 말한다.
- PHD(Post-impact Head Deceleration, 탑승자-컴파트먼트 충돌 후 최대 가속도); 탑승자가 차량 내부공간의 가상 면에 부딪힌 후 접촉을 유지하여 차량의 가속도를 그대로 받게 된다고 보아 THIV가 계산된 이후 계산된 차량의 10m/sec 평균가속도의 최대치를 말한다.
- ASI(Acceleration Severity Index)는 차량 x, y, z 각 방향 50m/sec 평균가속도의 각 한계가속도에 대한 비의 합을 나타내는 수치로 무차원의 스칼라로 표현된다. ASI는 항상 양의 값을 가지며, 1보다 클수록 탑승자의 위험도는 커지게 된다.

표 3.3 탑승자 보호 성능 평가 기준

기준 항목	단위	한계 값
탑승자-컴파트먼트 충돌속도(종·횡방향) THIV	km/시	33
탑승자-컴파트먼트 충돌 후 최대 가속도(종·횡방향) PHD	g	20

주) g : $9.8m/s^2$

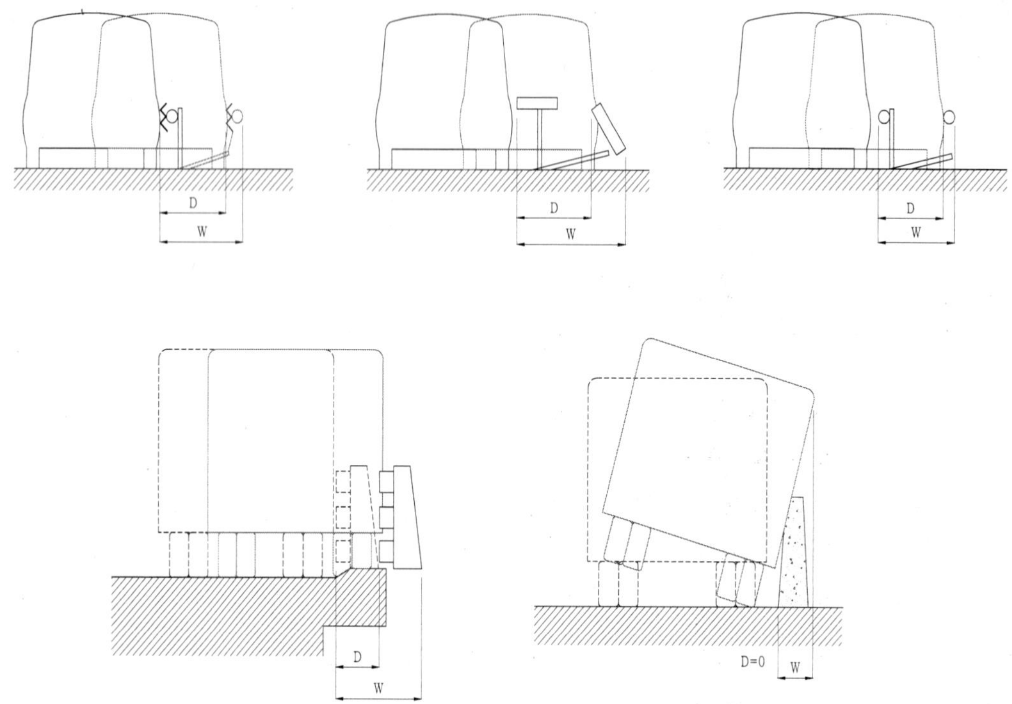

그림 3.9 동적최대 변형거리(D)와 최대 점유폭(W; Working Width)

3) 충돌 후 차량의 안전성능

차량 방호울타리와 차량이 충돌했을 때, 충돌 차량의 거동이 후속차에 미치는 영향은 충돌 차량과 후속 차량과의 차간 거리나 회피할 수 있는 측방 여유의 유무 등에 따라 다르다. 이때 충돌 차량이 방호울타리와 충돌하여 급정지하거나, 전도되어 차도 안에 정지하지 않아야 하며, 또한 대향차나 병행하여 주행하는 차량에 큰 영향을 미치는 거동도 일어나지 않도록 다음을 만족해야 한다.

- 차량의 무게중심이 변형된 방호울타리의 중심선을 가로질러서는 안 된다.
- 과다한 포켓팅(Pocketing)이나 스내깅(Snagging)없이 차량이 부드럽게 선회하여야 하는데 이는 충돌차량이 탈출박스(Exit box)를 통하여 빠져나가면 만족된다고 본다.

탈출박스는 방호울타리의 최초(충돌 전) 도로안쪽 면과 그 면으로부터 2.2m(승용차) 혹은 4.4m(트럭)+차량 폭+차량길이의 16% 만큼 떨어진 평행선으로 구성되는데 바퀴의 궤적이 방호울타리 최초의 도로안쪽 면과 최종적으로 교차되는 점에서 시작하여 B 만큼 떨어진 곳까지로 정의된다. 충돌차량의 모든 바퀴궤적이 B거리(승용차 10m, 트럭 20m) 이내에서 탈출박스의 평행선을 넘어서는 안 된다. 방호울타리의 도로안쪽 면이 불명확한 경우는 방호울타리의 최 안측 선을 도로안쪽 면으로 본다. 그림 2.18은 승용차 및 트럭 실험에서 탈출박스와 A, B를 나타낸 것이다.

충돌 후 차량의 안전 성능 평가는 차종에 무관하게 필요하므로, 대형차를 사용한 시험에서는 방호울타리 강도 확인과 더불어 화물차의 충돌 후 차량의 안전 성능을, 또한 소형차를 사용한 시험에서는 탑승자의 안전성 확인과 더불어 승용차의 충돌 후 차량의 안전 성능을 확인하는 것으로 한다.

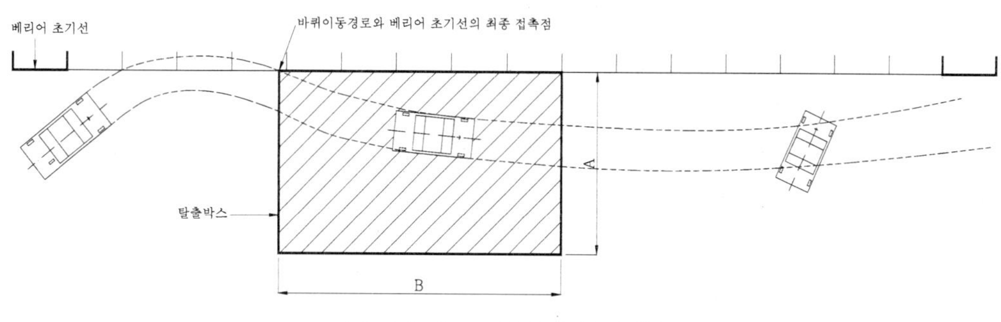

그림 3.10 차량 방호울타리의 탈출박스

3.4.2 난간

난간의 성능 확인은 설계 하중이 단기 하중이라는 점과 경제성 측면에서 난간 부재의 내력(KS 규격 재료는 그 내력이나 항복점, 그 외의 재료는 정하중 시험으로 얻어진 값)을 통해 확인하는 것으로 한다.

3.4.3 난간 겸용 차량 방호울타리

난간 겸용 차량 방호울타리의 성능의 확인은 차량 방호울타리의 성능 기준과 난간의 성능 기준을 모두 만족하는지를 확인하는 것으로 한다.

3.5 방호울타리 구조

방호울타리의 구조는 설치 장소의 도로·교통 조건을 면밀히 검토하여 보행자나 차량의 안전이 우선적으로 확보될 수 있도록 하고, 경제성, 미관, 유지 관리의 용이성을 감안하여 선정한다.

3.5.1 차량 방호울타리

차량 방호울타리의 구조를 선정할 때는 성능과 더불어 경제성, 유지 보수, 시공, 시선 유도, 전망성, 주변 환경과의 조화, 방호울타리를 설치할 구간의 교통 상황, 장래 교통량 예측 등을 포함한 종합적인 판단에 근거하여 선정할 필요가 있다. 최근에 미관을 고려한 방호울타리의 여러 형식들이 많이 사용되고 있으나, 차량 방호울타리는 미관보다는 차량의 방호 기능이 확실하게 보장되는지에 관한 면밀한 검토가 우선되어야 한다.

차량 방호울타리의 높이는 차량이 방호울타리와 충돌했을 때, 탑승자의 머리가 방호울타리 부재와 직접 충돌하는 것을 방지할 필요가 있기 때문에, 원칙적으로 100cm(포장 가장자리의 노면으로부터 방호울타리 상단까지 높이를 말함) 이하로 한다. 또, 방호울타리의 높이를 100cm 이하로 하면, 곡선 반경이 작은 구간에서 방호울타리 너머의 시인성 확보나 도로 밖의 전망성을 확보하는 관점에서도 유리해진다. 단, 설계 충격도가 큰 상위 등급의 방호울타리에서 대형차의 유도성을 향상시키거나 보행자·자전거의 추락 방지를 위한 난간을 겸용할 경우는 100cm 이상의 높이로 설치할 수 있다.

차량용 방호울타리의 설치 높이는 시선유도 기능을 고려하여 60cm 이상으로 한다. 노면으로부터 방호울타리 보의 하단부까지의 높이는 46cm 이하가 되도록 하여 소형차와 같이 높이가 낮은 차량이 보 밑으로 잠기는 일이 없도록 한다.

여러 개의 보로 이루어진 교량용 보형 방호울타리의 경우, 하단 보의 높이는 소형차가 보 밑으로 잠겨서 지주와 충돌하는 현상을 방지하기 위해, 하단 보의 위치를 낮추는 등 필요한 조치를 취한다.

보차도 경계용 차량용 방호울타리는 볼트 등과 같은 돌기물, 부재의 연결 등이 보행자 등에 해를 미치지 않는 형태로 한다. 일반적으로 보형 방호울타리는 방호울타리의 충돌면이 지주에 비해 차도 쪽으로 더 내밀어진 구조인 블록아웃형 구조를 갖는 것이 성능 측면에서 우수하다고 알려져 있다.

3.5.2 난간

난간의 높이는 보행자와 자전거 등의 무게중심을 감안하여 110cm를 표준으로 한다. 여기서, 높이는 노면(보도가 있는 경우는 보도면)으로부터 난간 방호면의 상단까지의 높이를 말한다.

난간의 높이로 110cm는 표준 수치이기 때문에 방호울타리의 디자인 등의 이유로 110cm 이외의 수치를 사용할 수도 있으나, 방호울타리의 설치 목적에 비추어 너무 낮은 방호울타리는 바람직하지 않다. 또, 너무 높은 방호울타리는 보행자 등에게 압박감을 주고, 미관상으로도 좋지 않으며 비경제적이기 때문에 특별한 경우를 제외하고 120cm 이하로 하는 것이 바람직하다.

난간 부재 사이의 간격은 어린이 등이 부재들 사이(패널 틈새)로 빠지는 것을 방지할 수 있어야 한다.

교량의 조망권 확보나 경관 등을 위해 필요한 경우, 패널의 각도를 조정하는 등 난간의 형식에 변화를 줄 수 있다. 단, 이 경우에도 본 지침에 제시된 난간의 성능기준을 만족하는 것으로 한다.

난간을 고정시키는 교량 연석의 폭은 40cm, 높이는 난간의 매설 길이를 충분히 확보할 수 있도록 보도 등의 노면으로부터 10cm를 표준으로 한다. 일반적으로 난간은 연석에 20cm 이상 매입하고 보강철근을 설치하는 것이 바람직하다.

3.5.3 난간 겸용 차량 방호울타리

난간 겸용 차량 방호울타리는 차량의 충돌에 저항하고 동시에 난간의 기능도 하여 보행자, 자전거가 교량 밖으로 이탈하지 않도록 설치하는 것이다.

난간 겸용 차량 방호울타리는 차량 방호울타리에 추가로 보를 더하여 보행자, 자전거가 교량 바깥으로 떨어지는 것을 방지하도록 하는데, 특히 미관 등을 고려할 필요가 있을 경우에는 일반도로에 설치되는 차량 방호울타리와는 다른 형식의 방호울타리의 설치를 검토해도 좋다.

단, 전락 방지 기능을 겸비하기 위해 추가로 보 등 부재를 첨가시킨 경우는 이러한 부재가 차량 충돌 시에 비산되지 않도록 차량 방호울타리의 충돌 면으로부터 차도 외측으로 물러난 위치에 배치할 필요가 있다.

차량 방호울타리가 비교적 높을 경우에는, 차량 방호울타리가 난간의 기능을 겸할 수 있으므로, 난간 겸용 차량 방호울타리로 볼 수 있다. 난간 겸용 차량 방호울타리의 실제 예는 그림 3.11, 그림 3.12와 같다.

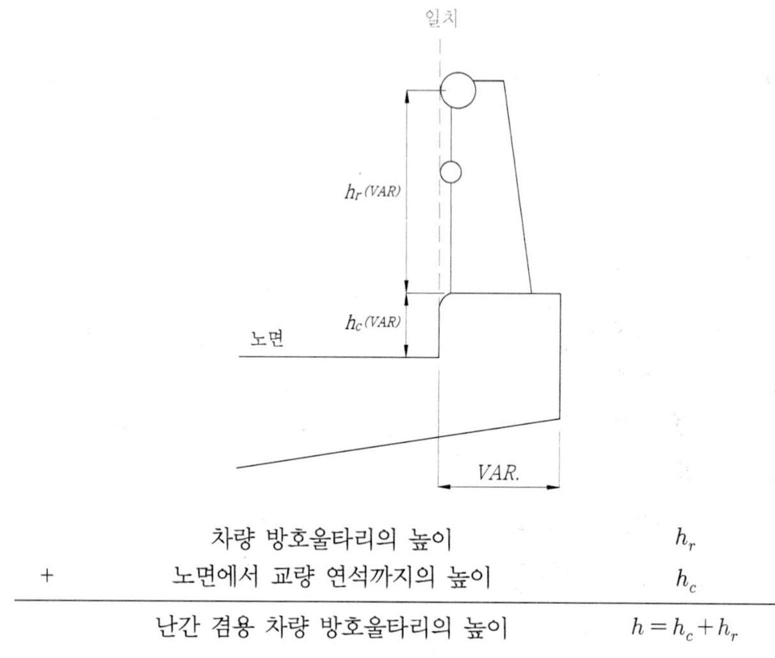

그림 3.11 난간 겸용 차량 방호울타리의 설계 예(1)

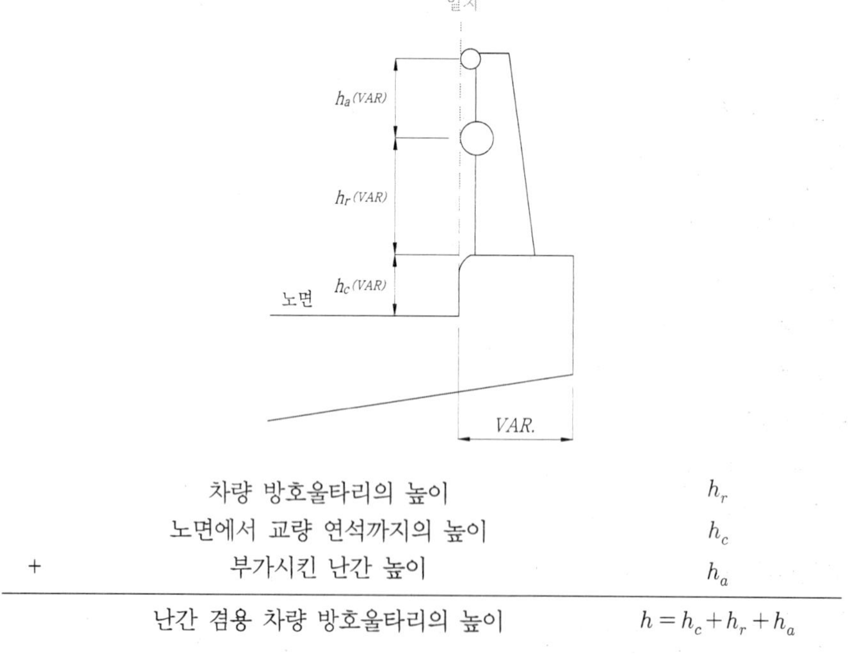

그림 3.12 난간 겸용 차량 방호울타리의 설계 예(2)

3.6 방호울타리의 재료

방호울타리에 사용하는 재료는 장기간에 걸쳐 사용되는 것이므로 충분한 강도가 있고, 내구성이 뛰어나며 유지관리가 쉬운 것을 사용할 필요가 있다.

3.6.1 색채

1) 방호울타리의 색채

방호울타리의 색채는 도로주변의 경관에 중요한 요소이므로 주변경관과의 조화가 무엇보다 중요하다. 시선 유도의 효과를 감안하여 흰색 또는 회색을 원칙으로 하고 주변 경관과의 조화를 위하여 다른 색을 취할 수 있으나 일반적으로 원색을 피하여야 하며 특히 무광택 처리된 것을 쓰도록 한다.

2) 보도용 횡단방지 울타리의 색채

보도용 횡단방지 울타리는 시선유도 뿐만 아니라 설치 지역의 환경에 따라 미관 등을 고려하지 않으면 안 될 경우가 많으므로 색채는 자유로이 선택하도록 하였다. 그러나 다른 방호울타리와 같이 운전자의 시선 유도 효과를 발휘할 수 있도록 흰색으로 하는 것이 좋으며, 현란한 색상을 적용하여 운전자의 시각 장애를 일으키거나 도로경관을 해치는 일은 없도록 한다.

3.6.2 방식처리

방호울타리에 사용하는 금속 재료 중 녹이나 부식이 발생하는 재료는 KS 규격 또는 동등 이상의 효과가 있는 방법으로 방청·방식 처리를 한다. 방호울타리 도장은 원칙적으로 공장에서 마무리 도장까지 한다.

강재의 방식 처리법으로는 도장이나 아연 도금법 혹은 내식강이 사용되고 있다. 대기 중에서 변성이 일어나지 않고 경제적인 방법은 일반적으로 용융 아연 도금이므로 본 바닥에 용융 아연 도금법으로 아연 도금하는 것을 원칙으로 하되 내식성능이 아연 도금법 이상으로 입증된 소재나 방청, 방식처리 방식이면 사용할 수 있다.

도막의 내구력에 중요한 도막의 밀착성을 좋게 하기 위하여 도금면에 인산염 처리 등의 바닥 처리를 하도록 하고, 도료는 시일이 경과하여도 노화가 적게 되고 내후성이 좋은 열경화성 아크릴 수지 도료를 사용토록 한다.

3.7 설치

3.7.1 설치 일반

방호울타리 설치는 도로 상황을 충분히 조사하여 방호울타리의 기능을 충분히 발휘할 수 있도록 설치한다.

① 방호울타리는 가능한 차도로부터 멀리 떨어져 설치되어야 한다.
② 도로 및 교통 상황이 동일한 구간이 둘 이상일 경우, 해당 구간들이 가까이 있을 경우에 해당 구간에 설치하는 방호울타리는 원칙적으로 형식, 종별 등을 동일한 것으로 한다.
③ 도로 및 교통 상황이 동일한 구간에 설치하는 방호울타리는 부득이한 경우를 제외하고 연속하여 설치한다.
④ 분리대에 방호울타리를 설치할 때는 원칙적으로 분리대의 중앙에 설치한다.
⑤ 방호울타리의 지주는 지면에 대해 수직으로 설치한다.
⑥ 방호울타리의 바람직한 설치 최소 연장은 100m이고, 부득이 설치 연장을 줄이는 경우 적어도 60m가 되어야 한다.

3.7.2 시설별 설치 방법

방호울타리의 설치 위치는 설치될 위치의 경사, 연석 등을 충분히 고려하여 방호울타리가 완전한 기능을 발휘할 수 있도록 설치하여야 한다.

① 방호울타리는 최대 충돌 변형 거리를 고려하여 설치한다.
② 방호울타리 접근부는 경제성, 안전성 등을 고려하여 퍼짐을 주어 설치할 수 있다.
③ 곡선 반경이 200m보다 작은 곳에서는 충돌각도가 커지는 등의 차량의 충돌 특성을 감안하여 방호울타리의 강성을 보강해주어야 한다.
④ 필요한 경우 오토바이 이용자의 충돌에 대비하여 추가 보를 설치 할 수 있다.

3.7.3 현광방지시설

1) 설치장소

현광(顯光)방지시설은 교통량, 설계속도, 도로 선형 등을 감안하여 필요하다고 인정되는 구간에 설치한다. 단, 다음의 항에 해당되는 도로 구간에는 설치하지 않을 수 있다.

- 중앙분리대의 폭이 7m를 초과할 경우
- 상하 차도의 중심 높이의 차이가 2m 이상일 경우
- 연속적으로 도로 조명을 설치하는 구간

상하 차도의 높낮이 차이가 2m 정도가 되면, 방호울타리가 대향차 전조등의 불빛을 차단하는 역할을 하므로 현광방지시설을 별도로 설치하지 않을 수 있다.

중앙분리대의 폭이 좁을 경우(2m 이하)에는 현광방지시설이 넘어지면 이것이 차도에서 장애물로 작용할 수 있으므로 형식을 충분히 검토한다. 또, 적설 지역에서는 눈[雪]에 시설이 가릴 염려도 있으므로 적당한 형식을 검토한다.

현광방지시설의 차광각도는 눈부심의 영향이 가장 큰 추월차로 대 추월차로의 경우에 있어, 운전자의 눈과 대향차량의 전조등의 관계를 고려하여 약 10°로 한다. 추월 차로 대 주행 차로일 경우는 이 이상의 차광 각도를 필요로 하지만, 완전 차광하게 되면 오히려 운전 시야를 좁히고 대향 차로에 대한 전망을 저해하는 등의 단점이 있으므로 부분 차광하는 것으로 한다.

2) 설치위치

현광방지시설은 분리대에 설치되어 있는 방호울타리의 상단부 중앙에 설치한다. 그러나 방호울타리가 중앙분리대 양쪽으로 있을 경우에는 시거 확보, 차도 중심선의 높이와 편경사의 영향을 고려하여, 적당한 쪽의 방호울타리의 지주에 설치한다. 현광방지시설의 설치 높이는 포장면으로부터 현광방지시설의 상단부까지 1.4m를 표준으로 한다.

3) 구조

현광방지시설로는 주로 방현망 형식이 사용되고, 재료에 따라 팽창 메탈(expanded metal)형, 루버(louver)형, 합성수지형으로 구분한다.

3.8 시공

3.8.1 시공 일반사항

방호울타리를 시공할 때는 교통의 안전과 다른 구조물에 대한 영향에 유의하여, 안전하고 확실하게 해야 한다.

방호울타리는 각 제품별 표준 설계도와 시방서대로 시공해야 하는 것은 물론이고, 본래의 방호울타리 기능을 충분히 발휘할 수 있도록 본 지침에 따라 실시한 성능시험 결과 등을 참고하여 주의를 기울여 안전하고 확실하게 시행한다. 공용중인 도로에서 시공할 때는 보행자 등의 안전을 적극적으로 고려해야 한다.

교량용 방호울타리의 대표적인 설치 공법으로는 매입하는 방법과 앵커로 고정하는 방법이 있으며, 유의해야 할 점을 다음과 같다.

1) 매입 방식

교량용 보형 방호울타리를 매입하여 설치하는 경우, 일반적으로 매입 깊이를 400mm로 한 경우와 400mm 미만으로 하는 경우로 나눌 수 있다.

① 매입 깊이 400mm일 경우

- 교량 등 콘크리트에 지주를 설치할 구멍은 구조물의 콘크리트를 타설하기 전에 형틀을 설계도와 시방서에서 제시한 위치에 배치해 두어야 한다. 지주를 설치할 구멍의 크기는 가설, 조립, 보수가 용이하도록 지주 반경보다 60mm 정도 크게 한다.
- 지주를 설치할 구멍은 클수록 흙 속에 설치한 상태와 가까워지고, 충돌 에너지를 완충시키는 힘이 이상적이 되지만, 변형량이 커져 이탈할 위험성이 증가하게 된다. 또, 인발 분력이 커지기 때문에 방호울타리의 설계도와 시방서에 제시된 매입 깊이를 확보한다.
- 구멍 주변에는 보강 철근을 배치하고, 그림 3.13에서와 같이 지주 주변을 모래로 단단하게 채운 후, 그 위쪽과 아래쪽을 아스팔트나 모르터로 완전히 밀봉한다.

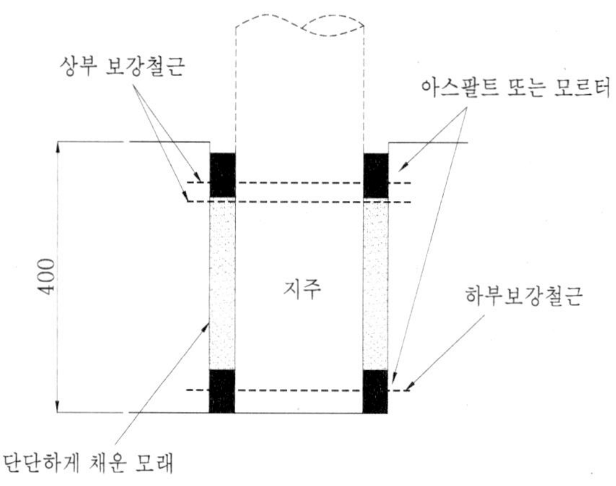

그림 3.13 매입 깊이 400mm인 경우의 설치 예(단위 : mm)

② 매입 깊이 400mm 미만인 경우

- 매입 깊이 400mm 미만인 경우는 매입 강관을 설치한다.
- 매입 강관은 관(管) 안에 콘크리트가 들어가지 않도록 보호막 등으로 양생하여 매설한다. 매입 강관의 윗면은 교량 연석의 마무리 면보다도 20~30mm 낮춘다.
- 설계도와 시방서에 근거하여 매입 강관 주변에는 보강 철근을 배치한다.
- 그림 3.14와 같이 지주 주변은 모르터로 충전한다. 또, 매설할 때 모르터가 방호울타리에 부착되지 않도록 주의하여 흘려 넣고, 봉 등으로 충분히 다진다. 이때, 필요에 따라 버팀재를 설치하는 등 흔들림 방지 대책을 실시한다. 또, 방호울타리에 모르터가 부착되었을 경우에는 신속하게 제거한다.
- 매설이 완료한 후, 모르터가 완전히 응고되어, 방호울타리가 완전히 고정될 때까지는 방호울타리를 건드리지 않도록 한다.

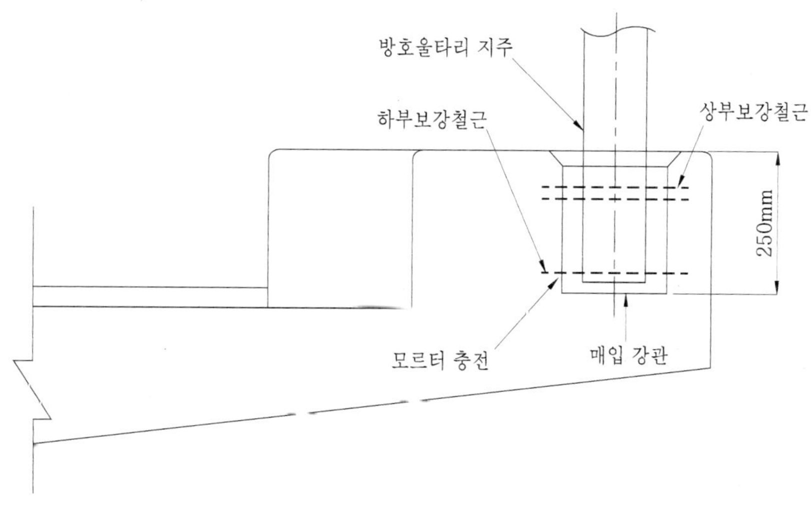

그림 3.14 매입 깊이 400mm 미만일 경우의 설치 예

2) 앵커로 고정하는 방법

앵커 볼트와 앵커 플레이트는 구조물의 콘크리트를 타설하기 전에 설계도와 사양서를 바탕으로 정확한 위치에 배치해 두어야 한다(그림 3.15 참조).

교량 연석에 콘크리트를 타설할 때 앵커 볼트가 움직이지 않도록 단단하게 고정시킨다. 또, 타설할 때 앵커 볼트의 나사 부분에 콘크리트가 묻지 않도록 비닐테이프 등으로 감아서 양생한다.

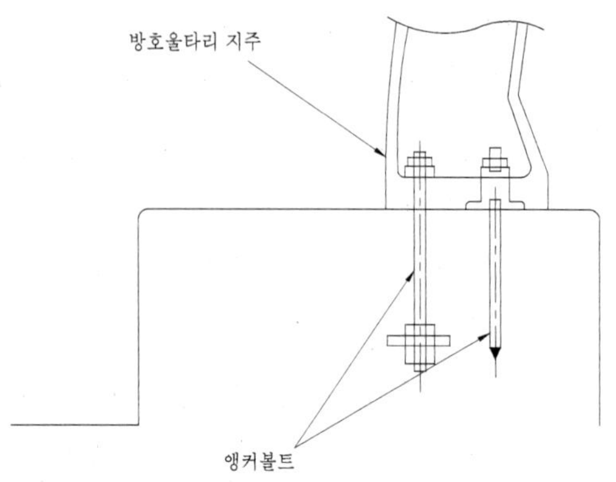

그림 3.15 베이스 플레이트 방식 정착 예

방호울타리에 차량이 충돌시 바닥판 부분에 부가적인 힘이 가해지므로, 바닥판을 설계할 때는 지주에 의해 지지되는 방호울타리일 경우 연석 구조와 계산상의 편의를 고려하여 기본적으로는 지주 1개당 모멘트를 인접한 양쪽 지주까지의 기둥 간격(2스팬)으로 나눈 값이 바닥판에 균등하게 단부 모멘트로 작용하도록 한다. 단, 보차도 경계부에 설치할 경우에는 보차도 경계부의 구조가 교량 연석의 구조와 다르기 때문에, 연속 기초 등을 이용하여 모멘트가 바닥판에 균등하게 작용하는 구조가 되도록 한다. 이 경우 바닥판의 허용 응력도에 대해서는 증가시킬 수 있다.

3.9 유지관리

3.9.1 점검 일반

도로의 일상 순회 점검을 행할 때는 방호울타리의 외관도 함께 관찰하여 이상 유무를 확인토록 하며, 또 월 1회 이상 정기적인 점검을 실시하고, 호우, 강설 등 재해의 직후에도 도로 점검과 함께 방호울타리의 점검을 실시하여야 한다. 이때 유의할 점은 다음과 같다.

① 지주와 수평재의 부착 상황
② 지주의 침하 경사, 휨의 상황
③ 부식의 정도 및 도장 상태
④ 가드레일 및 가드 파이프의 수평재 변형 및 파손 상황
⑤ 박스형 보의 보 이음부 및 패들의 파손 상태
⑥ 케이블의 처짐 정도
⑦ 콘크리트 벽형 강성 방호울타리의 파손 또는 밀림 상태
⑧ 덧씌우기 등으로 설치 높이가 달라진 상태

방호울타리의 기능을 충분히 발휘하도록 일상 점검과 보수를 하여야 한다. 도로에 설치된 방호울타리가 손상을 입거나 미비한 상태로 방치될 때는 차량과 충돌시 그 역할을 충실히 수행하지 못하여 대형 사고가 발생하게 된다. 현재 도로 관리자는 도로 시설을 양호하게 유지하는 것이 사회적인 책임이 되고 있으므로, 항상 방호울타리가 초기의 상태를 발휘할 수 있게 상시 유지 관리 및 보수에 유의한다.

점검시에는 각 형식의 특징을 충분히 이해하고 유의할 점을 미리 습득하여 둔다. 상시 도로 순회 점검시에도 차량 사고 등으로 인한 방호울타리의 높이 및 수평도 등이 잘못되고 있지 않는지 확인한다.

도로 위에 세워진 방호울타리 부근은 토사가 퇴적되어 있다던가, 그레이더(grader)로 인한 도로면 깎기가 과도하여 방호울타리의 소정 높이가 유지되지 못하는 때가 있어 기능이 불량하게 되므로 주의를 기울인다.

박스형 보는 보 이음 강도가 그 기능에 크게 영향을 미치므로 항상 볼트, 너트의 조임에 주의하고 느슨해 있으면 조여 준다.

가드 케이블일 때는 기후 변화에 따라 케이블의 신축이 있으며 케이블 장력이 그 기능에 큰 영향을 미치므로 케이블이 항상 일정한 장력을 유지할 수 있도록 한다.

적설 지대에서 방호울타리의 효과를 감소시킬 적설이 있을 때는 그 침강력으로 인한 파손을 방지토록 가드레일 및 가드 파이프의 수평재를 분해하고 케이블을 단부 지주에서 느슨하게 하는 것이 좋다.

3.9.2 주요 점검항목

- 점검항목
  - 강재, 알루미늄 : 변형, 파손, 도장손상 및 부식
  - 철근콘크리트 : 균열, 박리, 박락, 철근노출, 파손(충돌)
- 교량 한쪽에서 방호울타리의 높이로 보았을 때 방호울타리의 전체 선형에 급격한 변화부분이 있는지 확인한다.
- 강재 방호울타리의 경우 방호울타리 기둥과 바닥판 접촉면의 부식 또는 볼트 손상에 의해 전도 우려가 있는지 힘을 주어 밀거나 당겨서 흔들림이 있는 지 확인한다.
- 철근콘크리트 방호울타리의 경우 녹물이 흘러내려 미관을 해치는 부분이 있는지 확인하고 균열(일반적으로 0.3mm 이상) 발생 여부를 점검한다.

- 방호울타리의 전체 선형에 급격한 변화가 있는 경우 교량받침이나 하부구조의 침하가 있을 수 있으므로 추가 조사 및 기록을 철저히 한다.
- 차량충돌 등 외부의 하중에 의해 손상이 발생한 경우 바닥판에 미치는 영향에 대하여 조사한다.
- 방호울타리의 큰 변형이나 파손된 부분에 의해 통행인 또는 차량의 추락 위험이 있는 경우 즉시 연락하여 추락방지시설 등의 응급조치를 취한다.

3.10 보수

3.10.1 보수

방호울타리가 사고 및 재해로 변형 또는 파손 등이 생겨 그 기능을 충분히 발휘할 수 없게 되었을 때는 반드시 복구하도록 한다. 이때 재래 형식의 방호울타리는 될 수 있는 대로 본 지침에 맞는 것으로 교체시키도록 하는 것이 좋다. 예를 들면, 파손의 상황에 따라서 모든 연속 구간을 신 형식으로 교체시키고, 재사용이 가능한 재래식은 수리용으로 확보하여 둔다.

3.10.2 세척

방호울타리는 먼지나 배기가스 등이 부착하여 더러워진 상태로 방치하면 부식의 원인이 되므로 세척한다. 오염 정도는 도로의 상황, 교통량 등에 따라 다르며, 관리 체제상으로도 세척 횟수를 일정하게 정하기는 곤란하나 일반적으로 포장도로는 연 1~2회, 비포장도로는 월 1회 정도 계획하면 무난하다. 세척 방법은 그 정도에 따라 정하여야 한다. 먼지, 진흙으로 더러워진 장소는 걸레나 솔 등으로 닦으면 되지만 배기가스 등으로 더렵혀진 곳은 솔 등으로 중성 세제를 사용하여 세척한다. 재 도장을 할 때는 녹을 완전히 제거한 후 바탕 처리로서 인, 산염 등에 의한 피복 처리를 시행한다.

또한, 여러 차례의 덧씌우기로 인하여 도로면과 방호울타리와의 고저 차가 심하게 변할 때는 그 기능이 회복되도록 높이를 조정하던가 외측에 새로운 방호울타리를 설치하는 등의 조치를 한다.

3.10.3 도장

접촉 등으로 인한 상처보다는 도장이 떨어지면 그로 인하여 녹이 발생하게 되고 도막의 떨어짐이 심하게 되므로 신속하게 재도장 한다.

도장은 현지에서 엷게 하여서는 안 된다. 또, 기상 조건에 따라 용제를 사용할 필요가 있을 때에는 담당 기술자의 지시에 따른다. 차량 등의 사고로 방호울타리가 변형된 것은 그 부재를 교환하며, 가벼운 손상은 속건성 보수용 페인트로서 그 부분을 재도장 한다.

3.10.4 제설

제설 방법은 로우터리차 또는 쇼벨 로우더, 덤프 트럭 등으로 제설하는 것이 제일 좋고, 불도저, 그레이더 등으로 제설할 때는 측압 등으로 인하여 방호울타리에 손상을 입히기 쉬우므로 주의한다.

3.11 기록

방호울타리의 설치 및 보수시에는 이에 관한 기록을 유지한다. 방호울타리가 파손된 경우에는 파손 위치, 길이, 정도, 원인 등을 면밀히 조사하여 기록용지에 기록하고 관리한다. 이 기록에 따라 도로의 구조, 교통 처리 등에 대해 검토하는 것은 도로관리상 중요한 일이다.

04 단부처리시설

4.1 일반 사항

단부처리시설은 주행로를 벗어난 차량의 충격에너지를 흡수하여 차량을 안전하게 멈추게 하거나 차량의 방향을 복귀시켜주는 기능을 갖추어야 한다. 특별히 처리되지 않고 노출된 방호울타리의 단부는 구조적 특성상 차량을 관통하여 탑승자에게 큰 위험요소이기 때문에 가능한 단부의 개소를 최소화해야 하며 성능평가를 거쳐 성능이 검증된 단부처리시설을 설치하도록 하는 것이 중요하다.

단부처리시설은 설치장소에 따라 중앙분리대용, 노측용, 교량용으로 구분될 수 있으며 교량난간에 설치되는 단부처리시설의 경우에는 교량난간의 구조적 형태를 고려하여 설계되어야 한다.

4.2 구조 및 형식

강도가 다른 두 개 이상의 방호울타리를 연결하여 설치하는 전이구간에서는 차량이 상대적으로 강도가 낮은 방호울타리 안으로 빠져 들어가는 현상을 방지하기 위해 다음 각 항과 같은 특별한 주의가 필요하다.

상이한 강성을 가진 방호울타리를 연결하여 사용하는 곳에서는 강성의 변화를 점진적으로 변화시켜 주어야 한다.

전이구간의 설계조건은 방호울타리의 경우와 동일하다. 전이구간은 두 방호울타리 중 강도가 작은 것보다 작아서는 안 되고 강도가 큰 것보다 커서도 안 된다. 각 전이구간은 방호울타리 편에 설명한 바와 같이 승용차와 트럭을 이용한 두 종류의 충돌실험을 통과하여야 한다. 전이구간의 성능조건은 방호울타리의 경우와 동일하다.

1) 강성이 서로 다른 방호울타리의 연결

- 강성이 다른 방호울타리가 연속으로 설치 사용되는 곳에서는, 예를 들어 가드레일과 교량 난간이 만나는 지점과 같은 경우에 두 형식을 직접 연결하게 되면 차량이 연결 지점 안으로 빠져드는 현상이 발생하게 된다. 이러한 문제를 예방하기 위해서는 두 형식 연결 지점 근처의 지주 간격을 줄여주거나 추가 보를 하단에 설치하는 등의 방법을 사용할 수 있다

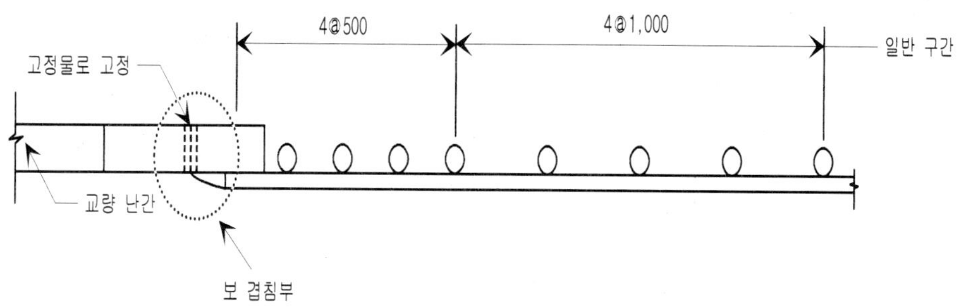

그림 4.1 교량 난간과 방호울타리 보의 연결 예(단위 : mm)

2) 교량용 방호울타리 전이구간

- 교량용 방호울타리는 전이구간으로 완벽하게 연결되어야 한다. 현상조건별 전이구간 처리방법은 그림과 같으며, 방호울타리와 연결되지 않는 혼합형의 경우 교량용 방호울타리 단부는 1:2(H:V)의 경사로 교량면에 고정시킨다.
- 강성 방호울타리를 교량용 중앙분리대용으로 설치할 경우, 교량의 신축을 고려하여 교량 전후 구간의 연성 방호울타리를 단부처리로 해서는 안 된다. 이곳은 강성 방호울타리를 접속 슬래브까지 설치하고 교량 전후 구간의 연성 방호울타리와는 전이구간으로 연결한다.
- 또한 교량용 강성 방호울타리 신축이음구간의 단부는 그 간격이 좁기 때문에 강성 방호울타리 형상의 철판을 설치하고 차량 진행방향의 진입부 강성 방호울타리와 체결하고 진출부는 체결하지 않는다.

3) 전이구간의 길이

• 방호울타리는 성능 및 시선 유도 상 가능한 한 연속하여 설치하는 것이 좋으므로 토공 구간의 방호울타리를 구조물에도 연속하여 설치하는 것이 좋다. 그러나, 유형이 다른 몇 개의 방호울타리가 조합되어 설치되는 경우 장애물 앞에 선택된 유형을 설치구간 전·후로 지주간격의 최소 2배까지 연장된 길이로 설치되어야 한다(예 : 지주간격이 4m일 경우 최소 8m까지).

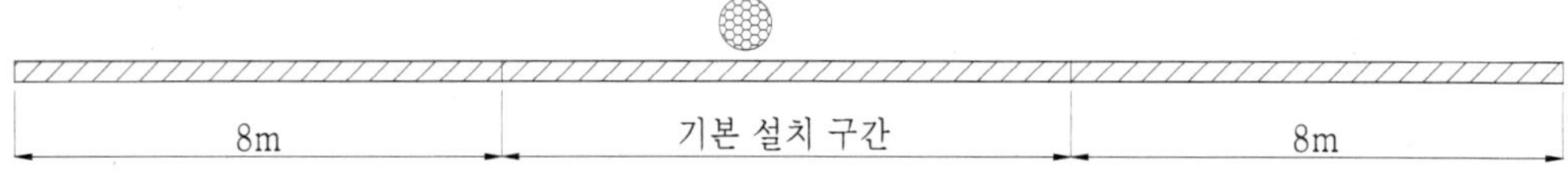

그림 4.2 장애물 앞 방호울타리의 연장

• 토공 구간과 구조물에 많은 침하가 예상되는 경우에는 가드 케이블을 사용하여 연속 설치하는 것이 좋다.
• 전이구간은 짧은 거리 내에서 변형 내 심각한 정도의 변화가 일어나지 않을 만큼 충분히 길어야 한다. 일반적으로 전이 길이는 연결하고자 하는 두 방호울타리의 최대 충돌 변형 거리의 10 ~ 12배가 되어야 한다.

05 교명주

5.1 일반사항

교명주는 교명판, 교량 설명판 등을 붙이기 위하여 설치한다. 교명판, 설명판은 교량 구조물에 대한 유지관리 및 각종 조사의 기본 정보를 기입하기 위하여 설치한다.

5.2 설계

- 교명주에는 교명판 및 설명판이 부착될 수 있으며 교량 시·종점부에 설치한다.
- 교명주의 재질 및 형상은 설계서에 따라야 하며, 교량구조물과 조화를 이루어야 한다.
- 교명주 받침은 교명주가 설치되는 구조물과 일체가 되어야 한다.
- 교명주의 규격은 길이 860mm, 폭 330mm, 높이 1,200mm를 표준으로 한다.

그림 5.1 교명주

- 교명주에는 차량 충돌 등을 고려해 교명주의 천단(노면으로부터 천단까지의 높이가 1.3m를 넘는 경우는 1.3m의 위치)에 수평력 40kN/m를 작용시켜 설계하는 것을 원칙으

로 한다. 다만, 우각부나 보도부 등에서 차량 충돌의 가능성이 적은 개소에 대해서는 별도의 하중을 고려할 수도 있다.

- 교명주의 전면 위치는 차량의 주행성 및 안전성을 고려해 방호책 전면 위치와 일치하도록 한다.
- 교명주와 방호울타리와의 간격은 150mm 이하로 해야 한다. 그 이상의 간격이 생기는 경우는 방호책을 연장하는 등의 안전 대책을 수립한다.

5.3 교명판

- 교명판은 차량 진행 방향의 우측 교명주 전면에 부착한다.
- 교량명은 교명판의 색깔과 달리하여 육안으로 식별이 용이하게 되도록 한다.
- 교명판(교명의 글자)의 글자체는 지정 글씨체로 하며, 길이 140mm, 높이 140mm, 글자 수는 3~6글자를 기본으로 하되 설계도면을 따른다.
- 교명 글자를 화강석에 음각 처리 후 흑색으로 마감하는 것을 기본으로 한다. 단, 현장상황에 따라 인지가 용이하도록 글자의 배열을 가로 또는 세로배열, 교명글자를 양각하고 배경의 음각처리를 통한 강조기법을 응용할 수 있다.
- 교명판의 재질 및 형상은 설계서에 따른다.

5.4 설명판

- 설명판은 차량 진행방향의 좌측 교명주 전면에 부착한다.
- 설명판의 글자 크기는 제목이나 내용이 동일한 크기로 하여야 하며, 설명판의 글씨 색깔은 판과 다른 색을 칠하여 시인성이 양호하도록 한다.
- 설명판의 재질은 설계서에 따른다.
- 설명판의 글자체는 지정 글자체로 하며, 길이 500mm, 높이 300mm 이상을 기본으로 한다.
- 설명판의 제원은 그림 5.2를 참고하여 총연장, 교폭, 설계하중, 공사기간, 발주자, 설계, 시공, 감독 및 감리, 검사관 등을 기재한다.

500

100	150	100	150
총연장		교 폭	
설계하중			
공사기간	년 월 일 ~ 년 월 일		
발주자		시공자	
설계자		설 계 책임자	
감리원		공 사 감독자	
현장대리인		준 공 검사자	

300이상

그림 5.2 교량 설명판

5.5 유지관리

- 교명판, 설명판은 도난 방지를 위해 교명주, 난간 기초부 등에 매입하는 것을 원칙으로 한다.

06 점검시설

6.1 일반사항

- 교량점검시설은 교량이 가설되어 있는 주변의 지형 또는 공간적 여건 등으로 인하여 별도의 장비 없이는 접근이 어려운 주요 교량부재의 근접점검과 유지관리를 용이하게 하기 위하여 설치한다.
- 교량점검시설은 안전점검 및 유지관리 등 도로 관리의 효율성을 극대화하기 위하여 설치한다. 교량은 건설 후 교량의 기능, 노후도, 결함 등 구조물 상태의 주기적인 점검과 유지관리가 매우 중요하므로 교량의 가설위치, 교차조건, 다리밑 공간, 하부지지조건 등 제반조건을 감안하여 교통제한 없이 상시 확인 점검이 가능하도록 교량점검시설을 설치한다.
- 고정식 점검시설의 조건
  - 점검과 보수가 필요한 부위 및 부재에 근접할 수 있어야 한다.
  - 점검과 보수가 필요한 최소한의 작업공간이 확보되어야 한다.
  - 점검 및 보수작업자의 안전이 보장되는 구조이어야 한다.
  - 시설 자체의 유지관리가 거의 필요 없고, 내구성이 우수해야 한다.
  - 부속장치가 있는 경우, 조작이 간단하고 고장이 적어야 한다.
  - 재질은 내식성이 우수하고, 설치 후 미관이 양호하여야 한다.
  - 굴절식 점검차 사용 등 교량점검 시 해당 교량에 교통통제가 이루어져도 인근에 우회할 수 있는 도로가 있는 경우에는 고정식 점검시설을 설치하지 않을 수 있다.

6.2 설계

6.2.1 점검계단

- 점검계단은 교대 및 교량 하부의 유지보수용 접근로를 제공하기 위하여 교량의 상부(노면) 또는 하부(지상)에서 점검계단 없이는 교대로 접근이 어려운 교량에 설치한다.
- 점검계단은 교량 상부(노면)에서 교대 앞까지 접근할 수 있도록 설치하는 것을 원칙으로 한다. 단, 현장 여건상 교량 하부(지상)에서 교대로 접근하는 것이 교량 상부에서 접근하는 것보다 용이한 경우에는 교량 하부에서 교대 앞까지 접근할 수 있도록 설치한다.
- 점검계단의 수량은 교대 1개소 당 점검계단 1기를 설치하는 것을 원칙으로 하고, 마주보는 교대에 대하여 엇갈리는 방향으로 설치한다. 단, 도로구조, 지형적인 여건 등을 고려하여 필요하다고 판단되는 경우에는 교대 1개소 당 점검계단 2기를 설치할 수 있다.
- 직벽형 교대 측면 날개벽에 점검계단이 설치된 경우 또는 옹벽형 교대 점검로를 확보한 경우는 추락사고 예방을 위한 난간을 설치한다.
- 교량 하부(지상)까지 이동이 필요한 경우, 점검계단을 교량 하부까지 연장할 수 있다.

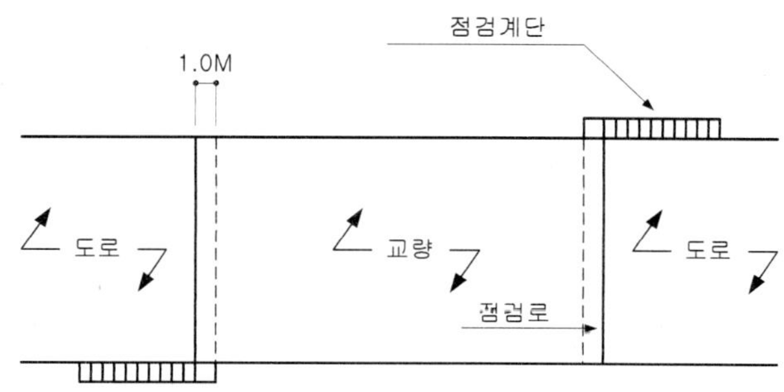

그림 6.1 점검계단 설치 개념도(1기/교대)

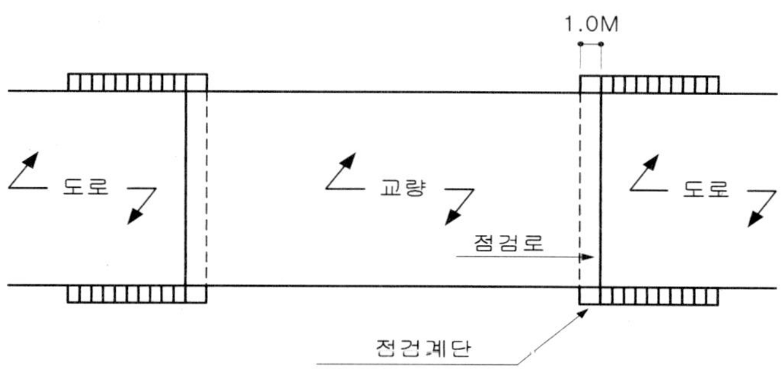

그림 6.2 점검계단 설치 개념도(2기/교대)

6.2.2 상부구조 점검통로

- 강교량 및 특수교량의 상부구조 주요 부재에 근접하여 점검 및 유지보수할 수 있도록 다음과 같은 경우에는 상부구조 점검통로를 설치한다.
  - 현수교, 사장교, 강아치교, 트러스교 등과 같은 특수교량 중에서 교량상부 또는 하부에서 이동식 접근장비로는 상부구조의 주요 부재를 점검할 수 없는 교량
  - 수시로 점검이 필요한 교량 중에서 이동식 접근장비 사용 시 교통 혼잡 등으로 상부구조 점검통로의 설치가 필요하다고 판단되는 교량

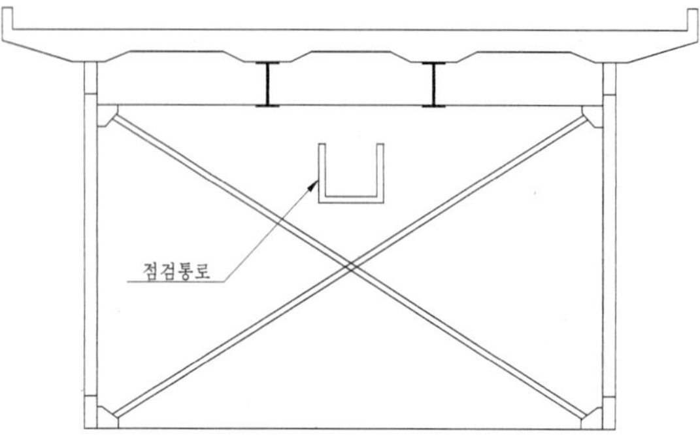

그림 6.3 상부구조 점검통로 설치 개념도(트러스교)

6.2.3 하부구조 점검통로

- 교량 하부구조, 교량받침, 신축이음장치에 근접하여 점검 및 유지보수할 수 있도록 하부구조 점검통로를 설치한다. 점검통로를 설치할 경우에는 교량의 다리밑 공간, 상・하부시설, 교통량 등의 조건을 고려하여 설치 여부를 판단하여야 한다.

1) 설치시 고려사항

- 점검통로는 특별한 보조 장비 없이 상시점검을 가능케 하는 장점은 있으나, 설치비용이 고가이고 미관을 저해하며 점검부위가 한정되어 있어 상부거더를 포함한 전체 교량 점검시 굴절식 점검차와 같은 이동식 점검수단이 추가로 필요하는 등 한계가 있다. 따라서 이동식 접근장비에 의한 점검이 불가능한 교량과 같이 부득이한 경우를 제외하고는 고정식 점검통로 설치를 최소화 하여야 한다.
- 점검통로는 도로관리기관의 주관적인 판단으로 설치하여서는 안 되며, 특히 다음과 같은 경우에는 설치의 당위성을 객관적으로 입증하여야 한다.
  - 다리밑 공간이 낮아 사다리 등 간단한 장비로 하부에서 점검이 가능한 교량에 점검통로를 설치하는 경우

- 이동식 접근장비는 교면에서 2.0~2.7m 높이까지 넘어갈 수 있도록 차량이 제작되어 있어 교량 상부에 설치된 높이 2m 이하의 방음벽은 점검에 지장이 되지 않음에도 점검통로를 설치하는 경우
- 가로등과 같은 지장물이 설치되어 점검 시 불편이 야기된다는 사유만으로 점검통로를 설치하는 경우
- 교량의 다리밑 공간이 충분하고 하천 및 농경지 등을 횡단하여 상부에서 이동식 점검차량으로 점검이 가능함에도 점검통로를 설치하는 경우

2) 설치예외 교량 및 부재

• 특정 교량의 다리밑 공간이 변화하여 일부 교각 또는 교대에만 점검통로가 미설치되는 경우에는 교량전체의 점검 효율성이 저하될 수 있으므로, 교량관리기관이 점검의 효율성 등을 종합적으로 판단하여 교량 전체에 점검통로를 설치할 수 있다. 또한 강풍지역, 안개지역 등 이동식 접근장비에 의한 점검시 안전사고 등이 우려되는 구간에는 설치 조건에도 불구하고 점검통로를 설치할 수 있다. 반면, 점검통로 설치 조건을 모두 만족하는 교량의 경우라도 다음과 같은 경우에는 점검통로를 설치하지 않을 수 있다.

- 점검통로 설치 시 교량미관을 현저하게 저해하는 경우
- 점검통로 설치 시 차량 등의 원활한 통행을 저해할 우려가 있는 경우
- 홍수 시 통수를 저해할 우려가 있거나 유송잡물 등이 걸려 교량안전에 위해를 끼칠 우려가 있는 경우

6.2.4 점검용 조명설비

• 박스형 거더교의 박스내부에 점검용 조명을 설치함으로써 점검 및 유지관리 시 조명을 제공하기 위하여 점검용 조명 설비를 설치한다.
• 점검용 조명의 전원공급방법과 전기설비는 해당 교량에 계획 또는 설치되어 있는 교량상부 전기설비(가로등, 안전표시등), 상시계측시스템, 박스 내 환기설비 등의 전원공급설비와 연계할 수 있도록 검토하여야 한다.
• 점검조명용으로만 전기설비를 설치하는 경우는 유지관리비용이 최소화될 수 있도록 이동식 발전기에 의하여 전원을 공급하는 것을 원칙으로 한다. 조명설비는 박스내부의 조도가 10~15Lx 정도 확보되도록 한다.

6.3 점검시설 설치

6.3.1 점검계단

• 교량 하부(지상)까지 이동이 필요한 경우 점검계단을 교량 하부까지 연장할 수 있다.

1) 추가성토로 교대앞 점검로를 확보하는 경우

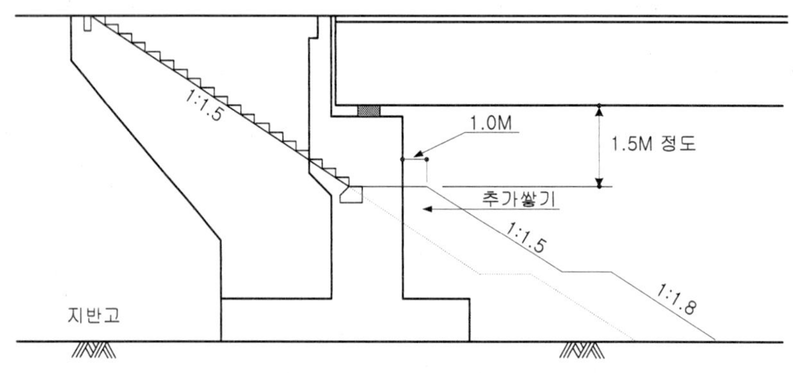

그림 6.4 점검계단 측면도(추가 쌓기)

2) 옹벽쌓기로 교대앞 점검로를 확보하는 경우

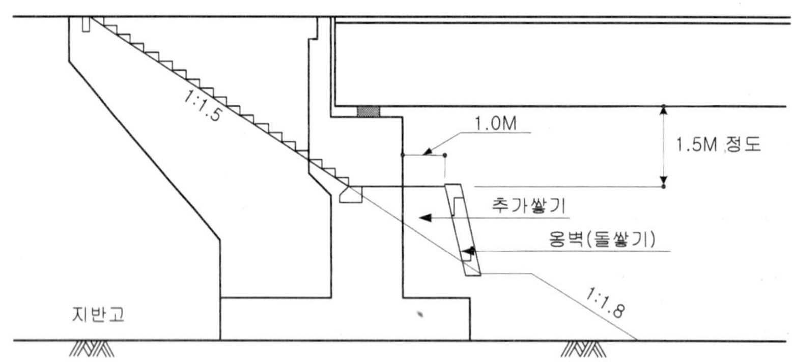

그림 6.5 점검계단 측면도(블럭 쌓기)

6.3.2 점검통로

1) 교대

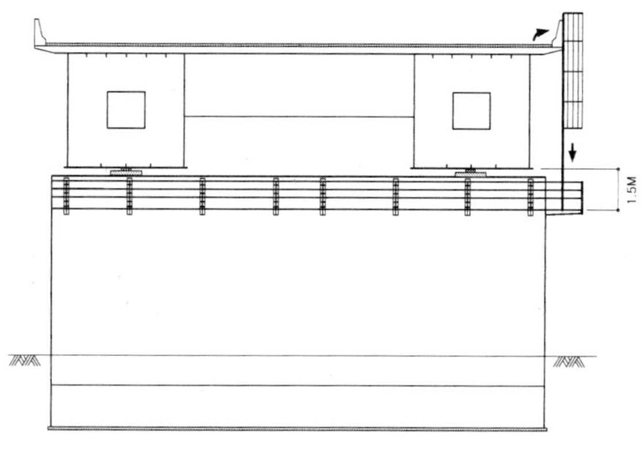

그림 6.6 점검통로 정면도(교대)

2) T형 교각

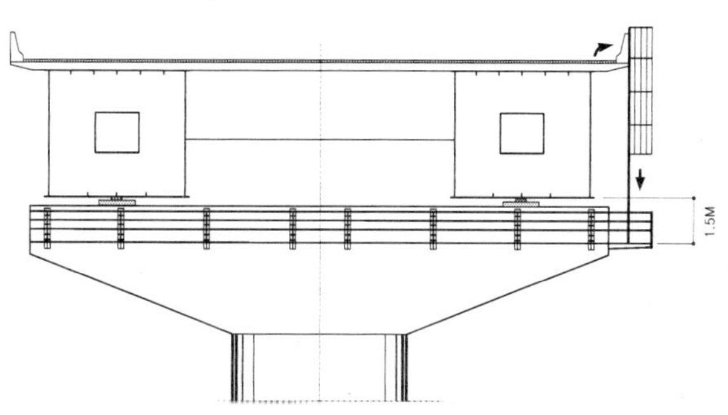

그림 6.7 점검통로 정면도(T형 교각)

6.3.3 교각 점검통로 평면도

※ 단, 1열 받침의 교각일 경우와 같이 한쪽 방면에서 점검이 가능한 경우에는 교각 한쪽에만 점검통로를 설치할 수 있음.

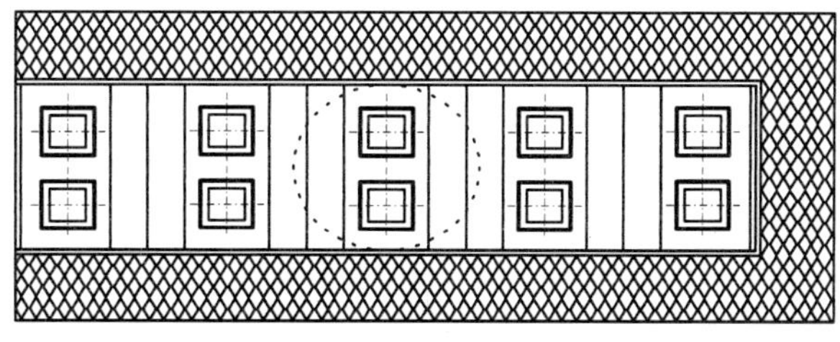

〈바닥판 형태는 예시된 그림임〉

그림 6.8 점검통로 평면도(2열 받침)

6.3.4 π형 교각

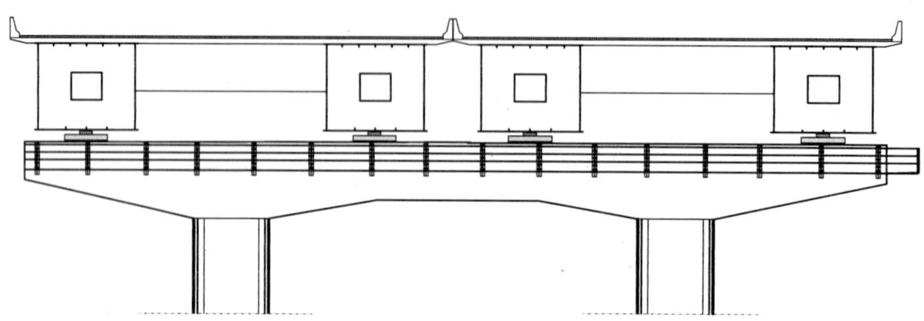

그림 6.9 점검통로 정면도(π형 교각)

6.3.5 상하행 분리 T형 교각

※ 상하행 분리 교각이 교축직각방향으로 동일 선상에 있는 경우, 각 교각의 점검통로는 연결하여 출입사다리는 1기만 설치할 수 있음.

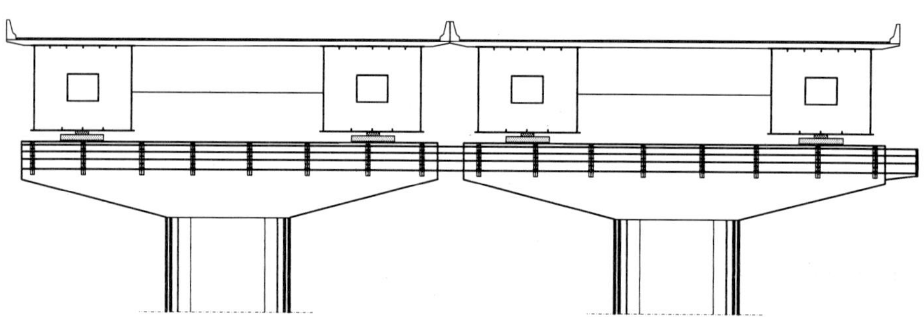

그림 6.10 점검통로 정면도(상하행분리 교각)

6.3.6 하부구조 점검통로 상세도

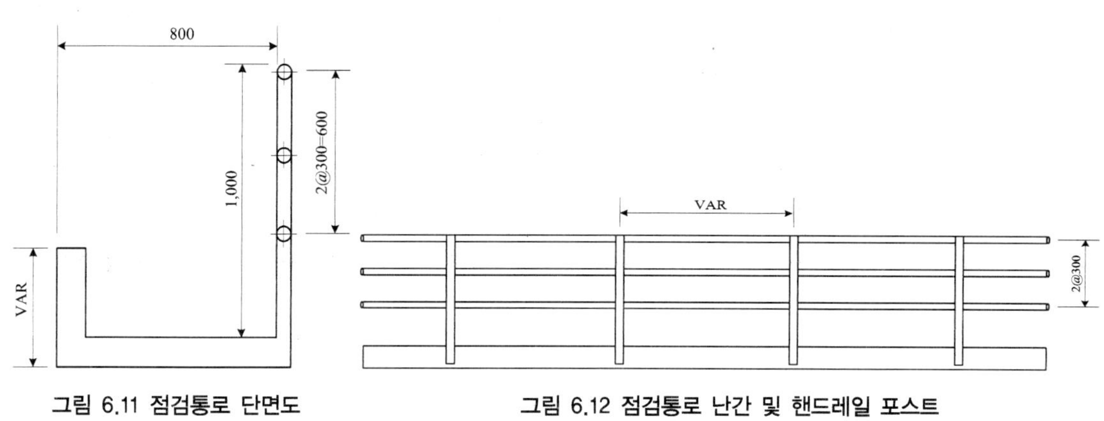

그림 6.11 점검통로 단면도　　그림 6.12 점검통로 난간 및 핸드레일 포스트

6.3.7 출입사다리 설치방법

교량 방호울타리가 있는 경우, 출입사다리 이용시 점검자의 안전을 확보하기 위하여 방호울타리를 절개하여 출입구를 설치함.

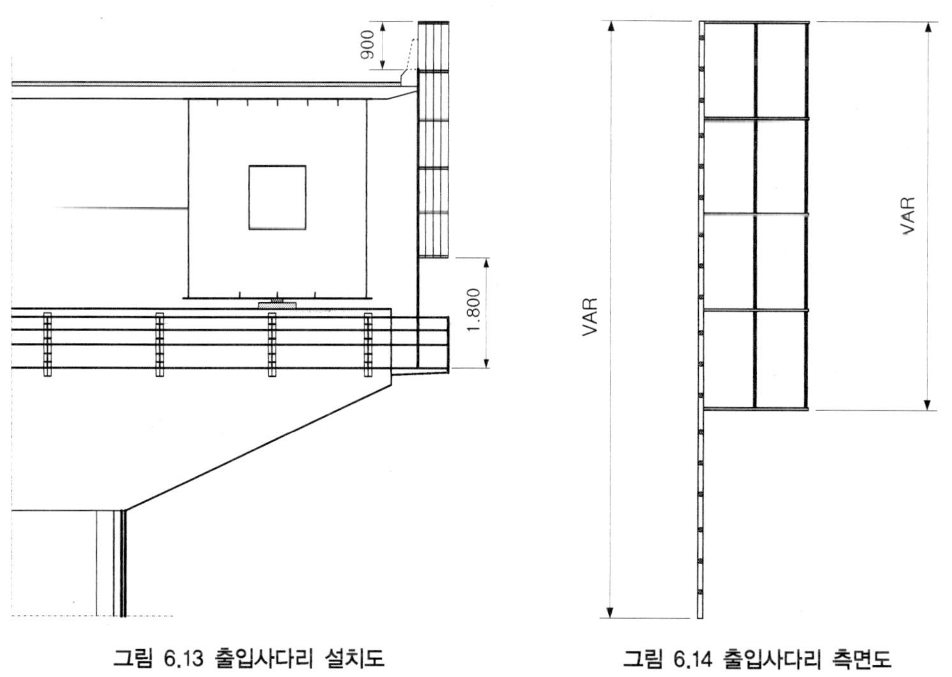

그림 6.13 출입사다리 설치도　　그림 6.14 출입사다리 측면도

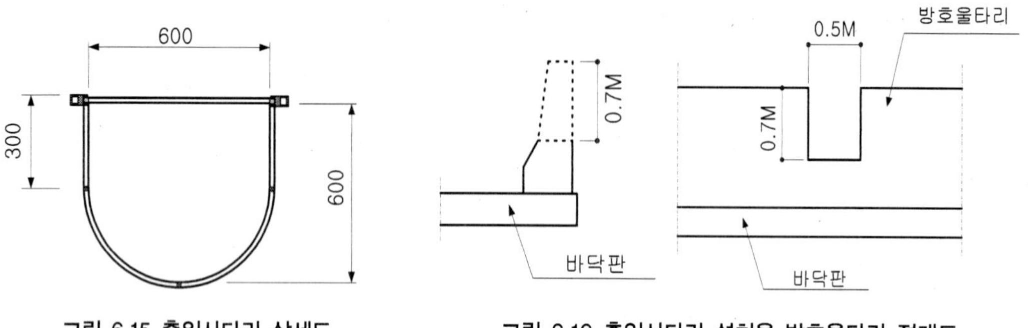

그림 6.15 출입사다리 상세도

그림 6.16 출입사다리 설치용 방호울타리 절개도

07 교량 조명시설

7.1 일반사항

조명시설은 도로 이용자가 안전하고 불안감 없이 통행할 수 있도록 적절한 조명환경을 확보함으로써, 운전자에게 심리적 안정감을 제공하는 동시에 운전자의 시선을 유도하는 기능 등을 가진다. 특히, 차량의 운전자가 도로의 선형, 전방의 상황 등을 쉽게 인지할 수 있도록 조명을 제공하여, 장애물이나 도로상의 급격한 변화를 정확히 판별 후 적절한 운전조작을 할 수 있도록 한다.

교량의 조명은 여기에 연속되는 도로의 조명시설 설치기준을 준용한다. 다만, 필요에 따라 교량의 구조 및 디자인에 조화되도록 하며, 지방부 교량과 같이 특수한 장소의 경우, 일몰, 일출시 자동 점·소등이 되도록 유의하여 설치한다. 특별히 조명기구의 설치가 제한되는 경우에는 설치장소의 특성을 고려하여 눈부심이 적게 발생하도록 설치하고, 설치높이와 간격은 조명기구의 배열과 종류, 차도폭 등을 고려하여 결정한다.

7.2 설계

7.2.1 설치위치

교량 조명은 아래와 같은 조건에 대해 설치를 검토하며, 교량 전후의 도로 조명과의 연속성 및 장래적인 필요성에 대해서도 고려한다.

- 교장 50m이상의 교량
- 보도가 있는 교량
- 터널항구에 근접하는 교량
- 교량 전후의 도로 선형이나 도로 폭이 급격하게 변화하는 경우
- 교차점에 근접하는 교량
- 비상 주차대나 램프의 합류부
- 한랭지
- 안개 등이 발생하기 쉽고, 보행의 조건이 나빠지기 쉬운 장소
- 장래, 설치의 가능성이 있는 경우에는, 미리 배관 부설이나 부착부 구조에의 배려를 실시한다.

7.2.2 조명방식

조명방식은 등주 조명방식을 원칙으로 하며, 도로의 구조, 교통 상황 등에 따라 하이마스트 조명방식, 구조물설치 조명방식, 커티너리 조명방식 등을 사용하거나 등주 조명방식과 병용할 수 있다.

- **등주 조명방식** : 이 방식은 도로 조명에서 가장 널리 사용되고 있는 것으로 등주에 조명기구를 설치하고, 도로를 따라 등주를 배치하여 조명하는 방식이다. 이 조명방식의 장점은 필요한 장소에 비교적 쉽게 설치할 수 있으며, 도로 선형의 변화에 따라 등주를 배치할 수 있어 곡선부 등에서의 유도성이 양호하다. 또한, 조명효과가 뛰어나 경제적으로 조명시설을 설치할 수 있다. 단점은 필요에 따라 등주를 설치하는 경우 그 개수가 많아지면 도로 주위의 경관을 해칠 수 있다.
- **하이마스트 조명방식** : 이 조명방식은 약 20m 이상의 높이를 갖는 장주(長柱)에 효율이 높은 조명기구를 여러 개 설치하여, 넓은 범위를 조명하는 방식으로 입체교차 등에 적용할 수 있다. 이 방식은 조명기구를 높게 설치하기 때문에 노면상의 균제도가 우수하고, 운전자가 도로의 구조 및 교통상황 등을 먼 거리에서도 쉽게 인지할 수 있으며, 동일한 휘도를 얻기 위해 필요로 하는 장주의 설치 개수가 적게 소요되어 미관에도 양호하다. 또한, 다수의 조명기구를 설치하기 때문에 감광, 감등에 따른 영향 없이 균제도를 양호하게 유지할 수 있으며, 광원의 수명이 완료되어 점등되지 않아도 교통에 미치는 영향이 적다. 또한, 유지관리상 작업도 용이한 장점이 있다. 단점은 노면 이외의 장소에 빛이

많기 때문에 조명 효율이 낮다는 것이다.

- **구조물 설치 조명방식** : 이 조명방식은 도로상 또는 도로 가까이에 구조물이 설치되어 있는 경우, 구조물에 직접 조명기구를 설치하여 도로를 조명하는 방식이다. 이 방식의 장점은 조명기구를 설치하는 등주 등이 필요 없으므로 다른 방식에 비해 시설비가 저렴하다. 그러나, 조명기구의 설치위치에 제한을 받을 뿐만 아니라 광원과 조명기구의 선정에 제한을 받는 경우가 있다.
- **커티너리 조명방식** : 이 조명방식은 도로 상의 중앙분리대에 도로축을 따라 60~100m 간격으로 높이가 15~20m인 등주를 설치하고, 커티너리선에 조명기구를 매달아 조명하는 방식이다. 이 방식은 등주 조명방식에 비해 조명, 구조, 미관, 안전성 등의 면에서 많은 장점을 가지고 있다.

7.2.3 광원

광원은 광속, 효율, 수명, 광색, 온도 변동에 대한 안정성, 설치장소의 환경 조건, 경제성 등에 유의하고, 동시에 조명기구와 그 배치에 관련하여 연색성이나 쾌적성 등을 검토 후, 한국산업규격(KS C 7604 고압수은램프, KS C 7607 메탈할라이드 램프, KS C 8108 나트륨램프)에 준용하여 선정한다.

- **형광수은 램프** : 형광수은 램프는 수명이 길고, 연색성이 우수한 장점을 가지고 있다. 그러나 램프가 한 번 소등되면 수은 증기압이 저하될 때까지 많은 시간이 소요되어 재점등하기 힘들다.
- **저압나트륨램프** : 저압나트륨램프는 효율이 가장 우수하지만, 단색광이므로 연색성이 좋지 않다.
- **고압나트륨램프** : 고압나트륨램프는 효율이 저압나트륨램프보다 떨어지나, 수명이 길고, 연색성이 우수하다. 펄스전압을 필요로 하는 이 램프는 펄스발생장치(시동기)를 램프에 내장시킨 것과 안정기 등에 수용시킨 것이 있으며, 효율은 시동기 내장형이 약 10% 높다.
- **메탈할라이드램프** : 메탈할라이드램프는 수은램프의 효율 및 연색성을 개선하기 위해 개발된 고압방전등이다. 발광관 내부에 토륨, 인듐 및 나트륨 등의 금속 원소를 봉입하여 특유의 스펙트럼으로 강력하게 발광하도록 되어 있다. 이로 인해 뛰어난 연색성을 가지며, 효율이 높고, 광원색이 자연색에 가까워 매우 효과적이다.

7.2.4 조명기구

조명기구의 형식은 도로의 종류 및 특성에 따라 눈부심을 제한하여 적정한 것을 선정하며, 운전자의 눈부심을 제한하는 정도에 따라 컷오프형과 세미 컷오프형으로 구분된다.

- **컷오프형 기구** : 차량의 운전자에게 눈부심을 주지 않도록 광도를 엄격히 제한한 것으로, 이 배광형식은 주변이 어두운 장소에서도 거의 눈부심을 느끼지 않아야 하며, 균제도를 양호하게 유지시키기 위해 등주의 간격을 좁혀서 설치해야 한다. 일반적으로 고속도로 및 지방지역 도로의 주요 장소 등의 주변이 어둡고, 밝은 조명이 필요한 곳에 적합하다.
- **세미컷오프형 기구** : 컷오프형보다 광도의 제한을 다소 완화시킨 후광으로, 현재 일반 도로 조명에 가장 많이 적용되고 있다.

등주 등에 장착하는 조명기구는 표 7.1와 같이 수은등의 경우, 형태에 따라 고속도로(highway)형, 둥근형, 폴헤드(pole head)형으로 분류되며, 형광등 기구, 나트륨등 기구, 메탈할라이드등 기구가 있다(KS C 7611 도로조명기구, KS D 3600 철재 가로등주 참조).

조명기구는 조명의 효율을 고려하여, 고속도로형의 설치를 원칙으로 하며, 도로주변이 밝은 경우 모든 도로에 세미 컷오프형, 고속도로 등의 자동차전용도로와 일반도로의 주간선 도로에서는 컷오프형의 적용을 원칙으로 한다.

표 7.1 조명기구의 종류

광원별 조명기구	조명기구 형식	
수은등 기구	둥근형	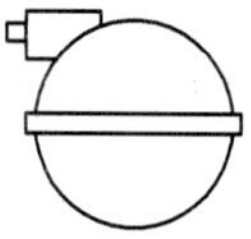
	고속도로형	
	폴헤드형	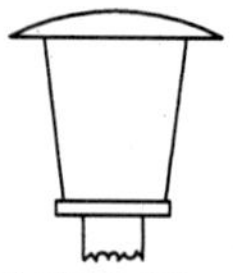
형광등 기구 나트륨등 기구 메탈할라이드등 기구		

조명기구의 선정은 조명의 질을 결정하는데 매우 중요하므로, 조명기구의 효율과 조명률이 높아야 하며, 눈부심의 제한에 특히 유의하여 선정하여야 한다. 또한, 조명시설의 설치로 인해 도로 주변의 농작물 등에 영향을 주는 경우에는 그 방향의 배광 제한을 고려하여 적용한다.

7.2.5 조명기구의 설치

① 조명기구의 설치높이(H)

조명기구의 설치높이는 원칙적으로 10m 이상으로 한다. 그러나 기타 도로구조물의 위치, 인접 도로에 대한 눈부심 방지, 가로수 등의 제약으로 높이의 변경이 필요한 경우, 공항 부근 등 법령 등에 따라 높이가 제한되어 있는 경우에는 이 규정에 따르지 않는다. 일반적으로 설치높이가 높을수록 눈부심이 감소하고, 조명시설 전체의 쾌적성은 향상되며, 조명기구에 의한 휘도 분포의 폭이 커져 동일한 휘도균제도를 얻는데 필요한 조명기구의 수를 줄일 수 있다. 그러나, 시설 설치비가 높아지고, 노면 이외의 부분으로 향하는 빛의 양이 증가하여 전체 효율은 낮아진다. 따라서, 설치높이는 휘도 분포, 전체의 조명 효과와 경제성을 비교하여 결정한다. 도로폭이 동일한 연속되는 도로의 조명기구 설치높이는 일정하게 유지시킨다.

② 오버행(O_h)

- 오버행은 그림 7.1과 같이 광원의 중심과 차도 끝부분까지의 수평거리를 의미한다.
- 오버행은 가능한 짧게 하는 것이 바람직하다. 그러나, 도로를 따라 조명의 빛을 차단하는 수목이 있을 경우에는 이를 적용하지 않아도 되며, 연속되는 도로의 조명시설에서 오버행은 일정하게 적용하는 것을 원칙으로 한다.

③ 경사각도(θ)

조명기구의 경사각도를 크게 하면, 평균노면휘도와 휘도균제도는 증가하게 된다. 그러나 경사각도가 커질수록 운전자의 시야에 강한 빛이 들어오게 되어, 불쾌감이 증가하므로 경사각도는 원칙적으로 5°이내로 설정한다.

7.2.6 조명기구의 배열

조명기구의 배열은 도로의 횡단면, 차도폭, 조명기구의 배광 형식 등에 따라 한쪽배열,

지그재그배열, 마주보기배열, 중앙배열 중에서 적절한 것을 선택하여 사용한다. 도로의 횡단면 및 도로폭에 따라서 이들을 조합하여 설치하는 것이 바람직하다.

도로의 폭이 넓은 경우에는 각각의 차도를 독립된 도로로 가정하여, 한쪽배열을 2열로 배치하거나, 중앙분리대가 설치되어 있는 경우 Y형 등주를 이용하여, 중앙배열로 적용할 수 있다. 특히, 지그재그 배열의 경우, 차선축 균제도가 다른 배열의 경우보다 낮아지는 경향이 있으므로, 이를 유의하여 설치한다.

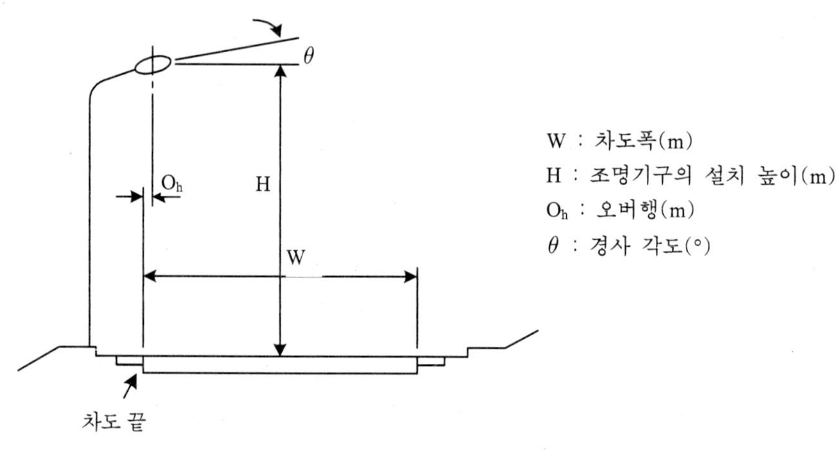

그림 7.1 등주 조명방식의 조명기구 설치높이, 오버행 및 경사각도

7.2.7 조명기구의 설치간격, 높이 및 배열 관계

조명기구의 간격은 설치높이, 배열에 따라 종합균제도 및 차선축균제도의 기준을 만족하여야 한다.

각종 배열에 대하여 차도폭에 대한 설치높이 및 설치간격의 관계를 표 7.2에 제시하였으며, 이는 균제도를 일정한 수준으로 유지하기 위해, 조명기구의 배광 및 배열에 대한 일정한도를 규정한 것이다. 여기서, 조명기구와 차도폭에 따른 설치높이의 관계는 도로 횡방향의 휘도균제도를 확보하기 위한 것이며, 조명기구의 설치높이와 설치간격과의 관계는 도로 종방향의 휘도균제도를 확보하기 위한 것이다. 한쪽 배열, 마주보기 배열 및 중앙배열에서 상하단으로 구분하여 제시한 것은, 차도폭에 비해 등주의 설치 높이가 비교적 높은 경우에는 설치간격을 넓혀도 무관하기 때문에, 설치간격에 보다 여유를 제공할 수 있도록 하였다.

표 7.2 배열과 조명기구 종류에 따른 설치높이와 설치간격의 관계

배광 / 설치높이 및 간격 / 배열	컷오프형		세미컷오프형	
	설치높이 (H)	설치간격 (S)	설치높이 (H)	설치간격 (S)
한 쪽	≧ 1.0W	≦ 3.0H	≧ 1.1W	≦ 3.5H
	≧ 1.5W	≦ 3.5H	≧ 1.7W	≦ 4.0H
지그재그	≧ 0.7W	≦ 3.0H	≧ 0.8W	≦ 3.5H
마주보기 및 중앙	≧ 0.5W	≦ 3.0H	≧ 0.6W	≦ 3.5H
	≧ 0.7W	≦ 3.5H	≧ 0.8W	≦ 4.0H

주) W = 차도폭(m), H = 설치높이(m)

표 7.3은 차도폭에 대한 조명기구의 높이와 최대 간격과의 관계를 나타낸 것이다. 표의 차도폭 6~7m는 양방향 2차로 도로, 양방향 4차로 도로의 한쪽배열에 관한 예이고, 차도폭 9~10.5m는 양방향 6차로 도로의 한쪽배열이며, 12~14m는 중앙분리대가 없는 양방향 4차로 도로에 관한 예이다.

표 7.3의 설치간격은 필요한 휘도균제도를 얻기 위한 최대값으로, 설치간격이 48m를 초과하는 경우에는 조명기구의 높이를 조정하는 것이 바람직하다.

표 7.3 차도폭에 내한 조명기구의 설치높이와 최대 간격(단위 : m)

설치높이	차도폭 / 조명기구 / 배열	6~7		9~10.5		12~14	
		컷오프형	세미 컷오프형	컷오프형	세미 컷오프형	컷오프형	세미 컷오프형
8	한쪽	24	28	–	–	–	–
	지그재그	24	28	24	–	–	–
	마주보기	–	–	28	28	24	–
10	한쪽	30	35	–	–	–	
	지그재그	30	35	30	35	–	–
	마주보기	–	–	35	40	30	35
12	한쪽	42	48	36	42	–	–
	지그재그	–	–	36	42	36	42
	마주보기	–	–	42	48	42	48

7.3 유지관리

조명시설의 유지 및 관리는 조명 효과를 크게 좌우하므로 다음 사항에 유의하여 유지 관리하는 것이 바람직하다.

- 점등 상태의 점검
- 광원의 교환
- 조명기구의 상태 점검
- 조명용 등주의 점검 및 보수
- 배선 및 점멸장치의 점검 및 보수
- 청소
- 조명(조도, 휘도)의 측정 및 기록

1) 점검

조명시설의 점검 빈도는 설치위치, 교통량, 기상 상태 등을 고려하여 결정하며, 일상점검은 수시로 하고, 정기점검은 1년에 3회(3월, 6월, 10월) 이상 실시한다.

점검은 다음과 같은 사항에 유의하여 실시한다.

① 점등 상태
  - 야간의 비점등, 주간의 점등

② 조명기구
  - 조명 커버와 조명기구 설치 상태
  - 조명기구 내·외부의 오염정도

③ 등주와 기초
  - 등주와 기초의 설치 상태
  - 도장의 박리 유무

④ 배선과 전기설비
  - 절연저항 측정
  - 안정기의 이상 유무
  - 제어반의 설치 상태

2) 청소 및 광원의 교체

점검에서 조명시설의 손상, 오염 등이 발견되었을 경우에는 보수 및 청소를 실시하여 조명시설의 기능이 충분히 발휘될 수 있도록 조치한다.

① 청소와 도장

- 조명시설은 먼지 등으로 오염되기 쉬우므로, 오염 정도에 따라 청소 방법을 결정한다. 청소시에는 조명 커버, 반사판 등을 손상시키지 않도록 한다.
- 도시와 염해를 입기 쉬운 지역에서는 도장면의 열화(劣化) 진행속도가 빠르므로, 정기적으로 열화 상황에 따라 도장한다.

② 광원의 교체

- 점검 결과와 광원의 수명을 고려하여 광원의 교체 방식을 결정한다.

3) 조명의 측정 및 기록

조명시설에 대한 기록은 향후 시설의 유지관리에 중요한 자료가 되므로, 조명시설의 설치가 완료되면, 기록 대장을 만들어 아래와 같은 사항들을 자세하게 기록, 관리한다. 청소와 보수를 실시한 경우에도 기록, 관리한다.

- 도로노선번호, 구간, 도로기하구조 등
- 광원, 조명기구, 배선구조 등
- 조도
  - 설계조도 : 조명률, 보수율
  - 실측조도 : 조도측정표(4점법에 의한 측정)
  - 실측휘도 : 휘도측정표(평균노면휘도의 측정)
- 설치간격, 등수, 배열
- 수전점, 계약종별, 계약용량
- 차단기, 배관, 배선의 규격

4) 기타

조명 등의 부속시설을 설치하는 경우에 대해서는 가능한 한 교량 본체에 미치는 영향이 적게 되도록 고려해야 한다.

조명주는 주행차량이나 바람 등에 의해 진동 등이 발생할 가능성이 있으므로 피로에 의해 부재의 손상, 앵커볼트의 느슨함 등에 대해서 설계 및 점검시 주의가 필요하다. 환경조건에 따라서는 국부적으로 현저한 부식을 일으킨 사례도 있으며, 설치위치나 구조에 따라서 무너지거나 낙하물에 의해 제3자에 피해를 일으킬 우려가 있는 경우도 있으므로 설계단계부터 정기점검이나 제3자의 피해예방을 위한 점검방법, 이상이 발생했을 경우의 발견이나 조치의 용이성 등 장래에 유지관리를 적절히 실시할 수 있도록 충분한 고려가 필요하다.

점검은 지주의 흔들림이나 기초부 연결 볼트의 체결 유무, 볼트의 탈락 여부, 부식 상태 등을 점검, 보수조치하고 전선 접촉 및 누전 등 감전사고의 위험에 대해서도 점검한다.

08 교면포장

교면포장은 교통하중, 우수 그 외의 기상 조건 등으로부터 교량 상판을 보호함과 동시에 교통 차량의 쾌적한 주행성을 확보하는 것을 목적으로 설치한다. 교면포장 시스템에는 교통하중이 직접적, 반복적으로 작용하기 때문에 다른 토목 구조물에 비하여 공용 후의 파손이나 열화의 진행이 현저하게 빠르다. 따라서 교면포장을 결정할 때에는 일반부의 포장에 비해 내구성을 보다 높게, 보수를 단시간에 시공할 수 있는 등의 특별한 배려가 필요하다.

포장에 관한 지침은 기존의 여러 가지 지침, 매뉴얼, 공법 등을 재정비하여 '도로포장 통합 지침(국토해양부, 2011)'이 발간되었다. 이 지침에서는 포장의 구조와 아스팔트 포장, 시멘트 포장, 특수포장, 품질관리 등 전반적인 내용을 상세히 다루고 있기 때문에, 여기서는 교면 포장의 주요 특징과 유지관리 측면에 대해서만 요약·기술하였다.

교면포장 시스템은 일반적으로 아스팔트 콘크리트포장과 시멘트 콘크리트 포장으로 구분된다. 여기서, 아스팔트 포장의 특별한 경우로 교량 바닥판이 강바닥판인 경우는 일반적인 시멘트 콘크리트 바닥판에 비하여 강성이 작고, 처짐(휨)이 크기 때문에 포장의 설계 및 시공, 유지관리에 있어 특별히 주의가 필요하므로 별도로 구분하였다.

8.1 아스팔트 콘크리트 교면포장

그림 8.1은 아스팔트 콘크리트 교면포장 시스템의 일반적인 구성을 나타낸 것이다. 교면포장의 구성은 하부층과 상부층의 2층을 설치하는 것이 일반적이다. 상부 표층은 양호한 주행성의 확보를 위한 층으로 내 유동성, 내 균열저항성 및 미끄럼 저항성 등이 우수해야 하며, 하부층은 상부층의 하중을 분산시키며 우수나 제설제가 침투하여 방수층으로 도달하는 것을 최소화해야 한다.

도로교 교면포장의 전체 두께는 70~80mm가 표준이다. 상부층은 교통하중을 분산시켜 하부층에 전달하는 동시에 자동차가 안전하게 주행할 수 있도록 평탄성과 미끄럼 저항성이 요구된다. 최근에는 소음을 저감하는 효과 및 노면온도를 저감하는 효과 등의 용도에 맞춘 기능이 요구되는 경우가 있다. 하부층은 바닥판의 요철을 수정하고, 상부층에 가해지는 하중을 바닥판에 균등하게 전달하는 역할을 갖고 있어 바닥판의 요철 영향을 고려하여 상부층보다 두껍게 하는 경우가 많다.

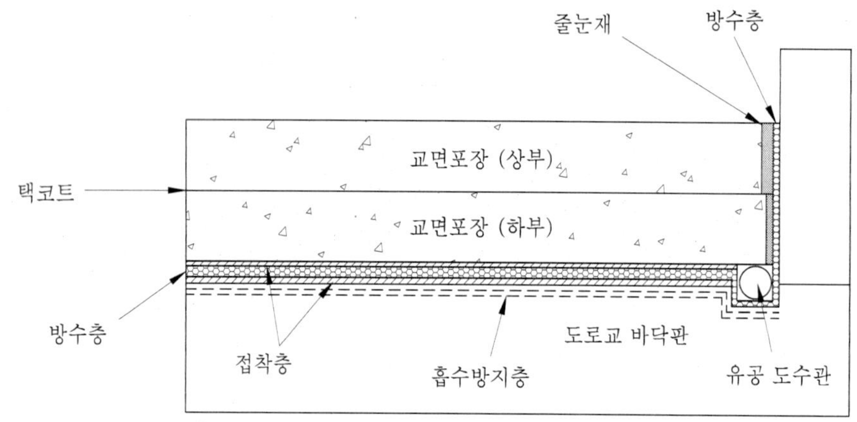

그림 8.1 아스팔트 콘크리트 교면포장의 구성

8.2 시멘트 콘크리트 교면포장

시멘트 콘크리트 교면포장은 시멘트 콘크리트 바닥판을 갖는 교량에 적용하며 바닥판과 동시에 타설하는 것이 일반적이다. 교면포장 시멘트 콘크리트를 바닥판 시멘트 콘크리트와 별도로 타설하면 그 두께가 얇아 건조수축 때문에 균열이 생기기 쉽고 교량의 진동, 차륜으로부터의 충격, 우수 등의 침투로 벗겨질 우려가 있으므로 바닥판과 동시에 타설하도록 하는 것이 좋다. 지역적 특성, 교량특성, 시공여건, 보수공사 등을 고려하여 별도의 교면포장층이 필요하다고 판단되는 경우에는 덧씌우기식 시멘트 콘크리트 교면포장을 실시할 수 있다.

- 일체식 (노출) 교면포장공법은 바닥판과 마모층을 동시에 타설되어 바닥판과 마모층이 일체로 거동하게 되므로 구조적으로 필요한 강도를 확보하고 포장으로서의 내구성능을 갖는 시멘트 콘크리트를 사용하여야 한다.

교면포장에 사용되는 시멘트 콘크리트는 두께가 비교적 얇고 교통하중을 직접 접촉하는 부재이며, 장기간 풍우에 노출되고, 또 주야의 온도변화에 의한 응력의 반복작용으로 다른 구조물에 비하여 대단히 열악한 환경에 노출되어 있다. 따라서 교면포장에 사용되는 시멘트 콘크리트는 설계에서 기준이 되는 기준강도를 가져야 함은 물론, 내구성 및 마모에 대한 저항성도 당연히 커야 한다.

일체식 (노출) 교면포장 공법은 30~50mm 두께의 마모층을 추가피복 개념으로 하여 바닥판 시멘트 콘크리트와 동시에 타설함으로써, 마모층을 포함한 상부철근의 피복두께를 최소 90mm 이상 확보하도록 설계한다. 이때, 시멘트 콘크리트 마모층은 구조부재로 설계하지 않고 사하중으로만 고려한다.

• 덧씌우기식 교면포장공법은 미리 시공되어 경화된 바닥판의 상면에 별도의 시멘트 콘크리트 교면포장층을 타설하는 것으로 바닥판의 사용수명과 시공성 등을 고려하여 교면포장층의 두께를 조절할 수 있으며 일반적으로 50mm의 두께로 설계하며, 시공 후에 포장두께가 최소 30mm를 확보하여야 한다. 덧씌우기식 교면포장층은 구조부재로 설계하지 않으며 사하중으로만 고려된다. 이때 덧씌우기식 교면포장층은 바닥판 위에 타설되어 일체 거동이 이루어질 수 있도록 충분한 접착력을 가져야 한다.

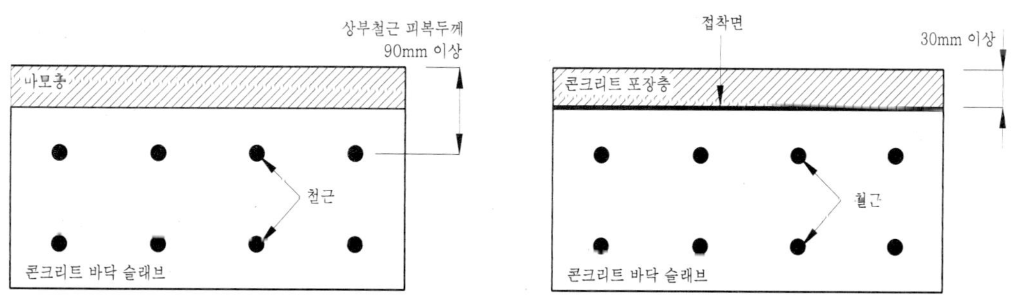

그림 8.2 시멘트 콘크리트 교면 포장 공법의 종류

8.3 강바닥판의 교면포장

강바닥판은 시멘트 콘크리트 바닥판에 비하여 강성이 낮고, 처짐(휨)이 크기 때문에 상부층에는 내유동성이나 내박리성 및 휨 추종성 등을 고려한 폴리머 개질아스팔트를 사용해야 한다. 하부층에 한하여 경질아스팔트(스트레이트 아스팔트와 트리니다드 레이크 아스팔트

(Trinidad Lake Asphalt)를 혼합)를 사용한 구스 아스팔트 혼합물이 사용되기도 한다. 최근에는 변위 추종성이나 수밀성을 고려하여 쇄석 매스틱 아스팔트 혼합물(SMA, Stone Mastic Asphalt)이 일반적으로 사용된다. 아래에 강바닥판에서 사용되는 대표적인 포장의 종류별 특징을 나타내었다.

① 개질 아스팔트 : 개질 아스팔트는 도로포장에는 많이 적용하고 있으나 교면포장에 적용한 사례는 많지 않은 실정이다. 일반적으로 강바닥판교 교면 포장에 적용되고 있는 개질 아스팔트의 종류는 다음과 같다.

- SBR(Styrene Butadiene Rubber)
- SBS(Styrene Butadiene Styrene)
- EVA(Ethyl Vinyl Acetate)
- CRM(Crum Rubber Modifiers)

이러한 개질재를 이용한 개질 아스팔트 혼합물은 내유동성과 내마모성, 미끄럼 방지를 주목적으로 넓게 사용되며 주로 구스 아스팔트 기층의 상부 마모층에 적용하고 있다.

② 구스 아스팔트 : 구스 아스팔트는 1950년대에 독일 기술자들이 교통량이 많은 도로의 포장을 위해서 개발한 고유동성 아스팔트 혼합물이다. 독일을 비롯한 북유럽과 스칸디나비아 지역에서 널리 사용해 오고 있으며 이들 지역에서는 강바닥판 교량의 교면포장에도 많이 적용하고 있다. 아스팔트 바인더는 중량비로 일반 아스팔트 70~80%와 TLA(Trinidad Lake Asphalt)를 25~30%의 비율로 혼합한 것으로 필요에 따라서는 폴리머 개질재를 첨가하기도 한다. 골재는 입경이 2mm 미만인 세골재, 모래, 그리고 입경이 2~5mm인 조골재(연속입도분포)를 혼합하여 사용한다. 이 혼합물은 불투수성으로 방수 효과가 크고 강바닥판의 변형에 대한 추종성도 높기 때문에 강바닥판 포장하층에 많이 사용되고 있다.

③ 에폭시 아스팔트 : 에폭시 아스팔트는 1950년 미국 California 주 Bay Bridge의 교면포장에 최초로 적용된 불투수성 포장재료로 안정성과 균열에 대한 저항성이 크고 부착성이 좋다. 에폭시 아스팔트는 일반 아스팔트에 에폭시를 이용해서 처리한 열경화성 바인더와 최대입경이 9mm인 골재(연속입도분포)를 섞은 혼합물이다. 제조방법은 일반적인 고온플랜트를 이용해서 아스팔트 바인더와 골재를 혼합한다. 에폭시 아스팔트 혼합물의 완전 양생에는 약 30~60일 정도가 소요되지만 전압 후 1시간 이내에 차량의 통행이 가능할 만큼의 강도가 발휘된다.

④ 매스틱 아스팔트 : 매스틱 아스팔트는 영국 기술자들에 의해서 개량된 포장재료로 침입도가 60~70인 일반 아스팔트 30~50%와 TLA를 50~70%의 비율로 혼합한 아스팔트 바인더와 입경이 2.36mm 이하이고 75μm 통과량이 50%인 석회석 분말과 입경이 10~14mm인 조골재를 혼합한 것으로 유동성이 큰 고밀도의 재료이다. 매스틱 아스팔트의 제조는 우선 200~230℃의 온도에서 바인더와 세골재를 혼합해서 블록의 형태를 만든 후 현장으로 운반해서 블록을 융해시키는 과정에서 조골재를 첨가한다.

표 8.1 강바닥판교량 교면포장 적용사례

구 분	적용시기	적용포장	문제점
진도대교	'84. 10. '96.(보수포장)	매스틱 아스팔트 SBR라텍스 덧씌우기	균열 및 소성변형에 의한 요철 발생
서부산 낙동대교	'95. '98. 9.	상, 하부 : SBR라텍스 상, 하부 : 10mm SMA	일부구간 개질재 조기파손 및 소성변형 발생
성수대교	'99.5.(재가설) '04.7(확장공사)	상, 하부 : SBR라텍스 하부 : 구스 상부 : SBS PMA	개통 1년 후부터 균열발생
서강대교	'98.1.(1차) '99.3.(보수포장)	상, 하부 : SBR라텍스 상, 하부 : SBS PMA	개통 후 6개월 내 균열 발생 → SBS PMA 보수포장
정산1교	'98. 3.	하부 : 구스, 상부 : SBS PMA	-
청담대교	'99. 12.	하부 : 구스 상부 : Bridgephalt	-
영종대교	'00. 7.	하부 : 구스, 상부 : SBS PMA	현재까지 문제점 없음.
귤현대교	'99.9.(1차) '01.10.(보수포장)	상, 하부 : SMA(1차) 상, 하부 : PSMA(보수포장)	개통 후 6개월경과 후부터 밀림, 소성변형 발생 → PSMA 공법으로 일부재포장
형산대교	'00. 12.	상, 하부 : PSMA 포장	현재까지 문제점 없음.
광안대교	'03. 1	하부 : 구스, 상부 : SBS PMA	개통 후 2~3개월경과 후부터 박리, 포트홀 발생 → 부분보수
가양대교	'02. 3.	하부 : 구스, 상부 : SBS PMA	현재까지 문제점 없음.
언양~범서 3개교	'03. 10	상, 하부 : PSMA 포장	현재까지 문제점 없음.
돌산대교	'03. 12	상, 하부 : PSMA 포장	현재까지 문제점 없음.

강바닥판 교면포장 재료는 내유동성, 내마모성, 미끄럼저항성 등의 성상과 함께 바닥판의 처짐에 대한 변형추종성, 단차나 신축장치에서 오는 충격에 대한 저항성, 우수의 침투에 대한

내구성 등이 요구된다. 강바닥판 교량은 90년대 후반 들어 장대교량을 중심으로 국내에서 활발히 시공되고 있으며 교면포장은 관용적으로 구스포장이 적용되었으나 최근 여러 개질아스팔트를 이용한 포장형식이 적용되는 추세로 국내 강바닥판교 포장 적용사례는 표 8.1과 같다.

최근에는 중차량 교통량의 증가와 강바닥판 교량의 바닥판 특성상 국부변형이 상대적으로 커서 균열과 소성변형에 의한 교면포장 파손주기가 짧아지는 추세이며 소성변형에 대한 저항성을 나타내는 지표로서 휠트랙킹 시험결과인 동적안정도(회/mm)와 피로균열 저항성이 우수한 제품 SBS PMA + SBS PMA, PSMA + PSMA, GUSS + SBS PMA의 적용이 증가하는 추세이다.

8.4 교면포장에서의 주요 손상

① 영구변형 : 일반적으로 교면포장의 포장두께는 7~8cm 정도이며, 그 포장층 아래에 포장체와 현저히 강성이 다른 시멘트 콘크리트 바닥판 또는 강바닥판이 존재하며, 전반적으로 포장 두께가 얇기 때문에 온도변화가 크다. 또한, 차륜의 주행위치도 일정 위치에 집중되는 경향이 있기 때문에 토공부의 포장에 비해 아스팔트 혼합물의 유동에 의한 영구변형이 발생하기 쉽다.

영구변형은 차량의 주행성, 수막현상 및 물 튀김 등에 크게 영향을 미치므로 교면포장에서는 토공부의 포장보다 고내구성의 포장이 요구된다.

그러므로 시멘트 콘크리트 바닥판에서는 상부층 및 하부층 모두 내유동성을 향상시킨 개질 아스팔트를 이용한 아스팔트 혼합물을 적용하는 것을 우선적으로 고려하여야 하며, 특히, 강바닥판 포장에서는 내유동성 뿐만 아니라 바닥판의 국부변형에 추종할 수 있으며 피로 저항성이 큰 교면포장 재료를 적용해야 한다.

② 균열 : 교면포장에서의 균열은 우수 침투에 의해 시멘트 콘크리트 바닥판에서는 시멘트 콘크리트 바닥판의 열화와 바닥판 내부철근의 발청을 촉진하고, 강바닥판에서는 녹을 발생시키는 등 도로교의 주요 부재인 바닥판의 내구성에 크게 영향을 미치는 요인이 된다. 강바닥판은 시멘트 콘크리트 바닥판에 비해 강성이 낮고, 일정하지 않으므로 바닥판이 세로·가로 리브 등의 제원이나 배치에 따라서는 윤하중에 의해 국부적으로 크게 변형이 생기고 포장에 구조적인 균열이 발생하기 쉽다.

강바닥판 상의 교면포장의 균열은 교축방향으로 발생하는 종 방향 균열이 많고 그 발생 위치는 메인 거더나 세로거더 복부판 위 또는 메인 거더나 세로거더 복부판 바로 위 세로리브 상의 포장표면이다.

③ 종단요철 : 교면포장에서는 포장두께가 얇은 구조적인 이유와 함께 바닥판과 포장의 접착 불량에 따른 전단으로 인해 종단방향의 요철이 발생하는 경우가 많다.
종단요철은 차량의 주행성을 악화시킬 뿐만 아니라 이에 따른 충격하중의 증대는 바닥판이나 도로교의 상부구조에 손상을 줄 우려가 있다. 그러므로 방수 및 접착층의 설계 시공 시에는 충분히 주의해야 한다.

④ 단차 : 단차는 신축장치의 인접부 또는 도로교 구조물과 토공부의 설치부 등에 많이 발생하기 쉽다. 이것은 주행차량의 승차감을 저하시킬 뿐만 아니라 충격하중을 증가시켜 도로교 본체에도 악영향을 미친다. 또한, 지반 진동이나 교통소음 등 소음 공해 발생 원인이 되기도 하므로 조기에 보수할 필요가 있다.

⑤ 포트홀 : 단차와 마찬가지로 승차감이나 안전성을 현저히 손상시키는 요인이다. 시멘트 콘크리트 바닥판에서는 포장과 방수층 사이에 우수가 침투하여 아스팔트 혼합물이 박리를 일으킴으로써 발생하는 포트홀의 사례가 많다

⑥ 미끄럼지항 : 미끄럼저항은 주행차량의 안전을 확보하는 데 중요한 인자이다. 특히, 경사로에서는 미끄럼저항의 감소가 교통사고의 원인이 되는 경우가 많다. 그러므로 노면의 마이크로 표면조직(Microtexture)과 매크로 표면조직(Macrotexture)를 고려하여 미끄럼 저항성이 우수한 노면을 확보할 수 있도록 교면포장을 선정하여야 한다.

(a) 영구변형 (b) 균열

(c) 종단요철 (d) 단차

(e) 포트홀 (f) 마모

그림 8.3 교면포장에서의 주요 손상 사례(한국시설안전공단)

참고문헌

1. 건설교통부, 교량 점검 핸드북, 2006
2. 건설교통부, 도로안전시설 설치 및 관리지침-장애인안전시설, 2000
3. 건설교통부, 도로안전시설 설치 및 관리지침-조명시설, 1999
4. 건설교통부, 도로안전시설 설치 및 관리지침-차량방호 안전시설, 2001
5. 건설교통부, 도로의 구조 · 시설 기준에 관한 규칙 해설 및 지침, 2009
6. 건설교통부, 도시관리 계획 수립 지침, 2003
7. 건설교통부, 자전거 이용 시설의 구조 · 시설 기준에 관한 규칙, 1995
8. 경갑수, 전준창, 차철준, 배 정, 권순철, 교량받침의 설계 개념 및 유지관리, 한국강구조학회지 Vol.26 No.4, 2014. 8
9. 경찰청, 교통안전시설 실무 편람, 2000
10. 국토교통부, 교량점검시설 설치지침, 2006
11. 국토교통부, 교통 약자의 이동 편의 증진법(시행령, 시행규칙)
12. 국토교통부, 도로공사 표준시방서, 2015
13. 국토해양부, 도로설계편람 제5편 교량, 2008
14. 국토해양부, 도로안전시설 설치 및 관리 지침 - 통합편, 2008
15. 보건복지부, 장애인·노인·임산부 등의 편의 증진 보장에 관한 법률(시행령, 시행규칙)
16. 오주, 송현섭, 이상석, 김후승, 이재욱, 교량신축이음 설계와 시공, 2015
17. 이원철, 정경섭, 윤정현, 김성연, 교량 신축이음 형식 및 손상유형, 한국강구조학회지 Vol.26 No.4, 2014. 8
18. 이지훈, 최성권, 이현우, 이준희, 박용찬, 교량 배수시설에 대한 설계 및 유지관리, 한국강구조학회지 Vol.26 No.4, 2014. 8
19. 최영철, 파손유형 분석을 통한 신축이음장치의 설계개선. 연세대학교 공학대학원 석사학위논문, 2004
20. 최준혁, 교량 부속구조물의 설계 및 유지관리, 한국강구조학회지 Vol.26 No.4, 2014. 8
21. 최준혁, 이승용, 김량균, 최현호, 김기남, 교면포장 및 교량부속시설의 설계 및 유지관리, 한국강구조학회지 Vol.26 No.4, 2014. 8
22. 한국도로공사, 고속도로공사 전문시방서(총칙편, 토목편), 2012
23. 한국도로공사, 고속도로 유지관리 기술지침, 2014
24. 한국도로공사, 설계실무자료집, 1999~2010
25. 한국도로교통협회, 도로교설계기준, 2010
26. 한국도로교통협회, 도로교설계기준(한계상태설계법), 2012

27. 한국도로교통협회, 도로교표준시방서, 2013
28. 한국도로교통협회, 아스팔트포장 설계 · 시공 요령, 1997
29. 한국시설안전공단, "교량점검요령(일반교량 및 케이블지지교량)", 2008
30. 한국시설안전공단, "안전진단 및 정밀안전진단 세부지침해설서(교량편)", 2012
31. 행정자치부, 자전거 이용 활성화에 관한 법률(시행령, 시행규칙)
32. AASHTO LRFD Bridge Design Specifications(SI Units), 4th Edition, 2007
33. David J. Lee, "Bridge Bearings and Expansion Joints: Second edition", 1994
34. IABSE, "Structural Bearing and Expansion Joints for Bridges", 2002
35. J.E.Harding, G.A.R.Parke and M.J.Ryall, "Bridge management 2-Inspection maintenance assessment and repair", 1993
36. Juan M. Caicedo, Gien Wieger and Paul Ziehl, "Simplifying Bridge Expansion Joint Design and Maintenance", 2011
37. Parsons Brinckerhoff, "Bridge Inspection and Rehabilitation: A Practica Guide", 1992
38. 橋梁建設協會, 鋼橋のライフサイクルコストー新しい命題への第一步-2001年改訂版, 2001
39. 國土交通省, 鋼道路橋付属物の設計ガイドライン, 1988
40. 國土交通省道路局, http://www.cgr.mlit.go.jp/kisha/2005nov/051128_01.htm
41. 國土交通省中部地方整備局三重河川國道事務所, http://www.cbr.mlit.go.jp/mie/
42. 社團法人土木學會, アセットマネジメント導入への挑戦, 2005
43. 首都高速道路公團 保全施設部, 構造物等點檢要領, 2004
44. 青森県県土整備局道路課, 青森県橋梁アセットマネジメントアクションプラン～2006年度から2010年度～, 2006
45. 日本高速道路株式會社, 設計要領, 第二集 橋梁建設編, 2012
46. 日本橋梁建設協会, 支承部補修 · 補強工事施工の手引き, 2006. 12 (収集文献 No.112)
47. 日本橋梁建設協会, 鋼橋の補修 · 補強事例集, 2002. 10 (収集文献 No.113)
48. 日本道路協会, 道路橋支承便覧, 2004
49. 日本道路協会, 道路橋示方書 · 同解說, 2002
50. 日本道路協會, 鋼道路橋の疲勞設計指針, 丸善, 2002
51. 日本道路協会, 防護柵の設置基準·同解說, 2008
52. 日本道路ジョイント協會, "伸縮裝置設計の手引き", 2010

53. 阪神高速道路公団 都市高速道路研究会, "都市高速道路 附属構造物の設計", 1998
54. 藤津利彦, 広整修, 兵庫県南部地震による震災復旧工事報告,技報たきがみ, Vol.14, 1996
55. 加藤久晶, 古津浩之, 東京国際空港ターミナル北連絡橋連続桁の支承取替え工事, 橋梁と基礎, Vol.36, No.6, 2002. 6
56. 野中晴夫, 八木伸夫, 山田貴男, 樽締め工法による大反力支承取り替え工事について, 技報まつお, No.37, 1999. 10
57. 七崎洋悦, 山下知之, 中原淳一郎, 御子柴光春, 支承取替えにおける仮受け工法の提案, 土木学会第52回年次学術講演会概要集, 1997. 9
58. 冨永喜久雄, 羽子岡爾朗, 米谷真二, 新幹線鋼箱桁橋の支承交換工事報告,横河ブリッジ技報, No.24, 1995. 1
59. 新井弘, 阿部淑夫, 渡濯英貴, 支承連結装置耐震性向上工事2-3工事報告,横河ブリッジグループ技報, No.30, 2001. 1
60. 柳原正浩, 松沢利充, 工藤光弘, 「ゴールデンホーン橋」(トルコ)の補修,石川島播磨技報 2001, 橋梁特集号, 2001. 9
61. 津田亮, 上部耐震改善工事(阪神高速道路公団)の設計, 高田機工技報, No.18, 2002. 12
62. 稲毛克彦, 佐宗正大, 山内勝正, 川村大進, 白君主橋支承すえ替え工事報告, 住友重機械技報, Vol.23, No.67, 1975. 4
63. 玉田和也, 関根信哉, 渡辺陽太, 長谷川敏之, 安松敏雄, 築山有二, 中央自動車道鶴川大橋拡幅工事の設計・施工車線拡幅と支承取替え一, 橋梁と基礎, Vol.35, No.7, 2001. 7
64. 丸山大三, 岡靖人, 岸雅之, 関越自動車道塩殿橋の災害復旧に関する設計と施工, 橋梁と基礎, Vol.41, No.4, 2007. 4
65. 新井弘, 阿部淑夫, 船津真一, 柳沢第三橋補強工事報告, 横河ブリッジグループ技報, No.36, 2007. 4
66. 松西登, 塩先浩史, RC床版から鋼コンクリート合成床版への打替えと耐震補強一回井橋, MSC技報, Vol.15, 2001. 12
67. 久保真一, 神田一夫, 内藤政男, 岩川宏和, 岩井政光, 井田一成, 鋼トラス橋の免震支承化と落橋 防止システムの改良一東名高速道路酒匂川橋, 橋梁と基礎, Vol.38, No.4, 2004. 4
68. 浦川誠一, 神野真一朗, 根井秀樹, フレキシブル橋脚を有するトラス橋の耐震補強設計, 日本道 路公団技術情報, No.166, 2002. 10

69. 阿久津豊, 磯野和也, 吉松秀和, 山中修一郎, 如何にして1基 3.4tもある支承を取替えたか~山あげ大橋大型免震支承の取替工事~, 川田技報, Vol.22, 2003

70. 愛知県建設部, 橋梁設計のずり引き, 2013. 4

교량 부대시설 유지관리 및 실무 정가 20,000원

저자 : 한국강구조학회

발행인 : 임해진
발행처 : 도서출판 구미서관

인쇄 : 2016년 2월 1일 초판
발행 : 2016년 2월 6일 초판

등록 : 1979년 6월 29일 No.9-6호

주소 : 서울시 마포구 신촌로 2길 5-15 구미빌딩
전화 : 02-333-1101
팩스 : 02-335-2201
http://www.goomibook.com

ISBN : 978-89-8225-482-6 (93530)

저자와의 협의 하에 인지를 생략합니다.
파본이나 잘못된 책은 교환하여 드립니다.

복제불허